# REÚSO DE ÁGUA POTÁVEL
## COMO ESTRATÉGIA
## PARA A ESCASSEZ

# REÚSO DE ÁGUA POTÁVEL
## COMO ESTRATÉGIA PARA A ESCASSEZ

**EDITORES**

Pedro Caetano Sanches Mancuso

José Carlos Mierzwa

Alexandra Hespanhol

Ivanildo Hespanhol
(*in memoriam*)

**MANOLE**

Copyright © 2021 Editora Manole Ltda., por meio de contrato com os editores.

Este livro contempla as regras do Novo Acordo Ortográfico da Língua Portuguesa.

Produção editorial: Retroflexo Serviços Editoriais
Projeto gráfico: Departamento de arte da Editora Manole
Diagramação: R G Passo
Capa: Departamento de arte da Editora Manole
Imagem da capa: istock.com

CIP-BRASIL. CATALOGAÇÃO NA PUBLICAÇÃO
SINDICATO NACIONAL DOS EDITORES DE LIVROS, RJ

R346

Reúso de água potável como estratégia para a escassez / editores Pedro Caetano Sanches Mancuso ... [et al.]. – 1. ed. – Santana de Parnaíba [SP]: Manole, 2021.
23 cm.

Inclui bibliografia e índice
ISBN 978-65-5576-064-4

1. Engenharia hidráulica – Equipamento e acessórios. 2. Água – Reúso. 3. Água – Captação. 4. Água – Distribuição. 5. Desenvolvimento de recursos hídricos – Aspectos ambientais. I. Mancuso, Pedro Caetano Sanches.

21-68606                     CDD: 333.9116
                             CDU: 351.778.31

Meri Gleice Rodrigues de Souza – Bibliotecária – CRB-7/6439

1ª edição – 2021

Direitos adquiridos pela:
Editora Manole Ltda.
Alameda América, 876 – Tamboré
06543-315 – Santana de Parnaíba – SP – Brasil
Tel.: (11) 4196-6000
www.manole.com.br | info@manole.com.br
Impresso no Brasil | *Printed in Brazil*

# SOBRE OS EDITORES

**Pedro Caetano Sanches Mancuso**

Engenheiro industrial modalidade Química. Professor Doutor Sênior do Departamento de Saúde Ambiental da Faculdade de Saúde Pública da Universidade de São Paulo (USP). Membro do Conselho Administrativo do Centro de Apoio à Faculdade de Saúde Pública da Universidade de São Paulo. Fundador e coordenador do Centro de Referência em Segurança da Água (CERSA). Consultor em Saneamento Ambiental.

**José Carlos Mierzwa**

Engenheiro Químico pela Universidade de Mogi das Cruzes. Mestre em Tecnologia Nuclear pela Universidade de São Paulo (USP). Doutor em Engenharia Civil pela USP. Pós-doutorado em Engenharia e Ciências Aplicadas de Harvard. Livre-docência na Escola Politécnica. Professor pesquisador da USP, com experiência na área de projetos e processos de sistemas de tratamento de água e efluentes, conservação e reúso de água e tecnologia de separação por membranas.

**Alexandra Hespanhol**

Graduada em Publicidade e Propaganda pela Universidade São Judas Tadeu, Turismo pelo Senac e em Secretaria Trilíngue pela École Schultz – Genebra, Suíça. Atuou por 15 anos no Centro Internacional de Referência em Reúso de Água (CIRRA), como secretária executiva e tradutora junto com o Prof. Dr. Ivanildo Hespanhol e sua equipe. Experiência na área administrativa, eventos entre outras. Formada em francês (Alliance Française) e em Inglês (Cambridge University), com experiência internacional, trabalhando para o Governo Suíço.

**Ivanildo Hespanhol (*in memoriam*)**

Graduado em Engenharia Civil (1961) e em Engenharia Sanitária (1968) em São Carlos, pela Escola Politécnica da Universidade de São Paulo (EPUSP). Concluiu seu mestrado em Engenharia Sanitária pela University of California, Berkeley, CA – EUA (1972). Doutorado em Engenharia Sanitária pela University of California, Berkeley, CA (1975), e em Saúde Pública pela Faculdade de Saúde Pública da USP (1968). Foi professor titular da Escola Politécnica da Universidade de São Paulo (EPUSP); foi diretor fundador do Centro Internacional de Referência em Reúso de Água (CIRRA/IRCWR), da Universidade de São Paulo. Atuou principalmente nos seguintes temas: conservação e reúso de água; gestão de recursos hídricos; sistemas avançados de tratamento de esgotos e efluentes industriais, incluindo sistemas de membranas, processos oxidativos, biomembranas e evaporadores de compressão de vapor. Atuou como colaborador consultor da Organização Mundial da Saúde (OMS) em Genebra, Suíça, no período de 1987 a 1996.

# SOBRE OS AUTORES

**Alejandro Jorge Dorado**
Biólogo. *MSc.* em Ecologia. Doutor e pós-doutor em Saúde Pública. Pesquisador do Centro de Referência em Segurança da Água (Cersa-CEAP/USP).

**Alessandro Minillo**
Oceanógrafo pela Fundação UFRGS. Tecnólogo e Gestor Ambiental pela Universidade Norte do Paraná. Mestre em Oceanografia Física, Química e Geológica pela UFRGS e doutor em Ciências da Engenharia Ambiental pela EESC-USP. Pesquisador da Universidade Estadual do Mato Grosso do Sul – Unidade Dourados (MS).

**Alexandra Hespanhol**
Graduada em Publicidade e Propaganda pela Universidade São Judas Tadeu, Turismo pelo Senac e em Secretaria Trilíngue pela École Schultz – Genebra, Suíça. Atuou por 15 anos no Centro Internacional de Referência em Reúso de Água (CIRRA), como secretária executiva e tradutora junto com o Prof. Dr. Ivanildo Hespanhol e sua equipe. Experiência na área administrativa, eventos entre outras. Formada em francês (Alliance Française) e em Inglês (Cambridge University), com experiência internacional, trabalhando para o Governo Suíço.

**Ana Maria Cervato-Mancuso**
Nutricionista pela Universidade de São Paulo (USP). Mestrado e doutorado em Saúde Pública (USP). Tem experiência como nutricionista em Saúde Coletiva e como professora universitária. Professora-associada do Departamento de Nutrição da USP. Orientadora do Programa de Mestrado Profissional de Formação Interdisciplinar em Saúde da USP e pesquisadora do Grupo de Pesquisa Promoção da Saúde e Segurança Alimentar e Nutricional.

**Angela Di Bernardo Dantas**
Engenheira Civil pela Escola de Engenharia de São Carlos da USP. Mestre e doutora pelo Departamento de Hidráulica e Saneamento da Escola de Engenharia de São Carlos da USP. Diretora da Hidrosan Engenharia.

**Antonio Carlos Silva Costa Teixeira**
Engenheiro Químico pela Escola Politécnica da USP. Doutor em Engenharia Química pela Escola Politécnica da USP. Professor doutor do Departamento de Engenharia Química, Escola Politécnica da USP.

**Davi Gasparini Fernandes Cunha**

Engenheiro ambiental pela Escola de Engenharia de São Carlos da Universidade de São Paulo. Doutor em Ciências (Hidráulica e Saneamento) pela Escola de Engenharia de São Carlos da Universidade de São Paulo. Professor doutor do SHS/EESC/USP.

**Dione Mari Morita**

Engenheira civil pela Escola de Engenharia da Universidade Mackenzie. Doutora em Engenharia Hidráulica pela Escola Politécnica da Universidade de São Paulo (EPUSP). Livre-docente em Engenharia Ambiental pela EPUSP. Professora sênior da EPUSP.

**Doron Grull**

Engenharia civil pela EPUSP – USP, atuou como professor colaborador dos cursos oferecidos pelo CEAP. Pesquisador do Centro de Referência em Segurança da Água (Cersa-CEAP/USP).

**Edson Luiz de Oliveira**

Engenheiro de Produção Mecânico pela Universidade Paulista.

**Eduardo Mazzolenis de Oliveira**

Engenheiro químico (F. Oswaldo Cruz). Mestre em Ciência Ambiental (PROCAM--USP). Doutor em Saúde Ambiental (FSP-USP), analista ambiental da Companhia Ambiental do Estado de São Paulo-Cetesb.

**Emanuel Manfred Freire Brandt**

Graduado em Química Industrial pela Universidade Federal de Ouro Preto (UFOP/ MG). Professor do Departamento de Engenharia Sanitária e Ambiental da Universidade Federal de Juiz de Fora (UFJF). Doutor em Saneamento, Meio Ambiente e Recursos Hídricos pela Universidade Federal de Minas Gerais (UFMG). Possui experiência profissional e acadêmica em processos de licenciamento ambiental, processos e tecnologias ambientais, monitoramento e gestão ambiental. Docente permanente e pesquisador no âmbito do Programa de Pós-graduação em Engenharia Civil da UFJF e membro do comitê técnico de revisão do padrão brasileiro de potabilidade da água para consumo humano, do Ministério da Saúde.

**Fábio Kummrow**

Farmacêutico-Bioquímico. Doutor em Toxicologia e Análises Toxicológicas pelo Departamento de Ciências Farmacêuticas do Instituto de Ciências Ambientais, Químicas e Farmacêuticas da Universidade Federal de São Paulo – *campus* Diadema.

**Ivanildo Hespanhol (*in memoriam*)**

Graduado em Engenharia Civil (1961) e em Engenharia Sanitária (1968) em São Carlos, pela Escola Politécnica da Universidade de São Paulo (EPUSP). Concluiu seu mestrado em Engenharia Sanitária pela University of California, Berkeley, CA – EUA (1972). Doutorado em Engenharia Sanitária pela University of California, Berkeley, CA (1975), e em Saúde Pública pela Faculdade de Saúde Pública da USP (1968). Foi professor titular da Escola Politécnica da Universidade de São Paulo (EPUSP); foi diretor fundador do Centro Internacional de Referência em Reúso de Água (CIRRA/IRCWR), da Universidade de São Paulo. Atuou principalmente nos seguintes temas: conservação e reúso de água; gestão de recursos hídricos; sistemas avançados de tratamento de esgotos e efluentes industriais, incluindo sistemas de membranas, processos oxidativos, biomembranas e evaporadores de compressão de vapor. Atuou como colaborador consultor da Organização Mundial da Saúde (OMS) em Genebra, Suíça, no período de 1987 a 1996.

### Jamil Alexandre Ayach Anache

Engenheiro ambiental pela Faculdade de Engenharias, Arquitetura e Urbanismo e Geografia da Universidade Federal de Mato Grosso do Sul (FAENG-UFMS). Doutor em Ciências (Hidráulica e Saneamento) pela Escola de Engenharia de São Carlos da Universidade de São Paulo (EESC-USP). Professor adjunto da FAENG-UFMS.

### José Carlos Mierzwa

Engenheiro Químico pela Universidade de Mogi das Cruzes. Mestre em Tecnologia Nuclear pela Universidade de São Paulo (USP). Doutor em Engenharia Civil pela USP. Pós-doutorado em Engenharia e Ciências Aplicadas de Harvard. Livre-docência na Escola Politécnica. Professor pesquisador da USP, com experiência na área de projetos e processos de sistemas de tratamento de água e efluentes, conservação e reúso de água e tecnologia de separação por membranas.

### José Eduardo de Campos Siqueira

Técnico químico e bacharel em Filosofia, trabalhou na Sabesp de 1969 a 2008. Foi Secretário do Meio Ambiente do Município de Santos (1993-1996) e Diretor Técnico da Agência de Bacia Hidrográfica do Alto Tietê (2004-2006).

### Luan de Souza Leite

Engenheiro civil pela Universidade Estadual Paulista "Júlio de Mesquita Filho" (FEIS/UNESP). Mestre e doutorando em Engenharia Hidráulica e Saneamento na Universidade de São Paulo (EESC-USP).

### Luiz Antonio Daniel

Engenheiro civil pela Universidade Federal de Minas Gerais (UFMG). Mestre e doutor em Engenharia Hidráulica e Saneamento na Universidade de São Paulo (EESC-USP). Professor doutor da Universidade de São Paulo (USP).

### Luiz Di Bernardo

Engenheiro civil pela Escola de Engenharia de São Carlos da USP. Professor Titular aposentado do Departamento de Hidráulica e Saneamento da Escola de Engenharia de São Carlos da USP. Diretor da Hidrosan Engenharia.

### Luiz Fernando Orsini de Lima Yazaki

Engenheiro civil pela Escola Politécnica da USP. Coordenador técnico-científico da cooperação Brasil-Itália em Saneamento Ambiental entre 2005 e 2007. Coordenador da área de manejo de águas pluviais da FCTH entre 2007 e 2015. Consultor em recursos hídricos, drenagem e manejo de águas pluviais e diretor da L Orsini Serviços de Engenharia a partir de 2015.

### Luiz Francisco Mancuso

Engenheiro eletricista pela Escola de Engenharia da Universidade Estadual de Campinas (Unicamp). Gerente de projetos, com atuação em Tecnologia de Informação. Pesquisador do Centro de Referência em Segurança da Água (Cersa-CEAP/USP).

### Marcelo Bárbara

Bacharel em Geologia pela Universidade de São Paulo (USP). Pesquisador associado (CEAP), Faculdade de Saúde Pública – USP. Inventor – Patente Verde – Geração de Nanobolhas – INPI. Diretor do Grupo SB.

### Murilo Damato

Biólogo, doutor pelo Departamento de Engenharia Hidráulica e Saneamento da Escola Politécnica da Universidade de São Paulo. Pesquisador do Centro de Referência em Segurança da Água (Cersa-CEAP/USP).

### Nícolas Reinaldo Finkler

Engenheiro ambiental pela Universidade de Caxias do Sul/RS (UCS). Mestre e doutorando em Ciências (Hidráulica e Saneamento) pela Escola de Engenharia de São Carlos da Universidade de São Paulo.

### Paula Andreia Dagostino Vilela

Engenheira civil. Mestrado e doutorado pela Faculdade de Saúde Pública da USP e pós-doutorado pelo Institute for Water Education, Holanda. Pesquisadora da Faculdade de Saúde Pública da Universidade de São Paulo.

### Pedro Caetano Sanches Mancuso

Engenheiro industrial modalidade Química. Professor Doutor Sênior do Departamento de Saúde Ambiental da Faculdade de Saúde Pública da Universidade de São Paulo (USP). Membro do Conselho Administrativo do Centro de Apoio à Faculdade de Saúde Pública da Universidade de São Paulo. Fundador e coordenador do Centro de Referência em Segurança da Água (CERSA). Consultor em Saneamento Ambiental.

### Rodrigo de Freitas Bueno

Biólogo. Mestrado em Saúde Pública pela Faculdade de Saúde Pública da USP e doutorado em Engenharia Hidráulica e Ambiental pela Escola Politécnica da Universidade de São Paulo. Professor Doutor da Universidade Federal do ABC (UFABC). Coordenador do curso de Engenharia Ambiental e Urbana da UFABC.

### Rômulo Amaral Faustino Magri

Engenheiro ambiental pela FESP/UEMG. Mestre em Ciências (Geotecnia). Doutorando em Ciências (Hidráulica e Saneamento) pela Escola de Engenharia de São Carlos da Universidade de São Paulo. Professor da UEMG – Unidade Passos.

### Roseane Maria Garcia Lopes de Souza

Engenheira Sanitarista. Especializada em Engenharia Ambiental e em Perícia e Auditoria Ambiental. Pesquisadora do Centro de Referência em Segurança da Água (Cersa-CEAP/USP).

### Samar dos Santos Steiner

Graduado em Geologia. Mestre e doutor em Ciências pelo Instituto de Geociências da Universidade de São Paulo (USP), com linha de pesquisa baseada no desenvolvimento de metodologias para análises morfológicas e morfométricas em diferentes contextos geomorfológicos geológicos. Cofundador da SB Geologia e Engenharia, grupo que há mais de 10 anos desenvolve e aplica no mercado conceitos e soluções para o tratamento de solos e águas poluídas, processos industriais e análises do meio físico. Coinventor do primeiro sistema de geração de nanobolhas patenteado no Brasil.

### Sérgio Francisco de Aquino

Bacharel em Química pela Universidade Federal de Viçosa – Minas Gerais. Professor-associado IV do Departamento de Química da Universidade Federal de Ouro Preto. Pesquisador do CNPq (nível 1D). Doutorado em Engenharia Química – Imperial College – Londres, Inglaterra. Mestrado em Hidráulica e Saneamento, Escola de Engenharia de São Carlos (EESC-USP). Foi membro da Câmara Técnica de Arquitetura e Engenharias da Fapemig e exerce o cargo de Pró-Reitor de Pesquisa e Pós-Graduação da UFOP desde 2017. Tem interesse de pesquisa na área de qualidade e tratamento de água para consumo humano e tratamento de águas residuárias, em especial no uso de sistemas biológicos combinados com processos físico-químicos avançados para a remoção de microcontaminantes orgânicos (p. ex., fármacos, desreguladores endócrinos, pesticidas) e no uso da digestão anaeróbia para recuperação de energia e bioprodutos de resíduos e efluentes.

**Silvana de Queiroz Silva**

Graduada em Ciências Biológicas pela Universidade Federal de São Carlos (UFSCar). Mestre em Hidráulica e Saneamento pela Escola de Engenharia de São Carlos (EESC/USP). Doutora em Microbiologia Ambiental pela University of Essex, Inglaterra. Professora do Departamento de Ciências Biológicas da Universidade Federal de Ouro Preto, atuando nos programas de Pós-Graduação em Engenharia Ambiental e Pós-Graduação em Biotecnologia. Tem experiência em ensino e pesquisa na área de Microbiologia com ênfase em Biotecnologia Ambiental. Participa como pesquisadora em diversos projetos, atuando principalmente nos seguintes temas: tratamento biológico de efluentes, reaproveitamento de resíduos para produção de bioprodutos, genômica e proteômica de reatores anaeróbios, bioensaios de toxicidade e mutagenicidade em águas e efluentes e estudos da disseminação de agentes de resistência antimicrobiana no ambiente.

**Taison Anderson Bortolin**

Engenheiro ambiental pela Universidade de Caxias do Sul (UCS). Doutor em Recursos Hídricos e Saneamento Ambiental pelo Instituto de Pesquisas Hidráulicas da Universidade Federal do Rio Grande do Sul. Professor doutor da Universidade de Caxias do Sul.

**Vania Elisabete Schneider**

Bióloga pela Universidade de Caxias do Sul/RS (UCS). Especialista em Educação Ambiental pela UCS. Mestre em Engenharia Civil pela Unicamp. Doutora em Engenharia de Recursos Hídricos pela Universidade Federal do Rio Grande do Sul. Especialista em Gerenciamento de Resíduos Industriais Perigosos pela Carl Duisberg Gesellschaft, Alemanha. Professora da Universidade de Caxias do Sul.

# SUMÁRIO

# AGRADECIMENTOS

A ideia da publicação de um livro sobre a questão do uso da água disponível em regiões de grandes concentrações urbanas, para o abastecimento público, é relativamente recente.

Os Professores Ivanildo Hespanhol e José Carlos Mierzwa, ambos da Escola Politécnica da Universidade de São Paulo e Diretores do Centro Internacional de Referência em Reúso de Água (Cirra) e que comigo editam este livro, sempre indicaram o reúso de água como a forma inevitável de atacar esse problema.

Aprendi com o querido mestre Ivanildo que trazer água de distâncias cada vez maiores para suprir os grandes centros é absolutamente insustentável. Seja porque produz mais esgotos nesses centros, seja porque acaba retirando água de uma região onde ela seguramente fará falta.

Assim, surgiu a ideia da publicação de um livro sobre essa temática que levantasse essa questão e que, ao mesmo tempo, fosse uma homenagem ao Professor Ivanildo Hespanhol.

Pela natureza multidisciplinar do tema e pela forte interação entre as várias áreas de conhecimento, os editores desta obra conseguiram reunir colegas de expressão para apontarem soluções que, longe de esgotarem o assunto, indicassem o caminho a ser percorrido.

Assim, os editores agradecem profundamente a participação de todos esses especialistas que não pouparam esforços para a materialização desta obra que, modestamente, homenageia o Professor Ivanildo Hespanhol pelo seu legado na área de reúso de água.

Além dos colegas autores, agradeço à EMAE, Empresa Metropolitana de Águas e Energia S.A., na pessoa de seu ex-Presidente Dr. Ronaldo S. Camargo, que, com sua visão de urbanista, acredita que a Empresa tem como missão gerir recursos energéticos e sistemas hídricos, promovendo o desenvolvimento sustentável.

Nesse contexto, o apoio dessa empresa mediante um contínuo diálogo com seus funcionários e tendo o total apoio de toda a sua Diretoria foi a semente que acabou germinando este livro. Além disso, esse apoio catalisou as ações do Centro de Referência em Segurança da Água (Cersa) durante minha gestão como Diretor Administrativo do Centro de Apoio à Faculdade de Saúde Pública da Universidade de São Paulo (Ceap).

Aos colegas integrantes do Cersa, alguns deles autores de importantes capítulos deste livro, meus agradecimentos pelo contínuo intercâmbio de conhecimento.

Um agradecimento especial ao Professor Ricardo Toledo Silva pela leitura dos originais e pelas suas palavras no prefácio e também para a filha do professor Ivanildo, Alexandra Hespanhol, pela coautoria em um dos capítulos e por exercer a função de "secretária executiva" dos trabalhos.

Agradeço profundamente e de todo o coração à Professora Ana Maria Cervato-Mancuso, minha querida esposa e colega da Faculdade de Saúde Pública da Universidade de São Paulo, pela coautoria em um dos capítulos e pelas ideias que acabaram por nortear o livro.

Finalmente, os editores agradecem à Editora Manole, que acreditou no projeto e forneceu todo o suporte relativo aos trabalhos de viabilização desta obra.

**Prof. Dr. Pedro Caetano Sanches Mancuso**

# PREFÁCIO

Este livro aborda o reúso da água de uma perspectiva ampla, multidisciplinar e contextualizada na complexidade das necessidades metropolitanas de ampliação da oferta e da segurança do abastecimento urbano. O desenvolvimento dos estudos, avaliações e propostas aqui relatados é um tributo à dedicação do Professor Ivanildo Hespanhol ao tema, pioneiro inconteste que formou escola não só entre seus inúmeros discípulos, mas nas instituições dos sistemas de recursos hídricos e de saneamento. À parte o aprofundamento técnico e científico, o Professor Ivanildo Hespanhol aborda o reúso no contexto de uma estratégia mais ampla de gestão da água, convergindo para objetivos comuns de robustez, resiliência e redução de vulnerabilidade do conjunto. A noção de segurança do abastecimento de água, associada a requisitos fundamentais de saúde pública e de saneamento ambiental, é subjacente a todas as dimensões específicas da abordagem sobre o reúso.

Preocupação central do destinatário deste tributo, Ivanildo Hespanhol, é a adequada compreensão e aplicação do princípio da precaução nos sistemas de reúso. Tal equilíbrio supõe, por um lado, a adoção de medidas que garantam a segurança dos usuários intermediários e finais das águas de reúso em face dos riscos objetivos que aquela prática envolve. Supõe também, por outro, a administração equilibrada de riscos da parte dos agentes responsáveis pelo estabelecimento de normas, licenciamento e fiscalização dos sistemas, de maneira a não se cair em uma atitude de restrições exageradas, que na prática inviabilizariam a disseminação do reúso.

A evolução do conhecimento permite superar a etapa de aplicação do reúso exclusivamente para fins não potáveis. Esta obra tem foco nas formas possíveis de tratamento das águas servidas – basicamente os esgotos urbanos – para fins potáveis. No conceito de reúso potável indireto, o efluente tratado é lançado em um corpo d'água de boa qualidade que faz papel de um atenuador ambiental, antes da captação para abastecimento. No reúso direto, o efluente tratado entra diretamente na estação de tratamento de água. Conforme propugnado pelo Professor Ivanildo, o reúso direto, por ser submetido a controle rigoroso e arcabouço normativo estável, tende a mostrar-se mais seguro que o aproveitamento de alguns mananciais altamente poluídos. A presença de esgotos urbanos não tratados e de efluentes não domésticos em mananciais não protegidos implica, na prática, o emprego de formas não planejadas e não controladas de reúso, certamente menos seguras que o reúso direto planejado.

Tem sido um desafio permanente aos profissionais de saneamento ambiental, gestão de recursos hídricos e planejamento e gestão urbana estabelecer práticas de gestão integrada para as águas urbanas. A divisão setorial das ações executivas em proteção a mananciais, saúde pública, abastecimento de água, esgotamento sanitário, gestão do uso do solo, controle de inundações e outras tende a dificultar tal integração. E o reúso, tal como outras práticas inovadoras que não a simples ampliação de oferta convencional de água, requer um patamar adequado de evolução da gestão integrada, sem o que – na condição de técnica aplicada a sistemas isolados – não gera todos os benefícios que poderia.

As várias contribuições desta obra, organizada em três partes, convergem para a instrumentação de um processo multidisciplinar de inserção do reúso, especialmente formas de aproveitamento potável, na gestão integrada das águas urbanas. É altamente positivo que várias frentes de trabalho se mostrem em evolução, como relatado.

As apreciações iniciais sobre riscos apontam, por um lado, para a necessidade de se estabelecer arcabouços específicos de análise e normatização para o reúso potável. Isso diz respeito tanto ao enfoque predominantemente químico quanto aos agentes poluentes e requisitos de potabilidade (Capítulo 2) como aos processos de poluição específicos dos rios urbanos, compreendidas as cargas concentradas e difusas (Capítulo 5). Não menos importantes, as cargas de esgotos não domésticos advindas de lançamentos industriais e comerciais, abordadas no Capítulo 8, que na perspectiva de uma ampliação das práticas de reúso devem ser objeto de consideração específica nos arcabouços legal e normativo que regulam a matéria. Em que pese as lacunas apontadas, tais apreciações convergem para uma perspectiva de superação das dificuldades e de amplo respaldo à evolução do reúso potável.

A inserção estratégica do reúso em uma perspectiva de gestão integrada das águas urbanas é abordada inicialmente no Capítulo 6. O texto sistematiza um processo evolutivo das formas de planejamento da oferta de água a partir dos paradigmas propostos por Barraqué (2003): paradigma da quantidade de água e transferência a longas distâncias; paradigma do tratamento de água; paradigma dos serviços de saneamento e a sustentabilidade. À luz de evidências de um cenário cada vez mais acentuado de escassez, particularmente em aglomerações metropolitanas, o reúso é inserido em uma perspectiva de evolução do terceiro paradigma, no qual integraria soluções de oferta no âmbito de uma engenharia ambiental a valorizar todas as potencialidades internas das regiões consideradas. Nessa perspectiva, o estabelecimento de parâmetros de segurança da água que considerem as especificidades de cada região – abordadas no Capítulo 14 – seria função não de uma mera projeção de necessidades quantitativas com base no passado, mas de uma reconstrução de paradigmas de consumo, articulada à gestão da demanda e à gestão da qualidade.

A abordagem articulada de quantidade e qualidade da oferta de água é preocupação comum de todas as contribuições que abordam o planejamento da oferta. O Capítulo 5 vincula o planejamento do reúso ao planejamento das bacias hidrográficas. Mostra que o disciplinamento da matéria a partir da Lei n. 9.433 reconhece as especificidades de cada bacia, ao não obrigar que os instrumentos de gestão por ela instituídos sejam aplicados em todas as bacias e nem que estas se limitem àqueles em suas estratégias específicas. O âmbito da bacia hidrográfica tal como conceituado em unidades de planejamento (UGRHI no Estado de São Paulo) mostra-se adequado para uma articulação entre metas de quantidade e qualidade.

Os novos desafios trazidos com a pandemia de Covid-19 suscitaram abordagem específica desenvolvida no Capítulo 3. A presença do vírus SARS-CoV-2 em esgotos urbanos tem levantado novos desafios para a pesquisa em saneamento. Desde logo, sua simples detecção em efluentes originários de áreas urbanas específicas tem subsidiado maior focalização, no espaço urbano, de medidas preventivas. O Capítulo 3 vai além, com a proposição de procedimentos para a avaliação de eficácia de tecnologia de injeção de ozônio com vistas à eliminação do vírus em efluentes de esgoto.

Uma preocupação que perpassa diversas contribuições, mesmo entre as relativas a tecnologias específicas de tratamento, é a correta avaliação de benefícios e custos das diferentes medidas de gestão de oferta e demanda que compõem o planejamento integrado. Certamente a viabilidade de sistemas de reúso planejado, seja para fim potável direto ou indireto, ou não potável, depende, em cada caso, de seu potencial de geração de benefícios líquidos *vis-à-vis* outras práticas. No Capítulo 7, a preocupação com uma correta apuração de benefícios e custos é destacada, no contexto de uma gestão integrada de águas que considera – à parte os sistemas de oferta e demanda de água para abastecimento – o manejo das águas pluviais urbanas. Longe de um conceito convencional de drenagem urbana como simples afastamento das águas de inundação, a abordagem tem no manejo conjunto das águas pluviais um elemento estratégico de ampliação das disponibilidades efetivamente utilizáveis, tanto do ponto de vista quantitativo como qualitativo. Nesse contexto, o reúso se insere como prática integradora cujo benefício líquido é maximizado em função das articulações do conjunto.

A segunda parte da publicação – Capítulos 9 a 13 – é inteiramente dedicada a avaliações do estado da arte de diferentes processos de tratamento aplicáveis ao reúso. São abordadas em profundidade técnicas de separação de membranas, processos de carvão ativado, oxidativos avançados, de ozonização e de aeração por nanobolhas. Em seu conjunto, as revisões e avaliações sobre técnicas e processos constantes da segunda parte mostram a existência de tecnologia para alcançar patamares extensivos de reúso na oferta de água. Sua efetiva inserção nas estratégias de oferta possivelmente depende mais da articulação institucional, regulatória e gerencial do que da superação de gargalos técnicos.

Parte fundamental nessa articulação jogam os planos de segurança da água, abordados em maior especificidade no Capítulo 14. São destacadas três das diretrizes da OMS (Organização Mundial da Saúde) para segurança do abastecimento de água: avaliação do sistema desde o manancial até os pontos de consumo; monitoramento operacional das ações de controle; plano de gestão. Importante notar que os planos de segurança da água, da forma como conceituados pela OMS e desenvolvidos no capítulo, são adequados às especificidades locais e, como tal, tendem a resultar em diferentes requisitos específicos para a aplicabilidade do reúso em cada caso. A escala de cada plano de segurança da água não necessariamente coincidirá com a do plano de bacia onde se insere o sistema considerado. Mas nada impede que se articule à escala da bacia, que poderá – em sua jurisdição – emitir diretrizes gerais a serem observadas no plano de segurança da água.

O conjunto de elementos trabalhados na publicação permite avançar na direção de uma segurança crescente para a aplicação do reúso potável, seja na modalidade indireta, com trânsito em corpo d'água como atenuador ambiental, seja na de reúso direto. A consistência das avaliações sobre riscos, incluindo avaliação do comportamento relativo dos poluentes nos rios urbanos e nas bacias hidrográficas, forma um corpo de conhecimento sólido para o estabelecimento de medidas a observar com vistas à segurança da água. As avaliações sobre arcabouços gerenciais e normativos, em conexão com abordagens de gestão integrada das águas urbanas, conduzem a uma inserção viável das práticas de reúso em relação a um horizonte sustentável dos pontos de vista social, econômico e ambiental. O reconhecimento das peculiaridades regionais e locais no estabelecimento dos planos de segurança da água – e nas exigências específicas para a adoção local do reúso – tende a minimizar os riscos de práticas centralizadas de comando e controle a comprometer a viabilidade das iniciativas inovadoras em seu nascedouro. A convergirem esses eixos de análise, reflexão e propostas, fica mais próxima a perspectiva de uma aplicação criteriosa do princípio da precaução, objeto de foco destacado na obra recente do Professor Ivanildo Hespanhol.

No que respeita às experiências já realizadas de reúso potável, o Capítulo 15 aponta para a predominância de reúso indireto. De 25 casos estrangeiros, 21 têm atenuador ambiental seja pela recarga de aquífero subterrâneo, seja pela descarga em aquífero superficial antes da captação. Dos quatro casos de reúso direto, dois são na Namíbia, um na África do Sul e um nos EUA. Essas figuras, de 2017, mostram uma participação ainda incipiente dos casos de reúso direto no conjunto. No Brasil, os casos relatados são de reúso não potável, sendo o maior aquele da ETE ABC, em São Paulo – "Aquapolo", com produção de 1,0 m$^3$/s.

Não obstante a participação ainda modesta do reúso potável na oferta de água para abastecimento urbano, mais ainda o reúso potável direto, a escalada das situações de escassez, o avanço do conhecimento técnico e o amadurecimento dos instrumentos institucionais, gerenciais e normativos da gestão integrada das águas urbanas apontam, em conjunto, para uma tendência clara de ampliação daquela participação. Das lições aprendidas na crise hídrica de 2014-15, tem-se no reúso potável planejado um dos componentes estratégicos fundamentais de ampliação da oferta e de redução de vulnerabilidade do sistema. A água recuperada tanto pode ser parte da oferta propriamente dita como parte da reserva de segurança, formando redundância para despacho em caso de indisponibilidade dos sistemas produtores. O reconhecimento da oferta redundante como componente central de segurança do abastecimento foi certamente uma das principais lições daquela crise. O reúso direto não foi, porém, aplicado em tais ações na época, por falta de instrumentos que permitissem sua inserção segura de imediato. Mas, no plano estratégico, ficou claramente determinado um domínio no qual o reúso potável se insere e tende a uma participação destacada.

A presente publicação reveste-se, nessa perspectiva, de enorme importância e atualidade para profissionais e tomadores de decisão nas áreas de meio ambiente, gestão de recursos hídricos, saneamento e planejamento/gestão urbana. A participação do reúso potável direto e indireto na oferta de água, no Brasil, é inexorável. Nas palavras do Cientista Professor Ivanildo Hespanhol, a prática do reúso potável direto "dentro de no máximo uma década (...) será, apesar das reações psicológicas e institucionais que a constrangem, a alternativa mais plausível para fornecer água realmente potável".

**Ricardo Toledo Silva**
Arquiteto, mestre, doutor, livre-docente e professor titular pela Faculdade de Arquitetura e Urbanismo da USP. Pós-Graduado pelo Bouwcentrum (Holanda) e Politecnico di Torino (Itália). No Governo de São Paulo, foi secretário adjunto de Energia e Mineração, assessor na Assessoria Especial de Assuntos Estratégicos do Governador e secretário adjunto de Saneamento e Energia. Foi pesquisador da Divisão de Construção Civil do IPT, secretário de Desenvolvimento Urbano do Ministério da Habitação, Urbanismo e Meio-Ambiente e secretário geral adjunto do Ministério da Habitação e Bem-Estar Social.

# ASPECTOS GERAIS
# DO REÚSO DE ÁGUA

# Capítulo 1
# A INEXORABILIDADE DO REÚSO POTÁVEL DIRETO

Ivanildo Hespanhol (*in memoriam*)
Pedro Caetano Sanches Mancuso
José Carlos Mierzwa
Alexandra Hespanhol
Ana Maria Cervato-Mancuso

## INTRODUÇÃO

Este livro foi didaticamente desenvolvido em três partes absolutamente indissociáveis na questão do reúso de água. Na primeira parte, são apresentados temas genéricos, como a inexorabilidade do reúso potável direto, objeto deste primeiro capítulo, seguido dos poluentes associados aos rios urbanos, a presença da Covid-19 em esgotos sanitários, os riscos associados ao reúso potável, a escassez de água e a problemática da gestão do saneamento e dos recursos hídricos apontando para a necessidade de trilhar novos caminhos, a gestão dos recursos hídricos por bacias hidrográficas, o manejo de águas pluviais urbanas e o recebimento de efluentes não domésticos em sistemas públicos de esgotos bem como seu impacto no reúso de água. A segunda parte abrange temas específicos, como sistemas de membranas, carvão ativado, processos oxidativos avançados (POA), ozonização e aeração por nanobolhas. A terceira parte refere-se a temas complementares, como os planos de segurança de água (PSA), e termina com casos de reúso de água potável.

Este primeiro capítulo tem como objetivo ambientar o leitor na questão do reúso de água potável, nas suas diversas formas, na visão do Prof. Ivanildo Hespanhol, em um viés fortemente voltado para a Engenharia Ambiental e de Saúde Pública.

Assim, o capítulo foi concebido sob forma de entrevista com os autores, cujas vidas profissionais foram fortemente marcadas pela orientação segura do Prof. Ivanildo e pelos laços de profunda amizade que os uniram.

Nessas condições os entrevistadores Alexandra Hespanhol, filha do Prof. Ivanildo e secretária executiva do Centro de Referência Internacional de Reúso de Água da Universidade de São Paulo (Cirra/USP) que ele presidia, e a Profa. Dra. Ana Maria Cervato-Mancuso, professora-associada da Faculdade de Saúde Pública/USP, conceberam questões para o Prof. Dr. José Carlos Mierzwa, do Cirra e do Departamento de Engenharia Hidráulica e Ambiental da Escola Politécnica/ USP, e para o Prof. Dr. Pedro Mancuso, do Departamento de Saúde Ambiental da Faculdade de Saúde Pública/USP, para dar condições aos leitores de fazerem um profunda reflexão sobre como proceder ante a inexorabilidade do reúso potável, principalmente na sua forma direta.

Apresenta-se a seguir a entrevista citada.

## ALEXANDRA HESPANHOL E ANA MARIA CERVATO-MANCUSO PARA PROF. PEDRO MANCUSO

**Em seu artigo "A Inexorabilidade do Reúso Potável Direto", publicado na *Revista DAE* (Hespanhol, 2015), como o Prof. Ivanildo define sustentabilidade, robustez, resiliência e vulnerabilidade de um sistema de abastecimento de água (SAA)?**

Sobre essas características o Prof. Ivanildo argumenta que o termo "sustentabilidade" é um conceito técnico/filosófico genérico que, se for considerado independente de variáveis sistêmicas específicas, *não pode ser expresso em termos quantitativos*.

Em um SAA, a sustentabilidade deve ser interpretada como a probabilidade de suprir, permanentemente, demandas crescentes, em condições satisfatórias.

As variáveis mais importantes que estabelecem, ou não, uma condição de sustentabilidade são:

i.   Robustez, refletindo desempenho consistente e capacidade de atender a uma demanda crescente mesmo em condições de diversos tipos de estresses.
ii.  Resiliência, a habilidade do sistema de recuperar seu estado satisfatório após sofrer impactos negativos, por exemplo, a perda de capacidade de atendimento de fontes de abastecimento.
iii. Vulnerabilidade, a magnitude da falha de um sistema de abastecimento (Hashimoto, Stedinger e Loucks, 1982).

Nessas condições, sistemas como os que abastecem a Região Metropolitana de São Paulo (RMSP) *não são sustentáveis porque são pouco robustos e possuem resiliência praticamente nula, uma vez que permanecem na dependência de recursos oriundos de bacias que, por sua vez, também estão submetidas a condições extremas de estresse hídrico.*

Dentro dessa linha de pensamento, o Prof. Ivanildo pondera que a cultura de importar água de bacias cada vez mais distantes para satisfazer o crescimento da demanda remonta há mais de dois mil anos. Os romanos, que praticavam uso intensivo de água para abastecimento domiciliar e de suas termas, procuravam, de início, captar água de mananciais disponíveis nas proximidades.

À medida que estes se tornavam poluídos pelos esgotos dispostos sem nenhum tratamento, ou ficavam incapazes de atender à demanda, passavam a aproveitar a segunda fonte mais próxima e assim sucessivamente.

Essa prática deu origem à construção dos grandes aquedutos romanos, dos quais existem, ainda, algumas ruínas, em diversas partes do mundo.

Assim, a sistemática atual não é racional, resolvendo, precariamente, o problema de abastecimento de água em uma região, em detrimento daquela que a fornece. Há, portanto, necessidade de adotar um novo paradigma que substitua a versão romana de transportar, sistematicamente, grandes volumes de água de bacias cada vez mais longínquas e de dispor os esgotos, com pouco, ou nenhum tratamento, em corpos de água adjacentes, tornando-os cada vez mais poluídos (Hespanhol, 2012).

Como confirmação do critério de planejamento de importar recursos hídricos de bacias distantes, foi implantado o projeto de captação de água junto ao reservatório Cachoeira do França, no Rio São Lourenço, Alto Juquiá, para uma produção máxima de 6,4 $m^3/s$ (Guedes, 2018).

Nesse projeto, o sistema adutor, incluindo as linhas de água bruta e de água tratada, é de aproximadamente 100 km, atingindo a RMSP, após um recalque superior a 300 m.

O projeto, além de envolver os já ultrapassados sistemas convencionais de tratamento, não apresenta quaisquer aspectos de viabilidade técnica, econômica e ambiental, pois demandou um investimento superior a 2,2 bilhões de reais.

Nenhuma consideração adicional foi feita pelos tomadores de decisão, do volume de esgotos que seria gerado em função dessa nova adução, ou seja, de aproximadamente 3,8 $m^3/s$, assumindo-se um coeficiente de retorno de 80%, os quais, certamente, serão dispostos, sem tratamento nos já extremamente poluídos corpos hídricos da RMSP.

## ALEXANDRA HESPANHOL E ANA MARIA CERVATO-MANCUSO PARA PROF. JOSÉ CARLOS MIERZWA

**À luz dessas definições, como o Prof. Ivanildo relaciona reúso de água e sustentabilidade?**

Na concepção do Prof. Ivanildo, é possível utilizar fontes alternativas de abastecimento, como a prática de reúso de água para o atendimento das demandas crescentes, pois considera que dentro do cenário de escassez observado há uma dificuldade crescente para manutenção do modelo de importação de água. Como comenta em seu artigo "uma solução sustentável seria a de tratar e reusar, para fins benéficos, os esgotos já disponíveis nas áreas urbanas para complementar o abastecimento público. Essa prática contribuiria substancialmente para um aumento da robustez dos sistemas e tornaria o conceito de resiliência pouco significativo, uma vez que eliminaria as condições de estresse associadas à redução da disponibilidade hídrica em mananciais utilizados para abastecimento público".

Destaca-se na afirmação do Prof. Ivanildo que a prática de reúso de água utiliza uma fonte confiável de abastecimento, que são os esgotos domésticos gerados.

Nas opções de reúso consideradas há o reúso urbano não potável, o qual pode requer menor nível de tratamento de esgotos, mas é limitado pela necessidade de instalação de infraestrutura de distribuição de água, a qual requer um alto investimento, considerando-se as demandas distribuídas e complexidade da execução das obras necessárias.

Por outro lado o Prof. Ivanildo considera que a utilização de tecnologias de tratamento mais modernas e protocolos de certificação da qualidade da água viabiliza a prática do reúso potável direto, em que se pode utilizar a infraestrutura de distribuição já existente.

Considerando-se essa abordagem, é possível estabelecer uma correlação clara entre reúso de água e sustentabilidade, como destacado pelo Prof. Ivanildo, isso porque o reúso de água evita a necessidade de exploração de mananciais cada vez mais distantes dos centros de consumo. Isso por sua vez irá minimizar o consumo de energia associada à transferência de água, incentiva o desenvolvimento de tecnologias de tratamento mais eficientes em termos de uso de insumos e geração de resíduos e assegura a redução da degradação dos cursos d'água disponíveis em função do aumento dos índices de tratamento de esgotos e redução da carga poluidora lançada.

## ALEXANDRA HESPANHOL E ANA MARIA CERVATO-MANCUSO PARA PROF. PEDRO MANCUSO

**De que maneira as diversas formas de reúso potável – reúso potável indireto não planejado (RPINP), reúso potável indireto planejado (RPIP) e reúso potável direto planejado (RPD) – são definidas pelo Prof. Ivanildo e por que ele caracteriza esta última como a mais segura, apesar de que aparentemente o senso comum indica o contrário?**

**Nessa linha de raciocínio, o Prof. Ivanildo introduz um conceito extremamente importante que é o dos atenuadores ambientais. Qual o significado e a importância dessas figuras?**

Sistemas de RPINP, na grande maioria das vezes inconscientemente, são praticados extensivamente no Brasil. Exemplos típicos são os lançamentos de esgotos (tratados ou não) e a coleta a jusante, para tratamento e abastecimento público, praticado em cadeia, por diversos municípios, ao longo do rio Tietê e do rio Paraíba do Sul.

Na RMSP a reversão do corpo central e do braço do rio Taquacetuba do reservatório Billings para o reservatório Guarapiranga também se constitui em um sistema de reúso de água para fins potáveis, o qual não foi concebido dentro dos critérios e tecnologias associadas às práticas de reúso, pois as águas coletadas do reservatório Guarapiranga, após a reversão do reservatório Billings, são tratadas na ETA do Alto da Boa Vista por meio de um sistema convencional de tratamento.

Causa espécie, que o órgão regulador local, extremamente vinculado a normas irracionais e extremamente restritivas, ignore completamente os problemas ambientais e de saúde pública causados por essa sequência de lançamentos de esgotos brutos e de captação imediatamente a jusante para abastecimento público de água.

Conceitualmente, o RPIP deve ser constituído por um sistema secundário de tratamento de esgotos, geralmente de lodos ativados e, mais modernamente, de sistemas com membranas submersas (IMBRs), seguido de sistemas de tratamento avançado e, se necessário, de um balanceamento químico antes do lançamento em um corpo receptor, superficial ou subterrâneo, aqui designados como atenuadores ambientais (AA).

Os AA podem ser corpos hídricos naturais associados aos sistemas de reúso potáveis diretos planejados. Podem ser aquíferos confinados, nos quais a recarga gerenciada é efetuada com os esgotos tratados, ou corpos receptores naturais, rios, lagos ou reservatórios construídos (para regularização de vazões, para tomada de água, geração de energia elétrica ou para usos múltiplos), nos quais os esgotos tratados são lançados e posteriormente captados para reúso indireto.

Os AA tanto subterrâneos como superficiais têm o objetivo de, por efeitos de diluição, sedimentação, adsorção, oxidação, troca iônica etc. atenuar as baixas concentrações de poluentes remanescentes dos sistemas avançados de tratamento utilizados.

A legislação do estado da Califórnia (CDPH, 2008), para recarga gerenciada de aquíferos (que poderia ser avaliada e adaptada para condições brasileiras), por exemplo, estabelece uma retenção de 6 meses, baseada na hipótese que cada mês de retenção proporciona a redução de uma ordem de magnitude (99%) de vírus, obtendo no período total uma redução correspondente a seis ordens de magnitude (99,9999%).

Os objetivos básicos dos AA são:

- Proporcionar diluição e estabilização dos contaminantes ainda existentes no efluente tratado.
- Proporcionar uma barreira adicional de tratamento para organismos patogênicos e/ou elementos traços, por meio de sistemas naturais.
- Proporcionar tempo de resposta em caso de mau funcionamento do sistema avançado de tratamento.
- Proporcionar percepção pública de que ocorre um aumento da qualidade da água.
- Proporcionar, ao público consumidor, a percepção de que ocorre uma dissociação entre esgoto e água potável.

O RPDP é difícil de ser aplicado nas condições atuais brasileiras, em virtude das seguintes características técnicas, ambientais, legais e institucionais:

- Os corpos receptores superficiais que poderiam operar como AA são geralmente poluídos, não possibilitando os efeitos purificadores secundários deles desejados. Na realidade o oposto ocorreria, pois efluentes altamente purificados por processos avançados de tratamento seriam contaminados por causa dos elevados níveis de poluição de grande parte de nossos corpos hídricos.
- Por desconhecimento da importância e benefícios inerentes, a prática de recarga gerenciada de aquíferos é, formalmente, rejeitada por nossos legisladores e por alguns órgãos de fomento, que vêm, continuamente, recusando o desenvolvimento de estudos e projetos, que dariam subsídios para o desenvolvimento de uma norma e de códigos de prática nacionais sobre o tema (Hespanhol, 2009). Por essa razão não há no Brasil, atualmente, possibilidade da utilização de aquíferos subterrâneos como AA.
- Efluentes lançados em corpos receptores, superficiais ou subterrâneos, não passam automaticamente a serem do domínio das entidades ou companhias de saneamento que procederam ao tratamento e respectiva descarga. Uma vez lançados ao meio ambiente, a captação correspondente, total ou parcial, fica submetida aos critérios de outorga e à respectiva cobrança pelo uso da água.

Verifica-se, portanto, que a implantação de sistemas de RPIP não tem, atualmente, condições técnicas e econômicas para ocorrer no Brasil. No futuro, seria possível que essa modalidade de reúso pudesse vir a ser implantada caso fosse promulgada legislação nacional sobre recarga gerenciada de aquíferos e/ou sobre a obrigatoriedade de que os esgotos só pudessem ser lançados em corpos superficiais após níveis de tratamento superiores aos secundários, hoje adotados apenas em pequena parte do país.

Há uma enorme gama de sistemas de RPIP, tanto experimentais como públicos, operando em diversos países. O sistema administrado pela Companhia Intermunicipal de Água, Veurne-Ambacht – IWVA, em Koksijde, no estremo norte da Bélgica, está em operação desde julho de 2002.

A ETE de Wulpen, constituída por um sistema de lodos ativados, foi construída em 1987 e reformada em 1994 para proporcionar remoção de nutrientes. O efluente da ETE Wulpen é encaminhado à Estação de Tratamento Avançado de Torreele onde passa por unidades de ultrafiltração (ZeeWeed, ZW 500C da Zenon) e, em seguida, por unidades de osmose reversa (30LE-440 da Dow Chemical).

O efluente da ETA de Torreele é, após um transporte de aproximadamente 2,5 km, infiltrado no aquífero arenoso, não confinado, de Saint André, com o objetivo de remover organismos patogênicos e traços de produtos químicos que possam ter ultrapassado a barreira de osmose reversa.

A água é recuperada do aquífero a distâncias variando entre 33 e 153 m do ponto de recarga, por meio de 112 poços, a profundidades variando entre 8 e 12 metros.

O extensivo sistema de monitoramento efetuado mostrou a excelente qualidade da água potável produzida: as análises efetuadas em 2007 nos efluentes do sistema de osmose reversa indicaram ausência de produtos farmacêuticos quimicamente ativos e de disruptores endócrinos acima dos limites de detecção de 0,5 a 10 ng/L (Van Houtte e Verbauwhede, 2008; Vandenbohede, Van Houtte e Lebbe, 2008).

Um dos maiores e mais conhecidos sistemas de RPIP é o de Orange County, situado em Fountain Valley, na Califórnia.

O efluente da ETE do Orange County Sanitation District é encaminhado, sem desinfecção, à estação de tratamento avançado do Water Factory 21, pertencente ao Orange County Water District, cuja produção é de aproximadamente 82 milhões de metros cúbicos por ano.

O sistema antigo de tratamento que era composto por coagulação/floculação com cal, extração de amônia, recarbonatação, filtração, adsorção em carvão ativado, desinfecção e osmose reversa (Tchobanoglous e Burton, 1991) foi substituído a partir de 2008 por um novo sistema no qual parte da água produzida é dirigida às bacias de infiltração de Kraemmer e Miller e parte aos poços de injeção, utilizados para evitar a penetração da cunha salina no aquífero costeiro, ao longo da Ellis Avenue.

## ALEXANDRA HESPANHOL E ANA MARIA CERVATO-MANCUSO PARA PROF. JOSÉ CARLOS MIERZWA

**Em última análise, como o Prof. Ivanildo conceitua o reúso potável direto e, considerando o atual estágio tecnológico da engenharia sanitária brasileira e dos mananciais principalmente superficiais no Brasil, a tecnologia de reúso**

de água é mais confiável do que a convencional (apesar de o termo "convencional" ser bastante impreciso).

Pelo seu artigo, o Prof. Ivanildo considera que o reúso potável direto "consiste no tratamento avançado de efluentes domésticos e a sua introdução em uma ETA cujo efluente adentra, diretamente, um sistema público de distribuição de água, sem que ocorra a passagem através de atenuadores ambientais, tanto superficiais como subterrâneos. O esgoto, após tratamento avançado poderá ser introduzido diretamente em uma ETA, ou em um reservatório de mistura à montante dela, quando vazões complementares, tanto de origens superficiais como subterrâneas compõem a vazão total a ser tratada no sistema de reúso".

A principal razão para isso está associada ao nível de desenvolvimento tecnológico ocorrido nos últimos anos, principalmente em relação aos processos de tratamento de água e efluentes. Assim, após a utilização do tratamento secundário de tratamento de esgotos, seja pelo processo de lodos ativados convencionais, seja pelo processo biológico com membranas submersas, é possível utilizar câmaras de equalização e sistemas avançados de tratamento, com posterior ajuste químico para a produção de água potável.

Destaca-se que, atualmente, a maioria das estações de tratamento de água para abastecimento público utilizam o processo convencional de tratamento de água, o qual tem como principal objetivo a remoção de sólidos em suspensão da água para possibilitar a etapa de desinfecção. Trata-se de uma tecnologia desenvolvida no início do século XX, na qual os principais problemas relacionados à qualidade da água eram os microrganismos patogênicos e se considerava como premissa básica o conceito de manancial protegido.

Atualmente, os desafios em relação ao tratamento de água não se restringem apenas aos organismos patogênicos, mas também a uma ampla variedade de substâncias químicas utilizadas no nosso dia a dia, além do fato de o conceito de manancial protegido não ser uma realidade na maioria das regiões do Brasil.

Por outro lado, o reúso de água para fins potáveis requer a utilização de tecnologias de tratamento mais robustas, as quais já se encontram disponíveis para aplicação, de maneira que é possível produzir água segura para abastecimento público a partir de esgotos tratados.

A associação entre as tecnologias de tratamento disponíveis, em uma sequência adequada, permite o desenvolvimento de um sistema de produção de água potável mais confiável que os sistemas atualmente utilizados pela maioria das companhias de abastecimento, seja no Brasil ou em qualquer outro país do mundo.

Como exemplos, o Prof. Ivanildo fez uma descrição resumida em seu artigo sobre as tecnologias de tratamento disponíveis para a implantação da prática de reúso potável direto, conforme apresentado a seguir.

## Tecnologia disponível para reúso potável direto

A questão adjacente que ainda perdura em muitos setores conservativos é se há, atualmente, disponibilidade de tecnologia adequada (operações, processos unitários e sistemas integrados) e técnicas de certificação da qualidade de água, que permitam produzir, consistentemente, água segura a partir de esgotos domésticos, respeitando critérios econômicos e de proteção da saúde pública dos consumidores. Em seguida, são apresentados, de maneira resumida, três processos unitários básicos que, em conjunção com processos tradicionais, tais como coagulação/floculação, filtração, desinfecção etc. podem compor sistemas avançados de tratamento, que devem ser avaliados com o objetivo de produzir consistentemente água de reúso para fins potáveis em sistemas diretos.

### Operações e processos unitários potenciais

Os processos ou sistemas unitários que poderão ser utilizados para compor sistemas avançados de tratamento para reúso são basicamente os seguintes:

### a) Sistemas de membranas

A remoção de poluentes químicos tradicionais e emergentes, mesmo os de baixa massa molecular como os disruptores endócrinos, assim como organismos patogênicos de dimensões muito pequenas como os oocistos de *Cryptosporidium* spp., podem ser, efetivamente, removidos por sistemas de membrana de ultra-filtração, nanofiltração e osmose reversa. A OMS avalia que, dependendo dos tipos de membranas utilizadas e de suas características operacionais, a remoção máxima de vírus, bactérias e protozoários podem ser superiores a 6,5, 7 e 7 ordens de magnitude, respectivamente (WHO, 2011).

### b) Carvão ativado biológico

Unidades de carvão ativado biológico são sistemas utilizados em tratamento avançado de água, principalmente para remover material orgânico (geralmente biodegradáveis), material não orgânico (compostos estáveis e de difícil degrada-ção) e organismos patogênicos, contidos em águas superficiais ou subterrâneas. A remoção de contaminantes é processada por meio de três mecanismos básicos: biodegradação, adsorção de micropoluentes e filtração de sólidos suspensos (Asano et al., 2007). O biofilme que é formado nos poros e superfície do carvão ativado (em pó ou granular) consome a matéria orgânica produzindo, como subproduto, água, dióxido de carbono, biomassa e moléculas orgânicas simples. A promoção da atividade biológica é efetuada pela ação de um oxidante forte, geralmente, ozônio, que é aplicado na entrada da unidade filtrante.

### c) Processos oxidativos avançados (POAs)

POAs envolvem a geração do radical livre hidroxil (OH•), um oxidante forte com capacidade de oxidar compostos que não são passíveis de serem oxidados por oxidantes convencionais, tais como oxigênio, ozônio e cloro (Tchobanoglous, Burton e Stensel, 2003). A importância de POAs em sistemas de RPD é vinculada ao fato de que mesmo efluentes de sistemas de tratamento terciário (inclusive em permeados de sistemas de osmose reversa) podem conter traços de compostos orgânicos naturais ou sintéticos (Asano et al., 2007).

## Sistemas avançados de tratamento para RPD

O sistema avançado de tratamento deverá ser concebido em função das características do esgoto a ser tratado e da qualidade de eventuais fontes adicionais de água que serão tratadas na ETA. Dependendo da qualidade dessas fontes extras (presença de produtos químicos e de organismos patogênicos tais como oocistos de *Cryptosporidium* spp.), a ETA deverá, também, conter sistemas avançados de tratamento, tais como ultrafiltração e processos oxidativos avançados (POA).

O sistema de tratamento avançado a ser construído (após tratamento convencional por sistemas de lodos ativados ou equivalente) deverá integrar os conceitos de barreiras múltiplas sendo imprescindível que sejam executados estudos-piloto para identificar a consistência na produção de efluentes adequados, fornecer parâmetros de projeto realistas, identificar problemas de operação e manutenção e para avaliar os custos associados.

Considerando a elevada capacidade de remoção de poluentes críticos dos processos unitários descritos, os sistemas de tratamento para RPD a serem considerados para avaliação, em função de efluentes específicos e de características locais, são os quatro sistemas sucintamente descritos, conforme Tchobanoglous et al. (2011) e Leverenz, Tchobanoglous e Asano (2011):

- **Sistema 1:** concebido para tratar efluentes de sistemas de tratamento de esgotos por lodos ativados, é composto de câmara de equalização seguida de unidades de osmose reversa (com pré-tratamento por ultrafiltração), e de POA, por meio de $UV/H_2O_2$. A seguir, o efluente assim tratado passa pelo reservatório de retenção/armazenamento/certificação, pela câmara de mistura e, finalmente, pela ETA, produzindo água potável.
- **Sistema 2:** também concebido para tratar efluentes de sistemas de tratamento de esgotos por lodos ativados, é composto por câmara de equalização e emprega unidades de ultrafiltração, carvão ativado biológico com injeção prévia de ozônio, nanofiltração e POA, por meio de $UV/H_2O_2$.

- **Sistema 3:** não emprega câmara de equalização, esse sistema efetua o tratamento biológico por meio de sistemas MBRs com membranas de ultrafiltração, unidades de osmose reversa e de POA, por meio de $UV/H_2O_2$.

- **Sistema 4:** também não emprega câmara de equalização, efetua o tratamento biológico por meio de sistemas MBRs com membranas de ultrafiltração seguido de carvão biologicamente ativado com ozona, nanofiltração e POA, por meio de $UV/H_2O_2$.

## ALEXANDRA HESPANHOL E ANA MARIA CERVATO-MANCUSO PARA PROF. PEDRO MANCUSO

**Pelas lições do Prof. Ivanildo, o reúso de água potável, uma realidade em diversos países, é bastante factível. De que modo no Brasil ele aproxima factibilidade e inexorabiliadade e quais as barreiras a serem vencidas?**

Em função do cenário crítico descrito, o Prof. Ivanildo pondera que é inevitável que, em um futuro muito próximo, não haverá outra solução que não seja a de substituir mecanismos ortodoxos de gestão da água no setor urbano por novos paradigmas, para poder assegurar a sustentabilidade do abastecimento de água, tanto em termos de qualidade como em quantidade.

A mais importante missão dessa mudança de paradigma está associada à universalização da prática de reúso de água e, mais especificamente, da prática de RPD, utilizando apenas as redes de distribuição de água atualmente existente e as suas ampliações.

As razões básicas e os fatores positivos que colaboraram para essa mudança significativa nos dogmas vigentes de gestão da água são:

- Os mananciais para abastecimento de água estão se tornando cada vez mais raros, mais distantes e mais poluídos, tornando-se inviável a sua utilização.

- O RPINP, extensivamente praticado no Brasil, é uma prática prejudicial tanto para o meio ambiente como para a saúde pública de usuários de sistemas de distribuição de água tratada por sistemas convencionais.

- A implementação de sistemas de RPIP parece ser, atualmente, de pequena viabilidade nas condições brasileiras uma vez que corpos receptores superficiais, que poderiam operar como AA são geralmente poluídos, não possibilitando os efeitos purificadores secundários deles desejados.

- Por outro lado, a utilização de aquíferos como AA também não pode ser realizada na presente conjuntura nacional, uma vez que a prática de recarga gerenciada de aquíferos não é, ainda, tecnicamente reconhecida no Brasil.

- Com a tecnologia avançada hoje disponível é possível remover contaminantes traços orgânicos e inorgânicos e organismos patogênicos que não são removidos em sistemas tradicionais de tratamento de água.
- Não haverá necessidade de construir um sistema de distribuição separado para fornecer a água de reúso podendo ser utilizado os sistemas de distribuição já existentes e suas extensões.

No Brasil não dispomos, infelizmente, de dados unitários de tratamento e de distribuição, mas a avaliação vigente é de que os sistemas de distribuição implicam custo equivalente a 2/3 do total dos custos associados a tratamento e distribuição.

Uma avaliação efetuada nos Estados Unidos (Tchobanoglous et al., 2011) concluiu que o custo total de um sistema paralelo de distribuição de água potável, tratada a nível avançado, oscilaria entre R$ 0,77/m³ e R$ 4,08 R$/m³ (0,32 US$/m³ e 1,70 US$/m³), enquanto um sistema típico de tratamento avançado, incluindo sistemas de membranas e POA, oscilaria entre 1,4 R$/m³ e R$ 2,33/m³ (US$0,57/m³ e 0,97 US$/m³).

A eliminação dos custos associados à construção de uma rede paralela para a distribuição de água de reúso compensaria os custos relativamente maiores (em relação a sistemas de tratamento convencionais) que seriam atribuídos ao sistema de tratamento avançado.

Em alguns casos, como, por exemplo, na RMSP, que depende de importação de águas de bacias distantes, ter-se-ia, ainda, o benefício de evitar a construção de adutoras de água bruta, que implicam a aplicação de recursos elevados para construção, manutenção e recalque.

- Água de alta qualidade seria disponível junto aos centros de consumo sem a necessidade de reversão de bacias. Seria utilizada a água disponível localmente sem prejudicar o abastecimento de água em bacias em condições de estresse crítico como, por exemplo, como ocorre na RMSP em relação à bacia do rio Piracicaba.
- A tecnologia atual é suficiente para substituir AA por reservatórios de retenção onde a água tratada a níveis avançado seria adequadamente certificada antes da mistura com outras fontes de água.
- A existência de precedentes bem-sucedidos, a visão de segurança adicional no abastecimento de água, a disponibilidade de água com qualidade elevada produzida por sistemas avançados de tratamento são fatores positivos para a aceitação comunitária da prática de reúso potável direto.

Apesar da grande gama dos fatores positivos citados, a efetiva implementação de sistemas de RPD está fortemente condicionada aos fatores seguintes: (i) restrições legais/institucionais, associadas ao Princípio da Precaução e à legislação vigente sobre crimes ambientais, e; (ii) aspectos psicológicos e culturais associados à percepção e aceitação da prática do reúso de água.

i) Princípio da Precaução

O Princípio da Precaução é uma diretriz que busca regular a participação do conhecimento técnico e científico e do senso comum na previsão e no combate a potenciais degradações ambientais, causadas por processos tecnológicos tradicionais ou emergentes.

Deve ser aplicado de forma construtiva, elaborando, numa primeira fase, a "análise do risco" por meio da aplicação do conjunto de conhecimentos disponíveis na identificação de potenciais efeitos adversos, assim como dos benefícios ambientais, econômicos, técnicos e sociais que proporcionam (Patti Júnior, 2007; Hespanhol, 2009).

A relação entre a ciência e a precaução é uma importante questão conceitual para o gerenciamento prático de riscos tecnológicos. O conhecimento adequado do problema para a tomada de decisões requer uma série de atributos, entre os quais o exame crítico, a transparência, o controle de qualidade, a revisão pelos pares e a ênfase num aprendizado permanente.

Apenas após a elaboração exaustiva dessa fase de aprendizado científico e tecnológico é permitido que se passe a fase de "gestão do risco", estabelecendo um marco regulatório que possibilite auferir os benefícios da prática, evitando ou minimizando os riscos correspondentes.

O Princípio da Precaução não pode, portanto, ser utilizado para impedir o desenvolvimento de tecnologias que podem apresentar certos riscos. Os órgãos reguladores devem assumir o compromisso de lidar com os riscos e com as incertezas científicas de forma coerente, permitindo, por outro lado, que os benefícios proporcionados pela prática sejam auferidos em sua plenitude.

O cenário mais crítico ocorre, entretanto, quando, com base exclusiva em preconceitos, preferências pessoais e argumentos subjetivos, os tomadores da decisão se recusam a regulamentar processos ou atividades tecnológicas importantes, criando condições para a ocorrência de riscos que poderiam ser evitados por meio da aplicação de mecanismos adequados de comando e controle.

O que se observa ainda é a usurpação do Princípio da Precaução no formato de proteção profissional individual, buscando segurança legal pela obstrução de processos de regulamentação de práticas importantes e consagradas.

Especificamente no caso do reúso de água, a postura mais prejudicial para o desenvolvimento da prática é a adoção de regulamentações extremamente restritivas sob a cobertura da pseudoprecaução, buscando apenas a proteção contra penalidades potenciais associadas à Lei n. 9.605 de 12.02.1998, que "dispõe sobre as sanções penais e administrativas derivadas de condutas e atividades lesivas ao meio ambiente e dá outras providências".

Uma normalização racional não meramente copiada de outras fontes, mas adaptada às condições nacionais e cientificamente suportada, eliminaria totalmente a preocupação contra penalidades potenciais.

Uma grande reação se esboça atualmente, nos organismos de controle ambiental, nos setores governamentais em seu nível de decisão mais elevado, nos organismos de gestão de recursos hídricos, nos setores empresariais de água e esgoto e nos meios acadêmicos, contra a implementação de normas irracionalmente restritivas, que, por não serem representativas das condições brasileiras, não protegem o meio ambiente e a saúde pública dos grupos de risco, inibindo, por outro lado, a estratégia do reúso que é, atualmente, o instrumento-chave de gestão da água em áreas com estresse hídrico.

Evidentemente as práticas em consideração são associadas a níveis de riscos de magnitudes diversas, que deverão ser racionalmente avaliadas para dar suporte a normas e códigos de práticas realistas.

ii) Percepção e aceitação pública da prática de reúso

O segundo fator, potencialmente limitante, está associado a aspectos culturais e psicológicos de nossa sociedade, face à percepção negativa do consumo de água reciclada e à falta de confiança na segurança de sistemas avançados de tratamento e de certificação da qualidade da água. Além do aspecto social ocorrem ainda temores associados a riscos políticos, econômicos e ambientais.

Essas posturas sociais negativas podem, entretanto, ser amenizadas por meio de educação ambiental, informação básica sobre a segurança das tecnologias de tratamento e de certificação da qualidade da água produzida por sistemas de RPD.

A execução de projetos de demonstração e posterior divulgação de resultados de qualidade da água produzida e de estudos epidemiológicos efetuados em associação, seria, também, uma ferramenta importante para mostrar a viabilidade ambiental e de saúde pública, proporcionando resultados mais visíveis para amenizar a percepção negativa da prática de reúso potável direto.

ALEXANDRA HESPANHOL E ANA MARIA CERVATO-MANCUSO PARA PROF. JOSÉ CARLOS MIERZWA E PROF. PEDRO MANCUSO

**De que forma o Prof. Ivanildo recomenda que os órgãos de saúde devem agir no sentido de dar proteção à população abastecida pelos SAA que inexoravelmente farão uso do reúso potável, nas suas várias formas?**

O Prof. Ivanildo atribui aos órgãos de saúde, por meio do emprego de um Plano de Segurança da Água (PSA), o papel fundamental de garantir a implementação do reúso potável, nas suas várias formas no Brasil. Ele pondera que, a partir do Decreto n. 79.367/77 que atribuiu ao Ministério da Saúde a competência sobre a qualidade de água para consumo humano no território nacional, foram promulgadas a Portaria BSB n. 56/77, a Portaria GM n. 36/90, a Portaria MS n. 1.469/2000, a Portaria MS n. 518/2004 e a Portaria MS n. 2.914/2011, que está sendo revisada atualmente.

Este último dispositivo prevê que a qualidade da água fornecida pelos SAA deve ser garantida pelas empresas concessionárias, públicas ou privadas, pelo emprego de um PSA, nos moldes daquele desenvolvido pela Organização Mundial da Saúde (WHO, 2011).

Em que pese o fato de que a inclusão dessa orientação é um avanço, em relação às suas versões anteriores, isso foi feito sem a necessária adaptação às nossas condições.

Em prosseguimento, o Prof. Ivanildo argumenta que a evolução de diretrizes e normas relativas a temas de saúde pública não é controlada unicamente por estudos e pesquisas toxicológicas e epidemiológicas.

Características socioculturais, práticas de higiene, percepção e sensibilidade públicas, desenvolvimento tecnológico e condições econômico-financeiras são tão importantes quanto evidências científicas no estabelecimento de normas para a proteção da saúde pública de usuários de sistemas públicos de abastecimento de água (Hespanhol e Prost, 1994).

O objetivo básico de produzir regulamentos é o de estabelecer limites relativos a práticas específicas (como abastecimento ou reúso de água) que minimizem efeitos prejudiciais, sem afetar os benefícios correspondentes.

Esses limites não possuem valor absoluto nem podem ser considerados como permanentes. Variam em função do desenvolvimento científico e tecnológico e de condições econômicas, assim como em função de tendências de aceitação ou rejeição de práticas e posturas que afetam os valores culturais de uma sociedade.

Uma das diversas funções da OMS no atendimento de seus objetivos é a de "propor [...] regulamentos e efetuar recomendações relativas a temas internacionais de saúde" (WHO, 1990).

Como parte importante dessas funções, a OMS estabelece por meio de dois procedimentos distintos as diretrizes para a qualidade da água potável. O primeiro designado como "Avaliação de Riscos", efetuado pelos seus centros colaboradores internacionais, inclui:

i. Identificação, em nível mundial de contaminantes potencialmente perigosos (microbiológicos, químicos e radiológicos).

ii. Avaliação quantitativa da relação doses-efeitos sobre seres humanos.

iii. Avaliação dos níveis potenciais de exposição que podem ocorrer sobre seres humanos.

Essa primeira fase atribui valores diretrizes aos contaminantes considerados relevantes e é dirigida fundamentalmente à proteção da saúde pública. Essas diretrizes têm características unicamente "recomendatórias" e são baseadas na filosofia de risco/benefício. Diretrizes assim formuladas proporcionam a seus países-membros elementos para o estabelecimento de padrões nacionais de qualidade de água.

O segundo procedimento proposto pela OMS, denominado "Gestão do Risco" é desenvolvido em âmbito nacional por países interessados em estabelecer seus próprios padrões de qualidade e respectivos códigos de prática.

Consiste na interpretação das diretrizes levando em conta as condições e características técnicas, sociais e econômicas e de sensibilidades de cada país. Essa etapa formula os padrões compatíveis com os interesses e as tendências nacionais.

A Portaria MS n. 2.914 de 12.12.2011 (que "dispõe sobre os procedimentos do controle e da vigilância da qualidade da água para consumo humano e seu padrão de potabilidade") e suas edições anteriores não elaboraram a fase de Gestão de Riscos, uma vez que adotaram, sem a necessária adaptação, praticamente todas as variáveis propostas pelas diretrizes da OMS (WHO, 2011). Os valores numéricos adotados para essas variáveis são, também, os mesmos propostos pela OMS.

O que ocorre no Brasil é que normas associadas à saúde pública, tais como as relativas a qualidade de água potável, disposição de lodos biológicos em áreas agricultadas, e reúso de esgoto, são fortemente baseadas em, senão copiadas de, normas estrangeiras, ou adotadas sem a devida adaptação das diretrizes propostas pela OMS, podendo não exercer a proteção que delas se espera uma vez que não são representativas de nossas características de saúde pública, culturais, sociais, econômicas e técnicas.

Os padrões de qualidade estabelecidos na Portaria n. 2.914/2011 foram adotados diretamente das diretrizes da OMS sem a devida adaptação às condições sociais, técnicas e, principalmente, de saúde públicas brasileiras.

Note-se que os centros colaboradores da OMS que avaliam os riscos de saúde pública associados à água potável são localizados exclusivamente em países desenvolvidos, fazendo com que as variáveis regulamentadas por eles sejam exclusivas desses países e não necessariamente as que são prevalentes no Brasil.

Esse aspecto fundamental leva à consideração de que o atendimento completo dos padrões de qualidade inseridos na Portaria n. 2.914/2001 não garante a distribuição de água potável aos consumidores dos sistemas brasileiros de abastecimento.

Ao se considerar a prática do reúso potável como inexorável, há a necessidade de uma nova geração de normas que possa efetivamente avaliar e garantir a qualidade da água de abastecimento público.

Dentro dessa visão e prosseguindo em suas recomendações, o Prof. Ivanildo preconiza fortemente tornar os PSA mais realistas para que efetivamente possam dar conta do emprego do reúso de água pelos SAA. E isso deve ser feito pelo emprego das chamadas variáveis sub-rogadas que, além proporcionar maior confiabilidade, reduzirá significativamente os custos associados a monitoramento.

O termo sub-rogado é utilizado para indicar um substituto para qualquer item de interesse. No contexto de microbiologia ambiental e avaliação de riscos de saúde pública, variáveis sub-rogadas como organismos, partículas ou substâncias são utilizados para avaliar o destino de um organismo patogênico no ambiente.

A descoberta da bactéria coliforme *Escherichia coli* em fezes e os métodos utilizados para a sua identificação na água contaminada levou à sugestão para a sua utilização como um indicador de organismos patogênicos de origem hídrica e como uma variável sub-rogada para avaliar a capacidade de um sistema de tratamento para removê-las da água potável (Sinclair et al., 2012).

Diversas outras variáveis sub-rogadas são utilizadas atualmente. A mais conhecida delas seria provavelmente a Demanda Biológica de Oxigênio, que é uma variável sub-rogada para avaliar a presença de matéria orgânica biodegradável na água, esgotos e efluentes industriais.

A outra grande vantagem de utilizar variáveis sub-rogadas é que elas devem ser criteriosamente avaliadas por correlação pelos grupos de variáveis que representam em termos de Priorização Qualitativa de Atributos Sub-rogados (PQAS) e que devem ser certificadas por meio da Determinação Quantitativa de Risco Microbiano (DQRM), e não mais baseadas em propostas de especialistas.

A Tabela 1 mostra um exemplo de variáveis sub-rogadas para monitoramento de matéria orgânica e de precursores de trialometanos (Edzwald, Becker e Wattier, 1985).

**Tabela 1**   Variáveis sub-rogadas de qualidade para monitoramento de matéria orgânica e precursores de trialometanos

| Variáveis sub-rogadas | Variáveis correspondentes |
|---|---|
| Turbidez | Partículas suspensas – padrão de 1 UNT. Variável tradicional para medir o desempenho de ETAs |
| Cor | Matéria húmica – padrão secundário de 15 unidades Pt-Co. Variável estética convencional |
| Coliformes | Microrganismos patogênicos |
| COT | Matéria orgânica, sem padrão ou critério |
| Potencial de formação de trialometanos | Medida indireta de precursores de trialometanos – sem padrão para precursores. Padrão para trialometanos formados |
| Absorbância UV – 254 nm | Precursores de COT e de trialometanos |

O estabelecimento de normas de qualidade baseadas em variáveis sub-rogadas também tem sido utilizado para avaliar qualidade de água de reúso para fins potáveis indiretos

Em Perth, Austrália, a ETE Beenyup Advanced Wastewater Treatment foi equipada com membranas de ultrafiltração e de osmose reversa e desinfecção com radiação ultravioleta.

O efluente dessa unidade é infiltrado, por meio de recarga gerenciada no aquífero arenoso de Leederville que atua como AA para produção de água potável sob o conceito de reúso potável indireto (Australian Water Corporation, 2013).

Para controle da qualidade da água no ponto de injeção no aquífero foram estabelecidas 18 variáveis sub-rogadas, conforme mostrado na Tabela 2.

**Tabela 2** Variáveis sub-rogadas utilizada em Perth, Austrália, onde a ETE de Beenyup Advanced Wastewater Treatment foi equipada com membranas de ultrafiltração, de osmose reversa e desinfecção com radiação ultravioleta

| Variável sub-rogada | Variáveis correspondentes |
| --- | --- |
| Boro | Metais e metaloides |
| Nitrato | Ânions inorgânicos |
| NDMA | N-Nitrosamina residual |
| Cloratos | Ânions residuais |
| 1,4-dioxanos | Produtos orgânicos diversos |
| EDTA | Produtos químicos orgânicos |
| Clorofórmio | Resíduos de desinfecção |
| 1,4-diclorobenzeno | Voláteis orgânicos |
| Fluoreno | Compostos aromáticos policíclicos |
| 2,4,6-triclorofenol | Fenóis |
| Carbamazepina | Farmacêuticos |
| Estrona | Hormônios |
| Diclofenaco | Farmacêuticos ácidos |
| Trifluralina | Pesticidas |
| Octadioxina | Dioxinas, furanos e *dioxin-like* PCBs |
| MS2 bacteriófago | Micróbios, patógenos, inclusive vírus |
| Atividade de partículas alfa | Radioisótopos |
| Atividade de partículas beta | Radioisótopos |

Fonte: Australian Water Corporation (2013).

Fechando esse raciocínio, o Prof. Ivanildo afirma que é inexorável que, dentro de no máximo uma década, a prática do RPD, utilizando tecnologias modernas de tratamento e sistemas avançados de gestão de riscos e de controle operacional, será, apesar de as reações psicológicas e institucionais que a constrange, a alternativa mais plausível para fornecer água realmente potável.

Além de resolver o problema de qualidade, o RPD é fortemente associado à segurança do abastecimento, pois utiliza fontes de suprimento disponíveis nos pontos de consumo, eliminando, por exemplo, a necessidade da construção de longas e custosas adutoras, que, geralmente, transferem água para grandes centros urbanos coletadas de áreas afetadas por estresse hídrico.

## REFERÊNCIAS

ASANO, T.; BURTON, F.L.; LAVERENZ, H.L.; et al. *Water reuse – issues, technologies, and applications.* Nova York: McGraw Hill, 2007. p. 1.570.

AUSTRALIAN WATER CORPORATION. Projeto Water Forever – Whatever the Weather, B*eenyup Advanced Wastewater Reclamation Plant.* Perth: Australia, 2013.

[CDPH] CALIFORNIA DEPARTMENT OF PUBLIC HEALTH. Groundwater Recharge Reuse Draft Regulations, California State of California. Sacramento: Health and Human Services Agency, 2008.

EDZWALD, J.K.; BECKER, W.C.; WATTIER, K.L. Surrogate parameters for monitoring organic matter and THM precursors. *J. AWWA, Research and Technology*, v. 77, n. 4, p. 122-32, 1985.

GUEDES, P. Sistema São Lourenço é inaugurado e deve abastecer 2 milhões na Grande SP. *Portal G1.* Globo Comunicação e Participações S/A. 2018. Disponível em: https://g1.globo.com/sp/sao-paulo/noticia/sistema-sao-lourenco-e-inaugurado-e-deve-abastecer-2-milhoes-de-pessoas-na-grande-sp.ghtml. Acesso em: 12 fev. 2020.

HASHIMOTO, T.; STEDINGER, J.R.; LOUCKS, D.P. Reliability, resiliency, and 627 vulnerability criteria for water resource system performance evaluation. *Water Resources 628 Research*, v. 18, n. 1, 1982.

HESPANHOL, I. O princípio da precaução e a recarga gerenciada de aquíferos. *Revista DAE*, São Paulo, n. 179, p. 28-9, jan. 2009.

HESPANHOL, I. Poluentes emergentes, saúde pública e reúso potável direto. In: CALIJURI, M.C.; CUNHA, D.G.F. (coords.). *Engenharia ambiental – conceitos, tecnologia e gestão.* São Paulo: Elsevier Campus, 2012. p. 789.

HESPANHOL, I. A inexorabilidade do reúso potável direto. *Revista DAE*, v. 63, n. 198, p. 63-82, 2015.

HESPANHOL, I.; PROST, A.M.E. WHO Guidelines and National Standards for Reuse and Water Quality. *Water Research*, v. 28, n. 1, p. 119-24, 1994.

LEVERENZ, H.L.; TCHOBANOGLOUS, G.; ASANO, T. Direct Potable Reuse: A future imperative. *Journal of Water Reuse and Desalination*, v. 1, n. 1, p. 2-10, mar. 2011.

PATTI JÚNIOR, E. Princípio da precaução – aspectos controvertidos e desafios para a sua aplicação numa sociedade de risco. 2007. Dissertação (Mestrado em Direito) – Pontifícia Universidade Católica de São Paulo, São Paulo.

SINCLAIR, R.G.; ROSE, J.B.; HASHAHAM, S.A.; et al. Criteria for selecting of surrogates used to study the fate and control of pathogens in the Environment. *Appl. Environ Microbiol.*, n. 78, n. 6, p. 1.969-77, 2012.

TCHOBANOGLOUS, G.; BURTON, F.L. *Wastewater engineering – Treatment disposal and reuse.* 3.ed. USA: Mc Graw Hill, 1991. p. 1.334.

TCHOBANOGLOUS, G.; BURTON, F.L.; STENSEL, H.D. *Wastewater engineering –treatment and reuse.* 4.ed. USA: Mc Graw Hill, 2003. p. 1.819.

TCHOBANOGLOUS, G.; LEVERENZ, H.; NELLOR, M.H.N.; et al. *Direct potable reuse – a path forward, water reuse research foundation.* USA, 2011. p. 102.

VANDENBOHEDE, A.; VAN HOUTTE, E.; LEBBE, L. Groundwater flow in the vicinity of two artificial recharge recharge ponds in the Belgian coastal dunes. *Hydrology Journal*, Bélgica, p. 1.669-81, 2008.

VAN HOUTTE, E.; VERBAUWHEDE, A. Operational experience with indirect potable reuse at the Flemish coast. *Desalination*, n. 218, p. 198, 2008.

[WHO] WORLD HEALTH ORGANIZATION. *Basic Documents*. 38.ed. Genebra, 1990. p. 416.

[WHO] WORLD HEALTH ORGANIZATION. *Guidelines for Drinking Water Quality*. 4.ed. Genebra, 2011. p. 541.

# Capítulo 2

# POLUENTES ASSOCIADOS AOS RIOS URBANOS

Sérgio Francisco de Aquino
Emanuel Manfred Freire Brandt
Silvana de Queiroz Silva

## INTRODUÇÃO

No planejamento do reúso da água, garantir com segurança a qualidade da água compatível ao uso pretendido envolve uma abordagem preventiva de riscos, desde a gestão das fontes de água bruta até o fornecimento da água tratada. As medidas usadas para controle dos riscos começam, portanto, com a redução de perigos na origem da água. No entanto, quando o foco é o reúso indireto da água, a gestão dos riscos nas fontes de água bruta se torna uma tarefa complexa, uma vez que a quantidade e a qualidade da água são fortemente dependentes do uso e da ocupação da bacia hidrográfica. Essa questão é especialmente importante quando as fontes de água bruta são os rios urbanos, os quais frequentemente são submetidos ao aporte de poluentes de diversas fontes antrópicas, sejam elas difusas (p. ex., drenagem urbana) ou pontuais (p. ex., lançamento de efluentes domésticos e não domésticos).

Nesse sentido, neste capítulo são apresentados os principais poluentes associados aos rios urbanos, trazendo uma abordagem sobre suas origens e problemas associados, suas características, sua dinâmica ambiental e formas de monitoramento. O principal objetivo deste capítulo é fornecer embasamento teórico para a gestão da qualidade da água dos rios urbanos com vistas ao seu reúso indireto em áreas urbanas.

## FONTES E CLASSIFICAÇÃO DOS POLUENTES DE RIOS URBANOS

Rios urbanos podem ser poluídos por diferentes fontes, sejam elas pontuais ou difusas; naturais ou antrópicas (Figura 1). O lançamento de esgoto sanitário, *in natura* ou parcialmente tratado, é a principal fonte antrópica da poluição dos rios que cortam as cidades brasileiras. O esgoto sanitário contém poluentes advindos do uso da água no interior das residências (p. ex., fezes, urina, restos de alimento, produtos de limpeza e higiene pessoal), das águas residuárias não domésticas lançadas na rede coletora de esgoto (p. ex., poluentes industriais) e das águas de infiltração (p. ex., poluentes do solo) que adentram a tubulação coletora de esgotos. O lançamento de efluentes industriais parcialmente tratados diretamente nos rios é outra fonte de poluição que contribui para o aporte de poluentes antropogênicos nos rios urbanos. A existência de lixões ou a disposição inadequada de resíduos sólidos urbanos em aterros não controlados também pode levar à contaminação de rios urbanos pela geração de lixiviados que contêm diversos poluentes, orgânicos e inorgânicos, naturais e antropogênicos.

Além dos lixiviados e esgotos, os rios urbanos podem ser poluídos ainda, de forma difusa, pela água pluvial, fonte natural que carreia, durante seu escoamento superficial, poluentes nas formas dissolvida e suspensa, presentes nas áreas antropizadas. Exemplos de poluentes carreados pela chuva para os rios urbanos são: materiais de polímeros sintéticos (plástico, espuma, borracha), papel e vidro; biomassa vegetal (p. ex., galhos, folhas, fragmentos de madeira); restos de alimento; material arenoso; solo desagregado; e outros resíduos associados ao

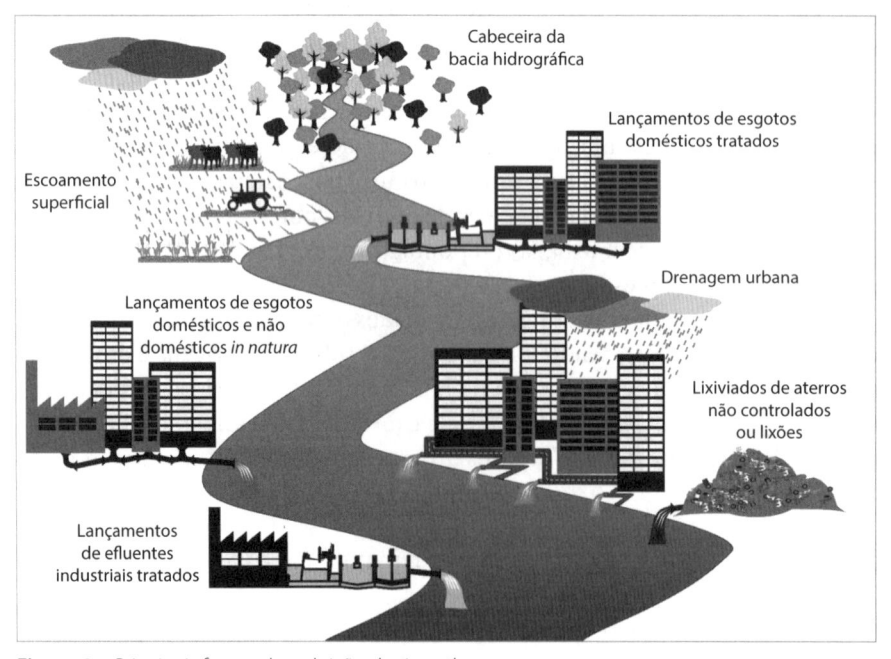

**Figura 1**   Principais fontes de poluição de rios urbanos.

uso de veículos automotores nas vias urbanas (p. ex., fragmentos de borracha de pneus, óleos e graxas, combustível automotivo, tintas de demarcação viária). Os poluentes podem ser classificados em dois grandes grupos, em função da sua natureza: físico-químicos e biológicos. Para fins deste capítulo, serão considerados poluentes biológicos os seres vivos microscópicos, em sua maioria patógenos (p. ex., vírus, helmintos, bactérias), que atingem os rios urbanos pelo lançamento de esgoto sanitário *in natura* ou parcialmente tratado. Por sua vez, os poluentes físico-químicos são constituídos de matéria inanimada que impactam as propriedades físicas ou químicas da água. Discute-se a seguir os principais poluentes físico-químicos e biológicos de importância para os rios urbanos.

## Poluentes físico-químicos

Tais poluentes podem estar presentes nos rios urbanos nas formas dissolvida, coloidal e em suspensão, podendo ser de natureza orgânica ou inorgânica. Os poluentes físico-químicos também podem ser classificados quanto à sua biodegradabilidade e toxicidade, que são parâmetros importantes para definir a qualidade e usos da água dos rios urbanos. Na Figura 2 apresenta-se a classificação que se pode fazer de um poluente associado aos rios urbanos.

Poluentes orgânicos, quando degradados biologicamente por microrganismos aeróbios presentes nos ambientes aquáticos, levam à redução das concentrações de oxigênio dissolvido (OD) na água, e esse é um dos principais impactos associados ao lançamento de esgotos nos rios urbanos. Na Figura 3 é possível comparar as concentrações de OD em cabeceiras de bacias hidrográficas (em geral menos antropizadas e mais preservadas) com as concentrações de OD em rios de cidades brasileiras altamente urbanizadas. Se a taxa de depleção do OD for superior

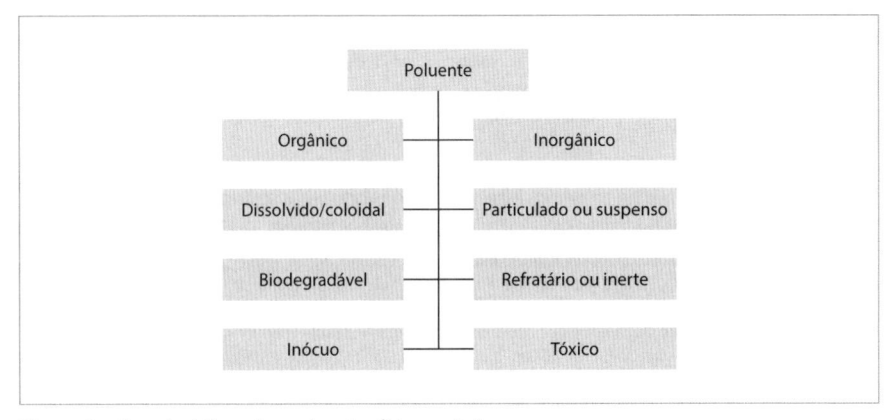

**Figura 2**  Características dos poluentes físico-químicos.

à taxa de reoxigenação (pela fotossíntese ou pela reaeração natural) do corpo d'água, os níveis de OD podem atingir valores incompatíveis com a manutenção da vida aeróbia, comprometendo assim a biota e o ecossistema aquático. Como será visto, poluentes orgânicos podem ser quantificados de forma individual ou como agregados, seja por meio de técnicas indiretas (p. ex., demanda bioquímica de oxigênio – DBO; demanda química de oxigênio – DQO) ou diretas (p. ex., cromatografia a gás acoplada à espectrometria de Massas – CG/EM).

Os poluentes inorgânicos incluem elementos e compostos metálicos (p. ex., formas de ferro e manganês), semimetálicos (p. ex., formas de arsênio, boro) e não metálicos (p. ex., formas de nitrogênio, fósforo e enxofre). A forma ou espécie dos constituintes inorgânicos, principalmente dos metálicos e semimetálicos, depende dos valores de potencial hidrogeniônico (pH) e de potencial redox ou de redução (pE, $E_h$, ε ou ORP) da água. Em água com elevados valores de pE ($E_h$ >

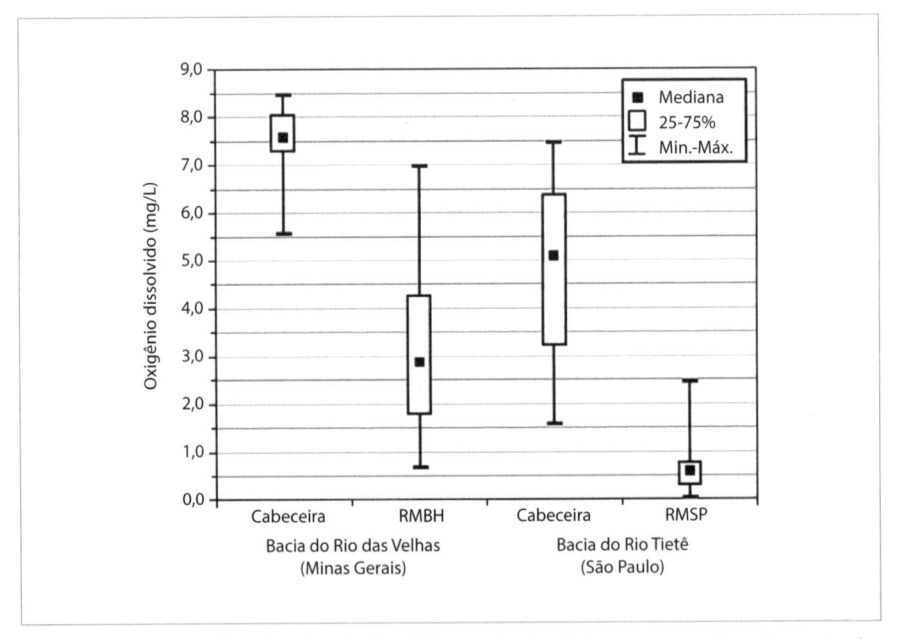

**Figura 3** Concentrações de oxigênio dissolvido em rios brasileiros: comparação entre pontos localizados em cabeceiras de bacias hidrográficas e em áreas urbanas.

Fonte: (1) Bacia do rio das Velhas: dados do Instituto Mineiro de Gestão das Águas – Igam (2012 a 2019); cabeceira: ponto de monitoramento AV050, localizado no ribeirão do Silva, ao pé da serra da Moeda (N = 27); região metropolitana de Belo Horizonte (RMBH): ponto de monitoramento BV105, localizado no rio das Velhas após a confluência com o ribeirão do Onça, entre as cidades de Belo Horizonte e Santa Luzia (N = 82). (2) Bacia do rio Tietê: dados da Companhia Ambiental do Estado de São Paulo – Cetesb (2012 a 2019); cabeceira: ponto de monitoramento TIET02050, localizado no rio Tietê na ponte que liga Mogi das Cruzes a Salesópolis no município de Biritiba Mirim (N = 43); região metropolitana de São Paulo (RMSP): ponto de monitoramento TIET04200, localizado no rio Tietê na ponte dos Remédios na Marginal Tietê entre as cidades de São Paulo e Osasco (N = 43).

+100 mV), típicos de ambientes aeróbios com elevado OD, predominam espécies oxidadas, ao passo que em ambientes anóxicos ($E_h$ aprox. – 100 mV a +50 mV) ou anaeróbios ($E_h$ < 150 mV), com menores valores de pE, predominam espécies reduzidas e passíveis de serem oxidadas por espécies de maior potencial redox.

Como indicado na Figura 2, os poluentes podem estar presentes nos rios urbanos na forma suspensa (ou particulada), dissolvida ou coloidal, a depender do seu comportamento em ensaios laboratoriais de filtração padronizados. Usualmente considera-se suspensa a matéria retida em membranas filtrantes com abertura nominal de poro de 2 μm (APHA/AWWA/WEF, 2017). Como tal abertura de poro não é pequena o suficiente para reter coloides, estes comporão a fração dissolvida, sendo necessária filtração adicional do filtrado (passante pela membrana de 2 μm) por membranas de menor abertura de poro (p. ex., 0,2 μm) para separar a matéria coloidal daquela dissolvida *stricto sensu*.

A parcela dissolvida dos sólidos haverá de conferir principalmente cor aos cursos d'água (Figura 4), em virtude da presença de íons dissolvidos nas águas (principalmente ferro e manganês) e de substâncias orgânicas dissolvidas (p. ex., ácidos fúlvicos e húmicos). Já a parcela suspensa, que também inclui os sólidos sedimentáveis, haverá de conferir principalmente turbidez aos cursos d'água (Figura 5). A turbidez da água é uma medida da dispersão da luz causada pela presença de partículas coloidais e em suspensão, dada geralmente em unidades nefelométricas de turbidez (UNT). Grande parte das águas superficiais brasileiras é naturalmente turva (Figura 6) em decorrência das características geológicas das bacias hidrográficas, da erosão do solo e do carreamento de partículas pelo escoamento superficial das águas das chuvas incidentes sobre a bacia de drenagem (partículas de argila, silte, areia, matéria orgânica, dentre outros). Tanto os sólidos dissolvidos totais (SDT) como os sólidos suspensos totais (SST) também podem advir do lançamento de efluentes domésticos e industriais nos corpos d'água. Conforme pode ser observado na Figura 6, os SDT representam a maior fração dos sólidos totais (ST) nos rios brasileiros. Adicionalmente, pontos localizados nas áreas mais baixas das bacias hidrográficas tendem a apresentar maiores valores de ST (por possuírem uma maior área de drenagem ou maior descarga específica), assim como a fração de SST tende a aumentar (Figura 6). Em área urbanas, o uso e a ocupação do solo, bem como o lançamento de efluentes domésticos e industriais, contribuem para a elevação dos teores de ST e turbidez dos rios (Figura 6).

Por sua vez, a classificação dos poluentes em termos de sua biodegradabilidade é mais subjetiva, pois depende da atividade e adaptação dos organismos utilizados nos ensaios, que carecem de padronização. A característica "biodegradabilidade" se aplica aos poluentes orgânicos e é particularmente importante para avaliar seu impacto na depleção do oxigênio dissolvido (no caso dos testes aeróbios) em corpos d'água. Ensaios de DBO podem ser utilizados e cotejados com resultados

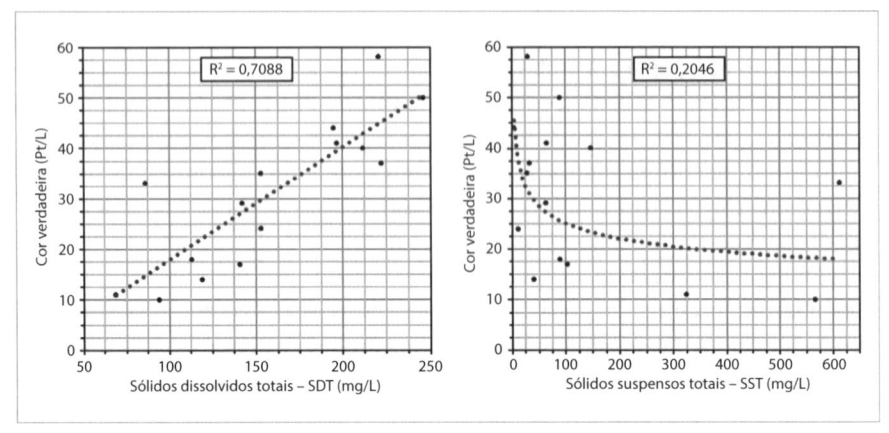

**Figura 4** Relação entre os sólidos dissolvidos e suspensos totais e a cor verdadeira em um rio em área urbana.

Fonte: Dados do Instituto Mineiro de Gestão das Águas – Igam (2012 a 2019): ponto de monitoramento BV105, localizado no rio das Velhas após a confluência com o ribeirão do Onça, entre as cidades de Belo Horizonte e Santa Luzia (N = 15 para cada gráfico). Obs.: (1) Cor verdadeira: cor medida após procedimento de filtração, utilizando-se como padrões de referência soluções de cloroplatinato (Pt). (2) Com base em ajustes matemáticos (linhas pontilhadas), é possível observar uma relação direta entre a concentração de SDT e a cor verdadeira, o que não ocorre no caso dos SST.

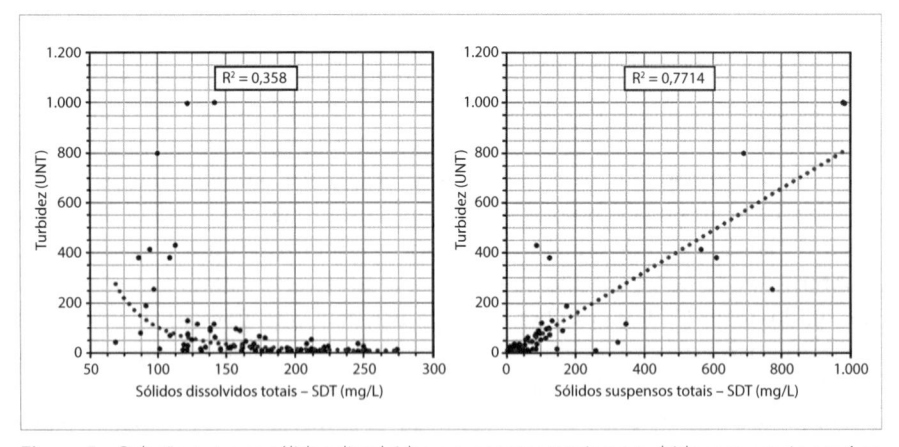

**Figura 5** Relação entre os sólidos dissolvidos e suspensos totais e a turbidez em um rio em área urbana.

Fonte: Dados do Instituto Mineiro de Gestão das Águas – Igam (2012 a 2019): ponto de monitoramento BV105, localizado no rio das Velhas após a confluência com o ribeirão do Onça, entre as cidades de Belo Horizonte e Santa Luzia (N = 80 para cada gráfico). Obs.: (1) Com base em ajustes matemáticos (linhas pontilhadas), é possível observar uma relação direta entre a concentração de SST e a turbidez, o que não ocorre no caso dos SDT.

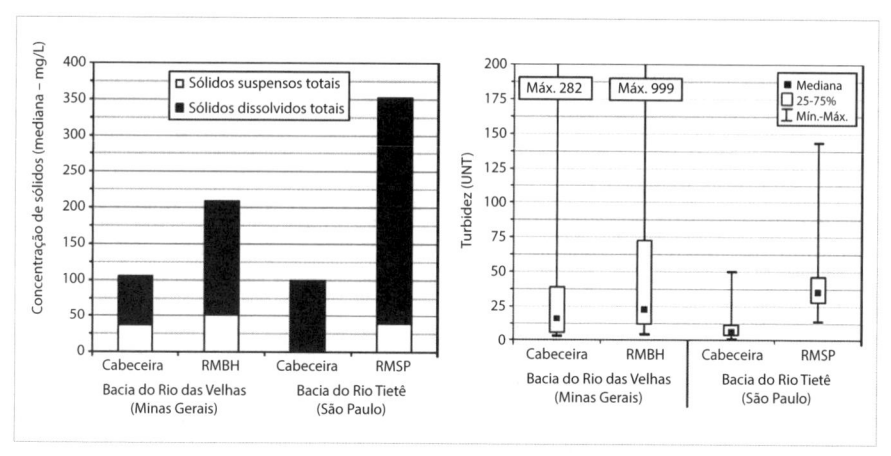

**Figura 6**  Frações dos teores de sólidos suspensos e dissolvidos e valores de turbidez em rios brasileiros: comparação entre pontos localizados em cabeceiras de bacias hidrográficas e em áreas urbanas.

Fonte: (1) Bacia do rio das Velhas: dados do Instituto Mineiro de Gestão das Águas – Igam (2012 a 2019); cabeceira: ponto de monitoramento AV050, localizado no ribeirão do Silva, ao pé da serra da Moeda (N = 29 para os sólidos e 27 para a turbidez); região metropolitana de Belo Horizonte (RMBH): ponto de monitoramento BV105, localizado no rio das Velhas após a confluência com o ribeirão do Onça, entre as cidades de Belo Horizonte e Santa Luzia (N = 82 para os sólidos e 80 para a turbidez). (2) Bacia do rio Tietê: dados da Companhia Ambiental do Estado de São Paulo – Cetesb (2012 a 2019); cabeceira: ponto de monitoramento TIET02050, localizado no rio Tietê na ponte que liga Mogi das Cruzes a Salesópolis no Município de Biritiba Mirim (N = 43 para os sólidos e 42 para a turbidez); região metropolitana de São Paulo (RMSP): ponto de monitoramento TIET04200, localizado no rio Tietê na Ponte dos Remédios na Marginal Tietê entre as cidades de São Paulo e Osasco (N = 43 para os sólidos e 42 para a turbidez).

dos ensaios de DQO para estimar a biodegradabilidade aeróbia de poluentes individuais, bem como de águas residuárias que os contêm. Por outro lado, ensaios de biodegradabilidade anaeróbia podem ser realizados utilizando testes de potencial bioquímico de metano (PBM), que permitem avaliar a capacidade de microrganismos anaeróbios em transformar determinado poluente em metano e dióxido de carbono. Da mesma forma, tal ensaio pode ser utilizado com poluentes individuais para estimar seu comportamento e impacto (p. ex., avaliação do potencial de emissão de gás estufa) em ambientes aquáticos desprovidos de oxigênio dissolvido, ou com as águas residuárias que os contêm, visando a avaliar a pertinência da adoção de tecnologias anaeróbias de tratamento.

Por fim, a classificação dos poluentes em termos de toxicidade é importante para análise de risco, à biota aquática e também aos seres humanos, da sua presença nos corpos d'água. Os efeitos tóxicos de determinado poluente podem ser classificados em crônicos ou agudos, com base na dose de exposição ao organismo e no tempo para manifestação dos seus efeitos adversos. Há diferentes organismos indicadores que podem ser utilizados em testes de toxicidade crônica e aguda e o detalhamento desses ensaios foge ao escopo do presente capítulo. Importante salientar que a toxicidade individual de cada poluente pode ser transmitida, em maior ou menor grau, às águas residuárias que os contêm; e essa propriedade, em particular a ecotoxicidade, é utilizada na Resolução Conama n. 430/2011 para compor os critérios de lançamento de efluentes em corpos d'água no Brasil.

Apresenta-se a seguir os principais grupos de poluentes que contaminam rios urbanos, alguns dos quais são utilizados como parâmetros indicadores de qualidade que norteiam a classificação e os usos dos corpos d'água.

## Metais e semimetais

Elementos metálicos e semimetálicos (metaloides) fazem parte dos minerais constituintes da crosta terrestre, de forma que a água sempre conterá tais elementos (normalmente em pequena concentração) em virtude de sua interação, no seu ciclo natural, com solos e rochas. Por outro lado, a concentração de metais e metaloides na água pode ser aumentada significativamente pela atividade antrópica, tendo em vista que tais elementos são utilizados como catalisadores ou são gerados como subprodutos em vários processos industriais, além de constituírem vários utensílios, dispositivos e comodidades da vida moderna que, ao fim de sua vida útil, podem acabar compondo os resíduos sólidos urbanos.

Rios urbanos podem ser contaminados por metais e metaloides em razão do descarte inadequado de efluentes e resíduos industriais; da poluição difusa por água pluvial que percola lixões e arrasta resíduos descartados inadequadamente no ambiente; e de outras drenagens que contêm tais elementos. Uma drenagem que contém elevadas concentrações de diversos metais e metaloides é a chamada drenagem ácida de mina (DAM), gerada pela indústria da mineração. Além disso, a água pluvial, ao arrastar solo desagregado para os rios, contribui para o aporte de metais nas formas pouco solúveis de óxidos, silicatos e carbonatos que elevam a turbidez das águas de tais ambientes lóticos nos períodos chuvosos.

A mobilidade dos metais e sua incorporação ao ciclo natural da água são determinadas, principalmente, por processos de dissolução-precipitação de minerais que, por sua vez, são comandados por uma série de fenômenos, dentre os quais se destacam a formação de complexos com a matéria orgânica natural (p. ex., ácidos húmicos e fúlvicos) e a adsorção superficial sobre minerais (Ginebreda et al., 2016). Em todo caso, como visto anteriormente, a especiação de metais e metaloides em sistemas aquosos depende do poder oxidante/redutor e do caráter ácido/básico do meio. Por isso, diagramas de Pourbaix ou de $E_h$-pH (Figura 7) são muito utilizados para prever as regiões de predominância das espécies químicas de cada elemento. Como as espécies químicas apresentam diferentes graus de toxicidade e solubilidade (mobilidade), a especiação química é fundamental para avaliar com mais precisão o risco da presença desses poluentes inorgânicos nos rios urbanos.

A Figura 7 exemplifica o diagrama de $E_h$-pH para o elemento arsênio (Smedley e Kinniburgh, 2002). Percebe-se que em pH neutro e em águas aeradas ($E_h > +100$ mV) os íons $H_2AsO_4^-$ e $HAsO_4^{-2}$ (ânions do ácido arsênico, espécies pentavalentes e de menor toxicidade) estão em equilíbrio e predominarão no meio. Por outro lado, em ambientes mais ácidos haverá o predomínio da espécie $H_3AsO_3$ (ácido arsenioso, espécie trivalente e de maior toxicidade) em ampla faixa de potencial redox.

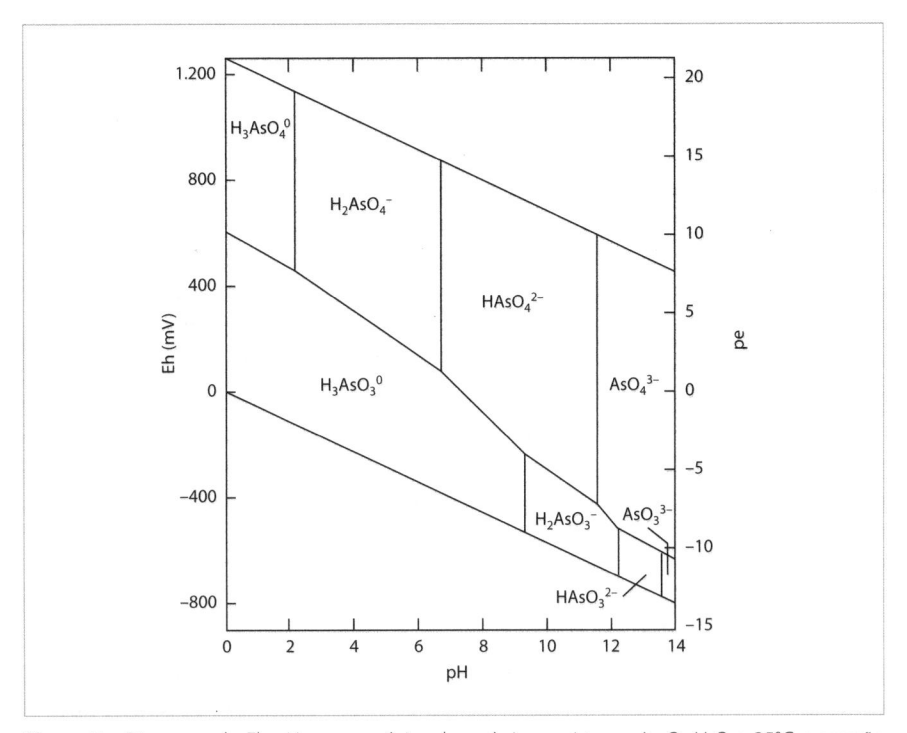

**Figura 7**  Diagrama de Eh-pH para espécies de arsênio no sistema As-$O_2$-$H_2O$ a 25°C e pressão total de 1 bar.

Embora muitos metais sejam nutrientes essenciais, ou seja, são indispensáveis para o correto metabolismo de seres vivos, a maioria deles exerce algum efeito adverso (toxicidade) se as doses ultrapassarem determinados níveis. Sendo assim, a presença de tais elementos na água afeta os ecossistemas e condiciona os usos da água pelo homem. De fato, a Resolução Conama n. 357/2005 lista 16 metais e três metaloides (As, B, Sb) nos padrões de classificação dos corpos d'água do nosso país.

## Constituintes não metálicos

Nas águas superficiais, a produção de biomassa algal normalmente é limitada pelos elementos nitrogênio e fósforo. Dessa forma, a elevação da concentração de tais nutrientes nos rios urbanos pelo lançamento de efluentes doméstico e industrial leva ao conhecido fenômeno de eutrofização. O aporte de fósforo em rios urbanos decorre principalmente da sua utilização em detergentes que contêm polifosfatos e, em menor monta, da utilização de ácido fosfórico em algumas atividades industriais e da presença do fósforo orgânico em alimentos. A utilização de fertilizantes em lavouras na bacia hidrográfica também pode ser uma considerável fonte de aporte de fósforo aos recursos hídricos. Nos rios urbanos o fósforo está normalmente presente na forma inorgânica de ortofosfatos, principalmente $H_2PO_4^-$ e $HPO_4^{2-}$, e na forma orgânica de fosfolipídios, ácidos nucleicos e ésteres-fosfato. Na Figura 8 é possível observar as concentrações de fósforo total em rios urbanos, comparativamente às concentrações do parâmetro em pontos preservados das bacias hidrográficas.

Já o nitrogênio ocorre nos rios urbanos nas formas orgânica (p. ex., proteínas, aminas, amidas, ácidos nucleicos) e inorgânica (íons nitrato, nitrito e amônia) (Figura 8). Apesar de alguns efluentes não domésticos conterem nitrato por causa da utilização de ácido nítrico em processos industriais, o lançamento de esgoto sanitário é a principal causa da poluição dos rios urbanos pelo elemento nitrogênio, sendo a degradação das proteínas a principal fonte de nitrogênio amoniacal ($NH_4^+$). Este, por sua vez, pode ser convertido a nitrito ($NO_2^-$) e nitrato ($NO_3^-$) em ambientes aeróbios, de maior potencial redox, pela ação de bactérias nitrificantes. Por outro lado, as formas oxidadas de nitrogênio podem ser reduzidas a gás nitrogênio ($N_2$) em ambientes de menor potencial redox por bactérias anaeróbias facultativas denominadas desnitrificantes. Para cursos d'água recentemente contaminados com matéria orgânica (p. ex., zonas de lançamento de esgotos sanitários), são esperadas elevadas concentrações de nitrogênio orgânico e amoniacal, como observado no monitoramento do rio Tietê na região metropolitana de São Paulo (Figura 8). Para cursos d'água onde se observa contaminação remota por matéria orgânica nitrogenada a montante da bacia hidrográfica, também são esperadas concentrações elevadas das formas oxidadas do nitrogênio (nitrito e, principalmente, nitrato). Esse é o caso observado no ponto de monitoramento do rio das Velhas localizado na região metropolitana de Belo Horizonte (Figura 8), que também apresenta expressivas concentrações de nitrogênio orgânico e amoniacal, sugerindo contaminação remota e recente do corpo hídrico. Por fim, vale notar que, assim como no caso do fósforo, a utilização de fertilizantes em lavouras na bacia hidrográfica pode contribuir para a elevação das concentrações de nitrogênio nos rios urbanos.

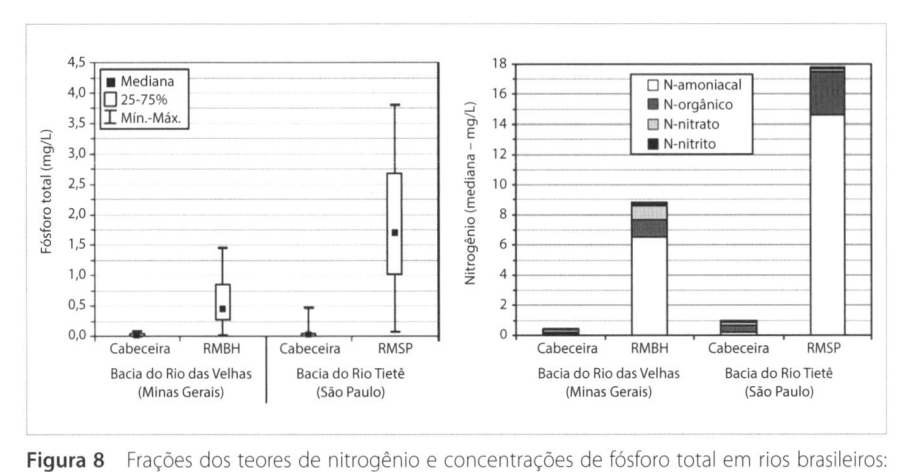

**Figura 8**  Frações dos teores de nitrogênio e concentrações de fósforo total em rios brasileiros: comparação entre pontos localizados em cabeceiras de bacias hidrográficas e em áreas urbanas.

Fonte: (1) Bacia do rio das Velhas: dados do Instituto Mineiro de Gestão das Águas – Igam (2012 a 2019); cabeceira: ponto de monitoramento AV050, localizado no ribeirão do Silva, ao pé da serra da Moeda (N = 27 para o fósforo e para a série nitrogenada); região metropolitana de Belo Horizonte (RMBH): ponto de monitoramento BV105, localizado no rio das Velhas após a confluência com o ribeirão do Onça, entre as cidades de Belo Horizonte e Santa Luzia (N = 82 para o fósforo e para a série nitrogenada). (2) Bacia do rio Tietê: dados da Companhia Ambiental do Estado de São Paulo – Cetesb (2012 a 2019); cabeceira: ponto de monitoramento TIET02050, localizado no rio Tietê na ponte que liga Mogi das Cruzes a Salesópolis no município de Biritiba Mirim (N = 43 para o fósforo e para a série nitrogenada); região metropolitana de São Paulo (RMSP): ponto de monitoramento TIET04200, localizado no rio Tietê na ponte dos Remédios na Marginal Tietê entre as cidades de São Paulo e Osasco (N = 43 para o fósforo e para a série nitrogenada).

O enxofre é outro elemento que pode atingir os rios urbanos em consequência do lançamento de efluentes industriais contendo sulfatos ($SO_4^{2-}$), tendo em vista que o ácido sulfúrico é utilizado em diferentes indústrias. O esgoto sanitário também contém enxofre dissolvido nas formas de sulfeto (5 a 22 mgS/L) e sulfato (13 a 23 mgS/L) (Aquino et al., 2019) em virtude da presença do enxofre orgânico em alguns alimentos e da presença de sulfato em águas destinadas ao abastecimento público. Nos rios urbanos o enxofre prevalecerá na forma estável de sulfato em ambientes de elevado potencial redox. Em ambientes com pouco oxigênio dissolvido ou em condições anaeróbias, as formas oxidadas de enxofre (p. ex., sulfato, tiossulfato) podem ser convertidas a sulfeto de hidrogênio ($H_2S$) por bactérias redutoras de sulfato. O impacto da presença de sulfeto de hidrogênio nos corpos d'água está associado ao seu odor desagradável e à sua toxicidade aquática em concentrações elevadas.

Outro poluente inorgânico presente nas normas de classificação dos corpos d'água (Resolução Conama n. 357/2005) e que pode ocorrer em rios urbanos é o cianeto. Tal poluente, formado por ligação tripla entre os elementos carbono e nitrogênio ($CN^-$), é um íon bastante utilizado em processos metalúrgicos para extração de metais, principalmente ouro, e em indústrias de recobrimento metálico (galvanoplastia). Nos ambientes aquáticos com pH em torno da neutralidade, há predomínio da forma ácido cianídrico (HCN, pKa = 9,2), que pode ser abioticamente oxidada a cianato ($CNO^-$) em condições de elevado potencial redox, embora com cinética reacional lenta. Como o ácido cianídrico tem ponto de ebulição baixo (25,7°C), seu desprendimento para a fase gasosa (volatilização) também é esperado em rios contaminados, a depender de fatores tais quais turbulência, pH e temperatura da água.

## Constituintes orgânicos: técnicas de medição agregada

Os poluentes orgânicos incluem uma enorme variedade de compostos que podem ser classificados em diferentes grupos em função de (Ginebreda et al., 2016):

- Sua natureza química (p. ex., organoclorados, hidrocarbonetos).
- Sua utilização (p. ex., solventes, agrotóxicos, produtos farmacêuticos, *et cetera ad infinitum*).
- Seus efeitos em seres vivos (p. ex., mutagênicos, carcinogênicos, desreguladores endócrinos).
- Sua normatização (contaminantes prioritários) ou ausência dela (contaminantes de preocupação emergente).

Determinar de forma discriminada a miríade de poluentes orgânicos que podem estar contidos nas águas de rios que cortam as grandes cidades seria tarefa laboriosa, onerosa e não trivial. Por isso, a poluição orgânica é normalmente quantificada por meio de técnicas indiretas que contabilizam todos os poluentes da amostra que respondem de forma positiva ao método analítico. Duas medidas agregadas de matéria orgânica que são muito utilizadas para caracterizar águas naturais e residuárias baseiam-se na determinação da quantidade de oxigênio consumido em testes de oxidação química (DQO) ou biológica (DBO) dos poluentes orgânicos presentes na amostra. A Figura 9 ilustra a DBO e a DQO em rios urbanos das regiões metropolitanas de São Paulo e Belo Horizonte, comparando-as aos respectivos valores observados nas cabeceiras das bacias hidrográficas, onde é possível observar o significativo aporte de matéria orgânica aos rios urbanos (valores de DBO e DQO de 10 a mais de 100 vezes maiores nas áreas urbanas).

O teste de DQO envolve a utilização de um oxidante forte (p. ex., dicromato de potássio em meio ácido na presença de catalisador de prata) para converter os poluentes orgânicos em dióxido de carbono e água. O consumo de dicromato é então utilizado para estimar a quantidade de oxigênio (em $mgO_2/L$) necessária para oxidar a matéria orgânica presente na amostra. As principais vantagens da DQO são o pequeno tempo gasto na análise (~2,5 h) e a maior precisão e exatidão.

A principal desvantagem relaciona-se ao fato de que a medida de consumo de oxigênio é indireta, ou seja, poluentes inorgânicos (p. ex., Fe II, Mn II) passíveis de serem oxidados pelo dicromato serão computados como matéria orgânica (Aquino, Silva e Chernicharo, 2006).

Por sua vez, o teste de DBO baseia-se na medida direta do OD utilizado pelos microrganismos aeróbios para oxidar os poluentes orgânicos presentes na amostra após determinado tempo de ensaio. Embora tal teste também possa sofrer interferência de poluentes que consomem OD abioticamente (p. ex., sulfetos), a grande vantagem do teste de DBO é permitir avaliar a biodegradabilidade aeróbia dos constituintes orgânicos presentes na amostra e, com isso, estimar o balanço de OD no corpo receptor por meio de modelos que levam em consideração o consumo e a produção de oxigênio no corpo d'água (von Sperling, 2014). As principais desvantagens do teste de DBO são o maior tempo de análise (usualmente cinco dias), a menor precisão e a maior susceptibilidade dos microrganismos a agentes tóxicos presentes na amostra.

Em virtude das limitações dos métodos de DBO e DQO, têm sido cada vez mais adotadas, mesmo nos países em desenvolvimento, técnicas de determinação direta do carbono orgânico total (COT) e/ou carbono orgânico dissolvido (COD) para estimar a concentração dos poluentes orgânicos presentes nas amostras de água (Figura 9). A determinação do COD pressupõe a filtração da amostra por membranas que, usualmente, têm diâmetro nominal de poro de 1,2 a 2 μm; ao passo que o COT contabiliza a fração suspensa ou particulada. Em ambos os casos a amostra deve ser previamente tratada para retirar o carbono inorgânico (na forma de carbonatos e bicarbonatos) presente, o que é feito no próprio analisador de COT por meio da acidificação da amostra. Nas análises de COT e COD, os poluentes orgânicos são então oxidados para sua conversão em gás carbônico, que é removido da fase aquosa e analisado por espectroscopia infravermelha (IV). O resultado da análise é expresso em mgC/L, e a técnica permite quantificar todos os poluentes orgânicos passíveis de serem convertidos a gás carbônico pelo "método de oxidação catalítica por combustão a elevadas temperaturas" utilizado na maioria dos analisadores de COT.

Outra medida agregada e indireta da contaminação de matrizes aquosas por poluentes orgânicos é conhecida por SUVA (do inglês *specific ultraviolet absorption*) e baseia-se na determinação da absorção de radiação ultravioleta em comprimento de onda específico (254 ou 280 nm) normalizada pela concentração de carbono orgânico dissolvido (COD) na amostra. Carbonos com hibridação sp2, ou seja, que fazem dupla-ligação, absorvem fortemente radiação nesses comprimentos de onda, de forma que a SUVA tem sido utilizada para estimar a presença de compostos aromáticos, tais quais os derivados de lignina (material húmico e fúlvico), em amostras aquosas.

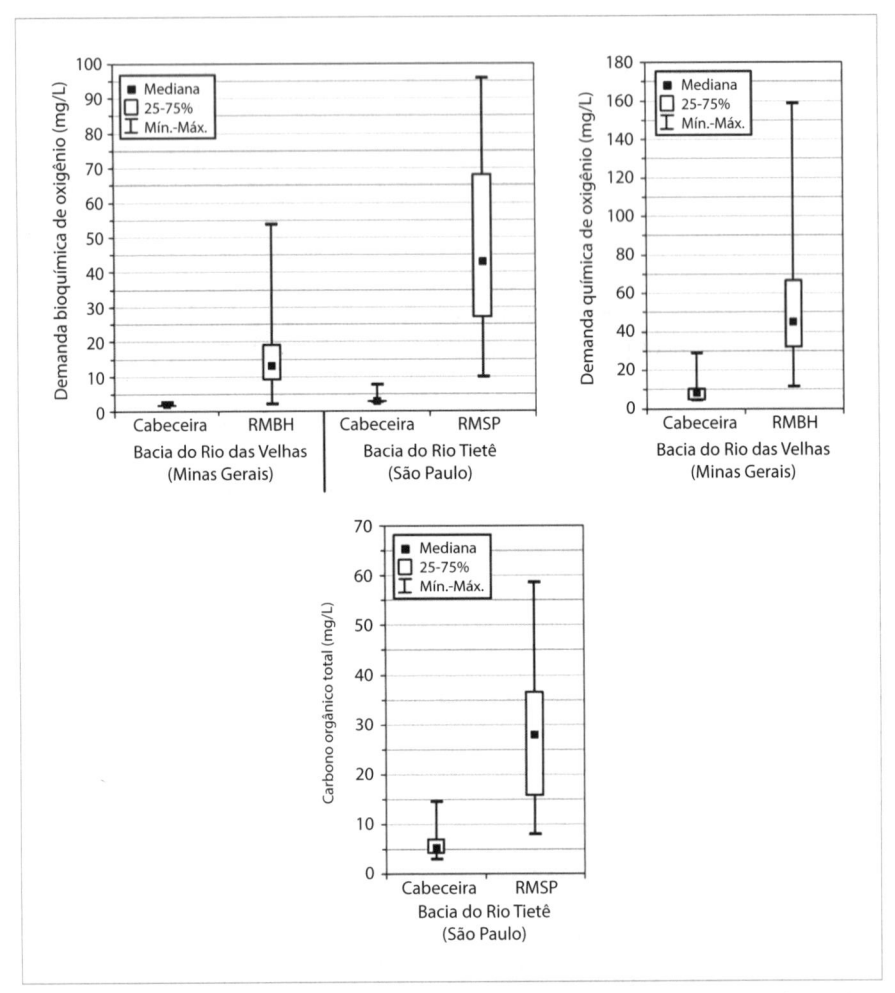

**Figura 9** Valores de demanda bioquímica de oxigênio (DBO), demanda química de oxigênio (DQO) e carbono orgânico total (COT) em rios brasileiros: comparação entre pontos localizados em cabeceiras de bacias hidrográficas e em áreas urbanas.

Fonte: (1) Bacia do rio das Velhas: dados do Instituto Mineiro de Gestão das Águas – Igam (2012 a 2019); cabeceira: ponto de monitoramento AV050, localizado no ribeirão do Silva, ao pé da serra da Moeda (N = 27 para a DBO e a DQO); região metropolitana de Belo Horizonte (RMBH): ponto de monitoramento BV105, localizado no rio das Velhas após a confluência com o ribeirão do Onça, entre as cidades de Belo Horizonte e Santa Luzia (N = 82 para a DBO e a DQO). (2) Bacia do rio Tietê: dados da Companhia Ambiental do Estado de São Paulo – Cetesb (2012 a 2019); cabeceira: ponto de monitoramento TIET02050, localizado no rio Tietê na ponte que liga Mogi das Cruzes a Salesópolis no município de Biritiba Mirim (N = 43 para a DBO e o COT); região metropolitana de São Paulo (RMSP): ponto de monitoramento TIET04200, localizado no rio Tietê na ponte dos Remédios na Marginal Tietê entre as cidades de São Paulo e Osasco (N = 43 para a DBO e o COT).

Por último, vale mencionar que, além das medidas agregadas de matéria orgânica, existem métodos de análise de "famílias" de contaminantes orgânicos, normalmente baseadas em determinações colorimétricas, tais quais índice de fenóis (método da aminoantipirina), tensoativos aniônicos do tipo alquilarilsulfonados (método do azul de metileno), carboidratos totais (método do fenol/ácido sulfúrico), proteínas (método de Lowry) e lipídios (método da sulfofosfovanilina), dentre outros (Ginebreda et al., 2016; Blundi; Gadêlha, 2001). Vale destacar que tais métodos de análise agregada dos poluentes orgânicos têm sido cada vez mais substituídos por métodos cromatográficos, de fase líquida ou gasosa, acoplados à espectrômetro de massas, que é um detector muito sensível (quantifica poluentes em concentrações da ordem de ng/L) e seletivo (identifica de forma inequívoca os contaminantes e seus subprodutos). Foge ao escopo deste capítulo detalhar os procedimentos de extração e preparo de amostras de águas para análise por cromatografia/espectrometria de massas. O leitor interessado pode recorrer à vasta literatura especializada disponível e também ao *Standard Methods for the Examination of Water and Wastewater* (APHA/AWWA/WEF, 2017).

## Constituintes orgânicos: principais poluentes de rios urbanos

### *Hidrocarbonetos policíclicos aromáticos (HPA)*

Os HPA constituem uma família de compostos caracterizados por terem dois ou mais anéis aromáticos condensados, com ou sem grupos substituintes. Tais poluentes têm sido encontrados em todos os compartimentos ambientais e, embora alguns HPA possam ser gerados em processos naturais (erupções vulcânicas, síntese por algumas bactérias e algas), o seu maior aporte advém de processos antropogênicos. Incineração de resíduos sólidos, emissões veiculares e industriais (p. ex., combustão e pirólise de combustíveis fósseis) e contaminação do solo e da água com derivados de petróleo são as principais fontes de HPA para o ambiente.

Embora a concentração de HPA nas águas superficiais seja relativamente pequena (ng/L), a periculosidade de tais substâncias, que além de carcinogênicas são desreguladores endócrinos, tem induzido diferentes instituições de saúde pública e do meio ambiente a normatizá-las (Ginebreda et al., 2016). A Resolução Conama n. 357/2005 lista sete HPA – benzo(a)antraceno; benzo(a)pireno; benzo(b)fluoranteno; benzo(k)fluoranteno; criseno; dibenzo(a,h)antraceno; indeno(1,2,3-cd) pireno – no padrão de classificação de corpos d'água.

### *Agrotóxicos*

Agrotóxico é qualquer substância ou mistura destinada a prevenir, destruir, repelir ou mitigar qualquer praga. Podem ser compostos naturais ou sintéticos que são classificados em função do grupo químico do princípio ativo (p. ex., organofosforados, carbamatos, triazinas, organoclorados) ou do seu uso principal (p. ex., herbicida, fungicida, inseticida). A maior parte dos agrotóxicos é utilizada na agricultura e pecuária, de forma que a contaminação dos corpos d'água ocorre, principalmente, pelas drenagens superficiais em locais nos quais a atividade agropecuária é exercida. Por outro lado, alguns agrotóxicos são utilizados com propósitos fitossanitários em indústrias que recebem, estocam e/ou processam alimentos; para higiene pessoal/animal em domicílios; no controle de vetores em indústrias e outros locais urbanos (p. ex., portos, cemitérios, hospitais). Nesses casos, a contaminação de rios urbanos pode ocorrer por drenagens superficiais e lançamento de esgotos sanitários. Além disso, as indústrias que produzem tais produtos e seus princípios ativos podem contribuir para a poluição dos corpos d'água pelo lançamento de efluentes parcialmente tratados.

Assim como qualquer outro poluente ambiental, os agrotóxicos, ao atingirem os corpos d'água, são susceptíveis aos processos naturais de degradação (hidrólise, oxidação, fotólise, biodegradação) ou remoção (sorção, volatilização) que contribuem para a redução da sua concentração no ambiente. Alguns processos de degradação levam à formação de subprodutos de maior toxicidade e/ou persistência ambiental do que o composto original, o que requer atenção dos legisladores para atualização das normas ambientais. A Resolução Conama n. 357/2005 lista 26 compostos – e em alguns casos seus subprodutos – que são ou já foram autorizados para uso como agrotóxicos no nosso país.

A toxicidade e a persistência ambiental dos agrotóxicos variam em função da sua classe química. Há agrotóxicos extremamente tóxicos e persistentes, como o dodecacloro pentaciclodecano (conhecido como mirex), e outros menos tóxicos e mais lábeis, como o glifosato, que se transforma rapidamente em AMPA (ácido aminometilfosfônico). Por fim, vale destacar que alguns agrotóxicos organoclorados (p. ex., aldrin, dieldrin, endrin, DDT) são classificados como poluentes orgânicos persistentes (POP) pela Convenção de Estocolmo e têm produção, utilização, importação e exportação proibidas. Apesar do uso decrescente de tais POP, eles permanecem nas normas ambientais por causa da eleva toxicidade e persistência ambiental.

### Compostos aromáticos e derivados

A Resolução Conama n. 357/2005 menciona 12 compostos aromáticos prioritários para a classificação de corpos d'água brasileiros. Tais compostos podem ser subdivididos em: benzeno e derivados; fenóis e derivados; bifenilas policloradas (PCB).

Benzeno, tolueno, etilbenzeno e xilenos são compostos orgânicos voláteis normalmente encontrados em derivados do petróleo (p. ex., gasolina e outros combustíveis). O vazamento de depósitos subterrâneos de combustíveis é a principal fonte de contaminação de solo e águas por tais compostos, que são ainda referidos de forma conjunta no acrônimo BTEX. Benzeno é conhecido carcinógeno ao passo que o tolueno, etilbenzeno e xilenos causam efeito adverso sobre o sistema nervoso central.

O estireno, obtido da desidrogenação do etilbenzeno, é utilizado predominantemente na produção de poliestireno, material sintético muito empregado na indústria de plásticos reforçados e de "isopor". Ele pode estar presente na água de rios urbanos em virtude da contaminação por fontes industriais, principalmente da indústria química, de plástico, têxtil e látex (ATSDR, 2010).

Os triclorobenzenos (TCB) são derivados halogenados do benzeno que são utilizados principalmente como solventes e intermediários químicos em diversas indústrias. A principal fonte de contaminação de rios urbanos por TCB decorre do lançamento de efluentes (líquidos e gasosos) industriais contendo tais poluentes e pela degradação de outros benzenoclorados (p. ex., pentaclorobenzeno, hexaclorobenzeno e lindano).

Os fenóis e derivados podem ser obtidos do carvão mineral e serem formados no ambiente por meio da degradação da lignina que compõe a biomassa vegetal. O fenol é utilizado em diversas indústrias como intermediário ou insumo para a produção de desinfetantes, resinas e fármacos. Dessa forma a poluição antrópica de rios urbanos por fenóis e derivados decorre do lançamento de efluentes industriais e pela deposição atmosférica de particulados contendo tais compostos, principalmente em áreas de exploração de carvão mineral.

A Resolução Conama n. 357/2005 estabelece limite para "fenóis totais" na classificação dos corpos d'água brasileiros e adota ainda limite para os seguintes clorofenóis: 2-clorofenol; 2,4-diclorofenol; 2,4,6-triclorofenol. Os clorofenóis podem estar presentes em águas de rios urbanos como resultado da cloração de águas/efluentes contendo fenóis ou pela degradação dos herbicidas do tipo fenóxicos. Os três clorofenóis mencionados são os mais prováveis de serem formados durante a desinfecção com cloro (WHO, 2017) e pequenas concentrações dessas substâncias são suficientes para conferir gosto e/ou odor à água. Dessa forma, além dos aspectos de ecotoxicidade, a presença de fenóis e derivados em rios urbanos tem particular importância quando estes são usados como mananciais de abastecimento público.

Por fim, as bifenilas policloradas (PCB) representam uma família formada por ~700 compostos aromáticos clorados. As PCB apresentam boas características dielétricas e excelente estabilidade térmica e química, razões pelas quais foram muito utilizados (até serem classificadas como POP pela Convenção de Estocolmo na década de 1970) como líquidos isolantes elétricos (conhecidos como ascaréis). A eventual presença de PCB em rios urbanos brasileiros decorre do seu elevado tempo de meia-vida e do passivo ambiental da utilização de transformadores e capacitores com óleos isolantes tipo ascarel no Brasil.

### Hidrocarbonetos clorados

Os seis hidrocarbonetos clorados mencionados na Resolução Conama n. 357/2005 são cloroalcanos (1,2-dicloroetano; diclorometano; tetracloreto de carbono) e cloroalquenos (1,1-dicloroeteno; tetracloroeteno; tricloroeteno) de cadeia curta, que possuem baixa solubilidade em água e elevada pressão de vapor. Por serem bastante voláteis, espera-se que a sua concentração em rios urbanos seja pequena (da ordem de ng/L), embora nas águas subterrâneas contaminadas, onde a degradação aeróbia e a volatilização são limitadas, as concentrações possam superar os limites ambientais.

A contaminação ambiental com hidrocarbonetos clorados decorre do lançamento de efluentes industriais nos corpos d'água, uma vez que tais compostos são usados como solventes e agentes de limpeza (p. ex., removedores de graxas/óleos, tintas) em indústrias e lavanderias a seco; e como insumos e intermediários químicos em diversos processos industriais. Alguns cloroalcanos (p. ex., diclorometano) podem ainda ser formados durante processos de cloração de água e efluentes e outros podem ser usados como agentes expansores de espuma (p. ex., tetracloreto de carbono). Recentemente outros hidrocarbonetos clorados de maior cadeia, as parafinas cloradas, têm sido objeto de maior preocupação ambiental, conforme discutido no item "Contaminantes de preocupação emergente".

### Surfactantes

Surfactantes é um termo genérico para se referir a compostos que têm caráter anfifílico (apresentam uma parte polar e outra apolar), que por terem a propriedade de mudar a tensão superficial da água também são chamados de tensoativos. Surfactantes constituem produtos de higiene pessoal e limpeza de amplo uso doméstico e industrial de forma que a poluição de rios urbanos com tais compostos decorre do lançamento de esgoto sanitário e efluente industrial.

O impacto de tais poluentes decorre da redução da tensão superficial da água e a consequente formação de espuma. A redução da tensão superficial da água pode ocasionar o afundamento de insetos e aves, e dificultar a reaeração do corpo d'água (Souza et al., 2019). A formação de espuma, além de causar problemas estéticos, pode dificultar a entrada de luz no corpo d'água prejudicando assim a fotossíntese e o ecossistema aquático.

Os surfactantes aniônicos do tipo alquilbenzenos de cadeia linear (LAS do inglês *linear alkylbenzene sulfonate*) são os mais utilizados nos produtos domésticos. Os surfactantes da família LAS formam par iônico com o azul de metileno (corante catiônico) de forma a favorecer sua transferência para a fase orgânica durante processo de extração com um líquido apolar (p. ex., clorofórmio). Esse princípio é explorado no método de análise denominado "substâncias que reagem com azul de metileno" que é utilizado pela Resolução Conama n. 357/2005 para classificar os corpos d'água brasileiros. Além dos surfactantes aniônicos, há ainda surfactantes catiônicos e não iônicos, de amplo uso industrial como detergentes e umectantes. Uma classe de surfactantes não iônicos de particular interesse ambiental são os alquilfenóis etoxilados (APEO do acrônimo inglês) que, ao serem degradados – no ambiente ou nas estações de tratamento de efluentes – levam à formação de compostos (p. ex., 4-nonilfenol) que têm propriedades estrogênicas, conforme será discutido na próxima seção.

*Contaminantes de preocupação emergente (CEC)*

O avanço nas metodologias analíticas, decorrentes do aprimoramento de técnicas de extração e concentração de analitos associados ao uso de equipamentos de cromatografia acoplada à espectrometria de massas, tem permitido a detecção de poluentes orgânicos em matrizes ambientais e sua quantificação em baixíssimas concentrações, da ordem de nanogramas por litro (ng/L ou 1 parte por trilhão, ppt) a picogramas por litro (pg/L ou 1 parte por quadrilhão, ppq). Em outras palavras, o limiar que define a "presença" ou "ausência" de poluentes em amostras ambientais tem sido cada vez mais reduzido, levando pesquisadores a indagar se a presença de tais poluentes – até então não detectados nas amostras ambientais – representa risco ambiental e à saúde humana.

No grupo de "microcontaminantes" – assim denominados em referência à concentração com que normalmente são encontrados nas amostras ambientais – estão incluídos fármacos de diversas classes (p. ex., analgésicos, antibióticos, anti--inflamatórios, anticoncepcionais), substâncias utilizadas em produtos de limpeza e higiene pessoal (p. ex., surfactantes como os APEO, antissépticos como o triclosan), além de hormônios naturais e/ou sintéticos excretados por humanos e outros animais (p. ex., estradiol, etinilestradiol). Pelo fato de não haver consenso ou evidências suficientes sobre os efeitos adversos causados ao ambiente ou à saúde humana, ou sobre a concentração limiar para tais efeitos, a maioria desses "microcontaminantes" não faz parte dos padrões de classificação de corpos d'água ou de qualidade de água para consumo humano, sendo, por isso, referidos como "contaminantes de preocupação emergente" (CEC do inglês *contaminants of emerging concern*).

Alguns CEC, como o fármaco etinilestradiol, o plastificante bisfenol-A e o surfactante nonilfenol têm a propriedade de mimetizar hormônios estrogênicos e alterar o funcionamento do sistema endócrino, sendo, por isso, classificados como "desreguladores endócrinos" (ou ainda perturbadores endócrinos, disruptores endócrinos, agentes hormonalmente ativos). Desreguladores endócrinos são agentes exógenos que mesmo em concentrações-traço possuem a capacidade de interferir na síntese, secreção, transporte, ligação, ação ou eliminação de hormônios naturais, responsáveis pela manutenção, reprodução, desenvolvimento e comportamento dos organismos (Bergman et al., 2012).

Os esgotos domésticos são importante fonte de contaminação ambiental pelos CEC, que podem estar presentes nas águas cinzas (derivadas dos chuveiros, lavatórios, lavanderias que contêm produtos de limpeza e higiene pessoal) e negras (excretas de indivíduos contendo medicamentos de uso oral e hormônios naturais; descarte, nas instalações sanitárias, de medicamentos e produtos químicos não usados ou com prazos de validade expirados) (WHO, 2012). Outras fontes de contaminação de rios urbanos por CEC são o lançamento de efluentes hospitalares e clínicas veterinárias; lançamento e disposição incorreta de efluentes e resíduos industriais; bem como lixiviados e drenagens superficiais que arrastam resíduos sólidos urbanos e da pecuária contendo tais poluentes (Aquino, Brandt e Chernicaro, 2013). A seguir são discutidas as principais classes de contaminantes caracterizados como CEC:

- Alquilfenóis (AP): os AP, dentre os quais se destacam o nonilfenol (NP) e o octilfenol (OP), são produtos de degradação dos surfactantes do tipo APEO. Em condições tanto aeróbias como anaeróbias, os APEO se degradam para formar compostos de cadeia mais curta pela perda sucessiva de grupos etóxi. Tais compostos apresentam caráter estrogênico e toxicidade aguda mais acentuada que a dos próprios APEO precursores (Bergman et al., 2012).
- Difeniléteres bromados (DEB): os DEB têm 209 congêneres que, em função do nível de bromação, são classificados em dibromodifenil éteres, tribromodifenil éteres e assim por diante, até decabromodifenil éteres. Os DEB são utilizados como retardantes de chama em uma grande variedade de produtos comerciais (p. ex., móveis, plásticos, tecidos, eletrônicos). A persistência e indícios de efeitos adversos (p. ex., carcinogenicidade) causados pelos DEB levou a União Europeia a normatizar tais substâncias nas águas (Ginebreda et al., 2016).
- Fármacos: são produtos químicos sintéticos ou naturais que podem ser encontrados em medicamentos prescritos, vendidos sem receita e veterinários, que podem ser classificados em função da sua ação principal em analgésicos, anti-inflamatórios, antilipêmicos, antibióticos, hormônios, dentre outros. Fármacos ocorrem em rios brasileiros em concentrações da ordem de ng/L (Lima et al., 2017) e sua presença nos rios urbanos decorre, principalmente, do lançamento de esgoto doméstico *in natura* ou parcialmente tratado.
- Ftalatos: são utilizados como aditivos na fabricação de plásticos, resinas epóxi, dentre outros materiais poliméricos, para torná-los mais flexíveis; por isso são denominados plastificantes. Em menor escala também são usados em cosméticos, produtos médicos e inseticidas. Sua ampla aplicação os torna poluentes ubíquos do ambiente, ocorrendo no meio aquático em concentrações de até centenas de µg/L. Tais substâncias interferem no funcionamento

normal do sistema endócrino e já fazem parte das normas ambientais de alguns países.

- Parafinas cloradas: são formulações industriais constituídas por alcanos lineares (10 a 30 carbonos) policlorados utilizadas como retardantes de chama, estabilizantes químicos, fluidos de corte e lubrificantes. Tais compostos são tóxicos para os organismos aquáticos, além de serem persistentes e terem capacidade de se bioacumular em algumas espécies (Ginebreda et al., 2016). As parafinas cloradas não têm origem natural conhecida e as concentrações ambientais são resultado da sua produção e descarte inadequado de produtos e resíduos.

- Perfluorados (PFC): os compostos perfluorados têm sido utilizados ao longo de décadas em diversas indústrias e, recentemente, foram considerados contaminantes muito perigosos e amplamente distribuídos no meio ambiente (Ginebreda et al., 2016). Os principais representantes da classe são o perfluoroctano sulfonato ou PFOS ($CF_3$-$(CF_2)_7$-$SO_3^-$) e o ácido perfluoroctanoico ou PFOA ($CF_3$-$(CF_2)_6$-$COOH$). O PFOS tem sido usado como agente refrigerante, surfactante e polímero, em preparados farmacêuticos, retardantes de chama, lubrificantes, adesivos, cosméticos e inseticidas. O PFOA é utilizado na fabricação de fluoropolímeros (PTFE) e fluoroelastômeros (PVDF) empregados em uma grande variedade de produtos comerciais, como tecidos, tapetes, recipientes de alimentos, além de espumas anti-incêndios. Ambos são tóxicos e persistentes, sendo o PFOA um agente carcinogênico e o PFOS um composto hidrofóbico com tendência à bioacumulação (Schultz e Barofsky, 2003).

## Poluentes biológicos

A contaminação biológica de águas superficiais está associada à presença de certos microrganismos, principalmente de bactérias e vírus patogênicos, que podem causar problemas à saúde humana. No entanto, vale ressaltar que em todos os ambientes, incluindo os rios urbanos, há uma diversidade microbiana, que em grande parte é inofensiva à saúde humana, mas que desempenha um importante papel na degradação da matéria e ciclagem de nutrientes. Essa microbiota está envolvida na importante tarefa de autodepurar águas contaminadas, mas ao decompor a matéria orgânica por meio de seu metabolismo aeróbio promove redução da concentração do oxigênio dissolvido (ver Figura 3), comprometendo comunidades aquáticas e a qualidade da água.

Dejetos humanos presentes no esgoto sanitário são os principais contribuintes de microrganismos patogênicos. Apesar de os humanos estarem continuamente expostos a uma variedade de microrganismos no ambiente, apenas uma pequena fração deles são capazes de interagir com o hospedeiro e causar doença. No Quadro 1 apresenta-se uma relação de patógenos bacterianos, virais e protozoários relacionados às principais doenças de veiculação hídrica em águas contaminadas (Heritage, 2003; Schroeder; Wuertz, 2003; Gerba, 2009).

**Quadro 1** Principais poluentes biológicos e enfermidades associadas

| | | |
|---|---|---|
| Bactérias | *Salmonella enterica* sorotipo *Typhi* | Febre tifoide |
| | *Salmonella* spp. | Salmonelose |
| | *Shigella* sp | Desinteria |
| | *Vibrio cholera* | Cólera |
| | *Staphylococcus* sp | Infecções cutâneas, nariz e garganta, conjuntivite |
| | *Campylocabter jejuni* | Gastroenterite |
| | *Clostridium* sp | Intoxicação |
| | *Escherichia coli* enterotoxigênica | Diarreia do viajante |
| | *Escherichia coli* enteroinvasiva | Diarreia |
| | *Escherichia coli* enteropatogênica | Diarreia infantil |
| | *Escherichia coli* êntero-hemorrágica | Colite hemorrágica, síndrome hemolítica urêmica |
| | *Yersinia* sp | Diarreia e vômito |
| Vírus | Enterovírus | Gastroenterite e outros sintomas |
| | Rotavírus | Gastroenterite |
| | Hepatite A vírus | Hepatite |
| | Hepatite E vírus | Hepatite aguda |
| | Adenovírus | Gastroenterite, doença respiratória aguda e conjuntivite |
| | Astrovírus | Gastroenterite |
| | Norovírus | Gastroenterite |
| Protozoários | *Cryptosporidium parvum* | Diarreia aguda |
| | *Cyclospora cayetanesis* | Diarreia aguda em imunodeficientes |
| | *Giardia lamblia* | Giardíase |
| | *Entamoeba histolytica* | Amebíase |
| Helmintos | *Ascaris lumbricoides* | Ascaridíase |

Fonte: Heritage (2003); Schroeder, Wuertz (2003); Gerba (2009).

A maioria das doenças de veiculação hídrica são infecções entéricas que causam distúrbios gastrintestinais, tais como diarreia, dores abdominais, vômitos e febre. Outro acometimento comum é a infecção cutânea e em mucosas, tais como conjuntivites, infecções de ouvido e garganta, além das micoses causadas por fungos. Certamente as bactérias, os vírus e os protozoários destacados no Quadro 1 são os patógenos mais conhecidos da flora intestinal e, por isso, estão associados à contaminação feco-oral. A infecção normalmente ocorre quando há uma quantidade suficiente de patógenos na água ingerida ou em contato com a mucosa. Alguns patógenos são capazes de causar doença em todos os humanos, independentemente do seu estado de saúde, enquanto outros, denominados patógenos oportunistas, são aqueles que causam infecções em indivíduos imunocomprometidos, tais como em imunodeficientes, diabéticos, entre outros. Dos patógenos oportunistas de veiculação hídrica destacam-se os gêneros bacterianos *Mycobacterium, Pseudomonas, Acinetobacter, Stenotrophomonas* e *Aeromonas* (Schroeder; Wuertz, 2003), além do parasita *Cyclospora* (Horan, 2003b).

A habilidade de patógenos entéricos serem transmitidos pela água de rios depende principalmente da sua resistência aos fatores ambientais (p. ex., temperatura, pH, radiação UV), os quais controlam sua sobrevivência e a capacidade de ele ser transmitido, seja por contato recreativo ou por uso antrópico direto. Em geral, vírus e protozoários sobrevivem mais tempo no ambiente que bactérias entéricas (Horan, 2003a). Assim, a avaliação do risco biológico das águas de rios urbanos contaminados deveria contemplar o estudo dos principais patogênicos ligados às doenças de veiculação feco-oral. No entanto, em função da diversidade de microrganismos e da complexidade dos métodos para sua detecção, a avaliação da qualidade da água é comumente feita pela aplicação de microrganismos indicadores. No Quadro 2 apresenta-se os diferentes grupos ou gêneros microbianos que podem ser utilizados como indicadores de contaminação biológica.

| **Quadro 2**   Indicadores de contaminação biológica de águas | |
|---|---|
| Indicador | Representação |
| Coliformes totais | Bactérias na forma de bacilos Gram-negativos aeróbios. Membros: *Escherichia, Citrobacter, Klebsiella, Hafnia, Enterobacter, Serratia, Yersinia*. Indicadores de contaminação fecal, mas também podem ser encontrados em ambientes naturais sem poluição |
| Coliformes termotolerantes | Subgrupo dos coliformes totais. Indicadores de contaminação fecal com membros predominantemente encontrados no trato intestinal |
| *Escherichia coli* | Membro mais importante dos coliformes termotolerantes, que indica de forma mais precisa a contaminação fecal |
| Estreptococos fecais (*Streptococcus* e *Enterococcus*) | Bactérias na forma de cocos Gram-positivos que ocorrem em fezes humanas e de animais. Também são indicadores de contaminação fecal, embora mais resistentes às condições ambientais que o grupo coliforme |
| *Clostridium perfringens* | Bactérias na forma de bacilos Gram-positivos, anaeróbios e formadores de esporo. Ocorrem nas fezes em menor proporção que *E. coli* e enterococos, mas sua alta resiliência e sobrevivência no ambiente aquático podem indicar contaminação fecal remota ou ainda contaminação por efluente industrial |
| *Staphylococcus aureus* | Bactérias na forma de cocos Gram-positivos que indicam o risco de infecção cutânea e de mucosas |

*(continua)*

| Quadro 2 Indicadores de contaminação biológica de águas (*continuação*) | |
|---|---|
| Indicador | Representação |
| Pseudomonas aeruginosa | Bactérias na forma de bacilos Gram-negativos que indicam risco de infecções na pele, olhos, ouvido, nariz e garganta. É patógeno oportunista de imunocomprometidos. Podem ser utilizados como indicador em águas de recreação |
| Vírus entéricos (enterovírus e rotavírus) | São vírus de células eucarióticas de ocorrência intestinal. Enterovírus e rotavírus são considerados indicadores de contaminação fecal, mas a metodologia para sua detecção em águas é complexa |
| Bacteriófagos e colifagos | Bacteriófagos são vírus de bactérias, sendo o grupo de colifagos relacionados à infecção de bactérias entéricas. Colifagos são usados como modelo viral e representam vírus entéricos com metodologia de fácil aplicação |
| Cistos de *Giardia lamblia* e oocistos de *Cryptosporidium parvum* | Protozoários parasitas de ocorrência no trato gastrintestinal. São estruturas com alta resistência ambiental cujo monitoramento não é trivial |
| *Candida albicans* | Fungo leveduriforme unicelular associado a excretas humanos e indica o potencial de ocorrência de infecção fúngica |
| Ovos de helmintos | A presença na água de ovos viáveis de helmintos indica risco de contaminação por parasitas fecais |

Fonte: Horan (2003b); Gerba (2009).

Usualmente a avaliação da qualidade microbiológica das águas utiliza indicadores de contaminação fecal, uma vez que representam o risco de haver patógenos com disseminação pelas fezes. Os principais indicadores utilizados são as bactérias do grupo dos coliformes totais; o grupo dos coliformes termotolerantes (também denominado coliformes fecais) e a espécie *Escherichia coli*. Considerando que o grupo dos coliformes não é constituído exclusivamente de bactérias entéricas, realiza-se conjuntamente a análise de *Escherichia coli* como parâmetro de maior garantia da contaminação ser exclusivamente fecal.

Uma exemplificação da contaminação fecal em rios urbanos é apresentada na Figura 10, em que se observa a distribuição de indicadores biológicos em amostras de água coletadas de cabeceira de rio e nas regiões metropolitanas. Os resultados do monitoramento realizado ao longo de oito anos no rio das Velhas (Igam/MG) e no rio Tietê (Cetesb/SP) demonstram de forma geral que as cabeceiras dos rios Tietê/SP e das Velhas/MG apresentam médias geométricas de *Escherichia coli* na ordem de $10^2$ e $10^3$ UFC/100 mL, respectivamente. Tais valores aumentam para $10^6$ e $10^5$ nas amostras coletadas nas regiões metropolitanas de São Paulo e Belo Horizonte, respectivamente, sugerindo contaminação por material fecal, provavelmente em virtude de lançamento de esgoto sanitário.

A Figura 10 apresenta ainda o monitoramento do grupo dos estreptococos fecais, que inclui espécies dos gêneros *Streptococcus* e *Enterococcus*, realizado na bacia do rio das Velhas. Os resultados indicam a mesma tendência observada para coliformes e *E. coli*, ou seja, as menores concentrações de estreptococos fecais (~$10^3$ UFC/100 mL) foram observadas nas amostras da cabeceira do rio

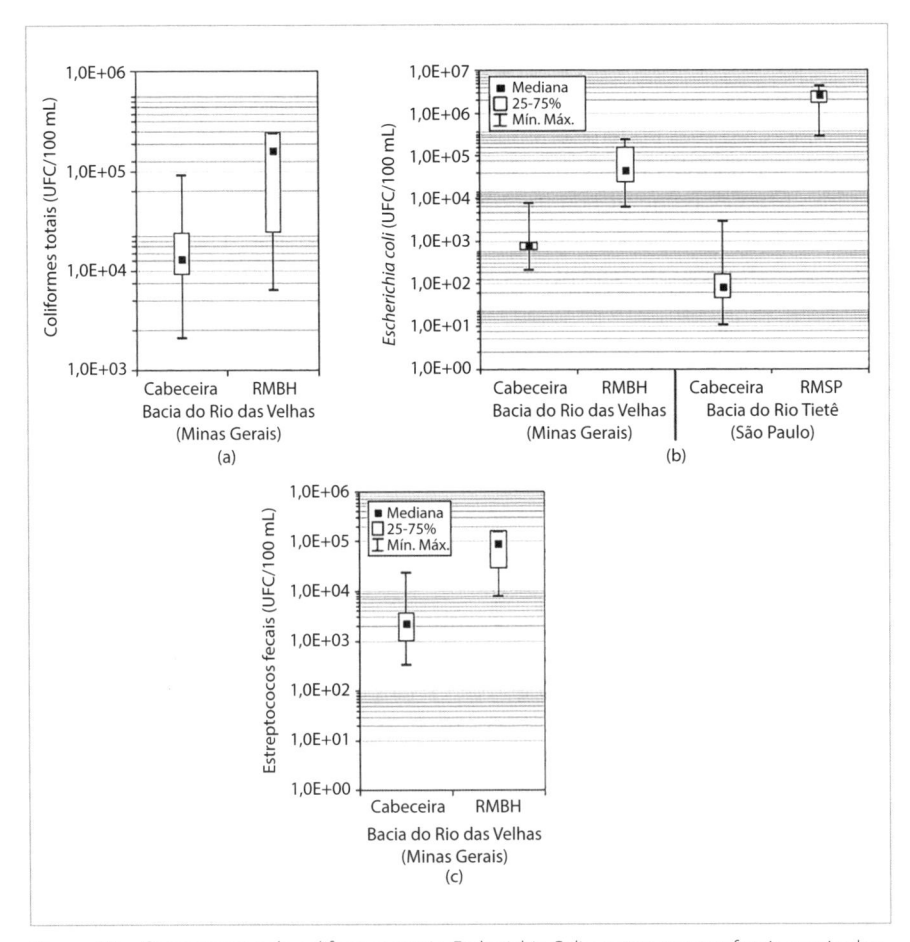

**Figura 10**  Concentração de coliformes totais, *Escherichia Coli* e estreptococos fecais em rios brasileiros: comparação entre pontos localizados em cabeceiras de bacias hidrográficas e em áreas urbanas.

Fonte: (1) Bacia do rio das Velhas: dados do Instituto Mineiro de Gestão das Águas – Igam (2012 a 2019); cabeceira: ponto de monitoramento AV050, localizado no ribeirão do Silva, ao pé da serra da Moeda (N = 25 para coliformes totais e *E. coli*; N = 16 para estreptococos fecais); região metropolitana de Belo Horizonte (RMBH): ponto de monitoramento BV105, localizado no rio das Velhas após a confluência com o ribeirão do Onça, entre as cidades de Belo Horizonte e Santa Luzia (N = 82 para coliformes totais, N = 70 para *E. coli*, N = 10 para estreptococos fecais). (2) Bacia do rio Tietê: dados da Companhia Ambiental do Estado de São Paulo – Cetesb (2012 a 2019); cabeceira: ponto de monitoramento TIET02050, localizado no rio Tietê na ponte que liga Mogi das Cruzes a Salesópolis no município de Biritiba Mirim (N = 43); região metropolitana de São Paulo (RMSP): ponto de monitoramento TIET04200, localizado no rio Tietê na ponte dos Remédios na Marginal Tietê entre as cidades de São Paulo e Osasco (N = 38).

e aumentaram significativamente ($\sim 10^5$ UFC/100 mL) nas amostras da região metropolitana. A associação entre os dois parâmetros indicadores, coliformes termotolerantes (CT) e estreptococos fecais (EF), tem sido utilizada para avaliar a origem da contaminação. Razão CT/EF $\geq 4$ indica contaminação de origem humana, enquanto a razão $\leq 0,7$ indica poluição animal (Gerba, 2009). No entanto, o autor alerta que essa razão só é válida para contaminações recentes (até 24 h).

Os outros parâmetros indicadores apresentados no Quadro 2 não são aplicados rotineiramente, mas podem ser utilizados a fim de detalhar com maior precisão os riscos microbiológicos do uso da água. Os vírus, especialmente os entéricos, são importantes poluentes biológicos associados à contaminação fecal, e suas características estruturais os tornam altamente resistentes a fatores ambientais, tais como temperatura e radiação UV. Dentre os indicadores de vírus entéricos, destacam-se os enterovírus e rotavírus, por apresentarem alta resiliência no ambiente sobrevivendo por longos períodos em águas contaminadas (Heritage, 2003), muito embora a metodologia para sua detecção seja mais complexa e dispendiosa. Alternativamente, o monitoramento de vírus pode se basear no estudo de bacteriófagos, que são vírus que infectam bactérias, incluindo as de origem fecal. O monitoramento desses colifagos usa metodologia mais simples, mas requer que eles estejam presentes na água em elevadas concentrações (Horan, 2003a).

Quanto aos protozoários, os gêneros mais comumente encontrados em águas contaminadas são *Giardia*, *Entamoeba*, *Cyclospora* e *Cryptosporidium*, e seu monitoramento envolve o estudo das estruturas de reprodução, os denominados cistos. Apesar de os cistos estarem associados à contaminação fecal, a sua estrutura altamente resistente não permite que eles sejam representados pelos coliformes. Dessa forma, o monitoramento de protozoários usualmente envolve a contagem direta dos cistos ou oocistos em águas suspeitas de contaminação (Horan 2003b). Apesar de menos usual, pode-se utilizar ainda os ovos de helmintos como parâmetro de verificação do controle de risco associado a microrganismos mais resistentes no ambiente. Por fim, indicadores biológicos fúngicos são geralmente aplicados em águas de recreação e, nesse caso, utiliza-se comumente a levedura *Candida albicans* por ser também de transmissão fecal (Horan, 2003b).

## CONSIDERAÇÕES FINAIS

Conforme abordado neste capítulo, em geral os rios urbanos brasileiros apresentam-se fortemente poluídos, o que pode restringir técnica e economicamente a maioria das formas de reúso da água em áreas urbanas. Dessa forma, do ponto de vista da gestão de riscos, quando o reúso indireto da água em áreas urbanas é pretendido, não se pode pensar apenas no monitoramento e no tratamento dos poluentes de fontes pontuais. Em uma abordagem mais holística e preventiva, o reúso da água em áreas urbanas demanda uma adequada gestão de toda a bacia hidrográfica, adotando-se políticas de planejamento territorial mais amplas para o controle das pressões crescentes sobre os usos do solo e dos recursos naturais, bem como de formas difusas de poluição.

## REFERÊNCIAS

[APHA/AWWA/WEF] AMERICAN PUBLIC HEALTH ASSOCIATION/AMERICAN WATER WORKS ASSOCIATION/WATER ENVIRONMENT FEDERATION. *Standard methods for the examination of water and wastewater*. 23. ed. Washington, D.C.: APHA, 2017.

AQUINO, S.F.; SILVA, S.Q.; CHERNICHARO, C.A.L. Considerações práticas sobre o teste de demanda química de oxigênio (DQO) aplicado a análises de águas residuárias. *Engenharia Sanitária e Ambiental*, v. 11, p. 295-304, 2006.

AQUINO, S.F; BRANDT, E.M.F.; CHERNICHARO, C.A.L. Destino e mecanismos de remoção de fármacos e desreguladores endócrinos em estações de tratamento de esgoto. *Engenharia Sanitária e Ambiental*, v. 18, p. 5-9, 2013.

AQUINO, S.F.; ARAÚJO, J.C.; PASSOS, F.; et al. Fundamentals of anaerobic sewage treatment. In: CHERNICHARO, C.A.L.; BRESSANI-RIBEIRO, T. (Orgs.). *Anaerobic reactors for sewage treatment: design, construction and operation*. IWA, 2019, p. 25-59.

[ATSDR] AGENCY FOR TOXIC SUBSTANCES & DISEASE REGISTRY. 2010. Disponível em: https://www.atsdr.cdc.gov/ToxProfiles/tp.asp?id=421&tid=74. Acesso em: ago. 2019.

BERGMAN, Å.; HEINDEL, J.J.; JOBLING, S.; et al. *State of the science of endocrine disrupting chemicals*. United Nations Environment Programme and the World Health Organization, 2012, p. 260.

BLUNDI, C.E.; GADÊLHA, R.F. Metodologia para determinação de matéria orgânica específica em águas residuárias. In: *Pós-tratamento de efluentes de reatores anaeróbios*. Rio de Janeiro: Finep, 2001, p. 9-18.

GERBA, C.P. Indicator Microorganisms. In: MAIER, R.M.; PEPPER, I.L.; GERBA, C.P. (eds.). *Environmental microbiology*. 2.ed. Cambridge: Academic, 2009, p. 485-99.

GINEBREDA, A.; ALDA, M.L.; BARCELO, D.; et al. Qualidade química das águas superficiais. In: BAPTISTA, M.; PÁDUA, V.L. (org.). *Restauração de sistemas fluviais*, v. 1. Barueri: Manole, 2016, p. 159-219.

HERITAGE, J. Viruses. In: MARA, D.; HORAN, N. (org.). *Handbook of water and wastewater microbiology*. Cambridge: Academic, 2003, p. 37-55.

HORAN, N. Protozoa. In: MARA, D.; HORAN, N. (ed.). *Handbook of water and wastewater microbiology*. Cambridge: Academic, 2003a, p. 69-76.

HORAN, N. Faecal indicator organisms. In: MARA, D.; HORAN, N. (Ed.). *Handbook of water and wastewater microbiology*. Cambridge: Academic, 2003b, p. 105-12.

LIMA, D.R.S.; TONUCCI, M.C.; AQUINO, S.F.; et al. Fármacos e desreguladores endócrinos em águas brasileiras: ocorrência e técnicas de remoção. *Engenharia Sanitária e Ambiental*, v. 22, p. 1043-54, 2017.

SCHROEDER, E.D.; WUERTZ, S. Bacteria. In: MARA, D.; HORAN, N. (Ed.). *Handbook of water and wastewater microbiology*. Cambridge: Academic, 2003, p. 57-68.

SCHULTZ, M.M.; BAROFSKY, D.F.; FIELD J.A. *Environmental Engineering Science*, v. 20, p. 487-501, 2003.

SMEDLEY, P.L.; KINNIBURGH, D.G. A review of the source, behavior and distribution of arsenic in natural waters. *Applied Geochemistry*, v. 17, p. 517-68, 2002.

SOUZA, C.L.; SANTOS, A.B.; SILVA, M.E.R.; et al. Aspectos qualitativos de correntes de esgotos segregadas e não segregadas. In: SANTOS, A.B. (org.). *Caracterização, tratamento e gerenciamento de subprodutos de correntes de esgotos segregadas e não segregadas em empreendimentos habitacionais.* Fortaleza: Imprece, 2019, p. 118-221.

VON SPERLING, M. *Estudos e modelagem da qualidade da água de rios.* Série Princípios do Tratamento Biológico de Águas Residuárias. v. 7, 2.ed. Belo Horizonte: UFMG, 2014.

[WHO] WORLD HEALTH ORGANIZATION. *Guidelines for drinking-water quality: fourth edition incorporating the first addendum.* WHO Library Cataloguing-in-Publication Data, 2017.

[WHO] WORLD HEALTH ORGANIZATION. *Pharmaceuticals in Drinking Water.* WHO Library Cataloguing-in-Publication Data, 2012.

# Capítulo 3

# COVID-19 EM ESGOTO SANITÁRIO: PROBLEMÁTICA, DETERMINAÇÃO E ELIMINAÇÃO

Pedro Caetano Sanches Mancuso
Paula Andreia Dagostino Vilela
Rodrigo de Freitas Bueno

## INTRODUÇÃO

O Brasil convive há décadas com as consequências da deficiência de serviços de saneamento básico. Doenças de veiculação hídrica tais como gastroenterite infecciosa, febre amarela, dengue, leptospirose, malária e esquistossomose refletem a realidade de milhares de pessoas diariamente.

A atual pandemia de SARS-CoV-2 (*Severe Acute Respiratory Syndrome Coronavírus* 2), chamada popularmente de Covid-19 pela Organização Mundial da Saúde (OMS, 2019), traz novos riscos à população e grandes desafios aos administradores públicos e privados.

Desde as primeiras publicações que relataram a detecção de SARS-CoV-2 nas fezes (Wang et al., 2020; Zhang et al., 2020; Amirian, 2020; e Holshue et al., 2020), tornou-se evidente que esgotos sanitários podem conter o novo coronavírus. Esses achados mostram que os esgotos constituem um sistema de vigilância sensível e uma ferramenta de alerta precoce para surtos de SARS-CoV-2 no país.

Outro aspecto importante é o fato de alguns casos clínicos demonstrarem que portadores do vírus podem ser assintomáticos (Mao et al., 2020). Portanto, para rastrear fontes desconhecidas de SARS-CoV-2, a triagem rápida e precisa de possíveis portadores do vírus e o diagnóstico de pacientes assintomáticos são etapas cruciais para intervenção e prevenção no estágio inicial. No entanto, a realização de testes individuais nesse momento crítico é um desafio para os profissionais da saúde no país e requer uma logística complexa, tempo e mão de obra qualificada, sendo limitada pela disponibilidade de tecnologias de testes complexos.

Até o momento, não há relatos consolidados na literatura de que uma pessoa possa ser contaminada com SARS-CoV-2 tendo contato direto ou indireto com esgoto sanitário. Nesse sentido, há um questionamento ao risco potencial de contaminação de trabalhadores de Estações de Tratamento de Esgotos (ETE) e da parcela vulnerável da população, que não tem acesso a serviços de coleta de esgotos em seus domicílios.

No Brasil, segundo dados do Sistema Nacional de Informação sobre Saneamento (SNIS), apenas 46% do esgoto é tratado, e ainda, segundo a Síntese de Indicadores Sociais (SIS) divulgada pelo IBGE em 2018, o Brasil tinha 13,5 milhões de pessoas na extrema pobreza, ou seja, 6,5% da população, sem acesso a condições mínimas de infraestrutura de saneamento básico.

Diante desse cenário, torna-se fundamental compreender a rota de transmissão do vírus, de forma a subsidiar a adoção de medidas protetivas e preventivas pelos tomadores de decisão e administradores públicos e privados. Assim sendo, o presente capítulo relata as condições em que uma pesquisa de pós-doutorado está sendo iniciada na Faculdade de Saúde Pública da Universidade de São Paulo, em parceria com a Universidade do Arkansas, para eliminação do SARS-CoV-2 em esgotos.

## REVISÃO BIBLIOGRÁFICA

### Cronologia da pandemia

A origem da pandemia de SARS-CoV-2 ocorreu por meio de um relato na China, na cidade de Wuhan, em dezembro de 2019, de um surto de pneumonia de etiologia desconhecida, junto à Organização Mundial da Saúde (OMS). Logo em seguida, constatou-se que esse surto estava associado a um novo coronavírus, posteriormente denominado SARS-CoV-2.

O SARS-CoV-2, juntamente com o SARS-CoV, pertence à espécie coronavírus, relacionado à síndrome respiratória aguda grave, da família *coronaviridae*, que consiste em um grupo de vírus envelopados com um genoma de RNA. A doença causada pelo SARS-CoV-2 é conhecida como doença de coronavírus 2019 (Covid-19), e os sintomas incluem febre, fadiga, dor de garganta, tosse seca e dificuldade para respirar.

A transmissão da doença, segundo o Ministério da Saúde, ocorre de uma pessoa doente para outra, por meio de contato próximo, como: aperto de mão; gotículas de saliva; espirro; tosse; catarro; objetos ou superfícies contaminadas, como celulares, mesas, maçanetas, brinquedos, teclados de computador.

Em 26 de fevereiro de 2020, foi confirmado o primeiro caso de coronavírus no Brasil, na cidade de São Paulo. Em 11 de março de 2020, a OMS declarou pandemia global de Covid-19, com base em "níveis alarmantes de disseminação, severidade e inação" (Bedford et al., 2020). Em 26 de abril de 2020, o SARS-CoV-2 se espalhou para quase todos os países e territórios do mundo, atingindo o total de 11.797.213 casos confirmados e 543.595 mortes confirmadas, em julho de 2020, de acordo com a OMS (WHO, 2020).

## SARS-CoV-2 em esgotos sanitários

Trabalhos publicados na revista científica *Lancet Gastroenterology and Hepatology*, em abril de 2020, demonstraram a presença de RNA viral em pacientes infectados com SARS-CoV-2 (Yeo et al., 2020). A detecção do RNA de aproximadamente 50% dos pacientes analisados aconteceu onze dias após as amostras do trato respiratório desses mesmos pacientes terem sido negativas, o que denota a replicação ativa do vírus no trato gastrointestinal e uma possibilidade de que a rota de transmissão via feco-oral poderia ocorrer.

A possibilidade de contaminação feco-oral foi levantada no estudo de Holshue et al. (2020), no qual os pesquisadores conseguiram isolar o SARS-CoV-2 vivo das fezes e da urina de pessoas infectadas e demonstraram que de fato essa rota de transmissão deve ser considerada.

Um estudo adicional mostrou que o SARS-CoV-2 normalmente pode sobreviver por vários dias em um ambiente apropriado após a saída do corpo humano (Holshue et al., 2020). Trabalhos similares sugerem a possibilidade de transmissão por via feco-oral (Wang et al., 2020; Zhang et al., 2020; Amirian, 2020; e Xiao et al., 2020).

Com a excreção das fezes de assintomáticos e sintomáticos na rede coletora de esgoto, a presença do RNA viral do SARS-CoV-2 foi relatada em diversas publicações. Destaca-se aqui o estudo pioneiro realizado pelo Instituto Nacional de Saúde Pública e Meio Ambiente da Holanda que detectou o RNA viral do SARS-CoV-2 no esgoto, proveniente das fezes de uma pequena porcentagem de pacientes com SARS-CoV-2 (RIVM, 2020).

Salienta-se ainda que a deficiência na cobertura de coleta de esgotos contribui diretamente para o aumento da poluição dos rios, somando-se à disseminação da pandemia. Assim, estima-se um incremento na carga viral a ser despejada nos corpos hídricos durante a pandemia.

Outro ponto de atenção refere-se aos profissionais da área de saneamento básico, especialmente os operadores de ETE, e aqueles que realizam manutenção de redes coletoras, por estarem em contato diariamente com amostras de esgotos. Suspeita-se que a inalação de aerossóis pode ser uma perigosa via de transmissão do vírus.

Pesquisadores brasileiros estão mapeando a presença de SARS-CoV-2 nos esgotos, e alguns estudos já identificaram inúmeras amostras com a presença do RNA viral. A Fundação Oswaldo Cruz, em parceria com a prefeitura de Niterói, no estado do Rio de Janeiro, vem desenvolvendo um projeto de vigilância ambiental, com análises de amostras da rede coletora de esgotos do município. O estudo foi iniciado no mês de abril de 2020, e a média de amostras positivas para o SARS-CoV-2 em oito semanas de estudos foi de 85%.

Mesmo com indícios de que a principal via de transmissão do vírus seja a inalação de aerossol de pessoa a pessoa, torna-se necessária a realização de estudos mais abrangentes em relação à rota de contaminação por esgotos.

Em 2004, ocorreu um surto de SARS na China e, na época, o RNA de SARS-CoV foi detectado em 100% das amostras de esgotos não tratados e em 30% das amostras de esgotos tratados. Por outro lado, um estudo realizado na França detectou o RNA SARS-CoV-2 em esgotos tratados, com concentrações de até 105 cópias por litro (Wurtzer et al., 2020). A presença do RNA viral nas amostras de esgotos não está relacionada com a transmissão do vírus, mas sim, apenas identifica sua presença ou ausência.

## Detecção e análise de SARS-CoV-2 nos esgotos

O mapeamento epidemiológico baseado em biomarcadores no esgoto é uma ferramenta de vigilância sanitária conhecida há muito tempo. Na década de 1940, foi utilizado inicialmente nos Estados Unidos para o enfrentamento da epidemia de poliomielite. Como discutido nos itens anteriores, essa ferramenta como vigilância epidemiológica para a pandemia de SARS-CoV-2 no esgoto vem se mostrando de grande importância para o entendimento da circulação do vírus na população e, quando combinada com outras ações, tem potencial de auxiliar no estabelecimento de diretrizes e formulação de políticas públicas para o enfrentamento da pandemia atual e como prevenção precoce de possíveis surtos no futuro.

Muitos estudos avançaram no monitoramento do SARS-CoV-2 nas ETEs (Ahmed et al., 2020; Medema et al., 2020; Nemudry et al., 2020; Wu et al., 2020; Wuertzer et al., 2020) e outros consideraram, além das coletas nas ETEs, um monitoramento mais regionalizado, ou seja, em pontos estratégicos que representem sub-bacias com diferentes contextos socioeconômicos, regiões com população com maior vulnerabilidade, *hot spots* como hospitais, aeroportos, estações rodoviárias etc. (Zhang et al., 2019; Hoque et al., 2019; e Xagoraraki et al., 2020). Nesse sentido e considerando a realidade da população do Brasil, essa pode ser considerada a estratégia mais adequada para o monitoramento do SARS-CoV-2 no esgoto sanitário no país.

A epidemiologia baseada em biomarcadores no esgoto tem o potencial de prever "locais críticos" e "momentos críticos" para o início da doença viral. Projetar amostras espaciais e temporais apropriadas à área de preocupação, bem como modelar o destino dos vírus, é fundamental para a eficácia do método.

Um exemplo de metodologia utilizada no mapeamento epidemiológico pode ser resumido na Figura 1. O plano de monitoramento de detecção de SARS-CoV-2 no esgoto deve refletir o objetivo que se pretende atingir com o estudo. No Brasil, um grupo de pesquisadores do INCT ETEs Sustentáveis publicou recentemente uma nota técnica com contribuição e diretrizes para elaboração de planos de

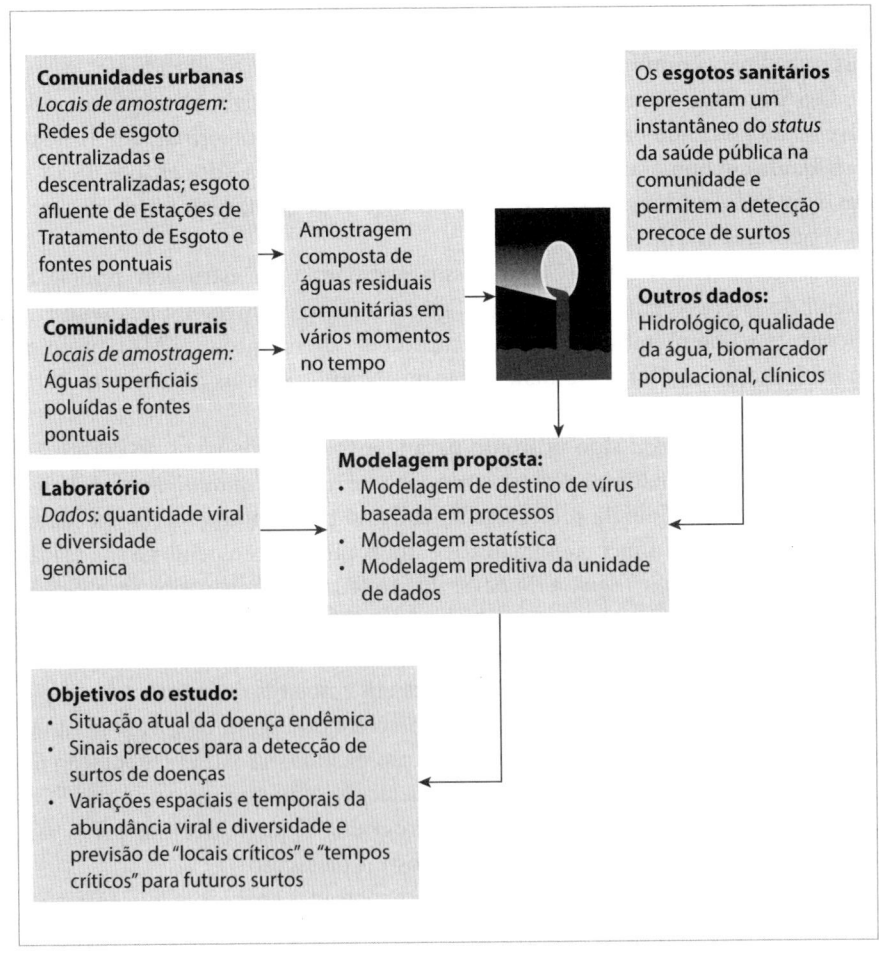

**Figura 1**   Metodologia de epidemiologia baseada em biomarcadores virais.

Fonte: autores.

monitoramento da ocorrência do novo coronavírus no esgoto (Chernicharo et al., 2020). Destacamos aqui os principais pontos:

A. Disponibilidade de infraestrutura laboratorial.
B. Disponibilidade de mapa da malha urbana da cidade.
C. Definição dos pontos de amostragem do esgoto.

No Brasil, muitos laboratórios de saneamento não estão preparados para realização da detecção de amostras de vírus em esgoto. O que se faz necessário é uma adaptação de infraestrutura e treinamento de pessoal técnico para realização das análises de detecção e quantificação do SARS-CoV-2. Outro aspecto que deve ser avaliado é a capacidade de processamento de amostras e o recurso financeiro disponível para compra de insumos, que em geral têm custo elevado.

O SARS-CoV-2 é um vírus de RNA com sentido positivo, não segmentado e envelopado, incluído na subfamília *sarbecovírus* e *ortocorona virinae*, amplamente distribuída em humanos e outros mamíferos. Seu diâmetro é de cerca de 65 a 125 nm, contendo cordões únicos de RNA e providos de pontas em forma de coroa na superfície externa (Astuti, 2020).

Estruturalmente, o SARS-CoV-2 possui quatro proteínas estruturais principais, incluindo glicoproteína de espiga (S), glicoproteína de envelope pequeno (E), glicoproteína de membrana (M) e glicoproteína de membrana (M) e proteína de nucleocapsídeo (N), e também várias proteínas acessórias (Schoeman, 2019; Tai et al., 2019).

O método que tem sido utilizado para identificação de vírus no esgoto é o PCR quantitativo em tempo real (*polymerase hain reaction quantitative real time*). É uma técnica de biologia molecular baseada no princípio da reação da cadeia polimerase, em que uma máquina qPCR e um corante fluorescente na sua reação de PCR (*Sybr green* ou *Taqman Probe*) se liga ao seu produto genético amplificado e dá-lhe um valor Ct, o que mais tarde lhe dará uma ideia sobre a quantidade do DNA na sua reação dependendo dos padrões usados.

Resumidamente, para detecção de vírus em amostras de esgoto, três etapas principais são necessárias: (1) amostragem/coleta do esgoto de forma pontual, semicomposta ou composta; (2) concentração da amostra para recuperação do RNA viral; e (3) extração do RNA viral e detecção e/ou quantificação por PCR em tempo real. A Figura 2 mostra um fluxograma esquemático das principais etapas envolvidas na detecção viral em amostras de esgoto.

No esgoto bruto, as partículas virais são encontradas em baixas concentrações em função da diluição. Isso requer uma etapa de concentração da amostra para permitir a detecção de vírus sensível. Além disso, os vírus abrigam uma grande

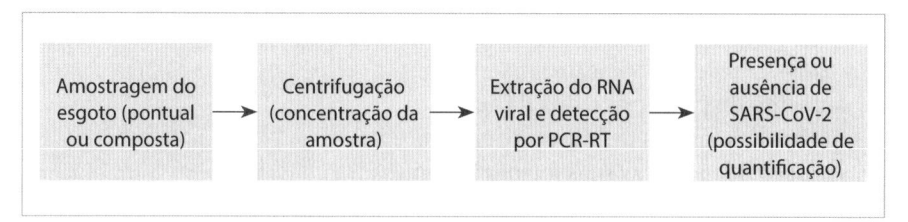

**Figura 2**   Fluxograma de concentração e detecção de SARS-CoV-2.
Fonte: autores.

diversidade de estruturas de superfície e genoma, o que dificulta a extração genômica viral universal. Os estudos atuais têm enfrentado esses desafios de muitas maneiras diferentes, empregando uma ampla gama de procedimentos de concentração e extração viral.

Em relação aos métodos de concentração de esgotos, destacamos os por precipitação de proteínas com polietilenoglicol (PEG), o de adsorção/eluição (filtros carregados positivamente) e os métodos de ultracentrifugação (Kitakima et al., 2020; Ahmed et al., 2020; Medema et al., 2020; Nemudryi et al., 2020; Wu et al., 2020; e Wurtzer et al., 2020).

## Eliminação do vírus nos esgotos

Os métodos convencionais de desinfecção utilizados atualmente conseguem eliminar 90% dos vírus entéricos presentes nos esgotos domésticos. Entretanto, com relação ao SARS-CoV-2, ainda não existem respostas sobre processos ou tecnologias capazes de eliminar sua presença, uma vez que se trata de um vírus novo, com poucos estudos desenvolvidos até o momento.

Dentre os processos de desinfecção existentes, destaca-se a utilização de gás ozônio ($O_3$), comprovadamente um potente agente oxidante, com ampla utilização em processos de tratamento de água e esgotos, somando-se a outros benefícios secundários, quando comparado com outras tecnologias.

O ozônio é uma molécula composta por três átomos de oxigênio que se apresenta sob a forma de gás em condições ambientais normais, sendo altamente reativo e instável, o que significa que não pode ser transportado ou armazenado, tendo de ser gerado no local de aplicação.

Apresenta alto poder oxidante, sendo facilmente absorvido pela água em uma interface de bolhas (cinquenta vezes mais rápido que oxigênio diatômico).

Uma vez em contato com a água, ele reage rapidamente (< 1/10 s) com as substâncias presentes, gerando oxigênio como subproduto.

As principais ações decorrentes das reações do ozônio são:

- aumento do potencial redox da água;
- quebra das cadeias de hidrocarbonetos;
- redução de metais às suas formas insolúveis;
- mineralização de compostos orgânicos (coagulação);
- ausência de residual, uma vez que o tempo de reação é muito rápido.

Uma das tecnologias com potencial de eliminação do vírus é denominada HyDOZ® (*Hyper Concentrade Dissolved Ozone*), de patente norte-americana, e consiste na dissolução de gás ozônio, conforme citado anteriormente.

Esse sistema apresenta algumas características específicas, tais como:

- flexibilidade de *design*, com solução *plug + play*, o que facilita o transporte e a instalação;
- monitoramento em tempo real, por meio da internet e *smartphones*;
- continuidade operacional, uma vez que a dissolução de fluxo lateral permite adaptação em qualquer tubulação, sem necessidade de drenagem da bacia de tratamento;
- sistema modular, dimensionado de acordo com as necessidades locais.

O princípio de funcionamento do sistema HyDOZ®, ou sistema de ozônio hiperdissolvido, é fundamentado na Lei de Henry, que estabelece que a quantidade de gás que pode ser dissolvida em equilíbrio em uma determinada quantidade de líquido é proporcional à pressão do gás em contato com o líquido. Essa solubilidade pode ser afetada por parâmetros como temperatura, pH e pressão.

De forma geral, a lei de Henry pode ser apresentada da seguinte forma:

$$S_g = k_a P_s$$
$S_g$ = solubilidade do gás no líquido
$k_a$ = constante da Lei de Henry
$P_s$ = pressão parcial do gás sobre a solução mistura de ozônio

As Figuras 3 e 4 demonstram o sistema HyDOZ® instalado em uma estação de tratamento de esgotos existente – WWTP Paul R. Noland, no Arkansas, EUA, onde serão realizados os testes.

Testes anteriormente efetuados com a aplicação desse sistema de desinfecção nos esgotos domésticos demonstraram inativação de patógenos, com residuais de 0,1 a 0,8 mg/L de $O_3$, e, mesmo sob os menores valores residuais, os números

**Figura 3** ETE Paul Noland.
Fonte: Blue Ingreen.

**Figura 4** ETE Paul Noland.
Fonte: Blue Ingreen.

de coliformes fecais mantiveram-se ainda bem abaixo do nível de permissão mais rigoroso da legislação norte-americana.

Os resultados dos testes de remoção de *E. coli* foram semelhantes. Resultados para residuais acima de 0,2 mg/L de $O_3$ não apresentaram nenhuma alteração no número de *E. coli* presentes ao longo do reator, sugerindo contínua desinfecção e pouco ou nenhum crescimento. A remoção média diária foi de mais de 99% para coliformes fecais e *E. coli*.

Para contaminantes emergentes, de um total de 30 compostos que foram detectados, 29 foram reduzidos pelo sistema HyDOZ® e apenas 14 compostos ainda apresentavam valores acima dos limites de detecção. O sistema promoveu ampla remoção de fármacos ativos e de disruptores endócrinos presentes no efluente da planta.

Foram observados também diversos benefícios secundários com a aplicação de ozônio, incluindo remoção de cor, redução de 21% da demanda química de oxigênio (DQO) e aumento da concentração de oxigênio dissolvido no efluente.

Em função dos resultados mencionados e somando-se às vantagens em relação à aplicação de cloro, o sistema HyDOZ® será testado nos próximos meses para verificação da eliminação do SARS-CoV-2 em esgotos domésticos.

## METODOLOGIA

Em que pese o fato de que a ciência e a tecnologia estejam avidamente buscando aumentar o conhecimento sobre a Covid-19, ainda não existem informações seguras sobre os efeitos de sua presença em esgoto sanitário. Comparativamente à presença de outros organismos na água, em que o conhecimento é amplo e seguro, muito pouco se conhece sobre esse vírus, tanto do ponto de vista epidemiológico como do ponto de vista técnico-sanitário de tratamento de esgotos.

Tendo essa reflexão como base, o presente capítulo pretende dar uma contribuição para o aumento do conhecimento sobre essa problemática, mediante a elaboração de uma pesquisa sobre processos e operações unitárias, voltados para o aumento da eficiência e da eficácia das ETEs.

Essa pesquisa será desenvolvida por meio de testes de campo, utilizando-se a tecnologia HyDOZ® atualmente em funcionamento na ETE Paul R. Noland, na cidade de Fayetteville, Estados Unidos, em parceria com a empresa Blue Ingreen LLC e com a Universidade do Arkansas.

Basicamente ela tem como objetivo principal testar a eficiência do sistema de patente norte-americana HyDOZ® de dissolução de gás ozônio, no combate ao SARS-CoV-2 em esgotos.

Como objetivo secundário, mas não menos importante, pretende-se avaliar seus benefícios secundários como desinfetante, além de possibilitar a parametrização de sistemas de tratamento para futuras aplicações no Brasil. Salienta-se que esses benefícios ditos secundários do uso do ozônio, como desinfetante, são extremamente importantes para a implantação do sistema em escala real. Assim sendo, serão avaliados:

- redução de *E. Coli*;
- redução de contaminantes emergentes (hormônios, compostos farmacêuticos ativos e disruptores endócrinos);
- permanência de níveis residuais de oxigênio dissolvido OD, para etapa de pós-aeração.

## RESULTADOS ESPERADOS

Os resultados esperados ao final da pesquisa incluem:

i. Verificação da eficiência do ozônio (O3), no combate ao SARS-CoV-2 em esgotos.
ii. Identificação de benefícios secundários provenientes da desinfecção de esgotos domésticos por ozônio.
iii. Definição de parâmetros de engenharia para implantação do sistema HyDOZ® em escala real, adaptado para o cenário do Brasil.
iv. Atendimento aos padrões brasileiros preconizados pelo Conselho Nacional de Meio Ambiente (Conama) para lançamento e para atendimento às classes dos corpos de água superficial, visando seu reúso pelas comunidades de jusante.

## REFERÊNCIAS

AHMED, W. et al. First confirmed detection of SARS-CoV-2 in untreated wastewater in Australia: A proof of concept for the wastewater surveillance of Covid-19 in the community. *Science of The Total Environment*, p. 138764, 2020.

AMIRIAN, E. Susan. Potential fecal transmission of SARS-CoV-2: current evidence and implications for public health. *International Journal of Infectious Diseases*, 2020.

ASTUTI, I. Severe Acute Respiratory Syndrome Coronavirus 2 (SARS-CoV-2): An overview of viral structure and host response. *Diabetes & Metabolic Syndrome: Clinical Research & Reviews*, 2020.

BEDFORD, J. et al. Covid-19: towards controlling of a pandemic. *The Lancet*, v. 395, n. 10229, p. 1015-8, 2020.

BLUE INGREEN, HyDOZ Pilot Summary Report for Paul. R Noland WWTP. Arkansas, 2014.

CHERNICHARO, C.A.L. et al. Contribuição para a elaboração de planos de monitoramento da ocorrência do novo coronavírus no esgoto. Nota Técnica N.1 – INCT ETEs Sustentáveis/UFMG, 2020. Disponível em: https://etes-sustentaveis.org/. Acesso em: 21 out. 2020.

FUNDAÇÃO OSWALDO CRUZ. Novos resultados sobre a presença da Covid-19 na rede de esgoto de Niterói. Rio de Janeiro. Julho, 2020. Disponível em: https://portal.fiocruz.br/noticia/divulgados-novos-resultados-sobre-presenca-da-covid-19-na-rede-de-esgoto-de-niteroi. Acesso em: 21 out. 2020.

HOLSHUE, M.L. et al. First case of 2019 novel coronavirus in the United States. *New England Journal of Medicine*, 2020.

HOQUE, S.A. et al. Alarming situation of spreading enteric viruses through sewage water in Dhaka city: Molecular epidemiological evidences. *Food and environmental virology*, v. 11, n. 1, p. 65-75, 2019.

JIA, S.; ZHANG, X. Biological HRPs in wastewater. In: *High-Risk Pollutants in Wastewater*. Elsevier, 2020. p. 41-78.

KITAJIMA, M. et al. SARS-CoV-2 in wastewater: State of the knowledge and research needs. *Science of The Total Environment*, p. 139076, 2020.

MAO, K.; ZHANG, H.; YANG, Z. *Can a paper-based device trace Covid-19 sources with wastewater-based epidemiology?* 2020.

MEDEMA, G. et al. Presence of SARS-Coronavirus-2 in sewage. *MedRxiv*, 2020.

MINISTÉRIO DA SAÚDE. Sobre a doença. Julho, 2020. Disponível em: https://coronavirus.saude.gov.br/sobre-a-doenca. Acesso em: 21 out. 2020.

NATIONAL INSTITUTE FOR PUBLIC HEALTH AND THE ENVIRONMENTAL – RIVM. Novel coronavirus found in Wastewater. Publicado em: 24 mar. 2020. Disponível em: https://www.rivm.nl/node/153991?fbclid. Acesso em: 21 out. 2020.

NEMUDRYI, A. et al. Temporal detection and phylogenetic assessment of SARS-CoV-2 in municipal wastewater. *medRxiv*, 2020.

PORTAL TRATAMENTO DE ÁGUA. Monitoramento da Covid-19 em esgotos constata presença do Coronavírus em primeiras coletas. São Paulo, 2020. Disponível em: https://www.tratamentodeagua.com.br/monitoramento-covid-esgotos/. Acesso em: 21 out. 2020.

ROBINSON, C.; LOEFFELHOLZ, M.J.; PINSKY, B.A. Respiratory viruses. *Clinical Virology Manual*, p. 255-76, 2016.

SCHOEMAN, D.; FIELDING, B.C. Coronavirus envelope protein: current knowledge. *Virology Journal*, v. 16, n. 1, p. 1-22, 2019.

TAI, W. et al. Characterization of the receptor-binding domain (RBD) of 2019 novel coronavirus: implication for development of RBD protein as a viral attachment inhibitor and vaccine. *Cellular & Molecular Immunology*, v. 17, n. 6, p. 613-20, 2020.

WANG, W. et al. Detection of SARS-CoV-2 in different types of clinical specimens. *Jama*, v. 323, n. 18, p. 1843-4, 2020.

WHO. Coronavirus disease (Covid-2019) situation reports, 2020.

WU, F. et al. Os títulos de SARS-CoV-2 nas águas residuais são mais altos do que o esperado em casos confirmados clinicamente. *medRxiv*, 2020.

WURTZER, S. et al. Evaluation of lockdown impact on SARS-CoV-2 dynamics through viral genome quantification in Paris wastewaters. *medRxiv*, 2020.

XAGORARAKI, I.; O'BRIEN, E. Wastewater-based epidemiology for early detection of viral outbreaks. In: *Women in Water Quality*. Springer, Cham, 2020. p. 75-97.

XIAO, F. et al. Infectious SARS-CoV-2 in feces of patient with severe Covid-19. *Emerg Infect Dis*, v. 26, n. 8, p. 103201, 2020.

YANG, Z. et al. Community sewage sensors for monitoring public health. 2015.

YANG, Z. et al. Monitoring genetic population biomarkers for wastewater-based epidemiology. *Analytical chemistry*, v. 89, n. 18, p. 9941-5, 2017.

YEO, C.; KAUSHAL, S.; YEO, D. Enteric involvement of coronaviruses: is faecal-oral transmission of SARS-CoV-2 possible? *The Lancet Gastroenterology & Hepatology*, v. 5, n. 4, p. 335-7, 2020.

ZHANG, H. et al. The digestive system is a potential route of 2019-nCov infection: a bioinformatics analysis based on single-cell transcriptomes. *BioRxiv*, 2020.

ZHANG, Y. et al. Wastewater-based epidemiology in Beijing, China: Prevalence of antibiotic use in flu season and association of pharmaceuticals and personal care products with socioeconomic characteristics. *Environment International*, v. 125, p. 152-60, 2019.

# Capítulo 4
# RISCOS ASSOCIADOS AO REÚSO POTÁVEL

Fábio Kummrow

## INTRODUÇÃO

O crescimento populacional e o aumento da demanda de água para diferentes finalidades têm tornado o reúso potável indireto e direto cada vez mais comum em diferentes partes do mundo (Amoueyan et al., 2017). Contudo, preocupações com a saúde pública estão entre as principais restrições à reciclagem da água (Salgot et al., 2006; Huertas et al., 2008; Hespanhol, 2015). Assim, a percepção da população sobre riscos reais ou potenciais à saúde decorrentes do reúso potável de águas residuárias de origens diversas é considerada atualmente um dos maiores obstáculos para a implementação e popularização dessa prática (Duong; Saphores, 2015; Hespanhol, 2015).

Os riscos à saúde relacionados ao reúso potável de águas residuárias podem ser genericamente classificados em microbiológicos e químicos (Salgot et al., 2006; National Research Council, 2012), e são estabelecidos em função do perigo de um agente e da exposição de uma população a esse agente (National Research Council, 2012). O paradigma para análise de risco é normalmente dividido na etapa de avaliação de riscos, baseada em conhecimentos técnicos e científicos objetivos, e na etapa de gerenciamento de riscos, em que são incluídos e considerados aspectos mais subjetivos como, por exemplo, disponibilidade de tecnologias de tratamento adequadas, e os custos envolvidos em todo o processo (National Research Council, 2012). Nesse contexto, o principal objetivo do processo de avaliação de riscos é identificar os perigos, microbiológicos ou químicos, associados ao reúso potável da água, e analisar as informações científicas disponíveis visando caracterizar os riscos relacionados aos perigos identificados (Salgot et al., 2006; Huertas et al., 2008).

As etapas básicas do processo de avaliação de risco são identificação do perigo, avaliação dose-resposta, avaliação da exposição e caracterização do risco (Thoeye et al., 2003; Razzolini; Nardocci, 2006; National Research Council, 2012). Nesse contexto, as estimativas calculadas pelos métodos de avaliação de risco são empregadas na tomada de decisão para a definição de alternativas que visam eliminar, reduzir ou gerenciar os riscos do reúso potável de água. As ferramentas de avaliação e gestão de riscos à saúde são reconhecidamente importantes para o estabelecimento de critérios e padrões de qualidade da água que são genericamente empregados para a avaliação e garantia da segurança da água para uma determinada finalidade (Salgot et al., 2006; Huertas et al., 2008).

A análise de risco, incluindo avaliação, gerenciamento e comunicação dos riscos, é uma ferramenta básica para o sucesso do reúso potável de água (Huertas et al., 2008). Assim, o reúso potável de águas residuárias deve seguir os critérios e padrões estabelecidos em diferentes níveis administrativos e regulatórios (Salgot; Folch, 2018). Os critérios de qualidade para água potável são produtos da avaliação de risco e são elaborados estritamente com base em informações e dados científicos obtidos por meio de estudos epidemiológicos e experimentais, considerando ainda cenários genéricos de exposição. Já os padrões de qualidade da água contidos nos guias e legislações internacionais podem incluir, além dos critérios estabelecidos pela avaliação de risco, aspectos tecnológicos, econômicos e sociais (Umbuzeiro, 2012).

Portanto, o estabelecimento de sistemas de avaliação e gerenciamento de riscos, como, por exemplo, Análise de Perigos e Pontos Críticos de Controle (HACCP – do inglês *Hazard Analysis and Critical Control Points*) e Planejamento de Segurança do Saneamento (SSP – do inglês *Sanitation Safety Planning*), está entre os tópicos de pesquisa e desenvolvimento prioritários para a implementação e sucesso de programas de reúso potável de água (Salgot; Folch, 2018).

## AVALIAÇÃO DE RISCO

Atualmente, diversas pesquisas buscam estabelecer métodos que permitam refinar nossa compreensão sobre os riscos reais ou potenciais à saúde humana decorrentes da reutilização potável da água, por meio de estudos toxicológicos e epidemiológicos (Thoeye et al., 2003; National Research Council, 2012; Salgot; Folch, 2018). Risco é um conceito matemático que significa uma probabilidade de ocorrência de dano, doença ou morte após a exposição de um indivíduo ou de uma população a um agente (químico ou microbiológico) perigoso em condições definidas (cenário de exposição). O risco pode ser expresso pela equação: Risco =

Perigo × Exposição. Por definição, o perigo é uma propriedade intrínseca de um agente químico (toxicidade) ou microbiológico (patogenicidade) causar um efeito adverso à saúde, enquanto o risco é a probabilidade de ocorrência de um efeito adverso à saúde em determinadas condições de exposição a um agente perigoso (Salgot, Vergés e Angelakis, 2003; Püssa, 2013). É importante ressaltar que não é possível atingir risco zero a menos que não exista de fato a exposição, pois sempre que existir um agente perigoso e uma população exposta ou potencialmente exposta existirá risco, ainda que seja baixo o suficiente para ser considerado negligenciável (National Research Council, 2012; Richards; Bourgeois, 2013).

Embora possa ser empregada a mesma estratégia para a avaliação quantitativa de riscos microbiológicos e químicos, existem algumas diferenças importantes nos riscos impostos por esses grupos distintos de agentes perigosos. Tanto os agentes microbiológicos quanto os químicos podem causar um amplo espectro de efeitos adversos, agudos e crônicos à saúde. Efeitos agudos à saúde são caracterizados por danos súbitos e graves após a exposição ao agente perigoso, e, geralmente, estão relacionados aos agentes microbiológicos. Efeitos agudos decorrentes da exposição aos agentes químicos, legislados ou não legislados, presentes na água potável são improváveis, exceto em condições extraordinárias como, por exemplo, falhas no sistema de tratamento e distribuição, derramamentos de produtos químicos, conexões cruzadas com redes de coleta efluentes industriais, entre outras. Os efeitos crônicos se manifestam após períodos prolongados de exposição (dias, meses ou anos) ao agente perigoso e normalmente estão associados aos agentes químicos. Eventualmente, agentes microbiológicos podem acarretar doenças crônicas secundárias como hepatite e falência renal, além de estarem associados a efeitos adversos na reprodução (National Research Council, 2012; Püssa, 2013).

Assim, para a execução da avaliação quantitativa de riscos, inúmeros dados e informações científicas são necessários. Na etapa de identificação do perigo se busca entender se o agente em questão pode causar danos à saúde e, em caso afirmativo, qual a sua natureza. Na avaliação dose-respostas o objetivo principal é estabelecer a relação quantitativa entre a dose (quantidade do agente) e resposta (determinado efeito deletério à saúde) (National Research Council, 2012; Püssa, 2013).

A avaliação da exposição visa determinar ou estimar o tipo, nível e duração da exposição do indivíduo ou da população ao agente perigoso. Na etapa final de caracterização do risco todos os dados e informações obtidos nas etapas anteriores são compilados e criticamente avaliados para determinar ou estimar a natureza e intensidade dos efeitos adversos à saúde sob diferentes condições de exposição (National Research Council, 2012; Püssa, 2013).

Nesse contexto, os principais desafios associados à avaliação quantitativa de riscos microbiológicos e químicos incluem conjuntos de dados toxicológicos incompletos, incertezas associadas à exposição e exposição concomitante a diferentes agentes químicos e microbiológicos que podem compartilhar modos de ação semelhantes. Além de dificuldades analíticas tanto na identificação como na quantificação precisa da presença desses agentes na água de reúso potável (National Research Council, 2012).

## IDENTIFICAÇÃO DO PERIGO

A identificação do perigo é a primeira etapa em qualquer avaliação quantitativa de risco (microbiológico ou químico), e pode ser definida como o processo que busca determinar se a exposição a um agente pode causar aumento na incidência de determinado efeito adverso à saúde (National Research Council, 2012; Püssa, 2013). Os perigos do reúso potável de água estão diretamente associados à sua composição química e microbiológica, à sua origem (p. ex., doméstica), à eficácia de diferentes processos de tratamento na remoção dos agentes perigosos e à introdução de novos agentes químicos ou ainda à geração de produtos de transformação durante os próprios processos de tratamento (National Research Council, 2012).

A identificação do perigo de agentes microbiológicos é em geral um processo qualitativo que envolve a identificação de bactérias, vírus e protozoários capazes de ocasionar doenças, diretamente ou indiretamente (p. ex., liberando toxinas), relacionadas a águas de reúso (Thoeye et al., 2003; WHO, 2016a). Nessa etapa, são compilados os dados referentes ao tipo de efeitos na saúde (agudos e eventualmente crônicos), a gravidade e a duração da doença ou enfermidade associados ao ingresso do patógeno em questão no organismo humano (WHO, 2016a).

É importante ressaltar que a maioria das infecções de veiculação hídrica é aguda e resultante de exposições únicas, e incluem principalmente gastroenterites, hepatites, infecções e lesões de pele, conjuntivites e infecções respiratórias. Além disso, a suscetibilidade do hospedeiro desempenha um papel essencial em relação ao perigo microbiológico, por exemplo uma bactéria que pode ser benigna para uma população saudável pode ser fatal para indivíduos suscetíveis (p. ex., indivíduos imunocomprometidos) (National Research Council, 2012).

Em virtude do grande número de patógenos possivelmente presentes na água de reúso potável, a seleção de organismos indicadores adequados deve ser considerada para fins de avaliação de riscos. Do ponto de vista de saúde, é mais indicado calcular o risco com base nos patógenos com maiores impactos para a saúde pública, por exemplo aqueles responsáveis por epidemias. Do ponto de vista tecnológico, o mais adequado é selecionar organismos com alta persistência (sobrevivência fora do hospedeiro ou no ambiente) e com a maior resistência à destruição ou inativação durante os processos de tratamento (Thoeye et al., 2003; WHO, 2016a).

Nesse contexto, os patógenos indicadores permitem estabelecer um modelo conservador para a avaliação de risco em que se considera que, se os patógenos indicadores forem controlados, os demais patógenos dentro de cada classe também estarão controlados. É recomendável, portanto, que pelo menos uma bactéria, um vírus e um protozoário sejam selecionados como patógenos indicadores. A inclusão de um helminto indicador também é recomendada nos casos de reutilização potável de águas residuárias (WHO, 2016a).

A identificação do perigo de agentes químicos busca verificar e elucidar o potencial tóxico de uma substância visando caracterizar a natureza dos efeitos adversos inerentes a essa substância para a população humana em determinada condição de exposição. Para isso um conjunto de dados incluindo estudos epidemiológicos (dados obtidos em humanos), testes de avaliação toxicológica *in vitro* e com animais, e estudos *in silico* (modelagem computacional) é necessário (Püssa, 2013; Richards; Bourgeois, 2013). As informações provenientes de todos esses tipos de estudos permitem identificar se um determinado agente químico está relacionado com um efeito deletério à saúde específico (p. ex., câncer, hepatotoxicidade, malformações congênitas, entre outros) (Richards; Bourgeois, 2013).

Um mesmo agente químico pode ter a capacidade de causar diferentes efeitos tóxicos em órgãos e tecidos distintos, e assim é necessário estimar o perigo primário mais importante. Por exemplo, um agente químico pode ser nefrotóxico em doses elevadas e em doses baixas causar câncer de bexiga. Nesse caso, o efeito carcinogênico é o perigo primário mais importante e deve ser considerado na avaliação de risco (Püssa, 2013).

Particularmente, no reúso potável de água, a identificação do perigo de agentes químicos consiste tanto em reconhecer diferentes substâncias orgânicas (sintéticas ou naturais) e inorgânicas consideradas prioritárias, quanto na sua quantificação, permitindo verificar se as concentrações encontradas são suficientemente altas para causar danos à saúde humana (Thoeye et al., 2003; National Research Council, 2012).

A maioria dos agentes químicos considerados prioritários do ponto de vista do reúso potável de água está relacionada a efeitos tóxicos crônicos, em que são necessários longos períodos de exposição, geralmente a baixas quantidades do agente de interesse, para que os efeitos nocivos à saúde possam se manifestar (National Research Council, 2012). Entre os agentes químicos legislados e não legislados possivelmente presentes em água de reúso potável, aqueles classificados como carcinogênicos, teratogênicos e interferentes endócrinos têm causado maiores preocupações (Debroux et al., 2012; Duong; Saphores, 2015).

## AVALIAÇÃO DOSE-RESPOSTA

Na avaliação dose-resposta o perigo identificado anteriormente é quantificado e, nessa etapa do processo de avaliação de risco, informações e dados qualitativos e quantitativos são coletados (Richards; Bourgeois, 2013). É estabelecido o elo entre a exposição a um agente microbiológico ou químico e a manifestação de danos à saúde (infecções, intoxicações ou doenças) (Püssa, 2013; WHO, 2016a). Durante essa etapa devem ser considerados fatores que influenciam as relações dose-resposta, como idade, doenças preexistentes, padrões de exposição, entre outras variáveis (National Research Council, 2012).

Em razão da escassez de informações quantitativas da relação dose-resposta obtidas em humanos, essa etapa do processo de avaliação de risco envolve frequentemente a extrapolação de dados obtidos em testes laboratoriais, normalmente empregando animais e utilizando doses elevadas, para os níveis reais de exposição de populações humanas (Püssa, 2013; Richards; Bourgeois, 2013). Em geral, as relações dose-resposta constituem a base das avaliações de risco empregadas para estabelecer os padrões legais de potabilidade durante o gerenciamento dos riscos (National Research Council, 2012).

Particularmente a etapa de avaliação dose-resposta para agentes microbiológicos visa determinar não apenas a relação entre a dose ingerida (número de patógeno) e a probabilidade de infecção, mas também a probabilidade de que uma infecção resulte em doença e de que essa doença resulte em morte (Thoeye et al., 2003; Razzolini; Nardocci, 2006; National Research Council, 2012). Para patógenos essa relação pode ser caracterizada pela infectividade, e pelo princípio da precaução considera-se que não existem concentrações limiares abaixo das quais não ocorreriam infecções (Thoeye et al., 2003; National Research Council, 2012). É importante ressaltar que a infectividade pode variar de indivíduo para indivíduo de acordo com o estado imunológico, idade e fatores de saúde, e também de patógeno para patógeno, em razão de diferenças na virulência de cada linhagem, nas vias de exposição, no estado fisiológico e outros parâmetros específicos do patógeno (WHO, 2016a). Embora uma única exposição a um determinado patógeno acarrete certo risco à saúde, exposições sucessivas (p. ex., por dias consecutivos) podem aumentar o risco de manifestação de efeitos à saúde (National Research Council, 2012).

Uma diferença importante na avaliação dose-resposta para agentes microbiológicos em relação aos agentes químicos é que muitas vezes os dados são obtidos por meio de ensaios conduzidos com seres humanos. Também é possível usar dados de relação dose-resposta obtidos com base em surtos de doenças infecciosas de veiculação hídrica. Em alguns casos, devem ser usadas relações dose-resposta baseadas em dados obtidos em estudos com animais. Assim, considera-se que o risco de infecção obtido para os animais é o mesmo que para seres humanos, não sendo necessário fazer extrapolações interespécies (National Research Council, 2012).

Avaliações dose-resposta e as estimativas do risco à saúde decorrentes da exposição a agentes químicos empregam principalmente dados experimentais obtidos de animais e são conduzidas de maneiras distintas para substâncias carcinogênicas genotóxicas (geralmente empregando métodos lineares) e para substâncias não carcinogênicas ou carcinogênicas não genotóxicas (geralmente empregando métodos não lineares) (Thoeye et al., 2003; National Research Council, 2012).

Assim, para os efeitos tóxicos não carcinogênicos é possível estabelecer um valor limiar abaixo do qual não se espera a manifestação de danos à saúde, enquanto para o câncer, pelo princípio da precaução, não é possível estabelecer valores limiares abaixo dos quais não há risco de desenvolvimento de cânceres. O câncer geralmente resulta de mutações no DNA, e uma única interação entre o carcinógeno genotóxico e o DNA de uma única célula pode causar uma mutação que pode evoluir para um câncer (National Research Council, 2012).

Para os agentes químicos que atuam por mecanismos não carcinogênicos são estabelecidos valores limites considerados seguros para exposições diárias por toda a vida, sem que ocorra aumento no risco de manifestação de efeitos deletério à saúde. Os mais empregados são a Dose de Referência (RfD – do inglês *referece dose*), o Ingresso Diário Tolerável (TDI – do inglês *tolerable daily intake*) e a Ingestão Diária Aceitável (ADI – do inglês *acceptable daily intake*) que são calculados pela razão entre o nível de efeito adverso não observado (Noael – do inglês *no observed adverse effect level*) ou o menor nível em que se observa efeito adverso (Loael – *lowest observed adverse effect level*), obtidos em experimentos com animais ou em estudos epidemiológicos, e fatores de incerteza.

Os fatores de incerteza mais empregados são variabilidade entre a espécie humana (10X) e a extrapolação de espécies animais para a espécie humana (10X), gerando um fator de incerteza de 100, porém em certos casos o fator de incerteza pode chegar a 10.000. Particularmente, para a água potável esses valores limites são estabelecidos considerando a exposição humana por via oral (Thoeye et al., 2003; Umbuzeiro, Kummrow e Rei, 2010; National Research Council, 2012; Richards; Bourgeois, 2013).

Para os agentes químicos capazes de causar câncer por indução de mutações, bem como carcinógenos químicos cujo modo de ação é desconhecido, assume-se uma curva dose-resposta linear e a potência carcinogênica é expressa em termos de um fator de inclinação da reta. Nesse caso é presumido que o risco de câncer seja linearmente proporcional ao nível de exposição ao agente químico (National Research Council, 2012) e é adotado o risco aceitável de $1 \times 10^{-4}$, $1 \times 10^{-5}$ ou $1 \times 10^{-6}$, que significa um novo caso de determinado câncer em 10.000, 100.000 ou 1.000.000 habitantes (Richards; Bourgeois, 2013).

## AVALIAÇÃO DA EXPOSIÇÃO

A avaliação da exposição é considerada uma etapa crucial no processo de avaliação de risco, pois apenas quando existe certeza sobre a ausência de exposição ao agente perigoso é possível considerar que não há riscos (Richards; Bourgeois,

2013). Para fins de avaliação de riscos à saúde humana, a exposição é definida como o contato entre um indivíduo e um agente químico ou microbiológico. A dose de exposição é o produto da concentração de um agente perigoso presente em um meio e a quantidade desse meio com a qual o indivíduo entra em contato. Assim, para um agente perigoso ingerido via água potável a dose resulta da concentração desse agente na água multiplicada pela quantidade de água ingerida pelo indivíduo durante determinado período (National Research Council, 2012).

Genericamente, essa etapa compreende o processo de medida ou estimativa da intensidade, frequência e duração da exposição de determinada população a um agente perigoso específico (Razzolini; Nardocci, 2006). E, embora no reúso potável de água a principal via de exposição aos agentes perigosos seja a ingestão, é necessário considerar que pode ocorrer também exposição por contato direto com a pele e os olhos, via alimentos irrigados com águas de reúso submetidas a diferentes níveis de tratamento, durante atividades de recreação (tanto por ingestão acidental como por inalação), entre outras possibilidades que incluem aspectos técnicos e operacionais ligados aos próprios sistemas de águas de reúso (National Research Council, 2012). Assim, durante a avaliação da exposição é necessário estabelecer quem, o que, quando, onde e como ocorre o contato entre o agente perigoso e a população ou o indivíduo (Quadro 1) (Richards; Bourgeois, 2013).

Para agentes microbiológicos, a exposição é avaliada pela determinação ou estimativa da quantidade de patógenos que correspondem a uma única exposição ou à quantidade total de patógenos que compreende um conjunto de exposições (Thoeye et al., 2003; Razzolini; Nardocci, 2006). Assim, a exposição de um indivíduo é calculada com base na concentração dos patógenos na água e no volume de água consumido pelo indivíduo (geralmente estimado em 2 L/dia) (Thoeye et al., 2003). Normalmente as concentrações de exposição aos patógenos são determinadas por medidas laboratoriais ou estimadas por técnicas de modelagem matemática (Razzolini; Nardocci, 2006). Além disso, são necessárias informações quantitativas tanto sobre as concentrações de patógenos nas fontes de água destinadas ao reúso como sobre o comportamento desses patógenos diante das barreiras (p. ex., diferentes etapas dos processos de tratamento de água) (WHO, 2016a).

Para os agentes químicos presentes em águas de reúso potável geralmente as exposições agudas (altas concentrações do agente por curtos períodos de exposição) não são consideradas porque esse tipo de exposição está relacionado a acidentes e, portanto, não podem ser previstas. Assim, exposições crônicas a produtos químicos que estão constantemente presentes nas águas residuais em baixas concentrações representam os maiores riscos à saúde humana. Nesse contexto, a exposição aos agentes químicos perigosos é calculada com base em sua concentração na água e, no cenário de exposição, é considerado o consumo diário de 2 L de água (Thoeye et al., 2003).

**Quadro 1** Perguntas e considerações que devem ser consideradas na etapa de avaliação da exposição

| Pergunta | Considerações |
|---|---|
| Quais são os agentes perigosos? | A identidade do agente deve ser determinada. Também deve ser estabelecido se é um agente único ou uma mistura de agentes |
| Onde os agentes perigosos estão localizados? | A distribuição do agente no meio ou em diferentes meios que estejam em contato, incluindo formas de transporte do agente em relação à sua fonte deve ser estabelecida. Aspectos do comportamento do agente, por exemplo, as suas propriedades físico-químicas ou suas características biológicas devem ser consideradas |
| Quais são as quantidades dos agentes perigosos? | Determinação do número de patógenos ou da concentração do agente químico. Para isso, procedimentos de amostragem e análises quantitativas adequados devem ser validados e empregados |
| Quem está sob risco de exposição ao agente perigoso? | A população de fato exposta ao agente perigoso deve ser identificada. Aqui devem ser considerados os subgrupos suscetíveis, por exemplo, idosos, crianças, gestantes, entre outros |
| Como poderia ocorrer a exposição ao agente perigoso? | Identificar como o contato propriamente dito entre indivíduos e agentes perigosos pode ocorrer. Estabelecer por quais meios o agente perigoso pode chegar até os indivíduos |
| Quando poderia ocorrer a exposição ao agente perigoso? | Estabelecer a frequência de contato dos indivíduos com os agentes perigosos, por exemplo se o contato é esporádico ou constante |
| Quais são as vias de exposição da população ao agente perigoso? | Determinar se todas as vias de exposição, incluindo a oral, a dérmica e a respiratória, são de fato relevantes |

Fonte: adaptado de Richards e Bourgeois (2013).

## CARACTERIZAÇÃO DO RISCO

A caracterização do risco é a etapa final do processo de avaliação de risco, na qual as informações obtidas anteriormente (principalmente nas etapas avaliação dose-resposta e avaliação da exposição) são integradas e sintetizadas em uma declaração de risco que inclui uma ou mais estimativas qualitativas ou quantitativas de risco (Huertas et al., 2008; National Research Council, 2012). Quando existem medidas ou estimativas de exposição e da potência (relação dose-resposta estabelecida) do agente perigoso, o risco pode ser caracterizado em termos de casos esperados de determinado efeito adverso (com suas incertezas) resultantes de um cenário de exposição específico. Assim, o objetivo principal dessa etapa é transmitir o entendimento dos avaliadores de riscos em relação ao tipo e à magnitude do dano à saúde que um agente perigoso (microbiológico ou químico) pode causar em circunstâncias específicas (Huertas et al., 2008; National Research

Council, 2012). Essa etapa deve descrever as principais conclusões e identificar as principais premissas e incertezas do processo de avaliação de risco como um todo, e assim apresentar resultados transparentes, claros, consistentes e razoáveis (National Research Council, 2012).

Para os agentes microbiológicos os modelos quantitativos de avaliação de risco buscam estimar a probabilidade de infecção para um indivíduo exposto (Huertas et al., 2008). O risco imposto por um patógeno pode ser quantificado empregando diferentes parâmetros, incluindo a probabilidade de infecção, probabilidade de doença, número esperado de casos da doença e ainda por medidas de carga de doença, como, por exemplo, anos de vida perdidos ajustados por incapacidade (Daly – do inglês, *Disability Adjusted Life Years*). Os Daly combinam os indicadores de mortalidade e morbidade (WHO, 2016a). A Organização Mundial de Saúde (OMS) recomenda para água potável uma carga adicional tolerável de doença de $1 \times 10^{-6}$ Daly/indivíduo/ano (Sano et al., 2016; WHO, 2016a; Chhipi-Shrestha, Hewage e Sadiq, 2017). Contudo, é importante ressaltar que apenas uma parcela dos indivíduos que são infectados irá apresentar os sintomas da doença (Huertas et al., 2008). Embora os riscos calculados possam ser comparados com as metas de saúde estabelecidas, é necessário reconhecer que o processo de avaliação quantitativa de risco microbiológico não obtém os valores reais de casos da doença, mas fornece estimativas sobre a probabilidade de que a doença ocorra mediante exposição via água potável (WHO, 2016a). Assim, os modelos empregados atualmente permitem apenas prever o risco de infecção, e não o risco de contrair de fato a doença (Huertas et al., 2008).

Para os agentes químicos não carcinogênicos e que possuem a relação dose-resposta estabelecida, a avaliação de risco quantitativa é realizada comparando o nível de exposição diária ao agente (p. ex., sua concentração na água) e a ingestão diária aceitável (p. ex., RfD, TDI ou ADI). Nesse contexto, normalmente é empregado o conceito de quociente de risco (RQ – do inglês *Risk quotient*), que é calculado pela razão entre a concentração do agente na água e um nível de exposição considerado seguro, por exemplo, a dose de referência (RQ = [ ] do agente químico na água/RfD) (Thoeye et al., 2003; Huertas et al., 2008; Richards; Bourgeois, 2013). Assim, o cálculo do quociente de risco é uma etapa essencial para a avaliação quantitativa dos riscos decorrentes da exposição aos agentes químicos, portanto, para que não haja risco apreciável à saúde, o valor de RQ deve ser menor que 1 (Huertas et al., 2008). Para os carcinógenos genotóxicos a avaliação quantitativa do risco é realizada com base no risco aceitável, que representa o nível de exposição ao carcinógeno que corresponde ao risco de um novo caso de câncer ao longo da vida em 10.000 ($10^{-4}$), 100.000 ($10^{-5}$) ou 1.000.000 ($10^{-6}$) de indivíduos (Thoeye et al., 2003; Richards; Bourgeois, 2013).

## GERENCIAMENTO DO RISCO

O gerenciamento de risco geralmente não é considerado uma das etapas do processo de avaliação de risco, mas, sim, a aplicação da etapa de caracterização de risco para tomada de decisões o mais adequadas possível do ponto de vista de saúde pública (Richards; Bourgeois, 2013). Normalmente as decisões relativas aos critérios e padrões de qualidade de água adotados visando à proteção à saúde estão atreladas tanto à medição de parâmetros químicos e microbiológicos como à aplicação formal do processo de avaliação de riscos. Assim, os riscos podem ser identificados, quantificados e utilizados pelos agentes reguladores para avaliar se a probabilidade estimada de danos à saúde é socialmente aceitável ou ainda se pode ser justificada por outros benefícios (National Research Council, 2012).

Riscos superestimados podem resultar em decisões de gerenciamento de risco complexas e caras, porém riscos subestimados podem levar à exposição excessiva de populações ou indivíduos suscetíveis (Richards; Bourgeois, 2013). Portanto, o processo de avaliação de riscos deve fornecer dados e informações o mais precisos possíveis para a correta tomada de decisões de gerenciamento de riscos, que devem envolver também aspectos legais, econômicos e de equidade (National Research Council, 2012). Nesse contexto, é necessário considerar que existem níveis de risco tão elevados que não podem ser tolerados em nenhuma situação, independentemente das dificuldades técnicas e dos custos envolvidos na sua mitigação. Por outro lado, podem existir também níveis de risco tão baixos que eventualmente podem ser negligenciados (Salgot, Vergés e Angelakis, 2003).

No reúso de águas para qualquer finalidade, incluindo potável, os padrões ou recomendações emitidos por diferentes órgãos administrativos ou legislativos devem ser seguidos, contudo isso pode não ser suficiente para garantir a sua segurança, e assim a demanda por novas abordagens preventivas de gerenciamento de riscos tem recebido cada vez mais atenção (Salgot; Folch, 2018). A otimização e implantação de programas de segurança da água potável, principalmente nos países desenvolvidos, reforçam a importância da adoção dessas estratégias. Portanto, a utilização de abordagens de múltiplas barreiras e análise de riscos nos sistemas de abastecimento, tratamento e distribuição de água potável se torna essencial, especialmente nos locais onde já existe escassez de fontes de água (Tavasolifar et al., 2012).

Entre as opções disponíveis está a HACCP, que é um sistema de controle de processo amplamente aceito internacionalmente, que inclui a caracterização dos perigos em cada etapa do processo de produção da água potável. Empregando essa abordagem, os riscos podem ser eliminados com a implementação de medidas de controle durante qualquer etapa do processo de produção, desde a captação da água residuária até a distribuição e o consumo da água de reúso potável (Tavasolifar et al., 2012).

A HACCP pode ser classificada como um sistema quantitativo e preventivo de gerenciamento de riscos e tem sido considerada a mais adequada para sistemas de tratamento e produção de águas de reúso (Salgot, Vergés e Angelakis, 2003; Thoeye et al., 2003; Huertas et al., 2008; Tavasolifar et al., 2012; Salgot; Folch, 2018). As sete etapas que compõe a HACCP incluem: 1) identificação da escala e do objetivo do sistema de reúso, a identificação dos perigos relacionados, a análise de risco e identificação das opções de controle; 2) identificação dos pontos críticos de controle; 3) estabelecimento das condições de controle; 4) estabelecimento dos procedimentos de controle; 5) estabelecimento de ações corretivas quando houver necessidade; 6) estabelecimento de procedimentos de revisão e de controle da eficiência; 7) controle e documentação dos procedimentos estabelecidos. Assim, o principal benefício obtido com a implantação de um sistema de HACCP em um sistema de água de reúso potável é o aumento da segurança da água tratada e distribuída por esse sistema (Huertas et al., 2008).

Outra opção considerada de grande importância é o SSP, que é baseado na HACCP e foi desenvolvido pela OMS. O SSP é uma ferramenta para o gerenciamento de riscos desenvolvida para apoiar os operadores, permitindo a avaliação e minimização dos riscos à saúde relacionados aos sistemas de saneamento (WHO, 2016b; Domini et al., 2017; Salgot; Folch, 2018). O PSS aplica uma abordagem sistemática para avaliação, gestão e monitorização dos riscos, desde a geração da água residuária (p. ex., efluentes domésticos) até o seu reúso ou descarte (WHO, 2016b). A aplicação do SSP permite o desenvolvimento de um plano de melhorias no qual as intervenções são planejadas e priorizadas visando maximizar a proteção da saúde da população, promovendo também a recuperação de recursos (Domini et al., 2017).

## AGENTES PERIGOSOS MICROBIOLÓGICOS E QUÍMICOS EM ÁGUAS DE REÚSO POTÁVEL

Embora a água de reúso potável e a água potável convencional compartilhem muitas características de qualidade em comum, existem diferenças marcantes que devem ser consideradas. E, a menos que a água de reúso receba tratamento avançado (p. ex., osmose reversa), as águas de reúso costumam apresentar maiores concentrações de vários agentes perigosos em comparação com a água potável convencional (p. ex., agentes químicos e microbiológicos não legislados) (Debroux et al., 2012). Assim, é possível afirmar que águas residuárias de diferentes origens possuem composições químicas e microbiológicas complexas e variadas, e essa vasta gama de agentes possivelmente presentes possuem taxas de remoção distintas nos diferentes processos de tratamento dimensionados para o reúso potável dessas águas. Portanto, os agentes perigosos considerados prioritários, e que deverão ser monitorados e controlados, vão variar de local para local e de sistema para sistema.

Contudo, para que possam ser estabelecidos padrões legais que permitam o reúso potável de águas residuárias em âmbito nacional, um conjunto comum de padrões, escolhidos com base em processos de avaliações de risco quantitativas, é necessário. Nesse contexto, os agentes perigosos, microbiológicos e químicos, que já possuem padrões de potabilidade incluídos nas legislações vigentes, têm seus riscos relativamente bem conhecidos e controlados e, além disso, seu comportamento, suas concentrações e taxas de remoção durante o tratamento da água estão estabelecidos. Consequentemente, os agentes legislados representam riscos relativamente menores à saúde do que os agentes perigosos ainda não legislados. Em geral, os agentes químicos considerados mais preocupantes são aqueles encontrados na água potável em concentrações próximas ou acima daquelas consideradas aceitáveis (p. ex., da RfD, da TDI ou da ADI). Quanto aos agentes microbiológicos, os que causam maiores preocupações são aqueles com elevado impacto à saúde, em virtude da baixa dose infecciosa ou por causarem importantes surtos de doenças, e são os mais persistentes e resistentes aos processos de tratamento (Thoeye et al., 2003; National Research Council, 2012).

Para garantir a segurança da água de reúso potável quanto à presença de agentes microbiológicos perigosos, a detecção e quantificação apenas de *Escherichia coli* como microrganismo indicador não é suficiente. Inúmeros patógenos não são de origem fecal e alguns deles são mais resistentes ao tratamento convencional de águas residuárias (incluindo a cloração) e, portanto, a prevalência e concentração dos patógenos nas águas residuais tratadas influenciam diretamente os tipos e taxas de doenças que poderão ocorrer na população exposta (Salgot et al., 2006; WHO, 2017).

Os patógenos possivelmente presentes nas águas residuárias apresentam características e comportamentos diversos e incluem bactérias, vírus, protozoários e helmintos. A OMS lista alguns patógenos considerados importantes do ponto de vista de reúso potável de águas. Além da própria *E. coli*, a OMS inclui as bactérias *Burkholderia pseudomallei*, *Campylobacter coli*, *Campylobacter jejuni*, *Legionella pneumophila*, *Mycobacterium avium complex*, *Salmonella Typhi*, *Salmonella enterica*, *Salmonella bongori*, *Shigella dysenteriae* e *Vibrio cholerae*. Os vírus incluídos são adenovírus, astrovírus, norovírus, sapovírus, vírus das hepatites A e E, enterovírus, parecovírus e rotavírus. Os protozoários incluídos são *Acanthamoeba culbertsoni*, *Cryptosporidium hominis*, *Cryptosporidium parvum*, *Cyclospora cayetanensis*, *Giardia intestinalis* e *Naegleria fowleri*. E os helmintos incluídos são *Ascaris lumbricoides*, *Taenia saginata* e *Trichuris trichura* (WHO, 2017).

Entre os agentes químicos perigosos frequentemente presentes nas águas residuárias (geralmente em concentrações na faixa de ng a μg/L) estão produtos químicos de uso industrial (p. ex., corantes sintéticos) e residencial (p. ex., inseticidas usados em jardinagem), produtos químicos de uso pessoal (p. ex., fármacos), além dos produtos químicos empregados ou gerados durante os processos de tratamento das águas residuais (p. ex., $N$-nitrosodimetilamina) (Debroux et al., 2012; WHO, 2017). Em consequência dos efeitos tóxicos, e em certos casos à bioacumulação que os agentes químicos podem apresentar, mesmo em baixas concentrações, existe uma demanda internacional crescente para a inclusão de novos parâmetros químicos em diretrizes e legislações relativas à reutilização potável de águas residuais (Salgot et al., 2006). Embora a lista de agentes químicos perigosos presentes nas águas residuais seja ampla, em geral as concentrações detectadas desses agentes estão bem abaixo daquelas que representariam riscos à saúde pública (WHO, 2017).

A seleção de agentes perigosos incluídos em diferentes listas de agentes prioritários, e que eventualmente recebem padrões legais, é geralmente baseada nas concentrações esperadas na água tratada, na toxicidade, na persistência e eventualmente na bioacumulação desses agentes (Thoeye et al., 2003). Entre as classes de agentes químicos perigosos consideradas relevantes pela OMS em relação à água de reúso potável estão metais (p. ex., prata), substâncias sintéticas de uso industrial (p. ex., plastificantes), compostos orgânicos voláteis (p. ex., solventes halogenados), praguicidas (tanto de uso doméstico como agrícola), fármacos (p. ex., antibióticos), hormônios e outros interferentes endócrinos (p. ex., estradiol), produtos de higiene pessoal (p. ex., fragrâncias), antissépticos (p. ex., triclosan), retardantes de chamas (p. ex., retardantes de chama bromados), nanomateriais (p. ex., óxidos de titânio), toxinas de cianobactérias (p. ex., anatoxina), produtos gerados no processo de desinfecção (p. ex., ácidos haloacéticos), entre outros (WHO, 2017).

## CONSIDERAÇÕES FINAIS

A análise de riscos, incluindo avaliação, gerenciamento e comunicação dos riscos, é uma ferramenta fundamental para o sucesso do reúso potável de águas residuárias (Huertas et al., 2008). Atualmente, a maior barreira para a ampla utilização da água de reúso para fins potáveis está relacionada à capacidade dos sistemas de tratamento produzirem água de boa qualidade de forma consistente e, nesse contexto, com a dificuldade de avaliar e prevenir os possíveis problemas de saúde decorrentes do seu uso. A maior parte da população, tanto nos países desenvolvidos como em desenvolvimento, foi educada para considerar as águas residuais como líquidos altamente contaminados e perigosos, que devem ser rapidamente afastados de suas residências. Portanto, é difícil demonstrar a segurança de águas de reúso destinadas ao consumo humano (Salgot; Folch, 2018). Contudo, as águas de reúso potável devem ser submetidas a tecnologias e sistemas de controle e de certificação modernos que podem gerar águas com qualidade igual ou superior àquelas obtidas empregando tecnologias de tratamento convencionais para tratar águas superficiais captadas em mananciais extremamente poluídos por efluentes domésticos e industriais, e assim resultando em maiores benefícios à saúde pública (Hespanhol, 2015).

Contudo, a avaliação e o gerenciamento de riscos não reduzem *per se* o grau de risco associado ao reúso potável de água, mas permitem sua melhor compreensão e, consequentemente, a adoção de práticas destinadas à sua mitigação (Huertas et al., 2008). Os parâmetros microbiológicos normalmente avaliados são insuficientes ou impróprios para realizar uma análise de risco completa, por exemplo, são necessários mais dados sobre vírus e protozoários. A lista de padrões para agentes químicos existentes nas legislações vigentes é incompleta ou inadequada e, assim, torna-se necessária a sua revisão incluindo aqueles agentes considerados prioritários do ponto de vista de saúde. Nesse contexto, o estabelecimento de padrões, microbiológicos e químicos, próprio para água de reúso potável é urgente e requer avaliações quantitativas de riscos realistas e precisas (Salgot et al., 2006). No entanto, todas as práticas destinadas à redução de riscos devem ser sustentáveis e não devem comprometer a própria reutilização das águas residuárias, tanto do ponto de vista tecnológico quanto do econômico (Huertas et al., 2008).

## REFERÊNCIAS

AMOUEYAN, E.; AHMAD, S.; EISENBERG, J.N.S.; et al. Quantifying pathogen risks associated with potable reuse: a risk assessment case study for Cryptosporidium. *Water Research*, v. 119, p. 252-66, 2017.

CHHIPI-SHRESTHA, G.; HEWAGE, K.; SADIQ, R. Microbial quality of reclaimed water for urban reuses: probabilistic risk-based investigation and recommendations. *Science of the Total Environment*, v. 576, p. 738-51, 2017.

DEBROUX, J.-F.; SOLLER, J.A.; PLUMLEE, M.H.; et al. Human health risk assessment of non-regulated xenobiotics in recycled water: a review. *Human and Ecological Risk Assessment: An International Journal*, v. 18, n. 3, p. 517-46, 2012.

DOMINI, M.; LANGERGRABER, G.; RONDI, L.; et al. Development of a sanitation safety plan for improving the sanitation system in peri-urban areas of Iringa, Tanzania. *Journal of Water, Sanitation and Hygiene for Development*, v. 7, n. 2, p. 340-48, 2017.

DUONG, K.; SAPHORES, J.-D.M. Obstacles to wastewater reuse: an overview. *WIREs Water*, v. 2, p. 199-214, 2015.

HESPANHOL, I. A inexorabilidade do reúso potável direto. *Revista DAE*, v. 63, n. 198, p. 63-82, 2015.

HUERTAS, E.; SALGOT, M.; HOLLENDER, J.; et al. Key objectives for water reuse concepts. *Desalination*, v. 218, p. 120-31, 2008.

NATIONAL RESEARCH COUNCIL. *Water reuse: potential for expanding nation's water supply through reuse of municipal wastewater.* Washington, D.C.: The National Academies, 2012.

PÜSSA, T. *Principles of food toxicology.* 2. ed. Boca Raton: CRC, 2013.

RAZZOLINI, M.T.P.; NARDOCCI, A.C. Avaliação de risco microbiológico: etapas e sua aplicação na análise da qualidade da água. *INTERFACEHS – Revista de Gestão Integrada em Saúde do Trabalho e Meio Ambiente,* v. 1, n. 2, p. 1-12, 2006.

RICHARDS, I. S.; BOURGEOIS, M. *Principles and practice of toxicology in public health.* 2. ed. Hudson: Jones & Bartlett Learning, 2013.

SALGOT, M.; FOLCH, M. Wastewater treatment and water reuse. *Current Opinion in Environmental Science and Health,* v. 2, p. 64-74, 2018.

SALGOT, M.; HUERTAS, E.; WEBER, S.; et al. Wastewater reuse and risk: definition of key objectives. *Desalination,* v. 187, p. 29-40, 2006.

SALGOT, M.; VERGÉS, C.; ANGELAKIS, A.N. Risk assessment in wastewater recycling and reuse. *Water Science and Technology: Water Supply,* v. 3, n. 4, p. 301-9, 2003.

SANO, D.; AMARASIRI, M.; HATA, A.; et al. Risk management of viral infectious diseases in wastewater reclamation and reuse: review. *Environment International,* v. 91, p. 220-9, 2016.

TAVASOLIFAR, A.; BINA, B.; AMIN, M.M.; et al. Implementation of hazard analysis and critical control points in the drinking water supply system. *International Journal of Environmental Health Engineering,* v. 1, n. 3, p. 1-7, 2012.

THOEYE, C.; VAN EYCK, K.; BIXIO, D.; et al. Methods used for health risk assessment. In: AERTGEERTS, R.; ANGELAKIS, A. N. (orgs.). *State of the art report: Health risks in aquifer recharge using reclaimed water.* Copenhagen: WHO Regional Office for Europe, 2003. Cap. 4, p. 123-51.

UMBUZEIRO, G.A. (coord.). *Guia de potabilidade para substâncias químicas.* São Paulo: Limiar, 2012.

UMBUZEIRO, G.A.; KUMMROW, F.; REI, F.F.C. Toxicologia, padrões de qualidade de água e a legislação. *INTERFACEHS – Revista de Gestão Integrada em Saúde do Trabalho e Meio Ambiente,* v. 5, n. 1, p. 1-15, 2010.

[WHO] WORLD HEALTH ORGANIZATION. *Potable reuse: Guidance for producing safe drinking-water.* Geneva: WHO, 2017.

[WHO] WORLD HEALTH ORGANIZATION. *Quantitative microbial risk assessment: application for water safety management.* Geneva: WHO, 2016a.

[WHO] WORLD HEALTH ORGANIZATION. *Sanitation safety planning: manual for safe use and disposal of wastewater, greywater and excreta.* Geneva: WHO, 2016b.

## Capítulo 5
# ESCASSEZ DE ÁGUA, GESTÃO DO SANEAMENTO E DOS RECURSOS HÍDRICOS: PARADIGMA ATUAL E NECESSIDADE DE TRILHAR NOVOS CAMINHOS

Eduardo Mazzolenis de Oliveira

## INTRODUÇÃO

Este capítulo inicia discutindo a produção de escassez e do risco ambiental, dentro do atual modelo de desenvolvimento e sua capacidade de alterar o ciclo hidrológico, especialmente a estratégia que traz embutida: a produção insustentável das grandes cidades. Reflete que esse processo torna-se mais complexo, gerando um "ciclo das águas urbanas" que desafia as soluções executadas pelos tradicionais paradigmas sociotécnicos e institucionais de gestão das águas e dos serviços de saneamento, em especial do caso paulista, e termina ponderando como trilhar novos caminhos, com base na situação atual, para uma governança mais sustentável da água.

## MODELO DE DESENVOLVIMENTO, RISCO E ESCASSEZ

"Através da água damos vida a tudo." *(Alcorão)*

1.  A água é um dos elementos de ligação entre o ser humano e a natureza e faz parte de nossa vida diária, nossa imaginação, mesmo que de forma inconsciente. Está presente em todas as tradições culturais e religiosas relacionadas à criação, renascimento e fonte de vida. Os seres vivos estão diretamente inseridos no seu fluxo contínuo da água, pelo qual flui a vida pelo planeta. O ser humano utilizou os serviços ecossistêmicos, entre eles a capacidade de renovação e autopurificação desse grande sistema natural de reciclagem quantitativa e qualitativa da água presente na hidrosfera terrestre – o ciclo hidrológico – por milênios. Isso foi possível enquanto o ciclo era mais previ-

sível, as demandas e as cargas poluidoras não eram significativas e os impactos eram localizados, criando a ilusão que a água está sempre naturalmente se renovando à nossa disposição novamente para o consumo. Isso vem se alterando a algumas décadas com a consolidação do atual modelo ou estratégia de desenvolvimento dos países do hemisfério norte, em grande parte transferido para os demais países do globo após a Segunda Guerra Mundial.

2. Suas bases técnicas, sociais e econômicas evoluíram constantemente desde o Renascimento e estão baseadas (resumidamente) no crescimento econômico acelerado, mediante a rápida modernização dos meios de produção – incluindo as cidades – e a utilização intensiva dos recursos humanos e naturais – que no caso do recurso água pode ser observado em seus padrões de consumo, usos e formas de apropriação e aspectos político-institucionais (PNUD, 2006).

3. Os investimentos realizados e as ações desenvolvidas possibilitaram e, ao mesmo tempo, foram sendo sustentados pela construção de grandes infraestruturas de geração de energia, mineração, reservação e transferência de água, a produção intensiva de alimentos pela "tecnificação" da agricultura e um intenso processo de urbanização, concentrado em grandes cidades.

4. Os resultados já bastante conhecidos foram, por um lado, a grande expansão da produção de alimentos (e o consequente aumento das áreas irrigadas), a oferta de água e de serviços de esgotamento sanitário para grandes contingentes populacionais e riqueza econômica – expressa na produção de bens de consumo, nos mercados financeiros e nos valores de renda *per capita* de certos extratos da população. Por outro, a ocorrência de impactos econômicos, sociais e ecológicos que se manifestaram de forma local e global, mas, de forma mais intensa, nas populações do hemisfério sul: aumento da população vivendo em situações de pobreza e falta de acesso aos serviços de saneamento, mudanças climáticas, comprometimento quantitativo e qualitativo dos corpos de água, degradação da qualidade do solo, ocorrências mais frequentes de acidentes ambientais.

5. A comunidade internacional vem reconhecendo as incertezas dos riscos tecnológicos e as limitações da crença na solução dos problemas por meio do progresso da ciência e da tecnologia. Segundo Beck (1994), a sociedade industrial está sendo substituída pela sociedade de risco, em que o processo social de produção de riquezas é acompanhado pela produção social dos riscos, fato constatado e registrado nos relatórios de entidades internacionais como a Organização das Nações Unidas (ONU) e no mais recente informe Fórum Econômico Mundial de 2019.[1] O quadro apresentado vem despertan-

---

[1]   O Global Risks Report, no seu último informe de 2019 (WEF, 2019), indicou que os riscos ambientais estão entre os mais preocupantes: as mudanças climáticas, o ritmo acelerado da

do a percepção generalizada de que a água, em vista do binômio modelo de desenvolvimento – impactos –, está se tornando escassa, e que uma "crise da água" seria inevitável. Dado que a quantidade de água disponível no ciclo hidrológico é constante, o que está acontecendo?

## A "PRODUÇÃO" DE ESCASSEZ

Entre as definições disponíveis sobre escassez, adotamos a do Relatório Mundial sobre o Desenvolvimento da Água (UN-WATER, 2006), que nos pareceu mais esclarecedora. Escassez é o ponto em que:

> [...] o impacto agregado de todos os usuários afeta o fornecimento ou a qualidade da água nos acordos institucionais vigentes, na medida em que a demanda de todos os setores, incluindo o meio ambiente, não pode ser totalmente satisfeita [...]

Em outras palavras, a ONU indica que, muito além de um problema de disponibilidade física, escassez significa desequilíbrio entre a oferta e demanda de água doce, em um domínio especificado (país, região, bacia hidrográfica), desiquilíbrios nos requisitos de funcionamento dos ecossistemas naturais e artificiais e de qualidade e nos acordos institucionais vigentes (mecanismos de alocação de água, condições de infraestrutura, mecanismos econômicos como tarifas e preços).

Varia, ao longo do espaço e do tempo, como resultado da variabilidade hidrológica natural e, mais ainda, da interferência humana nos ciclos biogeoquímicos do planeta, como o ciclo da água, em função da política econômica predominante, do planejamento (ou de sua ausência) e das políticas e ações de gerenciamento. Observando os padrões de consumo em termos internacionais, alguns números saltam aos olhos: Segundo o Pnud (2006), no século XX, enquanto a população quadruplicou, o consumo de água cresceu sete vezes. No entanto, nos Estados Unidos (e na maior parte dos países ricos), embora a população tenha crescido, o consumo de água é inferior do que se registrava há três décadas (Figura 1).

Os usos e a forma de apropriação da água estão relacionados à evolução dos paradigmas sociotécnicos (que serão comentados em conjunto com os aspectos institucionais) que estiveram baseados em captar e utilizar águas superficiais e subterrâneas, sem preocupar-se com a eficiência de sua utilização ou o tratamento dos efluentes/resíduos gerados.

---

perda de biodiversidade (afetando a saúde/desenvolvimento socioeconômico, com implicações no bem-estar, produtividade e até segurança regional) e a escassez de água, um dos maiores riscos globais, que afetará, na próxima década, todos os continentes.

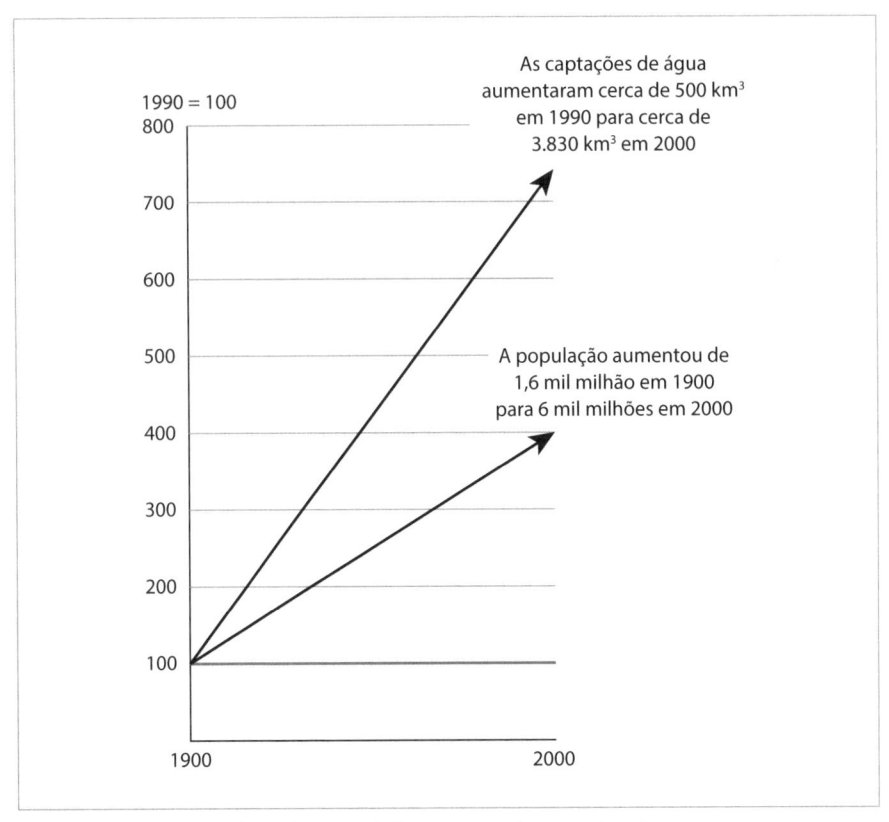

**Figura 1**    O nosso mundo cada vez mais rico e com cada vez mais sede.
Fonte: Pnud (2006).

A escassez qualitativa também influencia na disponibilidade hídrica, na medida em que os mananciais superficiais e subterrâneos vêm sofrendo degradação por cargas poluidoras pontuais e difusas urbanas e rurais. Um fator preocupante é a composição química dessas cargas: segundo o Serviço de Compêndio de Substâncias químicas (CAS), da American Chemical Society (2020), existem pelo menos 169 milhões de substâncias químicas orgânicas e inorgânicas cadastradas desde o início do século XIX, das quais, em torno de 30 milhões disponíveis comercialmente. Entre elas, há contaminantes emergentes – substâncias naturais ou sintéticas (fármacos, estrógenos, cafeína, entre outros) –, ainda não legislados e pouco estudados, detectados no esgoto doméstico, e corpos de água receptores em baixas concentrações. Outro aspecto que tem gerado crescente preocupação é a identificação de novos microrganismos causadores de doenças, bem como o ressurgimento de surtos de doenças que já estavam sob controle sanitário.

Mas se a escassez é um problema generalizado, nem todos são afetados por ela da mesma forma. Para ficar em um exemplo regional bastante ilustrativo, o crescimento das regiões metropolitanas de São Paulo, Campinas e Sorocaba, localizadas nas cabeceiras de suas respectivas bacias hidrográficas,[2] é gerador de pressão sobre os recursos hídricos. O balanço hídrico para as sub-bacias destas UGRHIs (Figura 2), que compõem mais de 60% da população do estado e grande parte de seu PIB, é extremamente crítico em relação à demanda/disponibilidade – maior que 50% na maior parte da UGRHI-5 e ultrapassando 100% na UGRHI-6. Essa situação tende a se agravar, uma vez que o aumento das demandas de água e dos lançamentos de cargas poluidoras irá diminuir a disponibilidade em termos quantitativos e qualitativos pelo agravamento da poluição.

## OS PROCESSOS INSUSTENTÁVEIS NO MODO DE FAZER A CIDADE

Desde suas origens as cidades foram centros de poder, atratividade e prosperidade, e tornaram-se nós estratégicos de aglomeração humana e concentração de capitais. Constituem-se como verdadeiros motores de inovação cultural e científica, reduzindo as distâncias, aproximando as pessoas, acelerando e diversificando as atividades econômicas e sociais (Leite, 2010).

É esperado que, até o final de 2030, 60% da população total esteja vivendo nas zonas urbanas, superando aquela que vive nas áreas rurais em 1,8 bilhão de habitantes[3] e se atinja a marca de 58 megacidades.[4] Estas, mais que apenas grandes cidades do passado, são palco de intensas e complexas interações sociais, políticas, demográficas, econômicas e ecológicas (Kraas, 2007), formando uma rede em que se estabelecem grandes conexões e fluxos de competição e cooperação na economia global (Leite, 2010). No entanto, o crescimento econômico na maioria das megacidades, em especial aquela nos países em desenvolvimento (Kraas, 2007), vem acompanhado por degradação ambiental e problemas sociais, como é o caso da cidade de São Paulo e sua região metropolitana.

A intensificação do processo de urbanização foi tratada pela Organização das Nações Unidas (ONU), na 1ª Conferência sobre Assentamentos Humanos – Habitat I, (Vancouver, 1976), na qual a tônica predominante foi a cidade como geradora de poluição e consumidora de recursos nacionais (UN-Habitat, 2007). A

---

[2]  Respectivamente, das Unidades de Gerenciamento dos Recursos Hídricos (UGRHI) do Alto Tietê (UGRHI-6), Piracicaba-Capivari-Jundiaí (UGRHI-5) e Sorocaba-Médio Tietê (UGRHI-10).

[3]  Em 2008, com aproximadamente 3,4 bilhões de pessoas, atingiu-se a marca histórica de 50% da população mundial vivendo nas áreas urbanas.

[4]  Aquelas com mais de 10 milhões de habitantes, a maior parte em países em desenvolvimento – Mumbai, Délhi, Daca, São Paulo, Cidade do México – à exceção de Tóquio e Nova Iorque (UN-Habitat, 2007).

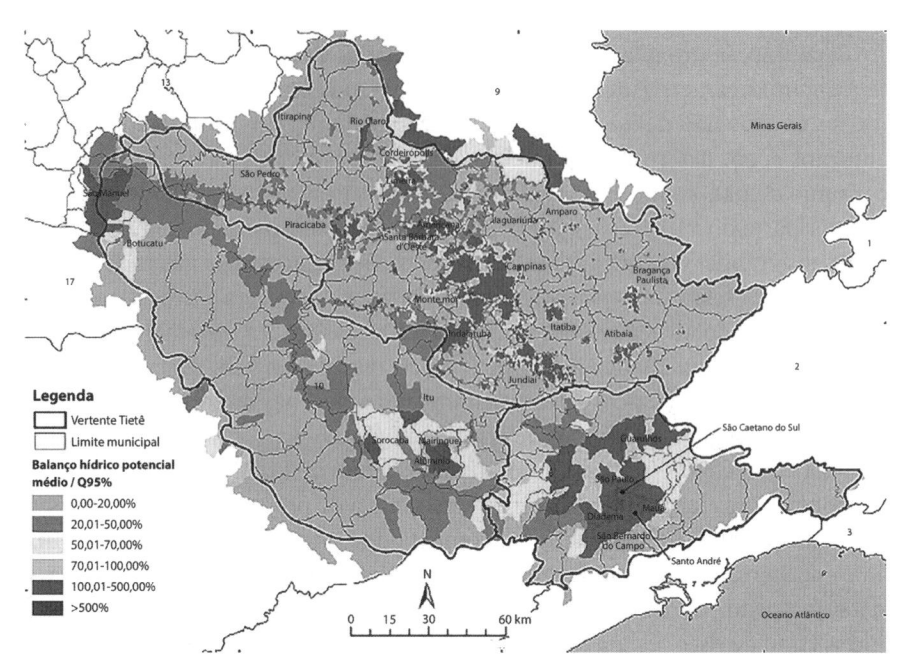

**Legenda**

☐ Vertente Tietê
☐ Limite municipal

**Balanço hídrico potencial médio / Q95%**

■ 0,00-20,00%
■ 20,01-50,00%
▦ 50,01-70,00%
■ 70,01-100,00%
▪ 100,01-500,00%
■ >500%

0   15   30   60 km

**Figura 2**   Relação disponibilidade/demanda nas UGRHIs 5, 6 e 7.
Fonte: São Paulo (2017).

Conferência Habitat II (Turquia, 1996) ampliou o foco ao abordar os desafios da urbanização em mundo crescentemente globalizado. Mas foi a Habitat III, Conferência sobre Habitação e Desenvolvimento Urbano Sustentável (Quito, 2016), que melhor refletiu os modernos desafios para a sustentabilidade trazidos pelo fenômeno da urbanização: destacou que as populações, atividades econômicas, interações sociais e culturais, assim como os impactos ambientais e humanitários, estarão cada vez mais concentrados nas cidades,[5] trazendo enormes desafios em termos de habitação, infraestrutura, serviços básicos, segurança alimentar, saúde, educação, empregos decentes, segurança e recursos naturais, entre outros.

O Brasil, como a maior parte dos países da América Latina, baseou sua estratégia de desenvolvimento na transferência do modelo industrial dos países do hemisfério norte, especialmente, durante a segunda metade do século XX (Maricato, 2013).[6]

---

[5]   Até 2050, espera-se que a população urbana quase duplique, fazendo da urbanização uma das tendências mais transformadoras do século XXI (ONU-HABITAT, 2017).
[6]   Em 1940, o Brasil tinha 31% da população vivendo nas cidades, em 2000 esse número saltou para 81% (quase 138 milhões de moradores urbanos) e, em 2010, para 84,4% da população.

O padrão de urbanização "adotado", guardadas as especificidades regionais, tem algumas características comuns. Não teve toda a prosperidade dos países do Norte, mas não deixou de gerar riqueza nas regiões metropolitanas e seus entornos e, em determinados núcleos regionais, associados a um mercado de consumo de padrão internacional, foi onde se concentrou o parque produtivo e a maior parte do PIB brasileiro. Por outro lado, a maior parte da população que afluía aos grandes centros urbanos, sem condições de acesso ao mercado formal de habitações, buscou instalar-se em áreas periféricas: em geral, áreas ilegais para ocupação, não dotadas de infraestrutura e localizadas em regiões ambientalmente frágeis – áreas de mananciais, margens de córregos, mangues, dunas, várzeas e matas. Essas características se acentuaram ainda mais nas metrópoles e grandes cidades após seguidos períodos de crise econômica.

Para Grostein (2001), esse modo predominante de fazer cidade impresso às metrópoles brasileiras intensificou a "persistência de processos insustentáveis".[7]

Rolnik (1997), na mesma linha, comenta que o padrão de crescimento urbano periférico e precário levou a um urbanismo incompleto e, em geral, de risco, marcado pela vulnerabilidade ambiental das áreas ocupadas. Só que esse "urbanismo de risco" é para toda a cidade, seja por suas consequências sociais seja pelas ambientais, já que as enchentes e a poluição dos rios e mananciais atingem primeiro à população de seu entorno, mas compromete toda a cidade.

## CRISE DA ÁGUA: ASPECTOS SOCIOTÉCNICOS E INSTITUCIONAIS

O aumento da interação entre as grandes cidades e a natureza gera a necessidade de repensar a separação criada entre vários fatores – alterações ambientais, gestão dos recursos hídricos – e a prestação dos serviços de saneamento, incluindo abastecimento público de água, coleta e tratamento de esgoto e, nas grandes cidades, controle de águas pluviais e o planejamento urbano (Barraqué, 2003).

### O "ciclo urbano da água": ciclo hidrológico, usos e reúsos da água

O funcionamento do ciclo hidrológico vem se tornando cada vez mais complexo, em especial nas áreas urbanas, onde a forma[8] como se dão os "processos

---

[7] Grostein (2001) comenta que esse "modo de fazer cidade", caracterizado por componentes de "insustentabilidade" vinculados aos processos de expansão e transformação urbana e a baixa qualidade de vida de parcelas significativas da população, foram a tônica do padrão urbano brasileiro entre 1950 e 1990, descontadas as peculiaridades regionais, quando se formaram pelo menos 13 cidades com mais de um milhão de habitantes.

[8] A forma aqui entendida como a do processo de urbanização, bem como do modo de apropriação dos recursos naturais (em especial a água), mais do que meramente as explicações

insustentáveis no modo de fazer a cidade" são responsáveis por alterações nas paisagens naturais, nos fluxos material e energético dos ecossistemas e na resposta hidrológica das bacias hidrográficas (fluxos de água atmosférica, superficial e subterrânea e fluxo de sedimentos). Embora a estrutura principal do ciclo hidrológico globalmente permaneça pouco alterada, nas áreas urbanas é bastante alterada e afeta o fornecimento de serviços de saneamento à população. O ciclo hidrológico "urbano" resultante é então chamado "ciclo urbano da água" (Unesco, 2006). Sua representação esquemática na Figura 3, seguida de descrição resumida dos principais componentes e "subciclos", fornece uma base conceitual importante, particularmente para o planejamento urbano, e para lidar com possíveis mudanças climáticas. Os usos e reúso de água ocorrem por meio dos fluxos e acúmulos de água no interior de uma bacia hidrográfica, ou da transferência da água para outras bacias, por meio das infraestruturas de saneamento e dos compartimentos ambientais (ar, solo, subsolo, álveo dos corpos de água, vegetação). Utilizando a terminologia didática da "pegada hídrica",[9] definem-se os usos da água, como:

- "Água Verde" (*Green Water*): é o uso humano de água de evaporação ou transpiração da umidade do solo, oriunda da precipitação que não se transforma em deflúvio e não se infiltra no solo, mas é armazenada no solo ou permanece temporariamente no topo do solo ou da vegetação.
- "Água Azul" (*Blue Water*): é o uso humano das águas superficiais e subterrâneas que pode se dar no corpo de água (*in stream*), como por exemplo nos usos recreacionais, ambientais (suporte para vida aquática), navegação, geração de energia e fora do corpo de água (*off stream*), por exemplo, os usos domésticos, residenciais e industriais.[10]
- "Água Cinza" (*Grey Water*): é a quantidade de água doce necessária para assimilar poluentes e atender a padrões específicos de qualidade da água. Considera a poluição das fontes pontuais e difusas.

---

relacionadas à escala (metropolitana, macrorregional) ou à velocidade em que ocorrem tais processos.

[9]  Mede-se a quantidade de água utilizada, de forma direta ou indireta, por processo, produto, empresa ou setor, durante todo o ciclo de produção (da cadeia de suprimentos ao usuário final), incluindo o consumo como a poluição da água, para produzir cada um dos bens e serviços. Possui três componentes: verde, azul e cinza, que fornecem uma imagem abrangente do uso da água, delineando a fonte de água consumida, como chuva/umidade do solo ou águas superficiais/subterrâneas, e o volume de água doce necessário para a assimilação de poluentes (WFN, 2019).

[10]  Chamados também de usos não consuntivos, respectivamente (incluindo aqui a "Água Cinza").

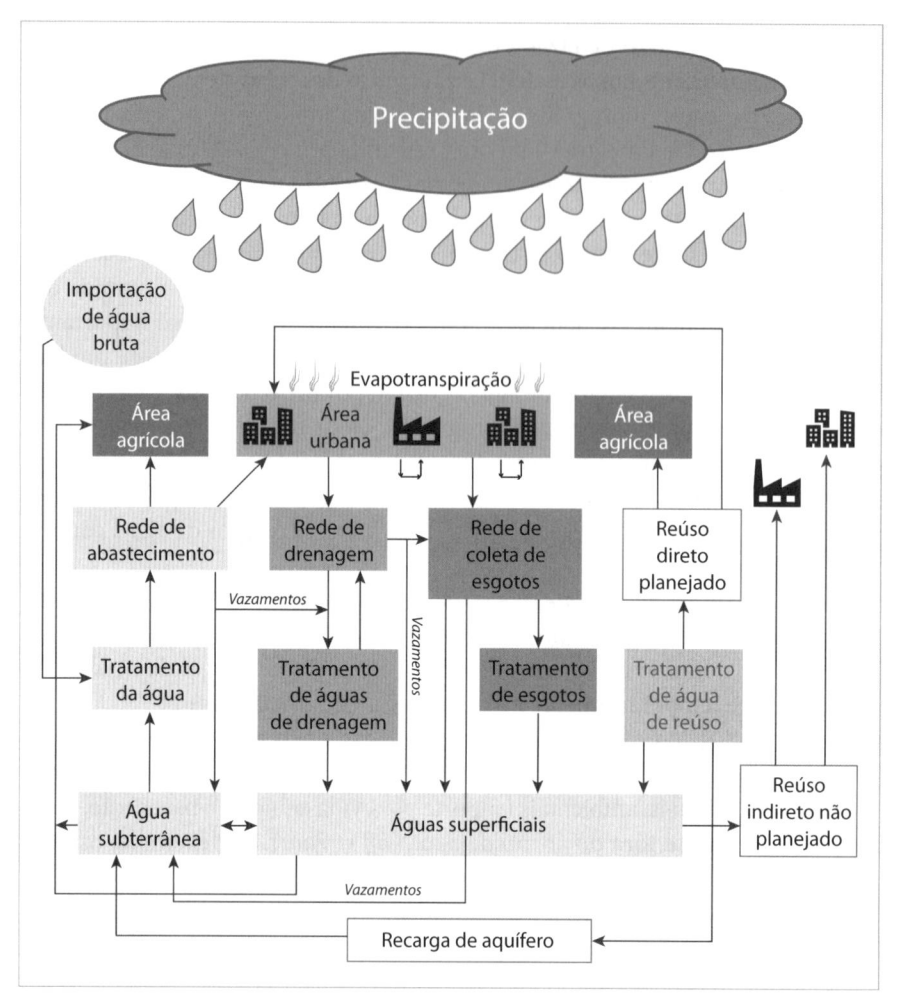

**Figura 3** "Ciclo da água urbana" – principais componentes e fluxos.

Fonte: elaborado por Oliveira (2019), com base no original de Asano (1998) e Unesco (2006).

Utilizando a terminologia descrita por Santos e Mancuso (2003),[11] definem-se os seguintes tipos de reúso:

- Reúso direto planejado de água ocorre quando efluentes tratados são encaminhados do ponto de lançamento, diretamente ao ponto de consumo.

---

[11] Segundo Lavrador Filho (1987 *apud* Santos e Mancuso, 2002), reúso da água é o aproveitamento de águas previamente utilizadas uma ou mais vezes, em alguma atividade humana para suprir outros usos benéficos, inclusive o original.

- Reciclagem de água é o reúso interno da água (no local onde é gerada), antes de sua descarga no sistema de tratamento, diretamente ao ponto de reúso (caso particular do reúso direto planejado que pode ocorrer no interior do próprio empreendimento).

- Reúso indireto planejado ocorre quando os efluentes tratados são lançados no corpo de água receptor (superficial ou subterrâneo) para serem utilizados à jusante do ponto de lançamento, de maneira controlada, para algum uso benéfico.

- Reúso indireto não planejado, ocorre quando a água já utilizada em alguma atividade (tratada ou não) é lançada no corpo de água receptor (superficial ou subterrâneo), de maneira não intencional e utilizada para outros usos. Asano (1998) e Rice et al. (2015) denominam "reúso de fato" o lançamento não intencional de efluentes (tratados ou não), em corpos de água à montante de captações de abastecimento público (ou tributários destas). A União Europeia, preocupada com o atual grau de "reúso de fato" de água, em particular em áreas que praticam irrigação agrícola e recarga artificial de águas subterrâneas, realizou estudos para caracterizar as qualidades da água e avaliar os riscos ao meio ambiente e na saúde pública em bacias hidrográficas selecionadas (Espanha, Itália, França e Alemanha). Este é o quadro mais comum em muitos de nossos rios, principalmente nas regiões com maior escassez quantitativa e qualitativa (grande parte dos corpos de água das sub-bacias das UGRHIs 5, 6 e 10), situação que pode ser agravada pela exportação de "Água Virtual"[12] utilizada para confecção dos produtos gerados nessas regiões.

## Evolução sociotécnica da prestação dos serviços de saneamento e desafios dos "ciclos das águas urbanas"

Barraqué (2007) ao estudar o desenvolvimento histórico de tecnologias do setor de água nas áreas metropolitanas europeias, em seu contexto socioeconômico e político, e depois, ao avaliar aquelas áreas, em termos comparativos, com áreas metropolitanas brasileiras, identifica três etapas consecutivas, associadas a três paradigmas, separadas por crises, que são muito ilustrativas para compreender o

---

[12] É a água-doce "incorporada" nos produtos que fabrica, não no sentido real, mas no sentido virtual. Refere-se ao volume de água consumida ou poluída para sua produção, medido em toda a sua cadeia produtiva. Se uma região/nação exporta tal produto, exporta água em forma virtual. O conteúdo de água virtual de um produto é o mesmo que sua pegada hídrica, mas o primeiro refere-se ao volume de água incorporado no produto, enquanto o último refere-se a esse volume, mas também a qual tipo de água está sendo usado e onde e quando.

modo como vem se dando o enfrentamento dos desafios da prestação dos serviços de saneamento e serão resumidamente aqui abordadas.

## Primeira etapa: paradigma da quantidade de água e transferência a longas distâncias

O desenvolvimento da revolução industrial e o processo de urbanização levaram os engenheiros e higienistas, preocupados com a expansão das epidemias de cólera (já que ainda não havia conhecimento científico sobre as doenças), a buscar água para abastecimento público em mananciais cada vez mais distantes (preservados) e em quantidades cada vez maiores. Por outro lado, utilizavam os corpos de água mais próximos para lançar os esgotos coletados, supondo que poderiam autodepurá-los. Ainda segundo o autor, essas ações dominantes nos países do Norte estenderam-se para os outros países, após a Segunda Guerra Mundial.[13]

O setor privado participou ativamente das primeiras intervenções, mas a expansão se deu pelo setor público municipal, apoiada por "dinheiro barato" oriundo do financiamento internacional e dos governos centrais. Essa dependência de outros níveis de governo, os conflitos pelo uso da água com usuários das bacias hidrográficas "doadoras de água" e os custos de construção e manutenção proibitivos acabariam tornando esse paradigma insustentável.

No Brasil, os primeiros serviços de saneamento datam do final do século XIX, como resposta às doenças (cólera e febre amarela) que acometiam a população que se aglomerava nas grandes cidades, carentes de infraestrutura (Resende, 2008). O modelo institucional embrionário contava com a participação de capital privado, em geral inglês,[14] que durou até o início do século XX, quando, pela baixa qualidade dos serviços prestados, foi assumido pelos poderes públicos (em geral municipais) que passaram a investir principalmente nos sistemas de água e assumir os custos dos serviços (cobertos por tarifas que diminuíam conforme aumentava o consumo). Seguiu-se a concepção hegemônica da época indo buscar água de qualidade a grandes distâncias para abastecimento (evitar riscos à saúde pública), mas também visando a gerar energia para as cidades do Rio de Janeiro (Sistema Light-Guandu) e São Paulo,[15] os maiores projetos de transferência de água do Brasil naquela época.

---

[13] Contribuiu para isso o desenvolvimento tecnológico de tubulações de ferro na Europa e nos Estados Unidos ainda no século XVIII. Esses sistemas *big-pipe*, construídos nas grandes cidades americanas, a partir do século XIX, foram "exportados" para os países do Sul.

[14] São exemplos os serviços públicos de saneamento da cidade do Rio de Janeiro com capital inglês de 1857 (que durou até os anos de 1960) e a Companhia Cantareira (anglo-brasileira) de 1877, cujos serviços foram assumidos pelo poder público em 1890.

[15] O Sistema-Light, por meio de uma série de intervenções hidráulicas, "capturava" as águas e os esgotos da metrópole, tratados ou não, os encaminhava para o nível dos rios Tietê-Pinheiros

No caso particular de São Paulo, destaca-se a figura do engenheiro Saturnino de Brito, contratado pela Câmara de Vereadores de São Paulo (1923) para a Comissão de Melhoramentos do rio Tietê. Saturnino elaborou um plano articulando planejamento urbano, saneamento (incluindo serviços de drenagem urbana) e aproveitamento múltiplo das águas (ainda que não se expressasse nesses termos) para a cidade de São Paulo, considerando os municípios do entorno (cabeceiras do rio Tietê e municípios de jusante). Apesar de inovador, como o projeto Saturnino contrariava os interesses do setor elétrico "retirando" águas para abastecimento/esgotamento sanitário da cidade, não prosperou.

Os resultados dessa concepção (incluindo os "usos elétricos" da água) foram uma maior pressão sobre os recursos hídricos da metrópole e sobre a infraestrutura de saneamento disponível: o Tietê passou a servir de veículo para o esgoto industrial e urbano, tal como revelado no estudo Jesus Neto, realizado entre 1938 e 1946 (Rocha, 1991), mostrando claramente o efeito do lançamento de esgotos *in natura* nas concentrações de oxigênio dissolvido (OD) que aproximavam-se de zero na altura da confluência com o Pinheiros.

### Segunda etapa: paradigma do tratamento de água

A intensificação do processo de urbanização e os avanços sobre as causas das doenças demonstraram que, para utilizar as águas superficiais de perto, bem como as águas trazidas de longe, era necessário tratá-las. Os desenvolvimentos da engenharia sanitária[16] possibilitaram captar e tratar águas a montante das cidades e, inicialmente, coletar e afastar dos esgotos (atividade iniciada já no século XIX). O resultado foi a melhoria da qualidade das águas dos mananciais nos anos de 1970 e 1980 (reduzindo a exposição pública às águas poluídas e às inundações) e possibilitando a redução nos investimentos na implantação, em relação às alternativas anteriores. Os subsídios governamentais e o pagamento de tarifas aos serviços municipais viabilizaram a prestação dos serviços até meados do século XX.

Após a Segunda Guerra Mundial, a situação altera-se e novos desafios são colocados: o aumento da degradação dos corpos de água passou a exigir a construção ou ampliação, a partir dos anos de 1970, de sistemas de tratamento de esgotos para lançá-los a jusante, entretanto, a custos crescentes. Também foi necessário

---

e por meio de um sistema de barramentos, retificações, canais e bombas elevatórias os revertia para o Reservatório Billings, de onde eram lançados no rio Cubatão para gerar energia elétrica na usina Henry Borden (Baixada Santista).

[16]   As descobertas de métodos de tratamento como filtração e cloração (antes da distribuição) ocorreram em meados dos séculos XVII e XVIII e foram aplicadas mais amplamente no final do século XIX e no século XX.

ampliar a eficiência dos sistemas de tratamento de água e de esgotos, para atender às normas mais rigorosas, recém-definidas pelos poderes públicos[17] preocupados com os efeitos do "reúso de fato" das águas residuárias nos mananciais, associado à escassez quantitativa.

No Brasil, implantou-se, a partir de meados dos anos 1960, a abordagem do "saneamento básico", abrangendo apenas os serviços de água e esgoto (descolando-se da abordagem sanitária da etapa anterior). Em termos institucionais prevaleceu a delegação obrigatória da operação dos serviços de esgotamento sanitário e abastecimento público dos municípios ao Plano Nacional de Saneamento (Planasa)[18] e, portanto, às Companhias Estaduais de Saneamento (CEB), que deveriam buscar seu próprio financiamento (em geral, dependente do governo federal). Esse modelo, baseado na disponibilidade de recursos econômicos, hídricos e políticos, mas sem planejamento integrado com os outros setores (resíduos sólidos e drenagem) e com o desenvolvimento urbano,[19] não conseguiu fazer frente à expansão e manutenção dos sistemas de água e ao forte aumento na poluição da água superficial e subterrânea e entrou em crise na segunda metade dos anos de 1980.

### Terceira etapa: paradigma dos serviços de saneamento e a sustentabilidade

Diante dos desafios colocados pela etapa anterior, a engenharia sanitária norte-americana buscou incorporar outra abordagem: a engenharia ambiental, visando ao planejamento/gerenciamento mais participativo e integrado das águas quanto ao seu objeto – envolvendo abastecimento público, esgotamento sanitário e drenagem urbana –, quanto ao gerenciamento das fontes de poluição e quanto ao gerenciamento integrado de oferta/demanda de água. Uma série de novas estratégias entra em cena, como o controle do uso do solo,[20] a adoção de multibarreiras e a implantação/gestão de sistemas descentralizados de saneamento. Embora estes dois últimos não estejam explicitamente citados no terceiro paradigma, entendemos que vale a pena destacá-los aqui, para os objetivos do tema:

---

[17] Entre elas, a Lei da Água Limpa (EUA, 1972), a Lei de Águas (1972) e a Política Federal das Águas (1987), ambas do Canadá.

[18] A partir de 1964, o governo federal iniciou uma estratégia de intervenção no setor de saneamento que levou, em meados dos anos de 1970, a uma forte centralização institucional com a criação do Planasa e, em âmbito estadual, das Companhias Estaduais de Saneamento (Oliveira, 2015).

[19] O processo de urbanização acelerou-se em relação ao período anterior. Em especial no caso de São Paulo, esse processo que começou nos anos de 1920 intensificou-se no início dos anos de 1960, expandindo e dando forma à atual região metropolitana paulista. Até 1970, a concentração industrial em São Paulo e adjacências foi responsável por 43,5% do valor da produção industrial brasileira.

[20] Como a definição de áreas de proteção de mananciais associados a programas de compensação para determinados usos da terra que possam afetar a quantidade e qualidade das águas.

- Multibarreiras: conforme Asano (1998), é um conceito baseado na execução de uma série de barreiras (ações e estruturas[21]) para dificultar a passagem de patógenos e substâncias químicas poluentes para os sistemas de abastecimento de água da fonte à torneira, a fim de reduzir os riscos à saúde pública, já que é muito reduzida a possibilidade de múltiplos processos de proteção falharem simultaneamente.

- Sistemas descentralizados são aqueles que, em geral, as águas fluem em circuito parcialmente fechado, nos prédios residenciais e comerciais, núcleos urbanos isolados, unidades comerciais e industriais que possuem equipamentos eficientes para seus usos e onde as águas pluviais e residuárias são tratadas e reutilizadas para irrigação da paisagem, para sanitários, e ainda, onde a energia e os nutrientes são recuperados das águas residuais (Metcalf e Eddy, 2007).[22]

No Brasil, os maiores custos decorrentes da aglomeração metropolitana (congestionamento das vias de transporte, aumento nos índices de poluição das águas e do ar, encarecimento da terra movido pela especulação imobiliária), as restrições legais (leis metropolitanas, de zoneamento industrial, de mananciais etc.) e o ressurgimento dos movimentos sociais acabaram criando as condições para mudança de rumo.[23]

Após a Constituição de 1988, com os avanços do processo democrático, foi possível a aprovação de políticas que disciplinaram os setores de recursos hídricos e saneamento básico, entre outras, com algumas características comuns: sistemas de gestão participativos, descentralizados e integrados para elaboração-implementação-reavaliação/controle social das políticas públicas e incorpora-

---

[21]   Exemplos de barreiras: proteção das bacias de drenagem urbana e de esgotamento sanitário (controle do aporte de cargas poluidoras pontuais/difusas e tratamento/disposição final das águas de drenagem), melhorias na operação do sistema de coleta/afastamento/tratamento/ disposição final de efluentes (separação de esgotos da drenagem), cobertura vegetal ciliar existente), utilização de áreas de recarga de aquífero ou trechos de corpos de água superficial (com vazões adequadas) para diluir e autodepurar adequadamente os poluentes, utilização de tecnologias de tratamento mais eficientes (membranas, osmose reversa, ultrafiltração).

[22]   Tradicionalmente, os sistemas de esgotamento sanitário são centralizados e têm as seguintes características: as estações de tratamento de esgotos são localizadas, originalmente em áreas pouco habitadas, no ponto mais baixo da bacia de drenagem, usualmente próximo ao ponto de disposição do efluentes (Metcalf & Eddy, 2007).

[23]   A aposta inicial do governo federal na descentralização da atividade industrial das grandes metrópoles para as cidades médias no interior do país, por meio do II Plano Nacional de Desenvolvimento (1974-1979), surtiu efeitos que se perderam a médio prazo, pois levou o mesmo modelo de desenvolvimento das metrópoles com seus problemas.

ção dos temas socioambientais urbanos, que vinham se agravando das décadas anteriores (Oliveira, 2015).

As políticas de recursos hídricos foram regulamentadas, em âmbito estadual pela Lei n. 7.663, de 31 de dezembro de 1991, e em âmbito nacional, pela Lei n. 9.433, de 8 de janeiro de 1997; seus instrumentos de gestão – Planos de Recursos Hídricos (PRH), outorga de direito de uso, enquadramento dos corpos de água, cobrança pelo uso, sistema de informações – são estratégicos[24] para os objetivos deste capítulo.

A Política Nacional de Saneamento Básico aprovada pela Lei n. 11.445, de 5 de janeiro de 2007, e alterada pela Lei n. 14.026, de 15 de julho de 2020, estabelece o novo marco legal sobre a matéria no país. Entre seus instrumentos de gestão estão a regulação das prestações de serviços e o Plano Municipal de Saneamento Básico (PMSB), o Plano Regional de Saneamento Básico – em geral para as bacias hidrográficas (PRSB) – e o Plano Nacional de Saneamento Básico. O reúso, pela primeira vez, torna-se elemento estratégico de política pública, ao ser considerado sob vários aspectos na legislação, em especial, no planejamento e na definição de metas de universalização dos serviços de saneamento.

## E o reúso das águas? Tentativa de uma síntese interpretativa

É inquestionável que a implementação das novas políticas e a expansão dos serviços de água e de esgotamento sanitário nas últimas décadas trouxeram resultados positivos para a população, o ambiente e as atividades econômicas, entre eles: ganhos em saúde pública (diminuição da mortalidade), melhoria de trechos de corpos de água receptores em determinadas bacias hidrográficas, consolidação de cidades médias e polos de desenvolvimento econômico regional (tais como as regiões metropolitanas). Entretanto, a análise dessa situação indica que os dois primeiros paradigmas foram predominantes e desarticulados da aplicação do

---

[24] PRH – planos diretores, de longo prazo, com horizonte de planejamento compatível com o período de implantação de seus programas e projetos, que visam a orientar a execução da política de recursos hídricos; Outorga – ato administrativo pelo qual o poder público outorgante (União, Estados ou Distrito Federal), consente, concede, autoriza ao outorgado fazer uso da água, por determinado tempo, finalidade e condição, expressa no respectivo ato; Enquadramento – processo em que a comunidade e os poderes públicos buscam assegurar qualidade compatível da água, conforme o quadro da legislação ambiental, para os usos mais exigentes a que forem destinadas; Cobrança – visa a reconhecer a água como um recurso natural limitado, dotado de valor econômico, a dar ao usuário uma indicação de seu real valor, a incentivar a racionalização do uso da água e a obter recursos financeiros para o financiamento dos recursos hídricos; Sistema de Informações – sistema de coleta, tratamento/armazenamento/recuperação de informações sobre recursos hídricos e fatores intervenientes em sua gestão (participação, avaliação dos instrumentos de gestão, monitoramentos etc.).

terceiro – engenharia ambiental –, cuja implementação ainda é insuficiente. Em síntese, observa-se:

Quanto aos aspectos sociotécnicos:

- A resolução do problema de abastecimento de água em uma região é realizada em detrimento de outras que fornecem água, continuando, com algumas variações, a mesma adotada no primeiro paradigma e, em parte, no segundo paradigma.
- Os sistemas de coleta, transporte, tratamento e disposição final de esgotos e de drenagem urbana não são expandidos em correspondência às vazões adicionais, gerando novas áreas críticas em termos de gestão das águas e/ou o agravamento das áreas que hoje já apresentam sinais de escassez quantitativa e qualitativa da água.[25]
- O planejamento/implantação de tais sistemas ocorre de forma centralizada, sem considerar os usos e reúso da água no "ciclo das águas urbanas" e a reciclagem de resíduos (lodos de estações de tratamento de água e de esgotos), o que acarreta aumento dos custos e maior complexidade em sua gestão e manutenção.

Quanto aos aspectos institucionais:

Apesar de as políticas de saneamento e recursos hídricos do período pós-constitucional serem conceitualmente mais modernas,[26] a decisão sobre os investimentos em saneamento ainda tem pouca participação social dos municípios e dos sistemas de gestão regional (por exemplo, os conselhos metropolitanos), e a participação de temas como gestão racional da água (incluindo usos e reúso) ainda é incipiente. Algumas consequências dessas constatações são:

- A hegemonia da abordagem – gestão da oferta de água × gestão da demanda de água – no PMSB, PRSB e PRH. Significa a predominância dos sistemas centralizados de água e esgoto, desarticulados dos sistemas de drenagem urbana, não considerando o melhor gerenciamento do "ciclo das águas urbanas".
- A ampliação da ocorrência de regiões com escassez quantitativa e qualitativa e, portanto, com "reúso de fato", já que as águas residuárias, mesmo tratadas (somadas às cargas difusas), continuarão a pressionar a qualidade dos corpos de água.

---

[25] O reúso "de fato" de águas residuais passa a ser fator adicional de pressão sobre os mananciais de captação.

[26] Quanto à incorporação do princípio de sustentabilidade e à possibilidade de ampla participação em suas diversas instâncias como o "parlamento regional da água", o Comitê de Bacia Hidrográfica.

## NECESSIDADE DE TRILHAR NOVOS CAMINHOS

*Os problemas significativos que enfrentamos não podem ser resolvidos no mesmo nível de pensamento em que estávamos quando os criamos.*
Albert Einstein

A "persistência de processos insustentáveis" no modo predominante de fazer cidade afeta os ecossistemas e os ciclos biogeoquímicos, na maior parte das vezes, de formas complexas como no "ciclo das águas urbanas". As soluções encontradas pela governança da água, baseada em determinados paradigmas sociotécnicos e institucionais, têm se mostrado custosas, de eficácia limitada até o momento e mais ainda para o futuro.

Hespanhol (2008, p. 134) defende a necessidade de adotar um novo paradigma que:

> [...] substitua versão romana de transportar, sistematicamente, grandes volumes de água de bacias cada vez mais longínquas e de dispor os esgotos, com pouco, ou nenhum tratamento, em corpos de água adjacentes, tornando-os cada vez mais poluídos por um novo paradigma, baseado nas palavras-chave conservação e reúso de água visando evoluir para minimizar os custos e os impactos ambientais associados a novos projetos.

De fato, é necessário trilhar novos caminhos, explorar outras opções para transitar da concepção atual dos sistemas de saneamento e das normas e procedimentos institucionais para outras concepções, mas consentâneas com a construção de cidades e governança da água mais sustentáveis.[27] Seguem algumas diretrizes e ações referentes ao segundo objetivo, tema deste capítulo, considerando que poderão participar das discussões do primeiro.

---

[27]  Sem aprofundar-se em tema tão complexo, é importante, contudo, registrar as considerações de Gleick (1998, p. 572), ilustrativas para nosso tema: "Em termos simples, a incorporação de características de sustentabilidade e equidade no planejamento de recursos hídricos e nas metas políticas tornou-se uma política prioritária e requer valorizar a manutenção da integridade dos recursos hídricos e da flora, fauna e sociedade humana que se desenvolveram em torno deles. E isso significa que os custos e benefícios do gerenciamento e desenvolvimento dos recursos hídricos devem ser decididos e distribuídos de maneira justa e prudente. Juntos, esses objetivos representam um compromisso com a natureza e os diversos grupos sociais das gerações presentes e futuras".

## Implantar sistemática alternativa para avaliação/projeção das demandas e ofertas de água

Em vez de projetar as demandas atuais para o futuro e tentar encontrar a água necessária para atendê-las, "desconstruir" os diagnósticos atuais dessas demandas, identificando: os padrões de consumo – usos e reúso dos setores usuários e suas tecnologias, aspectos culturais e sociais – as formas de apropriação da água e a situação das infraestruturas para manejá-las. Por outro lado, "construir" uma estimativa da água necessária (em quantidade e qualidade) para nossas finalidades e a estratégia de obtê-las ou, conforme Gleick (1998), definir quais necessidades e vontades dos usuários e interessados podem e deveriam ser satisfeitas.

## Inovar as abordagens/ações dos Planos – PMSB, PRSB e dos PRH e seus instrumentos

Os "Planos" podem se beneficiar tanto da sistemática alternativa de avaliação das demandas/disponibilidades[28] quanto de uma melhor compreensão do "Ciclo Urbano da Água", considerando:

- As multibarreiras, tanto no que se refere ao aperfeiçoamento dos sistemas de tratamento de esgotos como da ampliação das ações para recuperação e proteção dos mananciais[29] e dos corpos de água.
- As soluções descentralizadas dos sistemas de saneamento, em conjunto com os sistemas centralizados existentes (no PMSB e no PRSB), tanto em âmbito local (empreendimento ou conjunto de empreendimentos vizinhos), como regional (sistemas de esgotamento), para contabilizar "novas águas" (cinza e azul, por meio de reciclagem e reúso), além de minimizar as situações de "reúso de fato" dos corpos de água (desde que seja devidamente considerada a disponibilidade hídrica). Entretanto, exige repensar a implantação/expansão de sistemas de esgotamento sanitário, de forma articulada com a expansão das cidades/regiões metropolitanas – aprovada nos Planos Diretores Municipais e os Planos de Desenvolvimento Urbano Integrado para as metrópoles – e considerando os usos da água e seus centros de consumo.

---

[28] A Lei n. 16.337/2016 (Plano Estadual de Recursos Hídricos – SP), estabelece as diretrizes e critérios dos usos da água (condicionando os demais instrumentos) e define que as prioridades de uso cabem aos comitês de bacias hidrográficas.

[29] Este conceito está inserido no Plano de Segurança de Água, mecanismo de avaliação sistemática de sistemas de abastecimento de água (sob a perspectiva dos riscos à saúde), conforme o art. 13, IV, da Portaria de consolidação das normas sobre as ações e os serviços de saúde n. 5/2017 (Anexo XX).

- A inclusão do conceito de reúso indireto não planejado (ou "de fato")" – como ocorre em trechos degradados de corpos de água nas URGHIs 5, 6 e 7 – na definição de metas progressivas de qualidade do enquadramento dos corpos de água. Perseguir essas metas poderá "engrossar" a participação de "novas águas" na contabilidade demanda/disponibilidade.

## Desenvolver estratégia para incorporar mecanismos de racionalização dos usos da água

- Buscar a redução no padrão de consumo (e dos usos *per capita*), por meio da inserção do tema nas diretrizes dos Planos (PMSB e PRSB e PRH), na utilização das diretrizes e dos critérios de outorga[30] e do licenciamento ambiental[31].

## Fomentar a aplicação de normas legais e procedimentos para usos e reúso de água

- Articulando a gestão em termos quantitativos[32] e qualitativos.[33]

---

[30] Um bom exemplo nesta linha é a gestão das águas na bacia do rio Tâmisa na Grande Londres. O sistema de esgotamento sanitário londrino atende a uma população de mais de 10 milhões de pessoas, em sua maior parte assentada nas oito sub-bacias que a compõem, além da própria região estuarina (onde as águas do mar que adentram o rio, encontram as águas doces), que coleta e trata 52 m³/s de esgotos (e contribuições das drenagens) e lança os efluentes no rio Tâmisa e seus tributários. O balanço hídrico na região estuarina é tão delicado que a Agência Ambiental regula e fiscaliza, além das captações, as vazões máximas e os padrões ambientais de lançamento das ETEs e demais efluentes. Nos períodos de estiagem, esses balanços são ainda mais estratégicos por conta dos problemas de diluição e movimentação dos efluentes dentro do estuário que pode tornar mais vulnerável à poluição, o terço superior e médio do estuário (Oliveira, 2015).

[31] Em São Paulo, em bacias/regiões críticas, as licenças ambientais dos maiores consumidores/poluidores de água devem atender ao Plano de Melhoria Ambiental visando a minimizar o consumo de água e geração de resíduos.

[32] Tal como a Deliberação do Conselho Estadual de Recursos Hídricos n. 204, de 25 de outubro de 2017, que estabelece diretrizes para o reúso direto não potável de água (em termos quantitativos), proveniente de Estações de Tratamento de Esgoto Sanitário (ETE) de sistemas públicos para fins urbanos e dá outras providências.

[33] Resolução conjunta entre as Secretarias Estaduais de Saúde e Infraestrutura e Meio Ambiente, n. 1, de 13 de fevereiro de 2020, Saneamento e Meio Ambiente, que disciplina o reúso direto não potável de água, para fins urbanos (em termos qualitativos), proveniente de estações de tratamento de esgoto sanitário e dá providências correlatas.

- Aperfeiçoando e colocando em prática as normas/procedimentos municipais (Código de Obras) e as normas brasileiras sobre racionalização dos usos de água (incluindo reúso).
- Apoiando tecnicamente os consumidores residenciais, industriais, agrícolas e outras atividades econômicas com a elaboração de guias[34] e orientação técnica.
- Implantando sistema de monitoramento e divulgando a qualidade e aplicações- -impactos (ambientais/saúde pública) da água de reúso.
- Implantando mecanismos econômicos, por meio do instrumento da Cobrança pelo uso da água.
- Inserindo diretrizes e metas para melhoria dos serviços de saneamento nos contratos de regulação, um aspecto estratégico do PMSB, tal como definido na Lei n. 14.026/2020.

## CONSIDERAÇÕES FINAIS

O espaço público mais adequado para planejar e agir sobre temas, relacionados à governança da água, em especial a escassez e o reúso, são os dos sistemas de gestão criados pelas "novas políticas". Entretanto, requer-se mais do que apenas discutir tecnicamente, de forma mais democrática, a aprovação/construção de grandes projetos baseados nos antigos paradigmas sociotécnicos.

É fundamental que nossos sistemas possibilitem as informações e condições institucionais necessárias para a mais ampla participação social em relação às incertezas e aos riscos associados à gestão da água que estão no centro do processo de governança democrática. Segundo Castro (2007, p. 113), "não é de surpreender que esta crise de governança da água esteja sendo cada vez mais expressa na forma de conflitos sociais e políticos internacionais e intranacionais sobre a água, que apresentam um dos desafios mais formidáveis para a comunidade científica envolvida na pesquisa e prática da água".

## REFERÊNCIAS

AMERICAN CHEMICAL SOCIETY. CAS Registry – The gold standard for chemical substance information. Disponível em: https://www.cas.org/support/documentation/chemical-substances. Acesso em: out. 2020.

ASANO, T. *Wastewater reclamatio and reuse*. Florida, CRC, 1998.

BARRAQUÉ, B. Past and future sustainability of water policies in Europe. *Natural Resources Forum*, v. 27, n. 3, p. 200-11. 2003.

---

[34]   Como o guia "Conservação e reúso de água em edificações" publicado pela ANA/CNI/ Sinduscon, sob coordenação técnica do Prof. Ivanildo Hespanhol (2005).

BARRAQUÉ, B. et al. *Sustainable water services and interaction with water resources in Europe and in Brazil*. Hydrology and Earth System Sciences Discussions. 2007.

BECK, U. *Sociedade de risco: rumo a uma outra modernidade*. São Paulo, 34, 1994. 368 p.

CAPRA, F. *Alfabetização ecológica*. São Paulo, Cultrix, 2005.

CASTRO, J.E. Water governance in the twentieth-first century. *Ambiente & Sociedade*, v. 10, n. 2, p. 97-118, jul.-dez. 2007.

GLEICK, P.H. Water in crise: paths to sustainable water use. *Ecological Applications*, v. 8, n. 30, 1998.

GROSTEIN, M.D. Metrópole e expansão urbana: a persistência de processos "insustentáveis". *São Paulo em Perspectiva*, São Paulo, v. 15, n. 1, jan./mar. 2001. Disponível em: http://www.scielo.br/scielo.php?script=sci_arttext&pid=S0102-88392001000100003. Acesso em: dez. 2019.

HESPANHOL, I. Um novo paradigma para a gestão de recursos hídricos. *Estudos avançados*, v. 22, n. 63, 2008.

HESPANHOL, I. (coord. tec.). *Conservação e reúso de água em edificações*. São Paulo: ANA/CNI/Sinduscon, 2005.

KRAAS, F. et al. *Megacidades – o nosso futuro global*. Portugal, Unesco, 2007.

LEITE, C. São Paulo, megacidade e redesenvolvimento sustentável: uma estratégia propositiva. *Urbe: Revista Brasileira de Gestão Urbana*, v. 2, n. 1, p. 117-26, jan.-jun. 2010.

MARICATO, E. *Brasil, cidades: alternativas para crise urbana*. São Paulo, Vozes, 2013.

METCALF & EDDY. *Water reuse: issues, techologies, and applications*. Nova York, McGraw Hill, 2007.

OLIVEIRA, E.M. Desafios e perspectivas para recuperação da qualidade das águas do rio Tietê na região metropolitana de São Paulo. 2015. 393 p. Tese (Doutorado em Saúde Ambiental) – Programa de Pós-Graduação em Saúde Pública da Universidade de São Paulo, São Paulo, 1995.

ONU-HABITAT. Programa das Nações Unidas para os Assentamentos Humanos. *Nova agenda urbana*. Secretariado da Habitat III, 2017. Disponível em: http://habitat3.org/. Acesso em: 12 fev. 2020.

[PNUD] PROGRAMA DAS NAÇÕES UNIDAS PARA O DESENVOLVIMENTO. *Relatório do Desenvolvimento Humano*: A água para lá da escassez: poder, pobreza e a crise mundial da água. New York: Pnud, 2006.

RESENDE, S.C.; HELLER, L. *O saneamento no Brasil*: políticas e interfaces. 2.ed. rev. ampl. Belo Horizonte, UFMG, 2008.

RICE, J. et al. Extent and impacts of unplanned wastewater reuse in US rivers. *Journal American Water Works Association*, v. 107, Issue 11, nov. 2015.

ROCHA, A.A. *Do lendário Anhembi ao poluído Tietê*. São Paulo, Edusp, 1991.

ROLNIK, R. "Instrumentos urbanísticos contra exclusão social". In: WILDERODE, DANIEL, J.V. et al. (orgs.). *Instrumentos urbanísticos contra exclusão social*. São Paulo, Pólis, 1997. Disponível em: http://polis.org.br.publicacoes/instrumentos-urbanisticos-contra-a-exclusao-social. Acesso em: 27 out. 2020.

SANTOS, H.F.; MANCUSO, P.C.S.M. O conceito de reúso da água. In: SANTOS, H.F.; MANCUSO, P.C.S.M. (eds.). *Reúso da água*. Barueri, Manole, 2003.

SÃO PAULO. Secretaria Estadual de Saneamento e Recursos Hídricos (São Paulo). *Plano Estadual de Recursos Hídricos* [recurso eletrônico]: PERH 2016-2019/Secretaria Estadual de Saneamento e Recursos Hídricos – SSRH, Conselho Estadual de Recursos Hídricos – CRH, Comitê Coordenador do Plano Estadual de Recursos Hídricos – CORHI. São Paulo, SSRH, 2017.

[UNESCO] UNITED NATIONS EDUCATIONAL, SCIENTIFIC AND CULTURAL ORGANIZATION. *Urban water cycle processes and interactions*. Paris, 2006.

UN-HABITAT. United Nations Human Settlements Programme. *The state of world cities – report 2006/2007: 30 Years of Shaping the Habitat Agenda.* Nova York, 2007. Disponível em: http://www. unhabitat.org/pmss/listItemDetails.aspx?publicationID=2101. Acesso em: dez. 2019.

[UN] UNITED NATIONS. Department of Economic and Social Affairs: Population Division. *Urban Agglomerations 2007.* New York, 2007. Disponível em: http://www.un.org/esa/population/publications/wup2007/2007_urban_agglomerations_chart.pdf. Acesso em: abr. 2010.

UN-WATER. Assessment Programme (WWAP). *World Water Development Report – Water, A Shared Responsibility. The United Nations World Water Development Report 2.* Paris, 2006. Disponível em: http://www.unesco.org/new/en/natural-sciences/environment/water/wwap/wwdr/wwdr2-2006. Acesso em: jan. 2020.

[WFN] WATER FOOTPRINT NETWORK. What is a water footprint? 2019. Disponível em: https://waterfootprint.org/en/. Acesso em: jan. 2020.

[WEF] WORLD ECONOMIC FORUM. *Global Risks Report 2019.* 14.ed. Zurich, 2019. Disponível em: https://www.weforum.org/reports/the-global-risks-report-2020. Acesso em: jan. 2020.

# Capítulo 6
# BACIAS HIDROGRÁFICAS: CARACTERIZAÇÃO AMBIENTAL, ASPECTOS QUALI-QUANTITATIVOS E GESTÃO EM REÚSO

Nícolas Reinaldo Finkler
Jamil Alexandre Ayach Anache
Rômulo Amaral Faustino Magri
Taison Anderson Bortolin
Vania Elisabete Schneider
Davi Gasparini Fernandes Cunha

## INTRODUÇÃO

Frequentemente, a forma não planejada e pouco cuidadosa com que os seres humanos utilizam os recursos hídricos contraria orientações e boas práticas advindas do conhecimento técnico-científico acumulado ao longo dos anos e até mesmo do senso comum. Reconhecemos que não é razoável utilizar água potável, com qualidade que a torna apta ao consumo humano, para fins pouco nobres como descarga de vasos sanitários ou lavagem de ruas e avenidas em uma cidade. Também parece consensual que não faz sentido, até mesmo do ponto de vista da irrevogável lei de conservação das massas, que haja um lançamento de água residuária em um curso de água e, alguns quilômetros a jusante, de maneira não intencional e não planejada, a água desse mesmo manancial seja captada para outros fins, como abastecimento público, irrigação ou aplicação industrial.

O desperdício de água de boa qualidade para usos pouco restritivos e o reúso indireto não planejado, anteriormente exemplificados, ainda são práticas comuns em países em desenvolvimento. No Brasil, talvez pela sua posição privilegiada em relação à disponibilidade hídrica global, e ressalvadas as já conhecidas assimetrias e heterogeneidades regionais na distribuição territorial de água, ainda há muito a se avançar em relação ao uso mais consciente dos recursos hídricos nacionais. A indissociabilidade entre os aspectos qualitativos e quantitativos da água nos impõe a necessidade de uma visão sistêmica para que se promova a universalização do saneamento básico, a segurança hídrica e a saúde pública. A bacia hidrográfica, como palco integrador de todos os processos naturais, regidos pelo ciclo hidrológico, e antrópicos no seu território, deve ser resgatada como unidade de planejamento, implementação, monitoramento e aperfeiçoamento de ações voltadas ao melhor gerenciamento dos recursos hídricos.

Este capítulo tem como objetivo principal, com base na conceituação da bacia hidrográfica como recorte físico-territorial fundamental para fins de gestão, apresentar conceitos que, na visão dos autores, podem favorecer os projetos e práticas de reúso de água. São abordados os conceitos básicos de bacias hidrográficas e elencados diversos de seus atributos (p. ex., solo, clima, topografia, fauna e flora) que são fundamentais para a caracterização ambiental e a identificação de vulnerabilidades e aptidões da área.

Além disso, são discutidos elementos fundamentais sobre os aspectos quantitativos e qualitativos da água, alguns deles já abordados em outros capítulos dessa publicação. Os autores buscaram, dentro de suas respectivas áreas de atuação, trazer elementos e pincelar ideias que poderiam beneficiar estratégias de reúso de água. Além da própria adoção da bacia hidrográfica como unidade para planejamento e priorização dos projetos de reúso, são desenvolvidas discussões sobre como a adoção dos conceitos de balanço hídrico e de cargas poluidoras, por exemplo, também poderia fortalecer tais práticas de reúso. Por fim, são identificados os principais instrumentos de gestão de recursos hídricos que atualmente compõem a Política Nacional de Recursos Hídricos do Brasil e sua interface com o reúso, além da necessidade de uma política ou plano nacional específico sobre o tema.

## O RECORTE DA BACIA HIDROGRÁFICA: CONCEITOS FUNDAMENTAIS

A bacia hidrográfica pode ser entendida como o espaço geográfico delimitado por divisores topográficos e que é drenado por um curso de água principal e seus tributários ou afluentes. Esse sistema conectado de canais de drenagem transporta a água superficial para o exutório, também conhecido como foz ou desembocadura, que corresponde à seção fluvial de saída, que pode ser em outro curso de água ou diretamente no oceano.

A identificação dos divisores topográficos ou divisores de água é importante para o delineamento da área da bacia hidrográfica (Figura 1). Esses divisores são os pontos mais elevados do terreno e definem os limites espaciais da bacia, interceptando o curso de água somente na seção de saída. Portanto, os divisores topográficos consistem na linha de separação que divide as precipitações que caem sobre a bacia hidrográfica, permitindo a individualização de bacias vizinhas e/ou sub-bacias pertencentes a uma bacia maior. Além dos divisores topográficos, uma bacia também pode ser delimitada por meio dos divisores freáticos, que são de difícil visualização e separam os reservatórios de águas subterrâneas, dos

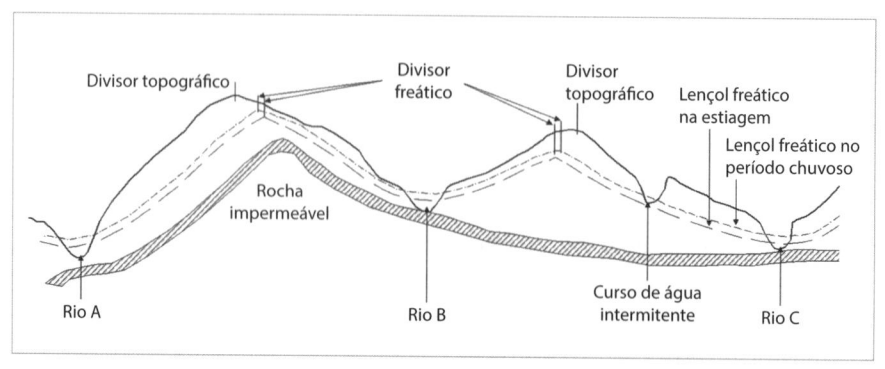

**Figura 1** Representação dos divisores de água topográficos e freáticos utilizados para delimitação da área de drenagem de uma bacia hidrográfica.
Fonte: adaptada de Villela e Mattos (1975).

quais é derivado o deflúvio básico da bacia. Nem sempre as áreas de drenagem demarcadas por divisores topográfico e freático coincidem, o que deve ser considerado para a gestão dos recursos hídricos, especialmente quando se discutem alocações dos usos múltiplos da água e se busca a conciliação de conflitos entre diferentes usuários.

A área da bacia hidrográfica pode ser delimitada com base em métodos manuais ou automáticos, os quais levam em conta as informações sobre o relevo e a hidrografia para traçar os divisores topográficos. Para a delimitação manual da área de uma bacia hidrográfica, são necessários, além de uma carta topográfica com curvas de nível, o detalhamento da rede hidrográfica e uma série de pontos cotados. Inicialmente, define-se o exutório da bacia e, para facilitar a delimitação, os canais de drenagem situados a montante desse ponto são destacados, diferenciando-os dos demais. Tomando-se por base uma das margens do canal, a partir do exutório, traçam-se os divisores de água que circundam os canais de drenagem afluentes do curso de água principal e, por fim, finaliza-se na mesma seção fluvial, na outra margem do canal.

Atualmente, com o avanço das geotecnologias, tanto a delimitação manual quanto a automática têm sido frequentemente realizadas em ambiente de Sistemas de Informação Geográfica (SIG), em virtude de maiores precisão, facilidade de manipulação de dados e agilidade para remodelar os dados, caso seja necessário. A delimitação automática em SIG requer como dado de entrada um Modelo Digital de Elevação (MDE), que constitui uma estrutura numérica de dados (arquivo matricial, composto por pixels) a qual representa a distribuição das altitudes no terreno. Um MDE pode ser obtido por meio da interpolação de curvas de nível, contidas em cartas topográficas, ou por meio de produtos derivados de sensoriamento remoto, tais como imagens de radar (p. ex., STRM, Alos Palsar) ou imagens estereoscópicas (p. ex., SuperView-1). Com base no MDE, e com auxílio de algoritmos e *plug-ins* implementados em *softwares* de SIG, são gerados Planos de Informações (PI) específicos que possibilitam a determinação dos divisores topográficos e individualização das bacias e sub-bacias.

Como exemplo de aplicação, no SIG ArcGIS® estão disponíveis ferramentas de hidrologia e *plug-ins* que permitem a delimitação automática de bacias, como a extensão ArcHydro. Para delimitar bacias hidrográficas de maneira automatizada, tal extensão requer um MDE, que deve passar por um procedimento de preenchimento de falhas (depressões ou superelevações), utilizando a ferramenta *fill sinks*. Em seguida, gera-se um PI contendo a direção do fluxo superficial das águas em cada pixel, que permite a geração de um PI de fluxo acumulado da água, que mostra a acumulação de água nos pixels. Assim, torna-se possível a individualização dos divisores de água e a delimitação das bacias hidrográficas e dos canais de drenagem (pixels com maiores acumulações).

A partir da delimitação da bacia hidrográfica, é possível obter parâmetros como área, perímetro, comprimento dos canais, quantidade de canais de primeira ordem, entre outros. Essas informações são úteis para estudos e caracterização de descritores morfométricos da bacia, que por sua vez são fundamentais para entender o funcionamento hidrológico natural e das possíveis relações entre uso do solo e os aspectos quali-quantitativos da água. Entre os parâmetros morfométricos, podem ser citados os parâmetros de forma da bacia: coeficiente de compacidade, fator de forma, distância ao centro de massa da área e índice de circularidade. Com relação aos parâmetros do sistema de drenagem da bacia, os mais relevantes são: ordem dos cursos de água, densidade de drenagem, extensão média do escoamento superficial e sinuosidade do curso de água. Por fim, entre os parâmetros do relevo podem ser destacados: declividade média da bacia, curva hipsométrica e elevação média. Esses parâmetros são amplamente descritos na literatura, incluindo suas aplicações em estudos ambientais, e podem ser encontrados, entre outras referências, em Christofoletti (1970; 1974) e Tucci (2012).

## ASPECTOS QUANTITATIVOS DA ÁGUA

Considerando os limites e a área de drenagem definidos pelas bacias hidrográficas, a água percorre diferentes compartimentos e passa por processos distintos de transformação. O ciclo hidrológico representa o conjunto de processos físicos que envolvem a circulação e movimentação da água na superfície terrestre e atmosfera. O balanço hídrico pode ser definido como a representação matemática ou equacionamento do ciclo hidrológico e se baseia na lei de conservação de massa (veja a publicação clássica de Thornthwaite; Mather, 1955). O balanço hídrico pode ser realizado em diferentes escalas espaciais e temporais, entre elas vertentes topográficas ou parcelas experimentais, bacias hidrográficas e regiões, biomas ou grandes bacias hidrográficas (Anache et al., 2019; Chagas et al., 2020). Assim, o balanço hídrico pode ser realizado em volumes de controle de tamanhos variados (Figura 2), dependendo dos objetivos estabelecidos. Portanto, os diversos componentes do ciclo hidrológico podem variar de acordo com a escala espaço--temporal do balanço hídrico e ser medidos de forma direta (instrumentação) ou estimados por meio de equações matemáticas (modelagem hidrológica).

Os componentes fundamentais do ciclo hidrológico constituem o balanço hídrico de **primeira geração**, em que as entradas são a precipitação e a vazão de entrada (superficial e subterrânea) e as saídas são a evapotranspiração e o escoamento (superficial e subterrâneo) (ver mais detalhes em Rodrigues et al., 2019). A diferença entre as entradas e saídas do sistema é denominada armazenamento, que varia na escala temporal adotada para o cálculo do balanço (Tabela 1). Quando se considera o balanço de água no solo e o particionamento da evapotranspiração, o balanço hídrico é definido como de **segunda geração**. Quando são incluídos os fluxos virtuais de água de entrada e saída (p. ex., fluxos indiretos de água incorporados em produtos comercializados entre as unidades territoriais de gestão de recursos hídricos, como, por exemplo, uma bacia hidrográfica), o balanço hídrico é denominado **terceira geração**. Assim, os componentes do balanço hídrico podem ser ajustados de acordo com as características da área de interesse e o grau de detalhamento necessário para cada caso. O reúso de água, especificamente, pode ser incorporado como parte do volume de armazenamento. Esse paradigma é recente e pode ser útil para a concepção de sistemas de reúso sob a perspectiva

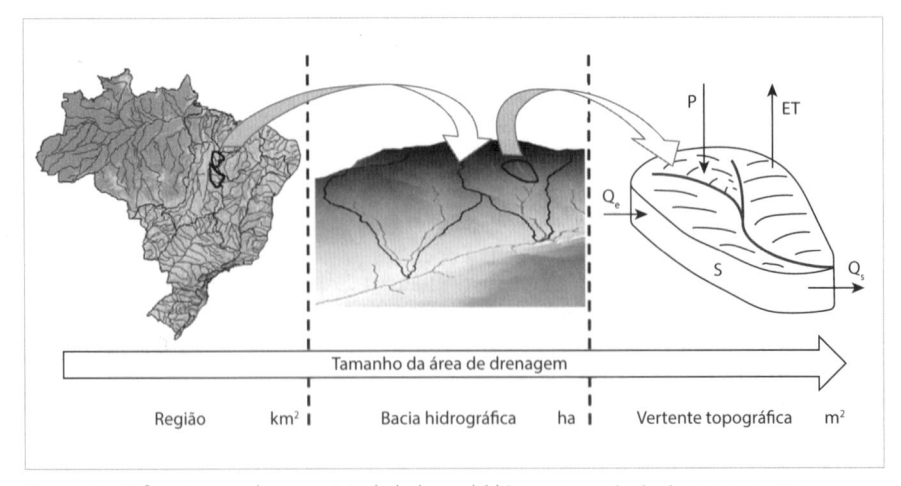

**Figura 2** Diferentes escalas espaciais do balanço hídrico e seus principais componentes.

do balanço hídrico (um estudo de caso interessante é apresentado por Zubelzu et al., 2019). Definiremos os principais componentes do balanço de primeira geração, que são a base do balanço hídrico, e introduziremos as principais formas de medir ou estimar essas variáveis hidrológicas.

**Tabela 1**  Equações do balanço hídrico com diferentes níveis de detalhamento

| Geração | Equações |
|---|---|
| 1ª | $$\frac{dS}{dt} = P + Q_e - Q_s - ET$$ |
| 2ª | $$\frac{dS}{dt} = P + Q_e - Q_s - E - T - I_t - E_s - R$$ |
| 3ª | $$\frac{dS}{dt} = P + Q_e - Q_s - E - T - I_t - E_s - R + V_e - V_s$$ |

S (armazenamento); t (intervalo de tempo); P (precipitação); $Q_e$ (entrada de águas superficiais e subterrâneas e irrigação); $Q_s$ (escoamento superficial e subterrâneo); ET (evapotranspiração); $I_t$ (interceptação); T (transpiração); E (evaporação); $E_s$ (evaporação direta do solo); R (percolação ou recarga do aquífero); $V_e$ (entrada de água virtual); $V_s$ (saída de água virtual).

A precipitação se refere à água que atinge a superfície desde a atmosfera, sendo a única entrada natural do ciclo hidrológico em sua fase superficial. O nível de incerteza das medições da precipitação influencia diretamente no resultado do balanço hídrico superficial (caso deseje se aprofundar nesse assunto, consulte Fekete et al., 2004). Há várias maneiras possíveis de medir o componente da precipitação, incluindo-se os pluviômetros manuais e automáticos (convencionais ou não convencionais). Em casos de indisponibilidade de dados, a chuva também pode ser estimada por radares meteorológicos e sensoriamento remoto, a exemplo de produtos como o TRMM (*Tropical Rainfall Measuring Mission*) (Huffman et al., 2010).

No ciclo hidrológico, os principais pontos de partida para o retorno da água para atmosfera em forma de vapor são: superfícies livres (solo exposto e água) e superfícies vegetadas (Penman, 1948). Em uma superfície coberta por algum tipo de vegetação, ocorrem dois processos ao mesmo tempo: a evaporação da água contida no solo e interceptada pela vegetação, e a transpiração pelas plantas. A combinação desses dois processos é denominada evapotranspiração, sendo considerada o inverso da precipitação (Thornthwaite, 1948). Os métodos para estimativa da evapotranspiração podem ser empíricos, aerodinâmicos, baseados no balanço de energia, combinados e de correlação de turbilhões (para se aprofundar no assunto, veja Wang; Dickinson, 2012).

O escoamento representa a água em movimento e pode ocorrer na superfície ou no subsolo. Quando o escoamento é dito superficial, ele pode ocorrer nas vertentes e nos cursos de água (veja mais detalhes em Collischonn; Dornelles,

2016). O escoamento superficial em rios pode ser medido com auxílio de métodos hidráulicos (seções de controle), molinete fluviométrico, método acústico, entre outros, ou por meio de técnicas indiretas (estimativas), como a curva-chave (relação entre nível de água e vazão) e diversos modelos hidráulicos e hidrológicos. Já o escoamento subterrâneo acontece quando o fluxo ocorre em meio poroso no subsolo ou através de fraturas nas rochas, sendo proporcionais às diferenças de pressão no espaço. O fluxo subterrâneo pode ser estimado por meio da aplicação da equação de Darcy.

A curva de permanência representa as frequências acumuladas das vazões de um curso de água em uma determinada seção de controle que pode ser, por exemplo, o exutório de uma bacia hidrográfica de interesse. Com base nesse histograma de frequências de vazões de um rio, é possível conhecer, por meio de métodos estatísticos, as vazões de referência para outorga. Assim, é possível identificar o período de tempo que o rio tem vazão suficiente para atender ao consumo, além da ocorrência de vazões máximas e mínimas. No Brasil, os órgãos gestores dos recursos hídricos geralmente utilizam critérios baseados na curva de permanência para estabelecer o volume outorgável dos rios, como a $Q_{90}$ e a $Q_{7,10}$. A $Q_{90}$ é definida como a vazão que é igualada ou superada em 90% do tempo e a $Q_{7,10}$ é a vazão mínima da média móvel de sete dias com período de retorno de 10 anos (veja mais detalhes em Benetti, Lanna e Cobalchini, 2003). A concepção de sistemas de reúso de água pode se beneficiar do conhecimento dessas vazões de referência na bacia hidrográfica em estudo para fins de planejamento e estabelecimento de metas quantitativas de reúso, aliviando as demandas de captação de água superficial e de outorgas de uso da água.

## CARACTERIZAÇÃO AMBIENTAL DE BACIAS HIDROGRÁFICAS

As bacias hidrográficas possuem características qualitativas ou quantitativas dos cursos de água que podem ser afetadas por processos de origem natural ou antrópica. Historicamente, o processo de urbanização de bacias hidrográficas ocorreu de forma desordenada e as mudanças no uso do solo contribuíram diretamente para a degradação, especialmente, dos corpos da água (p. ex., veja uma discussão aprofundada realizada por Booth et al., 2016). Tais comprometimentos de qualidade e quantidade de água ocorreram, principalmente, pois o planejamento raramente incorporou a totalidade das condições das bacias hidrográficas nas decisões gerenciais. A totalidade dos processos que acontecem na bacia hidrográfica, bem como o efeito de atividades sobre tais processos, pode ser identificada por meio da avaliação de características físicas e bióticas (algumas já discutidas nos capítulos anteriores) obtidas geralmente pelo monitoramento de parâmetros de qualidade e quantidade de águas superficiais e subterrâneas.

Em termos gerais, o monitoramento é a coleta periódica ou contínua de dados, utilizando métodos consistentes. Os tipos de monitoramento e os objetivos da coleta de dados podem variar significativamente. O monitoramento da qualidade da água, por exemplo, é geralmente definido como a amostragem e análise da água (lagos, nascentes, rios, águas subterrâneas, estuários ou oceanos) e das condições ambientais do corpo da água. O monitoramento da qualidade da água pode avaliar as características físicas, químicas e biológicas de um corpo de água em relação à saúde humana, condições ecológicas e usos da água designados. O monitoramento de bacias hidrográficas, por outro lado, é mais abrangente, e incluiria características específicas das bacias (p. ex., características morfológicas, solo, clima, topografia, fauna e flora, padrões de uso e ocupação do solo) que podem se relacionar com a qualidade da água observada. O monitoramento das bacias avalia, portanto, a condição ambiental dos recursos hídricos, as fragilidades e aptidões da área, além de fornecer informações valiosas sobre as bacias para estabelecer relações de causa e efeito.

Os dados de monitoramento de bacias hidrográficas podem ser usados para vários propósitos, como, por exemplo, determinar fontes de comprometimento do uso da água, fornecer informações para ferramentas de gerenciamento e apoiar decisões para preservar ou melhorar a qualidade da água. As etapas para o monitoramento de bacias hidrográficas geralmente começam com a delimitação da bacia hidrográfica de interesse, que já foi abordada anteriormente nesse capítulo. Uma vez delineado o escopo geográfico, as próximas etapas são definir os atributos que serão avaliados, escolher indicadores de qualidade, estabelecer protocolos de monitoramento e coleta, coletar e analisar dados, executar procedimentos de controle de qualidade de dados e divulgar os resultados para que sirvam como base de políticas e ações de gerenciamento da água.

Os programas de monitoramento da qualidade da água são estruturados para diferentes objetivos, bem como para diferentes escalas dentro da bacia hidrográfica. Programas de monitoramento podem possuir abrangência nacional, como a Rede Nacional de Monitoramento de Qualidade da Água (RNQA; ver em ANA, 2020), estabelecida e operada pelos estados e coordenada pela Agência Nacional de Águas e Saneamento Básico (ANA). Programas estaduais de monitoramento, como o da Companhia Ambiental do Estado de São Paulo (Cetesb), também demandam esforços extensos e de longo prazo. Governos municipais, indústrias, universidades e escolas, comitês de bacias hidrográficas, grupos ambientais e cidadãos interessados também podem coletar informações de qualidade da água (ver iniciativas de protocolos de avaliação rápida de ambientes em Callisto et al., 2002, e de ciência cidadã em Cunha et al., 2017). Uma estratégia bem-sucedida de desenvolvimento de um programa de monitoramento (Figura 3), portanto, terá de considerar questões diversas, podendo sofrer modificações em função das demandas e especificidades dos objetivos pré-estabelecidos.

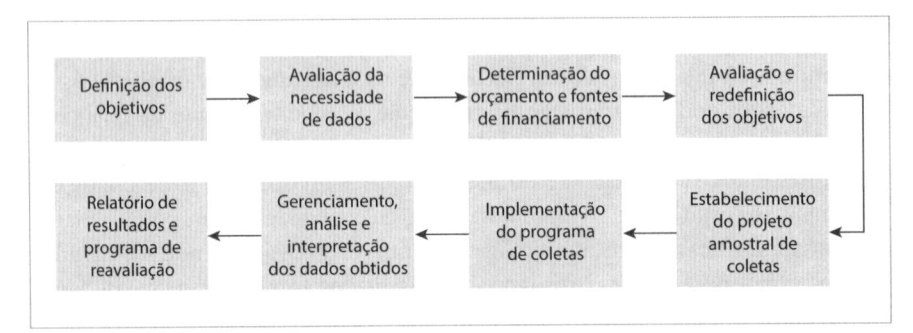

**Figura 3** Desenvolvimento de uma estratégia para a concepção de um programa de monitoramento em bacias hidrográficas.
Fonte: EPA (2020).

Algumas fontes interessantes sobre monitoramento:

- Uso de sensores de alta frequência para monitoramento de processos ecológicos que influenciam a exportação de nutrientes em bacias hidrográficas: https://pubs.acs.org/doi/10.1021/acs.est.8b03074.
- Futuro do monitoramento da qualidade da água: melhorando o equilíbrio entre as avaliações de exposição e toxicidade de poluentes. Disponível em: https://enveurope.springeropen.com/articles/10.1186/s12302-019-0193-1.

## ASPECTOS QUALITATIVOS DA ÁGUA

Ao longo do capítulo, vimos que a qualidade da água superficial e subterrânea é influenciada conjuntamente por aspectos naturais e impactos antrópicos. De acordo com a presença e a magnitude da ocorrência de parâmetros de qualidade da água, o corpo hídrico pode ou não servir para um determinado uso. A seguir, serão brevemente abordados alguns parâmetros de especial interesse para a determinação da qualidade da água, especialmente em iniciativas de reúso.

O oxigênio dissolvido (OD) é essencial para a conservação da vida aquática e possui papel fundamental em processos ecossistêmicos importantes, como a autodepuração (ver Odum, 1988). Baixas concentrações de OD podem caracterizar águas com contribuição de esgoto doméstico, já que o OD é consumido na degradação da matéria orgânica. Concentrações de OD abaixo de 2 mg/L podem levar a condições de hipóxia (baixa concentração de OD na água) e comprometer a vida aquática, principalmente de peixes. Por outro lado, águas com concentrações de OD geralmente superiores a 5 mg/L apresentam melhor qualidade e se observa aumento da biodiversidade. O oxigênio pode ser introduzido nas águas por processos físico-químicos (p. ex., reaeração superficial; ver Bansal, 1973) e biológicos como a fotossíntese (ver Odum, 1956). Concentrações baixas de OD geralmente são encontradas em regiões densamente urbanizadas, com exceção de ambientes onde os níveis de OD são baixos por causa de características naturais desses ambientes (p. ex., *wetlands*, pântanos), como, por exemplo, a grande quantidade de matéria orgânica que está constantemente em decomposição.

A demanda bioquímica de oxigênio (DBO) representa a quantidade de oxigênio necessária para oxidar a matéria orgânica da água por meio de processos biológicos. Esse parâmetro também é um indicador de poluição das águas por esgotos e possui uma relação inversa com os níveis de OD. O *Atlas Esgotos* (ver mais detalhes em ANA, 2018) indicou que esgotos domésticos não tratados são uma importante fonte de poluição e restrição dos usos da água no Brasil. Acredita-se, portanto, que o tratamento adequado dos efluentes domésticos possa reduzir os níveis de DBO nos corpos hídricos brasileiros de maneira significativa.

A turbidez reflete a interferência que materiais em suspensão ou coloidais têm sobre a passagem da luz na água. A turbidez pode ser originada da erosão de solos, embora esgotos ou outras fontes de poluição também possam conferir turbidez à água. Esse parâmetro também pode estar associado, indiretamente, ao fluxo de nutrientes transportados pelos sedimentos em suspensão (ver Bouwman et al., 2013). A turbidez pode ainda limitar a produção primária, pois a luz solar é a principal fonte de energia ao processo fotossintético.

Nutrientes como fósforo e nitrogênio são fundamentais em processos biológicos, e seu excesso na coluna da água ou sedimentos pode causar a eutrofização dos corpos hídricos. Em condições naturais em áreas tropicais, a disponibilidade de fósforo na água é geralmente limitante para o crescimento de algas e plantas aquáticas. O nitrogênio também pode ser limitante em alguns ambientes, no entanto em menor quantidade, uma vez que pode ser obtido diretamente da atmosfera por meio da fixação biológica (se você quiser mais informações sobre nutrientes limitantes, veja *Teoria da Estequiometria Ecológica* de Sterner; Elser, 2002). Elevadas concentrações desses nutrientes são encontradas em regiões densamente urbanizadas e com presença de atividades agrícolas, em decorrência das práticas de manejo e ocupação do solo.

Os esgotos domésticos e fezes de animais que aportam a um corpo da água podem conter uma ampla variedade de organismos patogênicos, como vírus, bactérias e protozoários. Na prática, não é possível monitorar a presença de todos os patógenos com potencial de causar doenças. No entanto, podem ser utilizados indicadores de contaminação fecal, como a *Escherichia coli*, que indica a presença de contribuição fecal, embora não necessariamente humana. Em 2016, estimava-se que cerca de 8 a 25 milhões de pessoas estivessem em contato direto com águas com risco de contaminação por patógenos na América Latina (Unep, 2016). Medicamentos, agrotóxicos, hormônios sintéticos, metais, entre outros compostos também podem estar presentes nas águas superficiais e subterrâneas de diversas bacias hidrográficas, e são oriundas de fontes como indústrias, esgoto doméstico e zonas agrícolas. Esses compostos, mesmo em baixíssimas concentrações (p. ex., da ordem de $\mu g/L$ ou $ng/L$), podem comprometer a biodiversidade e os processos ecológicos importantes no corpo da água, além de possíveis implicações à saúde pública (ver Dodds e Whiles, 2010).

A combinação de todos os parâmetros brevemente abordados pode conferir à água características que comprometem seu uso designado. Os padrões de qualidade definem características dos cursos de água necessárias para um uso específico ou designado por meio do seu enquadramento (no Brasil, temos as classes Especial, 1, 2, 3 ou 4). Os padrões de qualidade são definidos pela Resolução Conama n. 357 (Brasil, 2005), e a água é classificada desde seu uso mais restritivo, como para consumo humano, até seus usos menos nobres, como a navegação e a harmonia paisagística. Os padrões de qualidade da água são regulamentados pela legislação ambiental e por decisão conjunta dos comitês de bacia hidrográfica e outros atores envolvidos. O não atendimento aos padrões de qualidade pode decorrer de processos relacionados à poluição hídrica no corpo da água e demanda a identificação das possíveis fontes de poluição em uma bacia hidrográfica.

Na poluição difusa, os poluentes atingem os corpos de água por meio dos escoamentos superficial, subsuperficial e subterrâneo, gerados pela área/fonte poluidora (reveja o item do capítulo que trata dos componentes do balanço hídrico). Como a contribuição é difusa e gerada em extensas áreas, é difícil estabelecer diretamente um padrão claro de lançamento em termos de quantidade, frequência ou composição (mas veja Sansalone e Cristina, 2004). Exemplos de fontes de poluição difusa são a lixiviação de agrotóxicos e fertilizantes em áreas agrícolas, a drenagem pluvial em zonas urbanas e a deposição atmosférica seca ou úmida. Atualmente, mesmo que fontes pontuais de poluição (p. ex., lançamento de esgotos) ainda representem risco à qualidade da água em países com elevados índices de tratamento de esgotos, o maior foco dessas regiões tem sido o controle da poluição difusa. Nos Estados Unidos, por exemplo, a ocorrência de fontes difusas é o principal motivo pelo qual muitos rios, lagos e estuários não se encontram em qualidade suficiente para usos como a pesca e recreação (Usepa, 2017).

A poluição pontual, por outro lado, é mais facilmente identificada, pois os poluentes são lançados em pontos específicos dos cursos da água, usualmente por meio de um canal ou tubulação. As emissões consistem em efluentes de origem doméstica ou industrial, nos quais se pode identificar um regime de lançamento, já que elas dependem das regras de operação das estações de tratamento de efluentes ou, ainda, serem oriundas de lançamentos irregulares e clandestinos. O controle de fontes pontuais de poluição ainda é o maior desafio para garantir a qualidade da água em bacias localizadas em países em desenvolvimento. De acordo com os resultados apresentados pelo Plano Nacional de Segurança Hídrica (Brasil, 2019), em 2019, mais de 110 mil km de trechos de rios no Brasil estavam com a qualidade comprometida em virtude do excesso de carga orgânica, oriunda principalmente de esgotos *in natura* ou com tratamento não adequado. Desse total, em 83.450 km não é mais permitida a captação para abastecimento público em consequência da poluição, e em 27.040 km a captação pode ser feita, mas requer tratamento avançado (Brasil, 2019). Iniciativas de reúso de efluentes, sem dúvida, podem contribuir para diminuir a pressão e o impacto das fontes pontuais sobre a qualidade dos mananciais em uma bacia hidrográfica.

Como visto no item anterior, os aspectos quantitativos (p. ex., vazão do curso da água) também são importantes, pois trazem informações sobre a disponibilidade e demanda da água necessária para os usos da água. A análise conjunta da disponibilidade e da qualidade da água é fundamental. Um rio urbano extremamente poluído, por exemplo, mesmo que tenha uma vazão significativa (portanto, disponibilidade), terá seus usos limitados em função do comprometimento dos seus aspectos qualitativos. Assim, para ser efetiva, a gestão de recursos hídricos deve promover a integração entre a quantidade e a qualidade de água.

O cálculo das cargas poluidoras permite integrar informações quantitativas e qualitativas dos ambientes aquáticos (veja mais detalhes em Cunha e Calijuri, 2010; Cunha, Calijuri e Mendiondo, 2012) e avaliar tanto o impacto de um lançamento como o transporte de um poluente em um curso de água. As cargas poluidoras podem ser definidas como a massa de qualquer variável da água de interesse (p. ex., nitrogênio total, ferro, alumínio, entre outras) que aporta a um rio, lago ou reservatório em um determinado período de tempo, sendo estimadas pelo produto da concentração do poluente e a vazão no lançamento. Podem ser provenientes tanto de fontes pontuais (p. ex., vazão de esgoto × DBO do esgoto), como difusas (p. ex., vazão gerada pelo escoamento superficial da chuva × concentração de zinco no escoamento). Outra informação de interesse pode ser a carga veiculada pelos cursos de água. Nesse caso, trata-se da massa de determinado poluente que passa por um ponto específico do rio (p. ex., estação de monitoramento no exutório da bacia hidrográfica) em um período de tempo determinado (p. ex., diariamente, anualmente). Nesse caso, a estimativa da carga é feita pelo produto da concentração do poluente e a vazão do curso de água no ponto desejado (p. ex., vazão do rio × DBO do rio, ou vazão do rio × concentração de zinco na água do rio).

O conhecimento da carga máxima de poluentes permitida para determinado curso de água em distintos períodos é uma maneira interessante de se verificar o atendimento à legislação. A utilização de curvas de carga máxima total diária

(TMDL do inglês, *total maximum daily loads*), por exemplo, consiste em uma estratégia importante para atingir as metas de qualidade da água na gestão de bacias (Gowdy e Grober, 2003). A curva TMDL é o principal instrumento de controle da qualidade da água nos Estados Unidos (ver Hoornbeek et al., 2013). Ela expressa a quantidade máxima diária de um determinado poluente (p. ex., OD, nutrientes, metais etc.) que pode ser lançada em um corpo hídrico por fontes pontuais e difusas para que o corpo da água ainda continue a atender aos padrões de qualidade. As curvas TMDL podem, portanto, ser utilizadas para avaliação da entrada de cargas poluidoras em sistemas aquáticos que são utilizados para reúso (ver mais detalhes em Shiratani et al., 2010). No Brasil, no entanto, essa abordagem ainda é pouco desenvolvida no âmbito da gestão das águas e na melhoria da qualidade dos corpos da água.

## GESTÃO DE BACIAS E IMPLICAÇÕES SOBRE O REÚSO DA ÁGUA

Vamos imaginar o seguinte cenário:

O Brasil não consegue aproveitar as poucas oportunidades de um mundo instável e fragmentado e tem um pequeno crescimento das atividades econômicas e das infraestruturas urbana e de logística. O resultado do pequeno crescimento econômico também não expande significativamente o fornecimento de energia por meio de novas usinas hidrelétricas. Os investimentos em proteção de recursos hídricos são pequenos, seletivos e corretivos, sob uma gestão estatal pouco eficiente. Assim, os conflitos e os problemas em torno da oferta e da qualidade dos recursos hídricos crescem, particularmente nas regiões hidrográficas já deficientes e nas localidades já problemáticas. A deterioração das águas subterrâneas, em alguns sistemas aquíferos, agrava-se, bem como a das águas superficiais, em razão, sobretudo, do incipiente investimento em saneamento básico. A economia informal prolifera-se, aumentando o quadro de empresas que não estão em conformidade com a gestão ambiental e de recursos hídricos. Nesse contexto, aumenta a pressão sobre a ocupação descontrolada da região Amazônica, que, sem uma política adequada de desenvolvimento, se transforma em um cenário de atividade agropastoril predatória, bem como para a exploração ilegal e sem manejo da floresta, uma vez que os instrumentos de comando-controle, ainda dominantes na gestão ambiental, são incipientes diante da dinâmica social na busca de renda. Da mesma forma, aumentam os índices de doenças endêmicas de veiculação hídrica e as desigualdades regionais, crescendo a pressão sobre as bacias hidrográficas das regiões Sul e Sudeste, já densamente ocupadas. (Brasil, 2006)

Essa conjuntura de um cenário de "água para poucos", contemplada em publicação do Plano Nacional de Recursos Hídricos – Água para todos (Brasil, 2006), poderá ser o panorama real daqui a alguns anos caso a gestão dos recursos hídricos não envolva planejamento adequado e aplicação de ações práticas e sustentáveis nas diferentes bacias hidrográficas. A gestão dos recursos hídricos e de bacias hidrográficas é essencial para o desenvolvimento territorial e econômico, tornando-se um componente estratégico de grande relevância (Tundisi, 2013). Segundo Porto e Porto (2008), para que ocorra uma gestão sustentável dos recursos hídricos é necessário um conjunto mínimo de instrumentos principais: uma base de dados e informações socialmente acessíveis, a definição clara dos direitos de uso, o controle dos impactos sobre os sistemas hídricos e o processo de tomada de decisão.

Por meio da Política Nacional de Recursos Hídricos, instituída pela Lei federal n. 9.433 (Brasil, 1997), também conhecida como Lei das Águas, a gestão da água passou a ser descentralizada por bacia hidrográfica, estabelecendo instrumentos de planejamento e consenso (planos de recursos hídricos e enquadramento), de disciplinamento (outorga), de incentivo (cobrança) e de apoio (sistemas de informações). A maior eficácia do sistema de gestão ocorre com a aplicação conjunta dos diversos instrumentos, utilizando-os de acordo com sua potencialidade para melhor resolução de problemas (Porto; Lobato, 2004a; 2004b).

Um detalhe importante da Lei federal n. 9.433 é que ela não obriga a aplicação de todos os instrumentos de gestão em todas as bacias hidrográficas e nem limita que sejam utilizados apenas esses instrumentos para a manutenção da qualidade e quantidade de água em um determinado local. Além disso, nessa mesma lei, há ênfase ao uso racional e integrado dos recursos hídricos, e é nesse contexto e amparo legal que surge a oportunidade para o uso de outras ferramentas, como os programas de Pagamentos por Serviços Ambientais (PSA) e de reúso da água.

O PSA diverge do princípio de comando e controle aplicado atualmente, e tem como base a valoração econômica da natureza por meio da distribuição de incentivos financeiros aos responsáveis pela preservação ambiental. Há vários projetos sendo implementados no Brasil que possuem como ponto central a conservação da água em bacias hidrográficas (ver Pagiola, Glehn e Taffarello, 2013). De forma análoga ao princípio de preservação e utilização racional dos recursos hídricos, a aplicação do reúso em bacias hidrográficas também poderia ser considerada como um serviço ambiental, podendo em um futuro próximo ser valorada economicamente.

Conforme visto em outros capítulos deste livro, o reúso de água pode ser empregado na agricultura, na recarga de aquíferos, na indústria e para usos urbanos de forma direta ou indireta, tanto para fins não potáveis, quanto potáveis nas bacias hidrográficas. De acordo com Hespanhol (1999), o planejamento, a implantação e a operação correta do reúso promovem a redução da demanda de água potável, da quantidade de esgotos a serem tratados e os custos associados. O reúso agrícola pode promover a preservação do solo, por meio do aumento da disponibilidade de matéria orgânica e resistência à erosão, levando ao aumento da produção de alimentos.

Atualmente, no Brasil, os instrumentos de outorga e cobrança, que envolvem os princípios de comando-controle e poluidor-pagador, ainda não levam explicitamente em consideração a dimensão do reúso. Conforme o plano de ações para instituir uma política de reúso de efluente sanitário tratado no Brasil (MCID/IICA, 2018), a renovação ou concessão da outorga e a cobrança pela água poderiam incentivar o reúso. O valor de cobrança pelo uso de água nos usos industriais, de mineração e agroindustriais, por exemplo, se torna menor quanto maior a adoção de boas práticas de uso e conservação da água, incluindo o reúso. Já no caso da outorga do uso de água e/ou lançamento de efluentes em bacias críticas, poderiam ser utilizados condicionantes para a obtenção dessa autorização, tais como estudos de viabilidade de uso racional e implementação de metas a curto e médio prazo para adesão à prática de reúso.

Em todo o mundo, há diversos exemplos de reúso para diferentes finalidades em bacias hidrográficas. Embora muitos outros exemplos sejam apresentados ao longo desse livro, alguns casos são sintetizados na Tabela 2, cujos objetivos incluem promoção da segurança hídrica, saúde pública e proteção ambiental.

**Tabela 2** Exemplos de projetos e programas de reúso para diferentes aplicações ao redor do mundo, com a descrição da capacidade do sistema e objetivo do reúso

| Projeto/programa | Modalidade de reúso | País | Capacidade ($m^3/s$) |
|---|---|---|---|
| Projeto de reúso de Upper Occoquan | Potável direto | Estados Unidos | 2,4 |
| Projeto de reúso potável de Windhoek | Potável direto | Namíbia | 0,2 |
| Projeto de reúso de Atotonilco, Vale de Mezquital | Agrícola | México | 35 |
| Projeto de reúso de Watsonville | Agrícola | Estados Unidos | 0,5 |
| Projeto de recarga do lençol freático em Perth | Potável indireto via injeção | Austrália | 0,6 |
| Projeto de recarga de lençol freático em Orange County | Potável indireto via injeção e infiltração | Estados Unidos | 4,2 |
| Aquapolo – ETE ABC | Reúso não potável para fins industriais | Brasil | 1,0 |
| Projeto de reúso da ETE São Miguel | Reúso não potável para fins urbanos e fins industriais | Brasil | 0,012 |
| Prolagos | Reúso não potável para fins urbanos e industriais | Brasil | 0,00077 |

Fonte: MCID/IICA (2018).

Além dos projetos citados, vários outros de pequeno porte em estabelecimentos como postos de combustíveis e centro comerciais ou empresariais foram implantados e estão operando no Brasil, envolvendo reúso de efluente sanitário ou industrial. Exemplos bem-sucedidos de reúso em bacias hidrográficas mostram que esta prática é cada vez mais proeminente e indicam que o Brasil deve estabelecer metas e objetivos de reúso a serem alcançados nos próximos anos como uma estratégia de gestão de recursos hídricos, associadas também à política de universalização do saneamento no país. As estratégias de gestão devem envolver a elaboração de políticas e leis, instrumentos regulatórios, de informação, econômicos e financeiros, bem como a capacitação dos envolvidos.

Em uma tendência de combinar conservação, proteção e recuperação de bacias hidrográficas, redução das perdas, transposição de bacias, uso de águas subterrâneas, dessalinização e despoluição dos corpos de água, o reúso aparece como uma alternativa relevante de gestão integrada dos recursos hídricos, particularmente em grandes cidades e nas chamadas *"Water Sensitive Cities"* (Brown et al., 2016), propiciando um aumento da disponibilidade hídrica nas diferentes regiões. No Brasil, embora existam resoluções do Conselho Nacional de Recursos Hídricos que dispõem especificamente sobre o reúso, o incentivo da aplicação dessas resoluções com base em uma política ou programa nacional de reúso poderia ser uma estratégia interessante para o fortalecimento dessa prática. Poderiam ser incluídas também ações associadas às restrições de uso de água, metas de eficiência hídrica, obrigatoriedade do emprego de água de reúso para algumas aplicações e atividades, imposição de padrões mais restritivos de lançamento de efluentes, fortalecimento das agências reguladoras dos serviços de saneamento, além de incentivos a indústrias que passassem a utilizar a prática do reúso.

A prática do reúso da água vem crescendo impulsionada pela escassez de água e redução da qualidade da água em todo o mundo, bem como pelo aumento do custo dos serviços de tratamento e distribuição da água. As crises hídricas que afetam algumas das principais regiões brasileiras enfatizam a necessidade de novos modelos e arranjos institucionais de gestão que possam promover técnicas como o reúso, sendo importante que tais soluções sejam propostas não somente em âmbito federal, mas também tenham a participação nas esferas local, municipal e por sub-bacias.

## CONSIDERAÇÕES FINAIS

Este capítulo não visou esgotar o assunto, mas a servir como ponto de partida para discussões e reflexões sobre como o reúso de água pode ser favorecido pela internalização de conceitos que, na visão dos autores, ainda precisam ser mais integrados aos estudos e projetos de reúso conduzidos pelos principais pesquisadores e tomadores de decisão na área. Mais especificamente, a adoção da bacia hidrográfica como unidade de planejamento para as estratégias de reúso só traria benefícios, na visão dos autores. Isso permitiria uma melhor integração entre os aspectos quantitativos e qualitativos dos recursos hídricos, a identificação de áreas mais críticas ou com situação mais confortável em relação ao déficit hídrico, além do aprimoramento e aumento da eficiência dos projetos de reúso. Tal aprimoramento poderia ser baseado na inclusão de conceitos como o de balanço hídrico, de carga poluidora e de valoração ambiental, brevemente introduzidos ao longo deste capítulo, obviamente desde que em consonância com um arcabouço legal apropriado e com instrumentos de gestão apropriados. Espera-se que esse texto forneça subsídios para o melhor desenvolvimento das práticas de reúso, seja pelo reúso potável direto, seja pelo reúso da água para outros fins, o que, indiretamente, pode atenuar as pressões sobre os mananciais de abastecimento e aumentar a oferta de água para consumo humano.

## REFERÊNCIAS

[ANA] AGÊNCIA NACIONAL DE ÁGUAS. *Rede Nacional de Monitoramento de Qualidade da Água*. Disponível em: https://www.ana.gov.br/panorama-das-aguas/qualidade-da-agua/rnqa. Acesso em: 16 jan. 2020.

[ANA] AGÊNCIA NACIONAL DE ÁGUAS. *Relatório Conjuntura Recursos Hídricos Brasil, 2018*. Disponível em: http://arquivos.ana.gov.br/portal/publicacao/Conjuntura2018.pdf. Acesso em: 16 jan. 2020.

ANACHE, J.A.A.; WENDLAND, E.; ROSALEM, L.P.; YOULTON, C.; OLIVEIRA, P.T.S. Hydrological trade-offs due to different land covers and land uses in the Brazilian Cerrado. *Hydrology and Earth System Sciences*, v. 23, n. 3, p. 1263-79, 2019.

BANSAL, M.K. Atmospheric reaeration in natural streams. *Water Research*, v. 7, n. 5, p. 769-82, 1973.

BENETTI, A.D.; LANNA, A.E.; COBALCHINI, M.S. Metodologias para determinação de vazões ecológicas em rios. *Revista Brasileira de Recursos Hídricos*, v. 8, n. 2, p. 149-60, 2003.

BOOTH, D.B. et al. Global perspectives on the urban stream syndrome. *Journal of Freshwater Science*, v. 35, n. 1, p. 412-20, 2016.

BOUWMAN, A.F. et al. Nutrient dynamics, transfer and retention along the aquatic continuum from land to ocean: Towards integration of ecological and biogeochemical models. *Biogeosciences*, v. 10, n. 1, p. 1-23, 2013.

BRASIL. Ministério do Desenvolvimento Regional. *Plano Nacional de Segurança Hídrica*, 2019. Disponível em: http://arquivos.ana.gov.br/pnsh/pnsh.pdf. Acesso em: 16 jan. 2020.

BRASIL. Presidência da República. *Lei n. 9.433*, de 8 de janeiro de 1997. Institui a Política Nacional de Recursos Hídricos e Cria o Sistema Nacional de Gerenciamento de Recursos Hídricos, Regulamenta o inciso XIX do art. 21 da Constituição Federal, e altera o art. 1º da Lei n. 8.001, de 13 de março de 1990, que modificou a Lei n. 7.990, de 28 de dezembro de 1989. Disponível em: http://www.planalto.gov.br/ccivil_03/LEIS/L9433.htm. Acesso em: 16 jan. 2020.

BRASIL. *Resolução Conama 357*, de 17 de março de 2005. Conselho Nacional de Meio Ambiente. Disponível em: www.mma.gov.br/port/conama/res/res05/res35705.pdf. Acesso em: 8 out. 2010.

BRASIL. Ministério do Meio Ambiente. *Plano Nacional de Recursos Hídricos*. Águas para o futuro: cenários para 2020. v. 2. Ministério do Meio Ambiente, Secretaria de Recursos Hídricos. Brasília: MMA, 2006.

BROWN et al. *Developing a Water Sensitive City Leapfrogging Program*. Melbourne: Monash University, 2016.

CALLISTO, M. et al. Aplicação de um protocolo de avaliação rápida da diversidade de habitats em atividades de ensino e pesquisa (MG-RJ). *Acta Limnologica Brasiliensis*, v. 14, n. 1, p. 91-8, 2002.

CHAGAS, V.B.P.; CHAFFE, P.L.B.; ADDOR, N.; FAN, F.M.; FLEISCHMANN, A.S.; PAIVA, R.C.D.; SIQUEIRA, V.A. CAMELS-BR: hydrometeorological time series and landscape attributes for 897 catchments in Brazil. *Earth System Science Data*, v. 12, n. 3, p. 2075-96, 2020.

CHRISTOFOLETTI, A. *Análise morfométrica de bacias hidrográficas no Planalto de Poços de Caldas*. 1970. 375 f. Tese (Livre-docência) – Instituto de Geociências, Universidade Estadual Paulista, Rio Claro.

CHRISTOFOLETTI, A. *Geomorfologia*. São Paulo: Edgard Blucher/Edusp, 1974.

COLLISCHONN, W.; DORNELLES, F. *Hidrologia para engenharia e ciências ambientais*. ABRH, 2016

CUNHA, D.G.F.; CALIJURI, M. do C. Análise probabilística de ocorrência de incompatibilidade da qualidade da água com o enquadramento legal de sistemas aquáticos – estudo de caso do rio Pariquera-Açu (SP). *Engenharia Sanitária e Ambiental*, v. 15, n. 4, p. 337-46, 2010.

CUNHA, D.G.F.; CALIJURI, M. do C.; MENDIONDO, E.M. Integração entre curvas de permanência de quantidade e qualidade da água como uma ferramenta para a gestão eficiente dos recursos hídricos. *Engenharia Sanitária e Ambiental*, v. 17, n. 4, p. 369-76, 2012.

CUNHA, D.G.F.; MARQUES, J.F.; RESENDE, J.C.; et al. Citizen science participation in research in the environmental sciences: key factors related to projects' success and longevity. *Anais da Academia Brasileira de Ciências*, v. 89, n. 3, p. 2229-45, 2017.

DODDS, W.K.; WHILES, M.R. *Freshwater Ecology*: Concepts and Environmental Applications of Limnology. 2.ed. Elsevier, 2010, 829p.

[EPA] ENVIRONMENTAL PROTECTION AGENCY. *Watershed Academy Web*. Overview of Watershed Monitoring. Disponível em: https://cfpub.epa.gov/watertrain/moduleFrame.cfm?parent_object_id=915. Acesso em: 17 jan. 2020.

FEKETE, B.M.; VÖRÖSMARTY, C.J.; ROADS, J.O.; et al. Uncertainties in precipitation and their impacts on runoff estimates. *Journal of Climate*, v. 17, n. 2, p. 294-304, 2004.

GOWDY, M.J.; GROBER, L.F. *Total maximum daily load for low dissolved oxygen in the San Joaquin River*. Regional Water Quality Control. 2003. Disponível em: https://www.waterboards.ca.gov/centralvalley/water_issues/tmdl/central_valley_projects/san_joaquin_oxygen/low_do_report_6-2003/do_tmdl_rpt.pdf. Acesso em: 16 jan. 2020.

HESPANHOL, I. Água e saneamento básico – uma visão realista. In: REBOUÇAS, A.C.; BRAGA, B.; TUNDISI, J.G. (Coord.). *Águas doces do Brasil, capital ecológico, uso e conservação*. São Paulo: Escrituras, 1999. p. 249-304.

HOORNBEEK, J. et al. Implementing Water Pollution Policy in the United States: Total Maximum Daily Loads and Collaborative Watershed Management. *Society and Natural Resources*, v. 26, n. 4, p. 420-36, 2013.

HUFFMAN, G.; ADLER, R.; BOLVIN, D.; et al. The TRMM Multi-satellite precipitation analysis (TMPA). In: GEBREMICHAEL, M.; HOSSAIN, F. (Eds.). *Satellite Rainfall Applications for Surface Hydrology*. Holanda: Springer, 2010. p. 3-22.

[MCID/IICA] MINISTÉRIO DAS CIDADES E INSTITUTO INTERAMERICANO DE COOPE-RAÇÃO PARA A AGRICULTURA. *Produto VI – Elaboração de Proposta do Plano de Ações para*

*Instituir uma Política de Reúso de Efluente Sanitário Tratado no Brasil*. Relatório Técnico Acordo de Empréstimo n. 8074-BR. Banco Mundial (Interáguas), 2018.

ODUM, E.P. *Ecologia*. Rio de Janeiro: Guanabara, 1988. 434 p.

ODUM, H.T. Primary production in flowing waters. *Limnology and Oceanography*, v. 1, n. 2, p. 102-17, 1956.

PAGIOLA, S.; GLEHN, H.V.; TAFFARELLO, D. *Experiências do Brasil em Pagamentos por Serviços Ambientais*. São Paulo, Secretaria do Meio Ambiente/Coordenadoria de Biodiversidade e Recursos Naturais, 2013.

PENMAN, H.L. Natural evaporation from open water, bare soil and grass. *Proceedings of the Royal Society of London A: Mathematical, Physical and Engineering Sciences*, v. 193, n. 1.032, p. 120-45, 1948.

PORTO, M.F.A.; PORTO, R.L. Gestão de bacias hidrográficas. *Estudos Avançados*, v. 22, n. 63, p. 43-60, 2008.

PORTO, M.F.A.; LOBATO, F. Mechanisms of water management: command & control and social mechanisms. *Revista de Gestion Del Agua de America Latina*, v. 2, p. 113-29, 2004a.

PORTO, M.F.A.; LOBATO, F. Mechanisms of Water Management: Economics Instruments and Voluntary Adherence Mechanisms. *Revista de Gestion Del Agua de America Latina*, v. 1, p. 132-46, 2004b.

RODRIGUES, D.B.B.; OLIVEIRA, P.T.S.; TAFFARELLO, D.; et al. Bacias hidrográficas: caracterização e manejo sustentável. In CALIJURI, M.C.; CUNHA, D.G.F. (Eds.). *Engenharia ambiental: Conceitos, tecnologia e gestão*. Rio de Janeiro: Elsevier, 2019.

SANSALONE, S.J.J.; CRISTINA, C.M. First flush concepts for suspended and dissolved solids in small impervious watersheds. *Journal of Environmental Engineering*, v. 130, n. 11, p. 1.301-14, 2004.

SHIRATANI, E.; MUNAKATA, Y.; YOSHINAGA, I.; et al. Scenario analysis for reduction of pollutant load discharged from a watershed by recycling of treated water for irrigation. *Journal of Environmental Sciences*, v. 22, n. 6, p. 878-84, 2010.

STERNER, R.W.; ELSER, J.J. *Ecological stoichiometry: the biology of elements from molecules to the biosphere*. New Jersey: Princeton University, 2002. 439p.

THORNTHWAITE, C.W. An approach toward a rational classification of climate. *Geographical Review*, v. 38, n. 1, p. 55-94, 1948.

THORNTHWAITE, C.W.; MATHER, J.R. *Water Balance* (publications in climatology). Centerdon, New Jersey: Drexel Institute of Technology Laboratory of Climatology – Oregon State University, 1955.

TUCCI, C.E.M. (Org.). *Hidrologia: ciência e aplicação*. 4.ed. Porto Alegre: UFRGS/ABRH, 2012.

TUNDISI, J.G. Governança da água. *Revista UFGM*, v. 20, n. 2, p. 222-35, jul./dez. 2013.

[UNEP] UNITED NATIONS ENVIRONMENT PROGRAMME. *A Snapshot of the World's Water Quality: Towards a global assessment*. Nairobi, Kenia: Unep, 2016.

[USEPA] UNITED STATES ENVIRONMENTAL PROTECTION AGENCY. *National Water Quality Inventory: Report to Congress*, 2017. Disponível em: https://www.epa.gov/national-aquatic-resource-surveys. Acesso em: 16 jan. 2020.

VILLELA, S.M.; MATTOS, A. *Hidrologia aplicada*. São Paulo: McGraw-Hill do Brasil, 1975.

WANG, K.; DICKINSON, R.E. A review of global terrestrial evapotranspiration: Observation, modeling, climatology, and climatic variability. *Reviews of Geophysics*, v. 50, n. 2, p. 1-54, 2012.

ZUBELZU, S.; RODRIGUEZ-SINOBAS, L.; ANDRES-DOMENECH, I.; et al. Design of water reuse storage facilities in Sustainable Urban Drainage Systems from a volumetric water balance perspective. *Science of Total Environment*, v. 663, p. 133-43, 2019.

# Capítulo 7

# MANEJO DAS ÁGUAS PLUVIAIS URBANAS E REÚSO

Luiz Fernando Orsini de Lima Yazaki

## INTRODUÇÃO

É comum dizer que a drenagem urbana é a prima pobre da engenharia. Nos meus mais de 40 anos de profissão sou testemunha de que no Brasil essa é uma afirmação verdadeira.

Quando se trata de infraestrutura de drenagem, grande parte dos gestores públicos ainda tem como referência a tecnologia higienista do final do século XIX, quando a água deveria ser afastada do meio urbano de qualquer forma. Foi uma visão correta para a época. Cidades brasileiras estavam infestadas de mosquitos transmissores da febre amarela e malária. Havia riscos de epidemias de cólera e outras doenças de veiculação hídrica que dizimavam populações inteiras. A população estava em pânico. Navios estrangeiros eram proibidos de atracar nos portos brasileiros, com grande impacto sobre a economia. Era preciso drenar as cidades, e assim foi feito.

Hoje a realidade é outra. No ano de 1900, menos de 10% da população brasileira (pouco mais de 1.700.000 habitantes) vivia nas cidades (de Lima, 2005). Em 2010, a população urbana representava cerca de 85% da população nacional, aproximadamente 161 milhões de habitantes (Brasil, 2010). Mantendo-se essa proporção, estima-se que em 2019 a população urbana brasileira tenha atingido cerca de 180 milhões de habitantes (Brasil, 2019d).

Atualmente a solução de afastar a água das cidades é insustentável. A água torna-se cada vez mais preciosa, necessária e escassa. As cidades estão conurbadas. Drenar uma região urbanizada simplesmente afastando rapidamente as águas pluviais significa exportar impactos (poluição e inundações) para a região vizinha. É preciso conviver com a água no meio urbano. Para isso ela precisa ser limpa, isenta de poluição.

A moderna engenharia de manejo de águas pluviais privilegia a retenção e o tratamento das águas de chuvas junto à sua origem, favorecendo seu reaproveitamento. Por meio de técnicas de invariância hidráulica procura restituir o ciclo hidrológico natural propiciando a realimentação de aquíferos subterrâneos, aumentando a umidade da atmosfera, reduzindo o escoamento superficial e melhorando a qualidade da água. Os benefícios são muitos: redução das ilhas de calor, redução dos riscos de inundação, desenvolvimento da paisagem urbana e, principalmente, maior disponibilidade de água para abastecimento junto aos centros de consumo.

Neste capítulo são abordadas técnicas de manejo de águas pluviais urbanas aplicadas à melhoria da qualidade das águas que escoam por áreas urbanizadas viabilizando, dessa forma, o seu reúso.

Pretende-se, assim, contribuir para o desenvolvimento de políticas públicas de águas urbanas visando ao aumento da disponibilidade da água junto aos centros de consumo para usos que requerem um padrão de qualidade mais exigente, para fins potáveis e outros usos.

## O MANEJO DAS ÁGUAS PLUVIAIS URBANAS NO BRASIL

Contrariando a tendência mundial da tecnologia de manejo de águas pluviais, que privilegia a valorização das águas no meio urbano buscando melhorar a sua qualidade e promover a resiliência das cidades às inundações, no Brasil ainda prevalece o conceito do controle das inundações por meio de grandes estruturas, reservatórios de amortecimento e canais, sem qualquer preocupação com a qualidade das águas.

Em 2018 foi publicado, pelo Serviço Nacional de Informações sobre Saneamento (Snis) do então Ministério das Cidades, o primeiro Diagnóstico Nacional de Drenagem e Manejo das Águas Pluviais Urbanas (Brasil, 2018), com dados coletados no ano 2015 em 2.541 municípios (46% dos municípios brasileiros). Um dos indicadores apresentados nesse diagnóstico mostra que 47% dos municípios afirmaram não operar sistemas separadores de águas pluviais – esgotos sanitários.

**Tipos de sistemas urbanos de drenagem, manejo de águas pluviais e esgotos sanitários**

- **Sistema separador:** águas pluviais e esgotos sanitários são coletados, conduzidos, armazenados e tratados em infraestruturas totalmente independentes.
- **Sistema unitário:** utiliza a mesma infraestrutura para coleta, condução, armazenamento e tratamento das águas pluviais e dos esgotos sanitários.
- **Sistema misto:** quando parte do sistema é separador e parte é unitário.

Nos sistemas separadores não há mistura das águas pluviais com esgotos sanitários. Nos sistemas unitários essa mistura é completa e nos sistemas mistos a mistura é parcial.

Nos diagnósticos seguintes, referentes aos anos de 2017[1] (Brasil, 2019c) com a participação de 3.733 municípios, e 2018 (Brasil, 2019b), com 3.603 municípios participantes, esse índice foi de 48 e 46%, respectivamente.

Destaque-se que o formulário do Snis acessado pelos municípios apresenta as seguintes opções quanto ao tipo de sistema de drenagem: exclusivo para drenagem (separador absoluto), unitário, inexistência de sistema de drenagem ou outros. No diagnóstico de 2018, 25% dos municípios declararam possuir sistemas unitários, 18% informaram não possuir sistema de drenagem e 3% afirmaram possuir outro tipo de sistema. Além disso, apenas 3,6% dos municípios afirmaram possuir algum tipo de tratamento de águas pluviais.

O fato é que quase metade dos municípios admitem que não operam sistemas separadores, o que indica que, ao menos nesses municípios, as águas pluviais e os esgotos sanitários são misturados e transitam em direção ao corpo hídrico receptor pelos mesmos caminhos. É uma situação que exigiria uma gestão específica, que considere essa realidade, o que, em geral, não acontece.

Segundo a Lei n. 11.445 de 2007 (Brasil, 2007)[2], os serviços de Drenagem e Manejo de Águas Pluviais Urbanas são responsáveis pelo "transporte, detenção ou retenção, tratamento e disposição final das águas pluviais". Na época da promulgação da Lei, portanto, já havia preocupação com a necessidade de melhorar a qualidade das águas pluviais despejadas nos corpos hídricos urbanos, mas, conforme mostrado acima, apenas 3,6% dos municípios declararam ao SNIS que possuem algum tipo de tratamento de águas pluviais.

Por outro lado, também de acordo com os dados levantados pelo Snis (Brasil, 2019a), apenas 46,3% dos esgotos gerados são tratados antes de serem devolvidos ao meio ambiente.

Esse quadro, na realidade, é mais crítico ainda se for considerado que:

- A eficiência das estações de tratamento de esgotos no Brasil é baixa. Levantamento realizado em 166 estações de tratamento de esgotos em operação nos estados de São Paulo e Minas Gerais (Oliveira e von Sperling, 2005) mostrou que, em geral, o desempenho das estações de tratamento está aquém da expectativa, com eficiência de remoção de poluição menor que a indicada na literatura. A mesma conclusão pode ser inferida do *Atlas Esgoto* elaborado pela Agência Nacional de Águas (ANA, 2017).

---

[1]   O Snis não coletou dados sobre drenagem e manejo de águas pluviais em 2016.
[2]   Quando da redação deste capítulo um novo marco regulatório para os serviços de saneamento estava em tramitação no Congresso Nacional. A versão em votação mantinha o artigo que inclui o tratamento das águas pluviais como parte dos serviços de drenagem.

- Municípios que informaram ao Snis que seus sistemas de drenagem são separadores na verdade operam sistemas mistos nos quais parte é separador e parte é unitário. Tome-se como exemplo São Paulo e Rio de Janeiro, as duas maiores cidades do país, que declararam operar sistemas exclusivos para drenagem. Segundo informações fornecidas ao Snis pelas respectivas concessionárias (Companhia de Saneamento Básico do Estado de São Paulo – Sabesp – e Companhia Estadual de Águas e Esgotos do Rio de Janeiro – Cedae), 35% dos esgotos de São Paulo e 60% dos esgotos da cidade do Rio de Janeiro não são tratados (Brasil, 2019a). Só nessas duas cidades, portanto, são lançados nos corpos hídricos os esgotos gerados por mais de 8,2 milhões de pessoas sem qualquer tratamento. A maior parte conduzida aos corpos receptores pelo sistema de drenagem, como demonstram pesquisas recentes[3].
- A maior parte dos esgotos não encaminhados às estações de tratamento é lançada *in natura* no sistema de drenagem (galerias de águas pluviais, córregos, lagos e rios).
- Em virtude das ligações cruzadas entre os sistemas coletores de esgotos e de águas pluviais, em tempos de chuvas o aporte de águas pluviais para as estações de tratamento de esgotos aumenta consideravelmente. Como essas estações não são projetadas para tratar esgotos diluídos, nessa situação elas operam com eficiências muito aquém da esperada. Operadores de ETEs relatam que são obrigados a realizar o desvio da vazão nos dias de chuvas, lançando no corpo receptor parte dos efluentes sem tratamento.

Os sistemas de drenagem urbana no Brasil, portanto, além de veicular a poluição difusa carreada pelas águas pluviais, transportam para os corpos hídricos parte considerável dos esgotos produzidos nas cidades, contribuindo de forma veemente para a degradação dos corpos hídricos. A Figura 1 mostra o aspecto do Rio Tietê a jusante da Região Metropolitana de São Paulo e a Figura 2, o estado da água do Rio Pinheiros logo após uma chuva.

## GESTÃO INTEGRADA DAS ÁGUAS URBANAS

A gestão integrada das águas urbanas tem como princípio a atuação planejada no ciclo hídrico/hidrológico urbano visando a proteção do meio ambiente e o aumento da disponibilidade de água para abastecimento potável e não potável,

---

[3] Ver, por exemplo, resultados dos monitoramentos de qualidade da água nas bacias do Córrego Jaguaré (Águas Claras do Rio Pinheiros/FCTH, 2017) e do Rio Pinheiros (FCTH/Emae, 2010), ambas na cidade de São Paulo.

**Figura 1**   Aspecto do Rio Tietê em Pirapora do Bom Jesus, a jusante da Barragem de Pirapora.
Fonte: foto do autor (2015).

**Figura 2**   Aspecto do Rio Pinheiros em São Paulo, logo após uma chuva.
Fonte: foto do autor (2009).

favorecendo seu reúso e, consequentemente, reduzindo a necessidade de novos mananciais.

Um exemplo é o Serviço Hídrico Integrado adotado em várias regiões da Europa e que tem como um dos principais indicadores de eficiência a qualidade da água dos corpos hídricos e a sua preservação ambiental. Nessa modalidade de prestação de serviços, a gestão do saneamento é planejada, monitorada e fiscalizada por uma única entidade. É possível haver mais de um operador, mas os serviços são sempre realizados de forma integrada, conforme mostra o fluxograma da Figura 3.

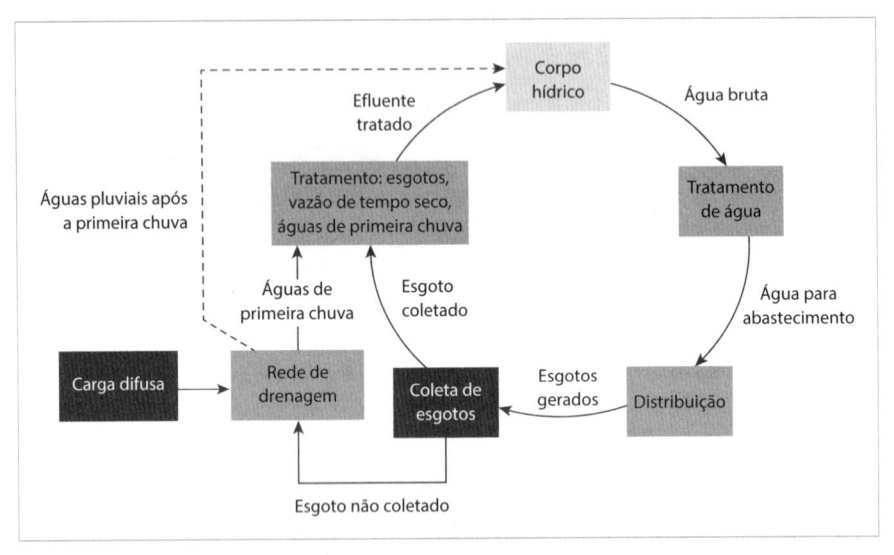

**Figura 3** Serviço Hídrico Integrado.

O Serviço Hídrico Integrado contempla todo o ciclo urbano da água: captação de água bruta para abastecimento, potabilização da água para consumo humano, tratamento da água para usos menos exigentes, distribuição da água, para consumo, coleta de esgotos, drenagem e manejo das águas pluviais, tratamento de esgotos, tratamento das águas de primeira chuva e disposição das águas tratadas nos corpos hídricos receptores.

Para atender às rígidas diretrizes ambientais da Comunidade Europeia, a poluição difusa, carreada pelas águas pluviais através do sistema de drenagem, deve necessariamente ser abatida em estações de tratamento, antes do lançamento nos corpos de água, seja em sistemas separadores, unitários ou mistos. Considera também que, mesmo no caso de sistemas separadores eficientes, existem perdas na rede de esgotos e que, parte dessas perdas, acaba na rede de drenagem.

É importante ressaltar que a Europa adota o termo "águas residuais urbanas" para todo tipo de água lançada no meio ambiente pelas cidades incluindo: "águas residuais domésticas", "águas residuais industriais" e "águas de escoamento pluvial" (CEE, 1991). Essa abordagem mostra por si só que as águas urbanas devem ser geridas de forma integral, em sua totalidade.

Na Europa, com exceção dos países nórdicos, ainda prevalecem os sistemas unitários, conforme mostrado na Tabela 1. Grandes cidades como Londres, Paris e Milão operam sistemas desse tipo. Isso ocorre porque, quando seus sistemas de esgotos foram construídos não havia ainda o conceito de sistemas separadores,[4] e a remodelação do sistema para separar as águas pluviais das demais águas residuais tem se mostrado técnica e economicamente inviável.

Com o adensamento urbano ocorrido no século passado e o aumento dos riscos sanitários e ambientais, as cidades europeias dotadas de sistemas unitários aperfeiçoaram a gestão desses sistemas com o objetivo de reduzir a extravasão de águas contaminadas para os corpos hídricos. Dentre as soluções encontradas, a mais eficaz e mais utilizada é a instalação de reservatórios de primeira chuva associados a dispositivos de partição de vazão.

Na Tabela 1 são apresentados, para alguns países europeus, além da porcentagem de sistemas unitários em relação ao total, as vazões máximas permitidas que podem ser destinadas às estações de tratamento de esgotos e as regulamentações dos volumes específicos de armazenamento de águas de primeira chuva.

Uma das primeiras questões que se coloca no planejamento integrado de sistemas de águas pluviais e de esgotos é sobre qual o sistema ideal: separador, unitário ou misto.

São muitos os exemplos de cidades que obtiveram bons resultados no controle da poluição hídrica cujos sistemas são unitários como as citadas. Em contraposição, cidades brasileiras importantes, como São Paulo e Rio de Janeiro, cujos sistemas de esgotos são operados como se fossem separadores, não têm tido sucesso na despoluição dos corpos hídricos que recebem suas águas (Rio Tietê e Baía da Guanabara), apesar dos grandes investimentos que têm feito. Uma das razões é que os sistemas de esgotos e águas pluviais dessas cidades, embora operados como separadores absolutos, são, na realidade, sistemas mistos por possuírem partes separadas e partes unitárias.

Para solucionar o problema da mistura não planejada das águas pluviais com os esgotos, procura-se executar programas de separação das redes, o que tem se

---

[4] Após a epidemia de "peste" de 1485, Leonardo da Vinci projetou um novo sistema de esgotos para a cidade de Milão, do qual alguns trechos foram preservados até hoje. O sistema era unitário, mas, conforme registrou em seus "Codici", ele já sabia da necessidade de proteger a população do contato direto com as águas residuais (Lonardocultura.com, 2019).

**Tabela 1**   Porcentagens estimadas de cidades com sistemas unitários esgotos-águas pluviais em alguns países da Europa – dados levantados entre 2001 e 2006

| País | Sistemas unitários em relação ao total (%) | Vazão máxima destinada à ETE | Volume específico requerido para armazenamento das águas de primeira chuva |
|------|------|------|------|
| Áustria | 75-80 | 2 Qp | 15 a 25 m³/ha$_{imp}$ |
| Bélgica | 70 | 3 a 5 Qm | Precipitação de TR = 1/7 anos |
| Dinamarca | 45-50 | 2 Qp | - |
| Finlândia | 10-15 | 6 a 7 Qm | - |
| França | 70-80 | 3 Qp | Precipitação de TR = 3 a 6 meses |
| Alemanha | 67 | 2 Qp | 10 a 40 m³/ha$_{imp}$ |
| Grécia | 20 | 2 Qm | - |
| Irlanda | 60-80 | 3 Qm | - |
| Itália | 60-70 | 2 Qm | 5 a 100 m³/ha$_{imp}$ |
| Luxemburgo | 80-90 | 2 a 3 Qm | 10 a 40 m³/ha$_{imp}$ |
| Países Baixos | 74 | 3 Qp | 70 m³/ha$_{imp}$ |
| Portugal | 40-50 | 2 Qm | - |
| Espanha | 70 | 2 Qm | - |
| Suécia | 25-40 | 3 a 4 Qm | - |
| Reino Unido | 70 | 3 Qm | 2 a 3h.Qm |

As variações de valores se devem a regulamentações distintas relativas à região do país e ao nível de criticidade do corpo receptor.
Qp = vazão de pico de tempo seco.
Qm = vazão média de tempo seco.
m³/ha$_{imp}$ = metros cúbicos por hectare de área impermeável.
Fonte: de Toffol (2006) e Artina (1997).

mostrado muito oneroso e pouco eficaz, especialmente nas áreas de ocupação informal, em que a urbanização é desordenada e se desenvolveu sem planejamento.

Como consequência, a qualidade das águas lançadas nos corpos hídricos pelos sistemas de águas pluviais das cidades citadas é muito próxima à do esgoto sanitário e, sob certas condições até pior. Em tempo seco, grande parte da vazão veiculada pelos sistemas de drenagem é composta por esgotos não coletados. Em tempo de chuvas, além dos esgotos não coletados, os sistemas de drenagem despejam a poluição difusa proveniente da lavagem da atmosfera, da superfície da bacia e da própria rede de drenagem.

No ano de 2003, professores e especialistas de diversas regiões da Itália reuniram-se em Roma para uma jornada de estudos com o objetivo de avaliar o desempenho dos sistemas separadores e unitários do país, visando sua adequação às normas ambientais europeias (CSDU, 2003), assunto polêmico no meio técnico daquele país. Uma das conclusões do trabalho é que não existe um sistema que seja "melhor" para todas as situações. O sistema unitário, entretanto, se mostrou vantajoso na maior parte dos casos pelo seu menor custo e maior facilidade de gestão. Segundo o trabalho realizado por Paoletti e Papiri para a jornada citada (Paoletti e Papiri, 2003):

> O sistema unitário, se dotado de extravasor de cheias e reservatório de primeira chuva corretamente projetados, produz um impacto ambiental sobre os corpos hídricos receptores análogo àquele produzido por um sistema separador bem projetado, isto é: quando a rede de águas pluviais é munida de extravasor e reservatório de primeira chuva, com destinação dessas águas para tratamento. O sistema unitário é normalmente muito mais econômico que o sistema separador em termos de custo de investimento e, mais ainda, em termos de custos de operação.

Mesmo que um dos tipos de sistema se mostre aparentemente vantajoso, a escolha por um ou outro deve partir de análise técnica, econômica e ambiental, considerando-se a situação real do local a ser atendido: tipo e localização dos corpos receptores, nível de tratamento necessário (função da Classe de enquadramento e padrões de emissão), possibilidade de aproveitamento da rede existente; padrão de urbanização, traçado do sistema viário, relevo, interferências, entre outros fatores.

A adoção do sistema separador é claramente indicada para áreas de expansão urbana nas quais a urbanização pode ser planejada em conjunto com a infraestrutura de saneamento. Nos demais casos devem ser avaliadas as configurações esquematizadas na Figura 4 e descritas na sequência.

**A:** Sistema separador absoluto convencional no qual as águas pluviais são coletadas e lançadas diretamente no curso de água. Os esgotos são coletados, transportados em uma rede separada e encaminhados para uma estação de tratamento.

**B:** Sistema separador convencional com sistema de partição de águas pluviais. Nesse tipo de configuração a vazão de base e uma parcela das águas de chuva que escoa pelas galerias de águas pluviais são também encaminhadas para o tratamento. É utilizado, por exemplo, quando na rede de águas pluviais há presença de esgotos.

**C:** Sistema separador convencional com sistema de partição e reservatório de águas pluviais. É um sistema similar ao da configuração B, com a diferença de que uma parcela das águas pluviais é armazenada temporariamente para posterior lançamento na ETE. Com esse sistema pode-se tratar, antes do lançamento no corpo de água, um volume maior de águas pluviais sem a necessidade de aumentar muito a capacidade da estação de tratamento. Essa configuração permite que tanto a vazão de base como as águas poluídas de primeira chuva sejam tratadas antes do lançamento nos corpos hídricos receptores.

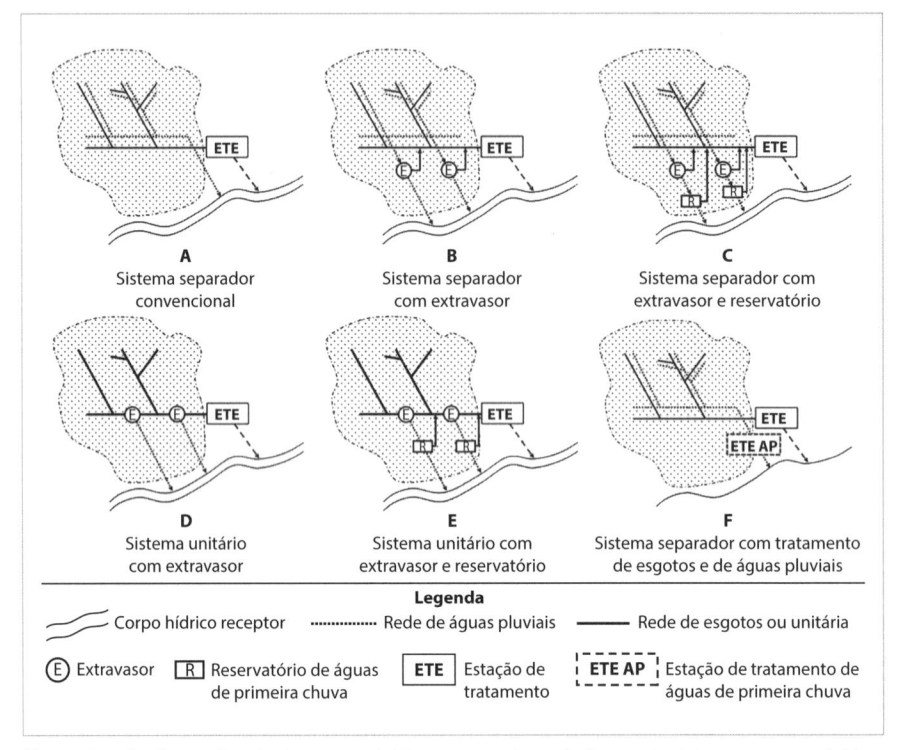

**Figura 4** Configurações de sistemas unitários e separadores de águas pluviais e esgotos sanitários.

**D**: Sistema unitário no qual esgotos e águas pluviais são coletados e transportados pelos mesmos condutos. Extravasores posicionados em pontos estratégicos permitem o alívio da rede coletora em ocasiões de chuvas intensas. O dimensionamento desses dispositivos deve ser tal que a extravasão somente ocorra quando houver uma diluição dos efluentes compatível com a capacidade de depuração do corpo hídrico.

**E**: Rede coletora unitária com reservatórios de acumulação das águas de primeira chuva, cujo funcionamento segue o mesmo princípio da configuração C.

**F**: Sistema separador com estações independentes de tratamento de águas pluviais e de esgotos. Utilizado para a redução da poluição hídrica produzida pelos esgotos e pelas águas pluviais em sistemas separadores.

A separação completa e efetiva dos esgotos das águas pluviais nas redes existentes, planejadas como separadoras, mas que operam como mistas, envolve custos demasiadamente altos, além de dificuldades técnicas e institucionais de difícil solução. A decisão de separar os trechos de redes unitárias deveria então ser tomada somente em caso de vantagens decisivas ou diante de situações em que essa solução seja imprescindível, o que é raro acontecer.

Do ponto de vista da prestação de serviços de saneamento, a prática tem comprovado que a operação integrada de sistemas de esgotos e sistemas de águas pluviais é mais eficiente e econômica. Quando a operação é realizada por entidades diferentes, a soma dos custos operacionais do sistema de drenagem com os custos operacionais dos sistemas de esgotos é muito maior se comparado com os custos de uma operação integrada.

## REÚSO PLANEJADO DAS ÁGUAS URBANAS

Como visto, a redução da poluição das águas urbanas residuais pode contribuir efetivamente para o aumento da disponibilidade hídrica nas cidades. A recuperação da qualidade das águas urbanas equivale trazer para próximo do centro consumidor um novo manancial, evitando a exploração de fontes de abastecimento cada vez mais distantes.

Grandes cidades brasileiras já fazem o reúso indireto das águas residuais urbanas, mas de forma não planejada.[5] As áreas de contribuição de mananciais originalmente preservados passaram a ser ocupadas pela mancha urbana e hoje sofrem os impactos da poluição, trazendo riscos para o abastecimento e elevando os custos do tratamento da água.

Para efeito de planejamento, pode-se considerar as diversas modalidades de reúso relacionadas na Tabela 2 e os níveis de tratamento ilustrados na Figura 5.

**Tabela 2**  Modalidades de reúso

| Modalidade típica de reúso | | Aplicações típicas |
|---|---|---|
| Não potável | Agrícola | Irrigação de culturas forrageiras, hortaliças, vinhedos, reflorestamento etc. |
| | Urbano | Irrigação de áreas verdes, sistemas de ar-condicionado, alimentação de bacias sanitárias, desobstrução de redes de esgotos e drenagem, combate à incêndio, construção civil, lavagem de veículos etc. |
| | Industrial | Torres de resfriamento, caldeiras, construção civil etc. |
| | Restauração ambiental e recreacional | Aquicultura, lagoas, manutenção de vazão de cursos de água, paisagismo etc. |

*(continua)*

---

[5]  Uma exceção importante é o sistema Paranoá em Brasília, DF, onde foi implantado um projeto de reúso indireto planejado, que recuperou um manancial existente dentro da cidade, aliviando outros mananciais que se encontram sobreutilizados.

**Tabela 2** Modalidades de reúso (*continuação*)

| Modalidade típica de reúso | | Aplicações típicas |
|---|---|---|
| Não potável | Recarga de aquífero | Controle de intrusão de cunhas salinas, controle de subsidência, abastecimento de água etc. |
| Potável | Indireto | Suplementação de mananciais de água potável superficiais e subterrâneos |
| | Direto | Abastecimento direto da adução de água bruta ou da rede de água tratada |

Fonte: adaptada de Metcalf e Eddy/Aecom (2007) e Interáguas/M Cidades (2006).

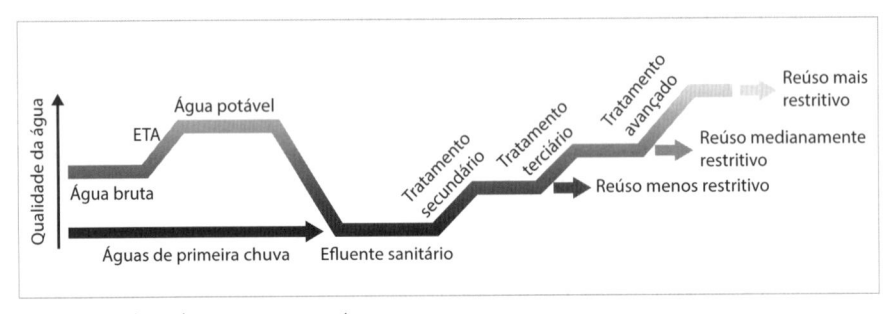

**Figura 5** Níveis de tratamento e reúso.
Fonte: adaptada de Interáguas/M Cidades (2006).

O reúso planejado das águas urbanas envolve as seguintes ações fundamentais:

A. Tratar as águas residuais urbanas que incluem esgotos e águas de primeira chuva.

B. Interceptar os esgotos não coletados e direcionar para tratamento.

C. Avaliar a modalidade de reúso mais adequada: indireto ou direto.

   O reúso indireto tem melhor aceitação pela população por passar uma sensação de maior segurança. Além disso apresenta a vantagem de contribuir para aumentar o volume de água dos corpos hídricos urbanos cooperando para a preservação de ecossistemas e proteção do meio ambiente.

   O reúso direto pode ser mais econômico quando o custo do sistema de adução for preponderante.

D. Identificar as demandas de água de reúso: abastecimento público, indústrias e agropecuária.

E. Definir os níveis de tratamento com base na caracterização da qualidade das águas residuais, considerando todas suas variações temporais, e com base nos padrões exigidos pelos dispositivos regulatórios legais.

F. Prever um sistema de monitoramento e alerta em todas as fases do sistema, incluindo a água bruta e as diversas etapas dos processos de purificação da água.

Avaliar custos, benefícios e impactos ambientais (positivos e negativos), confrontando diferentes alternativas, inclusive com a opção de exploração de novos mananciais.

O esquema da Figura 6 apresenta a configuração de um sistema hipotético de reúso planejado de águas urbanas, considerando diversas possibilidades: reúso não potável agrícola, reúso não potável industrial, reúso não potável urbano (lavagem de ruas, irrigação de áreas verdes etc.) e reúso potável. O esquema destaca também as formas e reúso direto e indireto e a participação do sistema de drenagem no processo.

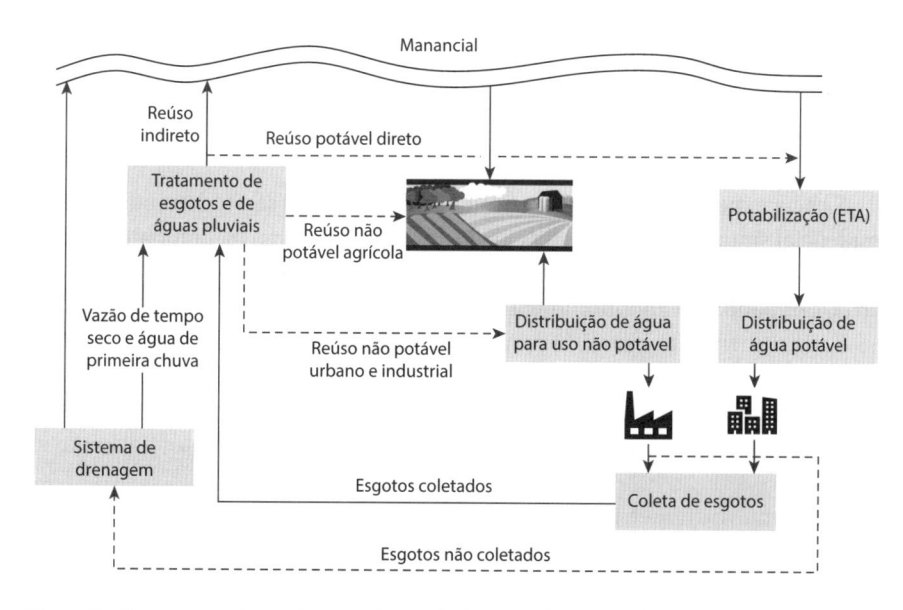

**Figura 6**   Fluxograma de um sistema planejado de reúso de águas urbanas.

## QUALIDADE DAS ÁGUAS RESIDUAIS URBANAS EM TEMPO DE CHUVA

Conforme explicado neste capítulo, a redução da poluição hídrica gerada nas áreas urbanas depende do tratamento adequado não só dos esgotos, mas também das águas pluviais.

Ao atingir o solo, a água da chuva já vem carregada das impurezas presentes na atmosfera. No seu percurso pelas superfícies urbanas (telhados, passeios, pátios, ruas) são agregadas novas impurezas, adicionadas à água pela lavagem das superfícies por onde escoa, tais como: poeira, óleo, restos de combustíveis, excrementos de animais, metais, restos de vegetação e lixo.

Para caracterizar a qualidade das águas pluviais em bacias urbanas existem inúmeras pesquisas disponíveis na bibliografia especializada que podem servir como ponto de partida para o planejamento dos sistemas de redução da poluição hídrica urbana.

Entretanto, quando for realizado um projeto específico para uma determinada localidade, é imprescindível que o dimensionamento das obras seja precedido de uma campanha de monitoramento, abrangendo períodos de tempo seco e de chuvas, com coleta de amostras nos pontos de lançamento.

A seguir são apresentados os resultados de duas pesquisas de caracterização da qualidade das águas pluviais urbanas: uma na Europa e uma no Brasil, na cidade de São Paulo.

## Bacia urbana experimental em Pavia, Itália

A bacia experimental "Cascina Scala" abrange uma área predominantemente residencial situada na periferia da cidade de Pavia, na região da Lombardia, norte da Itália. Durante quatro anos foram realizadas, pela Università degli Studi di Pavia, campanhas de monitoramento de qualidade da água (Papiri e Barco, 2003). A instrumentação instalada para a realização dessa pesquisa foi a seguinte:

- Amostrador automático refrigerado para coleta de amostras em intervalos de tempo predeterminados (da ordem de uma a cada 10 minutos) durante as chuvas.
- Sonda multiparamétrica para medição de temperatura e condutividade específica em tempo real.
- Dois pluviógrafos para medição das intensidades das chuvas.
- Modelador de ressalto hidráulico associado a um sensor ultrassônico e gerador de bolhas para medição de nível e vazão.

A bacia possui as seguintes características:

- Declividade média de cerca de 0,15%.
- Área total = 14,37 ha.
- Áreas permeáveis não conectadas com a rede de drenagem: 3,02 ha, equivalente a 21% da área total da bacia.

- Área impermeável (ruas, praças, estacionamentos, telhados) = 7,37 ha equivalente a 65% da área conectada à rede de drenagem.
- Área permeável conectada à rede de drenagem: 3,98 ha equivalente a 35% da área conectada à rede de drenagem.
- Tipo de rede de drenagem: sistema misto (parte unitário, parte separador).

Durante a pesquisa, foram monitorados 21 eventos de chuvas dos quais foram selecionados três eventos típicos, cujos resultados são apresentados em detalhes no trabalho em referência.

A Tabela 3 apresenta os resultados do monitoramento desses três eventos, durante os quais foram analisadas 65 amostras para cada indicador de qualidade. Na Figura 7 apresenta-se um hidrograma/polutograma típico de um dos eventos monitorados.

**Tabela 3**  Resultados do monitoramento de qualidade das águas residuais durante eventos de chuvas na bacia experimental de Cascina Scala em Bolonha

| Indicador | Média | Mínimo | Máximo | Desvio-padrão |
|---|---|---|---|---|
| Condutividade específica (mS/cm) | 207 | 74 | 532 | 98 |
| DQO (mg/L) | 541 | 49 | 4.526 | 703 |
| DBO$_5$ (mg/L) | 312 | 23 | 2.120 | 410 |
| Hidrocarbonetos (mg/L) | 3,25 | 0,17 | 12,60 | 3,16 |
| Sólidos suspensos totais (mg/L) | 461 | 20 | 2.360 | 489 |
| Sólidos sedimentáveis (mg/L) | 17 | 0 | 100 | 21 |
| Nitrogênio total (mg/L) | 27,2 | 5,6 | 86,6 | 16,1 |
| Nitrogênio amoniacal (mg/L) | 9,3 | 1,3 | 39,6 | 7,3 |
| Fósforo total (mg/L) | 2,55 | 0,31 | 12,40 | 2,44 |
| Chumbo (mg/L) | 0,46 | 0,02 | 13,10 | 1,93 |
| Zinco (mg/L) | 0,46 | 0,10 | 1,36 | 0,30 |

Fonte: Papiri e Barco (2003).

Os resultados apresentados na Tabela 3 e na Figura 7 mostram que há uma grande variabilidade da qualidade das águas residuárias durante os eventos de chuva.

A concentração dos poluentes está relacionada a diversos fatores como: tempo seco antecedente ao evento, estação do ano, eficiência dos serviços de limpeza da área drenada e das redes de águas residuárias e tempo decorrido desde o início da chuva.

Com relação a esse último item, observa-se que as concentrações aumentam bruscamente logo no início do escoamento, reduzindo-se de forma abrupta no decorrer da chuva. No exemplo da Figura 7, a concentração de sólidos suspensos (SS) chega a quase 1.200 mg/L no início da precipitação que se inicia aos 25 min,

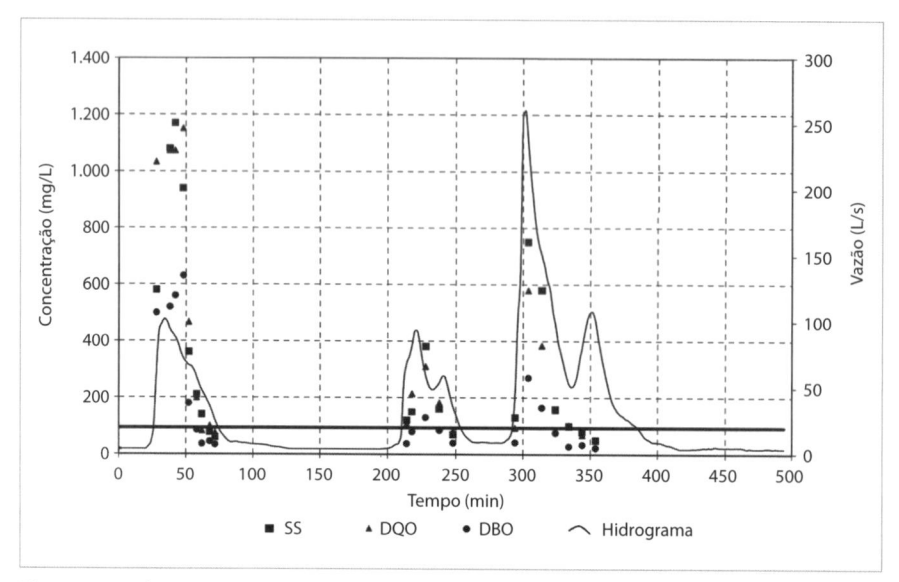

**Figura 7** Hidrograma e polutograma de evento típico na Bacia Experimental de Cascina Scala em Bolonha.

Fonte: adaptada de Papiri e Barco (2003).

reduzindo para cerca de 50 mg/L após cerca de 40 min de chuva. Aos 200 min tem início uma segunda chuva, menos intensa, e a concentração de SS chega próxima aos 400 mg/L, retornando ao valor inicial aos 250 min. Uma terceira chuva começa aos 290 min. Embora seja a mais intensa dessa série, a concentração máxima de SS é menor que a da primeira precipitação, sugerindo que essa redução se deve à lavagem da superfície pelos eventos antecedentes.

Os resultados do monitoramento mostram também que as concentrações das águas residuais no início das chuvas são maiores que as concentrações típicas do esgoto doméstico, cuja $DBO_5$ situa-se na faixa dos 300 mg/L.

Na Tabela 4 alguns dos indicadores são comparados com valores de referência da Resolução Conama n. 357 (Brasil, 2005), do Decreto Estadual n. 8.468 (Estado de São Paulo, 1976) e da Diretiva n. 91/271 do Conselho das Comunidades Europeias (CEE, 1991).

Nota-se, na Tabela 4, que as concentrações médias dos indicadores de poluição, em geral estão acima dos padrões de referência, mostrando que, na bacia experimental com sistema misto, é necessário um sistema de controle de poluição projetado especificamente para essa configuração.

**Tabela 4**   Comparação dos resultados das análises de indicadores de qualidade das águas residuais durante eventos de chuvas na bacia experimental de Cascina Scala em Bolonha com padrões de referência

| Indicador | Média obtida na bacia experimental | Padrões de referência | | | |
|---|---|---|---|---|---|
| | | Corpos hídricos Classe 3 Conama 357 | Padrão de emissão Conama 357 | Padrão de emissão Decreto n. 8.468, SP | Padrão de emissão diretiva europeia |
| $DBO_5$ (mg/L) | 312 | 10 | - | 60 | 25 |
| DQO (mg/L) | 541 | - | - | - | 125 |
| Nitrogênio amoniacal (mg/L) | 9,3 | 1,0 a 13,3 | 20,0 | - | - |
| Nitrogênio total (mg/L) | 27,2 | | | | 15 a 10 |
| Fósforo total (mg/L) | 2,55 | 0,05 a 0,15 | - | - | 1,00 a 2,00 |
| Chumbo (mg/L) | 0,46 | 0,033 | 0,50 | 0,50 | - |
| Zinco (mg/L) | 0,46 | 5,00 | 5,00 | 5,00 | - |
| Sólidos suspensos totais (mg/L) | 461 | - | - | - | 35 |

Fonte: Papiri e Barco (2003), Brasil (2005), Estado de São Paulo (1976), CEE (1991).

## Bacia do Jaguaré, São Paulo

O Córrego Jaguaré é um afluente do rio Pinheiros que contribui com grande parte de sua poluição. Com financiamento do Fundo Estadual de Recursos Hídricos do Estado de São Paulo (Fehidro) e por intermédio da Associação Águas Claras do rio Pinheiros, a Fundação Centro Tecnológico de Hidráulica (FCTH) realizou um amplo trabalho de pesquisa com o objetivo de caracterizar as fontes de poluição da bacia e propor soluções integradas para a melhoria da qualidade da água. O trabalho sugere ações que podem ser replicadas em outras bacias, contribuindo para a melhoria da qualidade dos corpos hídricos urbanos (Águas Claras do Rio Pinheiros/FCTH, 2017).

Para a coleta de amostras de água foram instaladas seis estações de monitoramento em pontos estratégicos da bacia, cada qual dotada de equipamentos similares aos da bacia experimental do exemplo anterior. A bacia possui uma área de 28,2 km² e tem uma ocupação variada, predominantemente residencial, típica da cidade de São Paulo (Figura 8).

Apresenta-se na Tabela 5, na Figura 9 e na Figura 10 alguns dos resultados obtidos na estação de monitoramento P5, instalada em um dos afluentes canalizados do Córrego Jaguaré. Na Tabela 6 são comparadas as concentrações médias de alguns indicadores com padrões de referência do Conama e do Decreto Estadual n. 8.468.

A área de contribuição da estação P5 tem 153 ha, sendo: 7% de área verde, 29% residencial, 59% industrial e 3% de favelas.

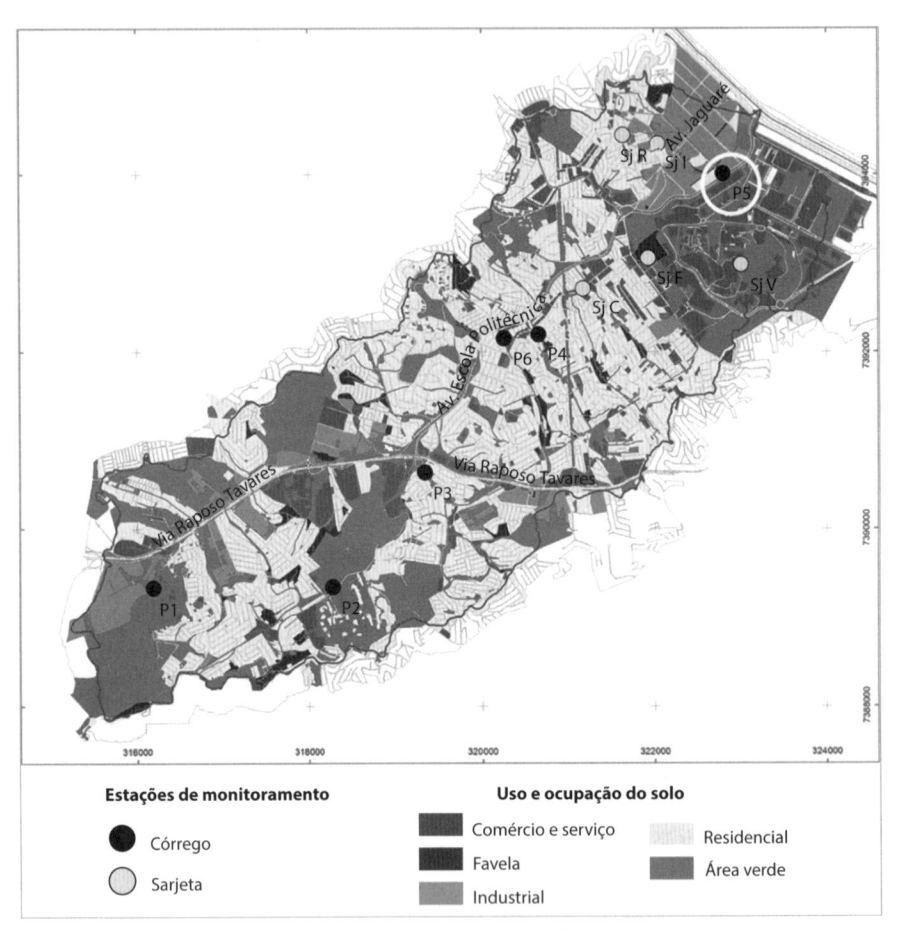

**Figura 8** Bacia do Córrego Jaguaré: uso do solo e estações de monitoramento.
Fonte: Água Claras do Rio Pinheiros/FCTH (2017).

**Tabela 5**    Resultados do monitoramento de qualidade das águas residuais durante eventos de chuvas na bacia do Córrego Jaguaré em São Paulo – Estação P5

| Indicador | Média | Mínimo | Máximo | Desvio-padrão |
|---|---|---|---|---|
| Alcalinidade (mg/L CaCO3) | 42 | 19 | 141 | 27 |
| Carbono orgânico total (mg/L) | 16,3 | 4,3 | 42,0 | 12,5 |
| Condutividade específica (mS/cm) | 127 | 65 | 190 | 37 |
| Cor aparente (uH) | 110 | 17 | 975 | 198 |
| $DBO_5$ (mg/L) | 77 | 1 | 438 | 89 |
| DQO (mg/L) | 168 | 35 | 321 | 80 |
| Fósforo total (mg/L) | 1,23 | 0,11 | 4,90 | 1,31 |
| Nitrogênio NKT (mg/L) | 12,3 | 2,8 | 38,6 | 8,7 |
| N amoniacal (mg/L) | 3,5 | 0,6 | 10,0 | 2,2 |
| Sólidos suspensos totais (mg/L) | 148 | 14 | 778 | 220 |
| Sólidos sedimentáveis (mg/L) | 4 | 0 | 19 | 5 |
| Turbidez (UNT) | 121,9 | 10,6 | 605,0 | 165,1 |
| *E. coli* (UFC/100 mL) | $1,02.10^7$ | $5,20.10^5$ | $5,34.10^7$ | $1,21.10^7$ |

Fonte: Água Claras do Rio Pinheiros/FCTH (2017).

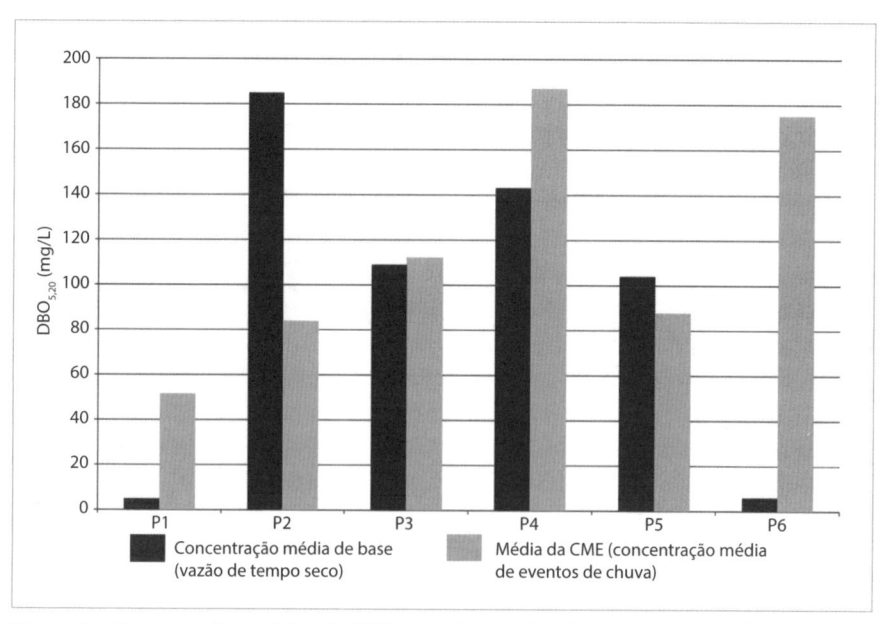

**Figura 9**    Concentrações médias de $DBO_5$ nas seis estações de monitoramento do Córrego Jaguaré em São Paulo.

Fonte: adaptada de Água Claras do Rio Pinheiros/FCTH (2017).

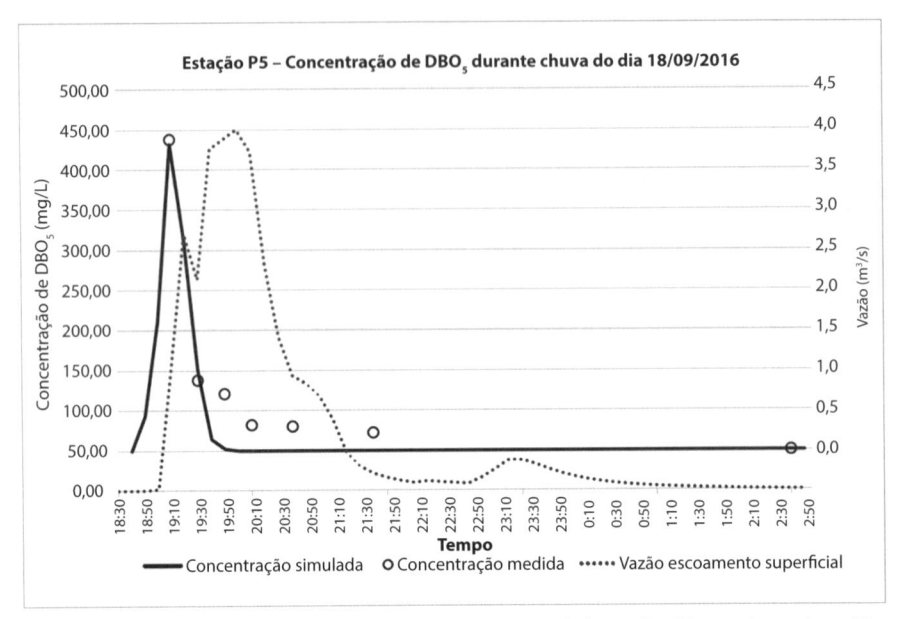

**Figura 10** Polutograma e hidrograma medidos em uma sub-bacia do Córrego Jaguaré em São Paulo.

Fonte: adaptada de Água Claras do Rio Pinheiros/FCTH (2017).

**Tabela 6** Comparação dos resultados das análises de indicadores de qualidade das águas residuais durante eventos de chuvas na bacia do Córrego Jaguaré (Estação P5) em São Paulo com padrões de referência

| Indicador | Média obtida na Estação P5 da Bacia do Jaguaré | Padrões de referência | | |
|---|---|---|---|---|
| | | Corpos hídricos classe 3 Conama n. 357 | Padrão de emissão Conama n. 357 | Padrão de emissão Decreto n. 8.468, SP |
| $DBO_5$ (mg/L) | 77 | 10 | - | 60 |
| N amoniacal (mg/L) | 3,5 | 1,0 a 13,3 | 20,0 | - |
| Fósforo total (mg/L) | 1,23 | 0,05 a 0,15 | - | - |
| Chumbo (mg/L) | 0,46 | 0,033 | 0,50 | 0,50 |
| Zinco (mg/L) | 0,46 | 5,00 | 5,00 | 5,00 |
| Coliformes (UFC/100 mL) | 1,02.107 (*E. coli*) | $4.10^3$ (coli termotol.) | - | - |

Fonte: Águas Claras do Rio Pinheiros/FCTH (2017), Brasil (2005), Estado de São Paulo (1976).

O sistema de drenagem da bacia do Jaguaré é, em tese, separador absoluto, mas, conforme mostra a Figura 9, as concentrações médias de base da $DBO_5$ em algumas estações (como P2, P3, P4 e P5) são maiores que 100 mg/L, indicando a presença de esgotos nas águas pluviais. A presença de efluentes contaminados no sistema de águas pluviais também é atestada pela comparação com os padrões de referência da Tabela 6.

Da mesma forma que na bacia experimental de Bolonha, os resultados obtidos na Bacia do Jaguaré mostram alta variação nos indicadores de qualidade (Tabela 5) e aumento significativo da concentração de poluentes em eventos de chuvas, especialmente no início da precipitação, como ilustra o polutograma da Figura 10. As concentrações médias dos eventos monitorados (CMEs) do gráfico da Figura 9 mostram considerável aumento das concentrações da $DBO_5$ durante as chuvas na maioria das estações, indicando que os impactos da poluição difusa na qualidade das águas do Córrego Jaguaré é relevante.

Em vista dessas constatações, conclui-se que um programa de despoluição eficaz deve necessariamente propor ações integradas nos sistemas de águas pluviais e esgotos sanitários com o objetivo de conduzir as águas contaminadas para tratamento e as águas de melhor qualidade para os corpos receptores.

## O CONTROLE DA POLUIÇÃO DAS ÁGUAS PLUVIAIS

O exame dos casos apresentados neste capítulo, e de outros casos similares,[6] mostra claramente que na primeira parte dos eventos de chuvas as concentrações de poluentes aumentam significativamente e, em seguida diminuem como resultado da diluição dos esgotos e da carga difusa nas águas pluviais. O aumento das cargas de poluentes tem origem na lavagem da superfície da bacia e no efeito da ressuspensão do material sedimentado em tempo seco no sistema de drenagem.

Mostra também que, mesmo em uma bacia de urbanização consolidada, onde o sistema é teoricamente separador, as concentrações de base são altas, indicando a presença expressiva de esgotos no sistema de águas pluviais.

O controle da poluição dos corpos hídricos urbanos, e o consequente incremento da disponibilidade de água para reúso, só será efetivo se vazões de tempo seco (constituídas principalmente pelos esgotos não coletados transportados pelo sistema de drenagem) e águas de primeira chuva (parcela das águas pluviais com maior concentração de poluentes) passarem por tratamento antes de retornarem aos corpos de água.

A moderna engenharia de águas pluviais tem desenvolvido diversas técnicas de controle do escoamento urbano com o objetivo de atuar simultaneamente nas

---

6   Ver, por exemplo, o amplo monitoramento realizado no rio Pinheiros por ocasião dos testes do sistema de flotação (FCTH/Emae, 2010).

vazões de pico, reduzindo os riscos de inundação, e na melhoria da qualidade das águas. Essas técnicas são classificadas em dois tipos básicos:

A. Controle de escoamento na fonte.

Dispositivos instalados nas fontes de escoamento superficial (telhados, pátios, vias pavimentadas) que promovem o amortecimento das vazões de pico e a redução da poluição difusa pelo efeito da detenção temporária (retardamento do escoamento) e infiltração no solo.

Enquadram-se nessa modalidade os reservatórios de águas pluviais com separação das águas de primeira chuva, as valas de infiltração, poços de infiltração, pavimentos permeáveis, jardins de chuva (como o da Figura 11), entre outros.[7]

São dispositivos que, para produzirem efeito significativo, devem ser disseminados por toda a bacia. São geralmente construídos em áreas públicas não edificadas (ruas, praças, parques), em áreas de renovação urbana e em novos empreendimentos, geralmente quando exigidos pelo código de obras e previstos na legislação de uso do solo.

B. Separação das vazões de tempo seco e das águas de primeira chuva por meio de estruturas de partição de vazão e reservatórios de água de primeira chuva.

Mais adequados para áreas urbanas consolidadas, onde a implantação de dispositivos dispersos ao longo das bacias é de difícil viabilização, o que ocorre na maioria dos casos das grandes cidades brasileiras.

Os reservatórios de água de primeira chuva podem ser implantados em pontos estratégicos da rede de drenagem e/ou na entrada das estações de tratamento como no exemplo da Figura 12.

Existem no Brasil muitos trabalhos que tratam do controle das águas pluviais na fonte, mas são poucos os que detalham os sistemas de controle das águas de primeira chuva. Por esse motivo são apresentados a seguir alguns conceitos básicos sobre essa última técnica, cujos princípios são mostrados nos esquemas da Figura 13, da Figura 14 e da Figura 15.

Nas figuras apresentadas, o dimensionamento do sistema é feito com base nas vazões e nas cargas de poluentes lançados no corpo receptor em função da sua capacidade de suporte, da frequência dos lançamentos, que são temporários (acontecem quando o volume das águas pluviais supera o volume do reservatório de primeira chuva), e da diluição das águas residuais no reservatório.

---

[7] Ver, por exemplo, Manual de Drenagem e Manejo de Águas Pluviais Urbanas do Distrito Federal, disponível para *download* em: http://www.adasa.df.gov.br/drenagem-urbana/manual-drenagem.

**Figura 11**   Jardim de chuva na Praça das Araucárias, bairro de Pinheiros, São Paulo.
Fonte: acervo do autor.

**Figura 12**   Reservatório de águas de primeira chuva, com sistema automático de lavagem, na entrada da ETE de Mancasale, Reggio Emília, Itália, operada pela Iren Emilia S.p.A.
Fonte: acervo do autor.

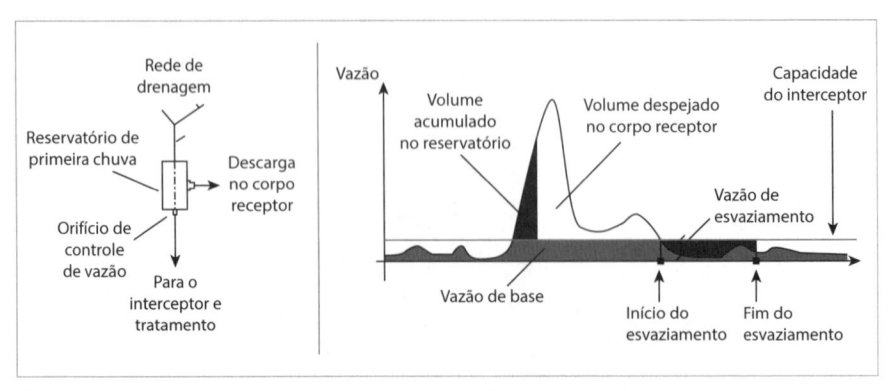

**Figura 13** Esquema de funcionamento do reservatório de primeira chuva.
Fonte: Bornatici, Ciaponi e Papiri (2004).

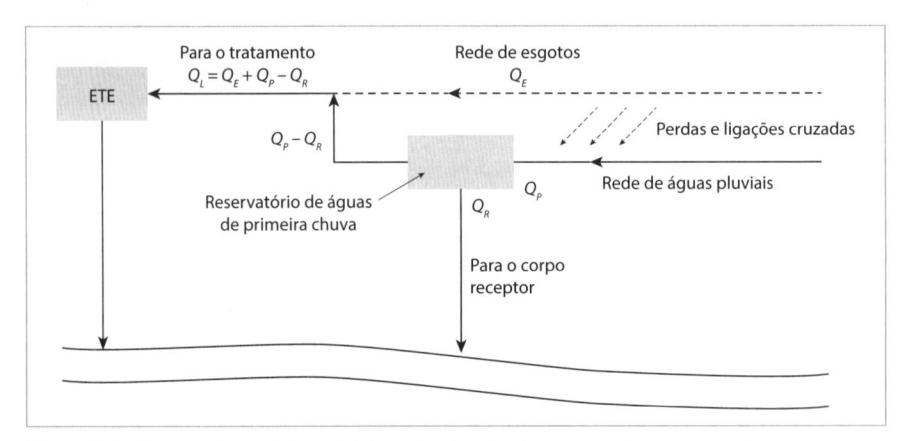

**Figura 14** Sistema de partição das águas de primeira chuva em sistemas separadores.
Fonte: adaptada de Artina (1997).

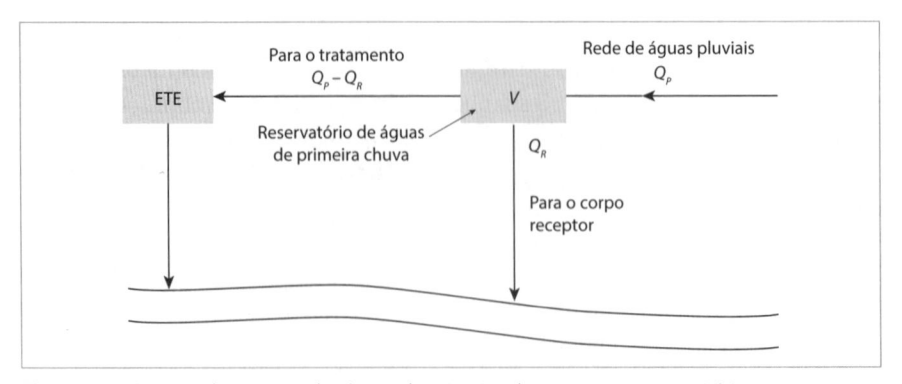

**Figura 15** Sistema de partição das águas de primeira chuva em sistemas unitários.
Fonte: adaptada de Artina (1997).

Os estudos realizados pela Universidade de Bologna, mencionados anteriormente no item que trata da bacia experimental de Paiva (Papiri e Barco, 2003), avaliaram a eficácia de reservatórios de primeira chuva mediante simulações em modelo computacional SWMM.[8] Em cada simulação foram calculados o volume de água e a massa de poluentes vertidos no corpo receptor para um determinado volume de reservação de primeira chuva e foi construído o respectivo polutograma. A primeira simulação considerou o sistema existente como exclusivo para águas pluviais.

Na segunda simulação foi considerado o sistema misto com a variação real da vazão de tempo seco ao longo do dia, sem considerar o fenômeno de sedimentação e ressuspensão na rede, a fim de avaliar apenas a influência da mistura das águas pluviais com os esgotos sanitários.

Na terceira simulação foi considerado o sistema misto, como na segunda, e o efeito da ressuspensão dos sedimentos acumulados na rede pela ação das águas pluviais. É a situação mais próxima do real e bastante frequente em bacias urbanas de baixa declividade.

Em todas as simulações foi considerada a ação de um dispositivo de partição de vazão que conduz para o reservatório de primeira chuva a vazão que excede a capacidade do emissário que encaminha as vazões de tempo seco para a ETE, como mostrado no esquema da Figura 15. Com essa configuração obtêm-se uma considerável redução da carga poluidora despejada no corpo receptor. Os resultados das simulações são resumidos no gráfico da Figura 16.

Os resultados apresentados na Figura 16 mostram que, sem o reservatório de águas de primeira chuva, a massa anual de poluentes despejada no corpo receptor por um sistema separador é cerca de 20% maior que a lançada por um sistema misto com as características do sistema da bacia experimental estudada. Mostram também que essa diferença se reduz conforme o volume do reservatório aumenta. Para volumes acima de 30 $m^3/ha_{imp}$, essa diferença praticamente desaparece.

Considerando um sistema de águas residuais dotado de um dispositivo de partição de vazão que conduz para tratamento uma vazão de 3 a 5 vezes a vazão média de esgotos sanitários, associado a um reservatório de primeira chuva com volume de 50 $m^3/ha_{imp}$, o desempenho do sistema misto (ou unitário) é comparável ao desempenho de um sistema separador quanto à sua capacidade de proteger a qualidade da água do corpo hídrico receptor.

---

[8]    *Storm Water Management Model* desenvolvido pela United States Environmental Protection Agency (EPA) para simulação da qualidade e da quantidade do escoamento pluvial em sistemas de drenagem urbana.

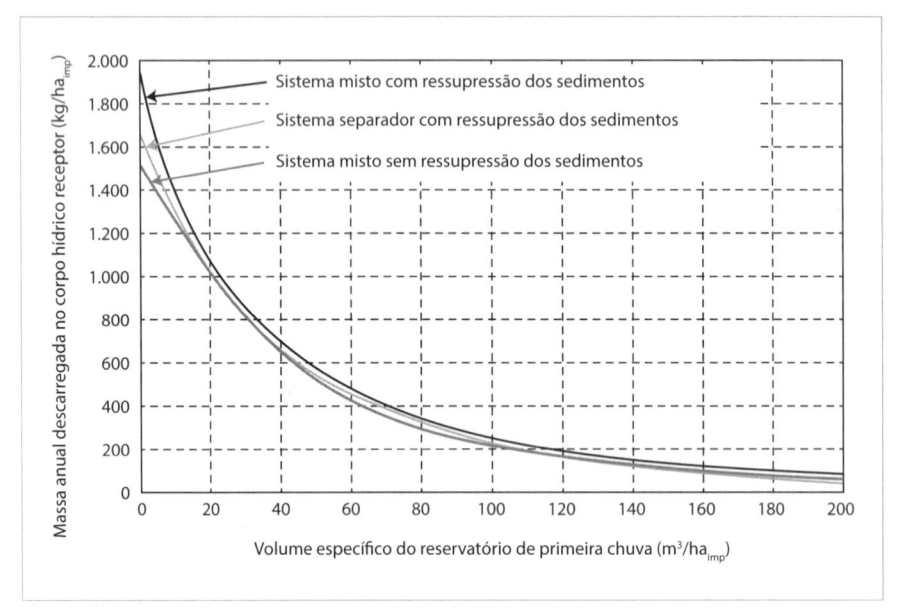

**Figura 16** Simulações em modelo computacional da massa.
Fonte: adaptada de Papiri e Barco (2003).

Um sistema separador no qual toda a água pluvial é lançada diretamente no corpo receptor sem tratamento, portanto, é mais poluidor que um sistema misto criteriosamente projetado.

Simulações realizadas na mesma bacia experimental de Bolonha estimaram a massa de $DBO_5$ lançada no corpo receptor durante um ano, para diferentes volumes de reservatório de primeira chuva. Os resultados são mostrados no gráfico da Figura 17.

Os resultados mostram que com a capacidade de 25 $m^3/ha_{imp}$ é possível diminuir o volume vertido e reduzir a cerca de um terço a massa poluidora lançada no receptor.

Uma aplicação prática dos conceitos acima pode ser vista na cidade de Milão. A Estação de Tratamento de San Rocco trata as águas residuais provenientes de um sistema unitário que atende a uma bacia com 1.050.000 habitantes e que produz uma vazão média de tempo seco de 4 $m^3/s$ no tempo seco, e uma vazão controlada de águas de primeira chuva de 12 $m^3/s$. Mesmo operando em um sistema unitário, a qualidade do efluente tratado permite sua utilização para a irrigação nas estações secas e para a recarga do aquífero subterrâneo, quando há excesso de água. O resultado é que as áreas situadas no entorno da estação são aproveitadas por plantações beneficiadas pelo sistema de reúso indireto, conforme mostra a imagem aérea da Figura 18.

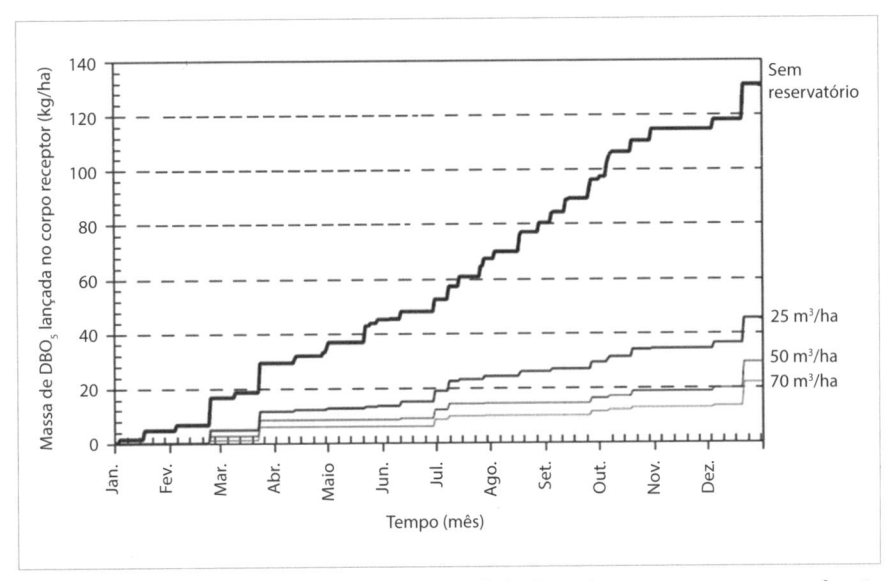

**Figura 17**  Simulações das massas de DBO$_5$ acumuladas lançadas no corpo receptor em função do volume específico do reservatório de primeira chuva durante um ano hidrológico típico na região de Bolonha, Itália.

Fonte: adaptada de Artina e Maglionico (2001).

**Figura 18**  Imagem aérea da Estação de Tratamento de águas residuárias do sistema unitário de Milão, Itália, e propriedades agrícolas do entorno que utilizam água de reúso produzida na estação.

Fonte: Google Earth. Acessado em: 20 jan. 2020.

## CONSIDERAÇÕES FINAIS

Ao longo dos anos de pesquisa sobre esse assunto, este autor tem observado uma certa resistência à gestão integrada das águas urbanas e à adoção, ou melhor, à consolidação de sistemas unitários e mistos no Brasil.

No entanto, os exemplos apresentados neste capítulo, e outros descritos nas referências listadas, mostram que o planejamento integrado dos sistemas de águas pluviais e esgotos sanitários, com o manejo tecnicamente adequado das águas residuais urbanas, sejam em sistemas unitários ou separadores, é uma política fundamental para o aumento da disponibilidade hídrica dos centros urbanos, na medida em que contribui para viabilizar o reúso da água.

Nesse sentido, é importante reconhecer a situação real das cidades brasileiras, onde raramente existem sistemas separadores de fato. A simples observação do estado crítico em que se encontram os rios urbanos do país, atestada pelos dados do Snis, já mostra que os serviços de esgotos e águas pluviais têm muito o que melhorar. Para se planejar um sistema de controle de poluição eficiente, como os dos exemplos citados neste trabalho, é preciso primeiro distinguir a "cidade ideal" da "cidade real". Sistemas separadores são, sem dúvida, a melhor solução para a "cidade ideal", onde a urbanização é planejada e favorável à implantação de redes de drenagem e de esgotos independentes, e onde é viável o controle da poluição difusa na fonte.

Nas cidades reais brasileiras, com vastas áreas urbanizadas sem planejamento, com poucos espaços livres, onde os cursos de água são espremidos pelas construções, o sistema é pseudoseparador, isto é: é projetado e construído como se fosse possível separar completamente esgotos das águas pluviais, mas na realidade funciona como um típico sistema misto. Na tentativa de despoluir os rios urbanos dessas cidades são empregados muitos recursos, porém, com resultados pouco perceptíveis.

A transformação dos sistemas pseudosseparadores em sistemas mistos planejados, dotados de dispositivos de partição de vazão e reservatórios de águas de primeira chuva, é uma solução a ser considerada, pelo menos como primeira etapa de um programa de despoluição hídrica. Os benefícios seriam o rápido aumento da disponibilidade hídrica e a recuperação ambiental acelerada de rios, lagos e demais corpos d'água.

Sistemas assim concebidos poderão, a longo prazo, ser transformados em sistemas separadores, com a separação paulatina das águas pluviais das demais águas residuais urbanas e com o tratamento tanto dos esgotos como das águas pluviais.

O importante é que a comunidade técnica e os gestores de serviços de saneamento saibam que a moderna engenharia de drenagem e manejo de águas pluviais tem muito a contribuir, não apenas para a construção de galerias, canais e reservatórios, mas também para a melhoria efetiva da qualidade das águas urbanas, favorecendo seu reúso numa situação de escassez hídrica cada vez mais grave.

## REFERÊNCIAS

ÁGUAS CLARAS DO RIO PINHEIROS/FCTH. *Desenvolvimento de metodologia e projeto piloto de revitalização de bacia urbana, replicável para as demais bacias da região metropolitana (Bacia do Córrego Jaguaré).* Associação Águas Claras do Rio Pinheiros e Fundação Centro Tecnológico de Hidráulica; Fundo Estadual de Recursoso Hídricos – FEHIDRO. 4 vol, 10 tomos. São Paulo, 2017.

[ANA] AGÊNCIA NACIONAL DE ÁGUAS. *Atlas esgoto: despoluição de bacias hidrográficas.* Brasília: Agência Nacional de Águas, 2017.

ARTINA, S.E.A. *Sistemi de Fognatura – Manuale di Progettazione.* Milão: Hoepli, 1997.

ARTINA, S.; MAGLIONICO, M. *Dimensionamento di vasche di prima pioggia secondo criteri di "stream standard", Dalle fognature alla tutela idraulica e ambientale del territorio, Atti della II Conferenza Nazionale sul Drenaggio Urbano.* La Loggia G (a cura di). Milão: Centro Studi Idraulica Urbana, 2001.

BONOMO, L.; ROSSI, S. Sistemi di depurazione alimentati con acque miste: aspetti funzionali e ambientali. In: MARGARITORA, G.; PAOLETTI, A. *La separazione delle acque nelle reti fognarie urbane.* Roma: Centro Studi Idraulica Urbana, 2003. Cap. 2, p. 129. Não foi citada no texto

BORNATICI, C.; CIAPONI, S.; PAPIRI, S. *Le vasche di prima pioggia nel comtrollo della qualità degli scarichi fognaria generati da eventi meteorici. La tutela idrica e ambientale dei territori urbanizzati.* Parma e Consenza: Atti dei seminari, 2004.

BRASIL. *Resolução n. 357 de 17 de março de 2005. Dispõe sobre a classificação dos corpos de água e diretrizes ambientais para seu enquadramento.* Brasília: Ministério do Meio Ambiente; Conselho Nacional do Meio Ambiente, 2005.

BRASIL. *Lei 11.445 de 05 de janeiro de 2007.* Estabelece diretrizes nacionais para o saneamento básico. Brasília: [s.n.], 2007.

BRASIL. Instituto Brasileiro de Geografia e Estatística – IBGE. *Censo Demográfico 2010.* Brasília, 2010. Disponível em: https://censo2010.ibge.gov.br/sinopse/index.php?dados=8. Acesso em: dez. 2019.

BRASIL. *Diagnóstico de Drenagem e manejo das Águas Pluviais Urbanas – 2015.* Brasília: Ministério das Cidades/Sistema Nacional de Saneamento Ambiental – SNSA/Sistema Nacional de Informações sobre Saneamento – SNIS, v. MCIDADES.SNSA, 2018. 190p.

BRASIL. *24° Diagnóstico dos Serviços de Água e Esgotos – 2018.* Brasília: Ministério do Desenvolvimento Regional/Secretaria Nacional de Saneamento/Sistema Nacional de Informações sobre Saneamento – SNIS, v. SNS/MDR, 2019a. 180p.

BRASIL. *3° Diagnóstico de Drenaggem e Manejo das Águas Pluviais Urbanas.* Brasília: Ministério do Desenvolvimento Regional/Secretaria Nacional de Saneaemnto – SNS/Sistema Nacional de Informações sobre Saneamento – SNIS, v. SNS/MDR, 2019b. 195p.

BRASIL. *Diagnóstico de Drenagem e Manejo das Águas Pluviais Urbanas – 2017.* Brasília: Ministério do desenvolvimento Regional. Secretaria Nacional de Saneamento – SNS/Sistema Nacional de Informações sobre Saneamento – SNIS, v. SNS/MDR, 2019c. 264p.

BRASIL. Instituto Brasileiro de Geografia e Estatística – IBGE. *Estimativas da população com referência a 1° de julho de 2019,* 2019d. Disponível em: https://agenciadenoticias.ibge.gov.br/agencia--detalhe-de-midia.html?view=mediaibge&catid=2103&id=3097. Acesso em: dez. 2019.

[CEE] CONSELHO DAS COMUNIDADES EUROPEIA. *Directiva do Conselho relativa ao tratamento de águas residuais urbanas – 91/271/CEE.* Bruxelas, Bélgica: CEE, 1991.

[CSDU] CENTRO STUDI IDRAULICA URBANA. *La separazione delle acque nelle reti fognarie urbane: atti della giornata di studio.* Roma, Italia: CSDU, 2003. 130p.

DE LIMA, L.P. *Clima e forma urbana: métodos de avaliação do efeito das condições climáticas locais nos graus de conforto térmico e no consumo de energia elétrica em edificações.* Curitiba: Centro Federal de Educação Tecnológica do Paraná, 2005.

DE TOFFOL, S. *Sewer system performance assessment – an indicators based methodology.* Innsbruck: Doktor der technischen Wissenschaften. Leopold Franzens Universität Innsbruck, 2006.

[EPA] US Environmental Protection Agency. Office of Wastewater Management. *Guidelines for Water Reuse.* Washington, D.C., USA, 2012. p. 643. (EPA/600/R-12/618).

ESTADO DE SÃO PAULO. *Decreto n. 8.468 de 8 de setembro de 1976. Dispõe sobre aprevenção e o controle da poluição do meio ambiente.* São Paulo: [s.n.], 1976.

[FCTH/EMAE] FUNDAÇÃO CENTRO TECNOLÓGICO DE HIDRÁULICA / EMPRESA METROPOLITANA DE ENERGIA. *Avaliação da qualidade das águas do sistema Pinhiros-Billings com o protótipo da flotação.* São Paulo: FCTH/EMAE, 2010.

INTERÁGUAS/M CIDADES. *Proposta do Plano de Ação para Instituir uma Política de Reúso de Efluente Sanitário Tratado no Brasil.* Ministério das Cidades e Instituto Interamericano de Cooperação para a Agricultura – IICA. Consórcio CH2M Hill BV/CH2M Hill do Brasil. Brasília, DF, 2006.

LONARDOCULTURA.COM. Leonardo Urnbanista: il progetto della città Ideale, 2019. Disponível em: http://www.leonardocultura.com/doc/Leonardo_e_il_progetto_della_citt%C3%A0_ideale.pdf. Acesso em: jan 2020.

METCALF & EDDY/AECOM. *Water Reuse: issues, technologies and applications.* New York, NY: MC Graw Hill, 2007.

OLIVEIRA, S.M.A.; VON SPERLING, M. Avaliação de 166 ETEs em operação no país, compreendendo diversas tecnologias. *Engenharia Sanitária e Ambiental*, Rio de Janeiro, v. 10, n. 4, out./dez. 2005.

PAOLETTI, A.; PAPIRI, S. Sistemi fognari unitari e separati: aspetti funzionali e ambientali. In: MARGARITORA, G.; PAOLETTI, A. *La separazione delle acque nelle reti fognarie urbane.* Roma: Centro Studi Idraulica Urbana, 2003. Cap. 4, p. 129.

PAPIRI, S.; BARCO, O.J. Qualittà delle acque defluenti in una rete fognaria mista durante eventi meteorici e controllo degli scarichi nei corpi idrici ricettori. *Acque di Prima Pioggia: Experienze sul territorio e normativa*, Pavia, Italia, jan. 2003.

Capítulo 8
# RECEBIMENTO DE EFLUENTES NÃO DOMÉSTICOS NO SISTEMA PÚBLICO DE ESGOTO E SEU IMPACTO SOBRE O REÚSO

Dione Mari Morita

## INTRODUÇÃO

Na década de 1960, era política das empresas de saneamento o tratamento conjunto do esgoto doméstico com as águas residuárias industriais, comerciais e de serviços – efluentes não domésticos (ENDs), pelas seguintes razões:

- Para a comunidade, resultaria em uma economia de escala, obtida em grandes centrais de tratamento.
- Para as indústrias, resultaria na liberação de áreas e serviços estranhos às suas atividades-fim e na superação da inviabilidade física da construção de instalações de tratamento.
- Para o órgão ambiental, minimizariam as diversas dificuldades encontradas na fiscalização de inúmeras fontes, que descarregavam suas águas residuárias em rios e córregos.
- Para a concessionária de serviços de água e esgoto, proporcionaria melhores condições para atingir a viabilização econômico-financeira do sistema projetado.

Entretanto, ao longo do tempo, verificou-se que essa política acarretou alguns inconvenientes, descritos no item a seguir. Em consequência disso, as agências ambientais concluíram e têm concluído que é necessário revê-la. Por exemplo, há mais de 25 anos, a *United States Environmental Protection Agency* (Usepa) mostrou que é mais vantajoso economicamente aplicar os conceitos de prevenção à poluição às indústrias, cujas águas residuárias são responsáveis pela toxicidade do efluente da estação de tratamento de esgoto (ETE), do que implantar modificações nesta para reduzir essa toxicidade (Usepa, 1993). Recentemente, a *European Environmental Agency* (EEA) publicou um relatório intitulado *Industrial waste water treatment – pressures on Europe's environment* (EEA, 2019), no qual concluiu que as ETEs causam mais pressão, em termos ecotoxicológicos, nos corpos d'água dos 28 países da União Europeia, em consequência do lançamento de ENDs, do que as grandes indústrias.

## EFEITOS CAUSADOS PELO LANÇAMENTO DE ENDS NO SISTEMA PÚBLICO DE ESGOTO

A integridade estrutural dos sistemas de coleta e transporte de esgoto pode ser afetada pelo lançamento dos ENDs, pois muitas substâncias são incrustantes, corrosivas, inflamáveis e explosivas. Outros poluentes, tais como metais e compostos orgânicos perigosos, podem causar inibição ao sistema biológico de tratamento.

Muitos ENDs possuem compostos voláteis (cianetos, solventes clorados, benzeno, tolueno, etil benzeno, xileno etc), que podem ser transferidos para a atmosfera nas estações elevatórias e ETEs. Se medidas adequadas de controle não forem tomadas, sua volatilização representa potencial risco à saúde dos operadores e da população que vive no entorno, uma vez que eles ficam cronicamente expostos, enquanto trabalham ou residem na mesma área durante vários anos. Além desses compostos voláteis, o recebimento de ENDs pode provocar um aumento na emissão de gases de efeito estufa.

Poluentes presentes nos ENDs, tais como hidrocarbonetos aromáticos polinucleares, nonil fenol, nonil fenol etoxilados, ftalatos e metais, ficam adsorvidos no floco biológico, podendo causar inibição à digestão do lodo ou gerar lodo com características perigosas, que inviabiliza o uso benéfico e, se não for adequadamente disposto, pode contaminar o solo, a água subterrânea e a água superficial.

Em alguns casos, os poluentes atravessam intactos a ETE e podem ocasionar danos à vida aquática e humana, pois são persistentes, cumulativos, potencialmente cancerígenos, mutagênicos, teratogênicos e disruptores endócrinos. Além disso, podem inviabilizar o reúso de água.

Tanto o sistema de coleta e transporte de esgoto quanto a ETE são patrimônios públicos e não é justo que a população arque com os prejuízos causados pelo lançamento de ENDs. Da mesma forma, no contexto atual de escassez de recursos naturais, não é aceitável não implementar o reúso de água ou impossibilitar o uso benéfico do lodo, em virtude da descarga de ENDs no sistema de esgotamento sanitário.

## LEGISLAÇÃO E PROCEDIMENTOS PARA O RECEBIMENTO DE ENDS NO SISTEMA PÚBLICO DE ESGOTO NO MUNDO

Dentre todos os procedimentos e legislações existentes no mundo para o recebimento de ENDs no sistema público de esgoto, o mais completo é o dos Estados Unidos e, por esta razão, ele será descrito em detalhes neste item.

### Programa de pré-tratamento de ENDs da Usepa

Para evitar o lançamento de poluentes que interfeririam na operação do sistema público de esgoto ou que passavam intactos na ETE e para incentivar o reúso do efluente tratado e o uso benéfico do lodo, a Usepa publicou o Programa Nacional de Pré-tratatamento (40 CFR § 403.2) em 26 de junho de 1978, ainda em vigor (Estados Unidos, 2018). Ele estipulou regras aplicáveis a ETEs ou conjuntos de ETEs operadas por uma mesma concessionária de saneamento, com capacidades superiores a 0,22 m$^3$.s$^{-1}$ ou que recebessem ENDs:

- Com vazões médias superiores a 1 L.s$^{-1}$.
- Que representassem 5% ou mais da capacidade hidráulica ou da carga orgânica da ETE, no período de estiagem.
- Provenientes de estabelecimentos industriais, comerciais ou de serviços, considerados pela concessionária de saneamento (com programa aprovado pela Usepa) como potenciais causadores de problemas na operação das ETEs, de violação dos padrões de pré-tratamento ou qualquer outro limite legal.
- Originários de estabelecimentos industriais, comerciais ou de serviços enquadrados nas categorias sujeitas aos padrões de pré-tratamento.

As ETEs devem atender a três requisitos básicos para terem seus programas de pré-tratamento aprovados pela Usepa: descargas proibidas, padrões de lançamento por categoria industrial e limites locais.

**a) Descargas proibidas**: a legislação norte-americana proíbe o lançamento de ENDs:

- Que possuem substâncias inflamáveis e explosivas, incluindo, mas não limitadas àquelas com ponto de fulgor menor do que 60°C.
- Que contêm substâncias corrosivas ou com pH menor do que 5,0 (é permitido o recebimento nessa condição se o sistema foi projetado para acomodar tal descarga).

- Com sólidos ou substâncias viscosas, em quantidades que causem obstrução à vazão.
- Que possuem qualquer substância que cause interferência no sistema.
- Que liberem calor em quantidade que provoque inibição ao sistema biológico de tratamento ou com temperatura superior a 40°C (é permitido outro valor de temperatura, desde que aprovado pela Usepa).
- Que contêm petróleo, óleo de corte biorrefratário ou qualquer derivado de óleo mineral, em quantidade que cause interferência ou passagem pela ETE.
- Que liberem gases, vapores ou fumaça tóxicos à saúde e à segurança do operador.
- Que são transportados por caminhão (é permitido o recebimento apenas nos locais projetados para este fim).

**b) Padrões de lançamento no sistema público de esgoto por categoria industrial:** a Usepa fixou os padrões de lançamento para fontes novas e existentes, enquadradas em 51 categorias industriais. São padrões de pré-tratamento nacionais, específicos por categoria industrial, baseados na melhor tecnologia disponível e economicamente suportável.

**c) Limites locais**

Em 1982, o órgão de proteção ambiental norte-americano desenvolveu uma metodologia, na qual os critérios relativos à prevenção da inibição dos processos biológicos de tratamento; saúde e segurança dos operadores e da população que mora no entorno; qualidade do ar, do lodo e dos corpos d'água receptores eram convertidos em limites locais, por meio de equações de balanço de massa (Usepa, 1987). Essa metodologia foi revista e publicada em 2004 (Usepa, 2004). Os limites locais são calculados por poluente e para cada critério a ser considerado, levando-se em conta as suas remoções nas várias unidades de tratamento. No cálculo dos limites para os poluentes conservativos, assume-se que a carga afluente ao processo de tratamento é igual à soma das cargas no efluente tratado e no lodo gerado. Já no caso de poluentes não conservativos, os cálculos são modificados para levar em conta as perdas por biodegradação, volatilização e adsorção no floco biológico. Para cada poluente são, então, calculadas várias concentrações-limites admissíveis, derivadas dos critérios citados anteriormente, sendo a menor delas, isto é, a mais restritiva, selecionada como a **máxima concentração admissível afluente à ETE**. Se a concentração do poluente estiver abaixo dessa, estão assegurados todos os critérios aplicáveis para o composto em questão.

Uma vez determinada essa **máxima concentração admissível afluente à ETE**, é aplicado um fator de segurança, considerando-se possíveis aumentos da carga industrial projetada; cargas de choque não previstas e erros de medição.

As cargas de poluentes originárias de fontes domésticas deverão também ser subtraídas da máxima concentração admissível, resultando numa **máxima concentração industrial permitida**, que será distribuída aos diversos usuários que serão controlados.

Os **limites locais**, tidos como critérios de recebimento de efluentes não domésticos, são derivados dessa alocação da **máxima concentração industrial permitida**.

Para proteger a integridade do sistema de coleta e transporte de esgoto e a saúde e segurança dos operadores que nele trabalham, também são definidos os seguintes limites (Usepa, 2004):

- Concentrações limites obtidas da conversão dos limites de explosividade (LE)[1] por meio da lei de Henry.
- Somatório das áreas sob todos os picos do cromatograma obtido com o *headspace*[2] da amostra de END e comparação com a área sob o pico do cromatograma obtido com 300 ppm de hexano. Se a primeira for menor que a segunda, está garantida a proteção do sistema de coleta e transporte de esgoto quanto à explosividade e inflamabilidade, bem como a saúde dos operadores contra vapores tóxicos.
- Concentrações limites de vapores tóxicos obtidas da conversão dos limites de tolerância à saúde humana pela lei de Henry.

## Programa de redução da toxicidade refratária

Mesmo com a implantação do Programa Nacional de Pré-Tratamento, a Usepa constatou que os efluentes das ETEs apresentavam frequentemente toxicidade e, portanto, não atendiam à legislação. Por essa razão, a agência (Usepa, 1989) implantou, em 1989, a Avaliação da Redução de Toxicidade (*Toxicity Reduction Evaluation* – TRE), definida como "um estudo específico, conduzido em um processo conhecido, que tem por objetivo identificar os agentes responsáveis pela toxicidade de um efluente, isolar as fontes, controlá-las e avaliar a eficácia desse controle". O estudo compreende:

- A coleta e a revisão dos dados existentes.

---

[1]  O limite de explosividade (LE) de um composto é definido como a mínima concentração, na fase gasosa, que ocasiona explosão ou inflamabilidade na presença de uma fonte de ignição (Usepa, 1987).

[2]  O *headspace* é definido como o espaço livre entre a tampa e o nível do líquido num *vial* para a cromatografia.

- A avaliação da ETE para identificar condições que contribuem com a toxicidade do efluente.
- A identificação das fontes responsáveis pela toxicidade.
- A avaliação, a seleção e a implementação de medidas para o controle da toxicidade.

Para identificação das fontes que causam a toxicidade no efluente final da ETE, emprega-se um procedimento denominado *Toxicity Identification Evaluation* (TIE), que consiste em ensaios de fracionamento, análises químicas e na avaliação da toxicidade refratária – *Refractory Toxicity Assessment* (RTA). A RTA é dividida em duas séries, a seguir descritas.

A série I é realizada com amostras coletadas nos principais coletores tronco do sistema de coleta e transporte de esgoto. Os ensaios são realizados em biorreatores aeróbios em batelada, de 1,5 litro de volume total. Antes da realização da RTA, devem ser feitos testes de toxicidade com o lodo da estação para determinar sua toxicidade. Se essa for maior que a do efluente da ETE, emprega-se biomassa não tóxica de outra ETE ou de culturas sintéticas disponíveis no mercado.

São preparadas, na série I, as seguintes misturas nos reatores em batelada:

- Amostra coletada na rede, esgoto sintético e biomassa.
- Efluente primário da ETE e biomassa.
- Amostra coletada na rede, efluente primário da ETE e biomassa.

Se a biomassa for tóxica, é necessário adicionar biomassa não tóxica a outros três reatores, para controle.

A composição do esgoto sintético é mostrada na Tabela 1.

**Tabela 1** Composição do esgoto sintético utilizado na RTA

| Constituinte | Concentração (g.L⁻¹) |
|---|---|
| Bacto Peptona | 32,0 |
| Extrato de carne | 22,0 |
| Ureia | 6,0 |
| NaCl | 1,4 |
| $CaCl_2.2H_2O$ | 0,8 |
| $MgSO_4.7 H_2O$ | 0,4 |
| $KH_2PO_4$ | 3,5 |
| $K_2HPO_4$ | 4,5 |

Obs.: A DQO solúvel da solução estoque é de 64 g$O_2$.L⁻¹
Fonte: Usepa (1989).

O tempo de duração do teste é calculado por meio da seguinte expressão:

$$\text{Período de teste (dias)} = \frac{DQO_{\text{solúvel}}}{SSV.\dfrac{A}{M}} \qquad \text{Equação 1}$$

Em que:

$DQO_{\text{solúvel}}$ = DQO da mistura $(mgO_2.L^{-1})$;

SSV = concentração de sólidos em suspensão voláteis no tanque de aeração da ETE $(mg.L^{-1})$;

A/M = relação alimento:microrganismos no tanque de aeração $(dia^{-1})$.

Os resultados obtidos pela RTA na série I são avaliados como segue:

- Reatores com amostra coletada na rede, esgoto sintético e biomassa não tóxica: o resultado obtido no ensaio com essa mistura indica a toxicidade refratária da primeira, excluindo os efeitos do afluente à ETE.
- Reatores com efluente primário e biomassa não tóxica: o resultado obtido nesse teste permite avaliar a toxicidade em virtude do afluente à ETE.
- Reatores com amostra coletada na rede, efluente primário e biomassa não tóxica: a comparação do resultado determinado nesse ensaio com o anterior permite avaliar se a amostra, coletada na rede, diminui a toxicidade do efluente primário (efeito antagônico) ou aumenta (efeito aditivo).

A série II do RTA é realizada com amostras coletadas das descargas industriais ou dos coletores secundários próximos aos coletores tronco onde foi detectada a toxicidade na série I. São realizadas diluições da amostra, para determinar a porcentagem que causa toxicidade refratária no efluente da ETE. São utilizados sete reatores, também de 1,5 L de volume total, com diluições da água residuária a ser testada. Se a biomassa for tóxica, para o controle, deve-se adicionar biomassa não tóxica em sete outros reatores. Podem-se, ainda, identificar os componentes responsáveis pela toxicidade, por meio de testes de fracionamento realizados nos efluentes tratados dos reatores.

Os resultados da RTA na série II são avaliados, como segue:

- Três reatores com diluições de água residuária industrial, esgoto sintético e biomassa: nesses reatores, observa-se o efeito da água residuária na toxicidade do efluente final tratado.
- Um reator com o efluente primário e biomassa: nesse ensaio, verifica-se o efeito do efluente primário na toxicidade do efluente da ETE.
- Três reatores com diluições da água residuária industrial, efluente primário e biomassa: esse teste indica os efeitos da mistura entre o efluente primário e a

água residuária industrial na toxicidade do efluente final tratado. São os que melhor refletem as condições da ETE, pois são considerados os efeitos sinérgicos e antagônicos.

Como o sistema público de esgoto recebe diversos ENDs, para priorizá-los é feita uma comparação entre os resultados dos testes de toxicidade realizados nos efluentes dos reatores. Para tal comparação, eles devem ser expressos em unidades tóxicas, isto é, 100 dividido pela CL50.[3]

Na revisão do TRE de 1999 (Usepa, 1999), foram feitas as seguintes alterações na RTA original:

- Passaram-se a utilizar apenas dois reatores: um contendo o efluente primário e a biomassa (controle) e o outro, a amostra coletada na rede ou a água residúaria industrial; o efluente primário e a biomassa. O emprego do reator com o esgoto sintético tornou-se opcional.
- O ajuste da relação DBO:N:P foi realizado na mistura efluente primário/ amostra coletada na rede.
- Foi feita a calibração do teste com os dados de operação da ETE, de tal forma que a eficiência de remoção de DBO fosse similar nas duas situações.
- O volume do reator aumentou para 3 a 10 litros e foi prevista a introdução de misturador mecânico ou magnético para manter os sólidos em suspensão.

Em 1994, Botts et al. (1994) modificaram a RTA original para poder avaliar o efeito dos poluentes dos ENDs na ETE, além da toxicidade do efluente final prevista no teste original. Reatores em batelada de 2 a 4 litros foram utilizados para simular as condições operacionais do processo de lodos ativados da ETE em escala real, incluindo as concentrações de sólidos em suspensão voláteis e de oxigênio dissolvido no tanque de aeração e o tempo de detenção hidráulico. Operou-se um reator controle com o afluente à ETE. Outro reator trabalhava com a alimentação composta da água residuária industrial e do afluente à ETE, em proporções tais que simulassem a máxima vazão da primeira e a mínima do segundo. Um terceiro reator era usado como duplicata do segundo. O efeito da introdução da água residuária industrial era avaliado por meio do monitoramento, ao longo do teste, da taxa de utilização de oxigênio e das concentrações de DQO, nitrogênio amoniacal e nitrato da alimentação e do despejo tratado. Ao término do ensaio, permitia-se a sedimentação dos conteúdos dos reatores e os sobrenadantes eram filtrados. Estes eram testados para toxicidade crônica

---

[3] CL50: concentração de uma substância que causa mortalidade da metade dos indivíduos de uma população exposta. Também denominada concentração letal média.

usando *Ceriodaphnia dubia* e *Pimephales promelas*. Os resultados do reator de controle e teste eram comparados para averiguar se a adição da água residuária industrial tinha ocasionado inibição aos microrganismos do tanque de aeração ou toxicidade no efluente da ETE.

## LEGISLAÇÃO E PROCEDIMENTOS PARA O RECEBIMENTO DE ENDS NO SISTEMA PÚBLICO DE ESGOTO NO BRASIL

No Brasil, tanto a norma federal NBR 9800 (ABNT, 1987), ainda em vigor, quanto a maioria das legislações estaduais ou normas das concessionárias de saneamento estipula limites para o lançamento de ENDs no sistema público de esgoto e proíbe os:

- Que contêm substâncias explosivas ou inflamáveis.
- Que podem causar obstrução das canalizações ou interferência na operação do sistema de esgoto.
- Que podem criar situações de risco à saúde e à segurança dos operadores e das pessoas.
- Que possuem substâncias em concentrações potencialmente tóxicas a processos biológicos de tratamento de esgoto.

A Tabela 2 mostra os limites impostos pelas legislações dos estados de São Paulo (Estado de São Paulo, 1980) e Ceará (Estado do Ceará, 2017), pela Companhia Espírito Santense de Saneamento (Cesan, 2013) e pela Companhia de Saneamento de Minas Gerais (Copasa, 2014).

**Tabela 2**  Limites para lançamento de ENDs no sistema público de esgoto em diferentes estados brasileiros

| Variável | Unidade | Limite para lançamento de ENDs no sistema público de esgoto | | | |
|---|---|---|---|---|---|
| | | São Paulo | Ceará | Cesan[c] | Copasa |
| pH | – | 6 a 10 | 6 a 10 | 5 a 9 | 6 a 10 |
| Temperatura | °C | 40 | 40 | 40 | 40 |
| Sólidos sedimentáveis | mL.L$^{-1}$ | 20 | 10 | 10 | 20 |
| Sólidos em suspensão totais | mg.L$^{-1}$ | – | 150 | – | – |
| Substâncias solúveis em hexano | mg.L$^{-1}$ | 150 | – | – | 150 |
| Óleos minerais | | – | 40 | 20 | – |
| Óleos vegetais e gorduras | | – | 60 | 50 | – |

*(continua)*

**Tabela 2** Limites para lançamento de ENDs no sistema público de esgoto em diferentes estados brasileiros (*continuação*)

| Variável | Unidade | Limite para lançamento de ENDs no sistema público de esgoto | | | |
|---|---|---|---|---|---|
| | | São Paulo | Ceará | Cesan[c] | Copasa |
| DBO | $mgO_2.L^{-1}$ | – | – | 450 | – |
| DQO | $mgO_2.L^{-1}$ | – | 600 | 900 | – |
| Cianetos | $mgCN^-.L^{-1}$ | 0,2 | 1,0[b] | 0,2 | 5,0 |
| Fluoretos | $mgF^-.L^{-1}$ | 10,0 | 10,0 | 10,0 | 10,0 |
| Nitratos | $mgN–NO_3^-.L^{-1}$ | – | 10,0[b] | 10,0 | – |
| Nitritos | $mgN–NO_2^-.L^{-1}$ | – | 1,0[b] | – | – |
| Sulfatos | $mgSO_4^{2-}.L^{-1}$ | 1.000 | 1.000 | 1.000 | 1.000 |
| Sulfetos | $mgS^{2-}.L^{-1}$ | 1,0 | 1,0 | 1,0 | 1,0 |
| Nitrogênio amoniacal | $mgN–NH_3.L^{-1}$ | – | 20 | – | 500 |
| Amônia | $mgNH_3.L^{-1}$ | – | – | 35 | – |
| Fósforo total | $mgP.L^{-1}$ | – | – | 15,0 | – |
| Alumínio total | $mgAl.L^{-1}$ | – | 10 | – | 3,0 |
| Arsênio total | $mgAs.L^{-1}$ | 1,5[a] | 0,5[b] | 0,2 | 3,0[d] |
| Bário total | $mgBa.L^{-1}$ | – | 5,0[b] | 5,0 | 5,0 |
| Boro total | $mgB.L^{-1}$ | – | 5,0[b] | 5,0 | 5,0 |
| Cádmio total | $mgCd.L^{-1}$ | 1,5[a] | 0,2[b] | 0,1 | 5,0[d] |
| Chumbo total | $mgPb.L^{-1}$ | 1,5[a] | 0,5[b] | 0,5 | 10,0[d] |
| Cobalto total | $mgCo.L^{-1}$ | – | – | – | 1,0[d] |
| Cobre total | $mgCu.L^{-1}$ | 1,5[a] | 1,0[b] (dissolvido) | 0,5 | 10,0[d] |
| Cromo hexavalente | $mgCr^{6+}.L^{-1}$ | 1,5 | 0,1[b] | 0,5 | 1,5 |
| Cromo trivalente | $mgCr^{3+}.L^{-1}$ | – | – | 1,0 | – |
| Cromo total | $mgCr.L^{-1}$ | 5,0[a] | – | 5,0 | 10,0 |
| Estanho total | $mgSn.L^{-1}$ | 4,0[a] | 4,0[b] | 4,0 | 5,0[d] |
| Ferro solúvel | $mgFe.L^{-1}$ | 15,0 | 15,0[b] | 15,0 | 15,0 |
| Manganês solúvel | $mgMn.L^{-1}$ | – | 1,0[b] | – | – |
| Mercúrio | $mgHg.L^{-1}$ | 1,5[a] | 0,01[b] | 0,01 | 1,5[d] |
| Níquel | $mgNi.L^{-1}$ | 2,0[a] | 2,0[b] | 2,0 | 5,0[d] |
| Prata | $mgAg.L^{-1}$ | 1,5[a] | 0,1[b] | 0,1 | 5,0 |
| Selênio | $mgSe.L^{-1}$ | 1,5[a] | 0,05[b] | 0,2 | 5,0[d] |
| Vanádio | $mgV.L^{-1}$ | – | – | – | 4,0[d] |
| Zinco | $mgZn.L^{-1}$ | 5,0[a] | 5,0[b] | 2,0 | 5,0[d] |
| Fenóis totais | $mgC_6H_5OH.L^{-1}$ | 5,0 | 0,5[b] | 0,5 | 5,0 |
| Surfactantes | $mg.L^{-1}$ | – | – | 10,0 | 5,0 |
| Benzeno | $mg.L^{-1}$ | – | 1,2[b] | – | 1,2 |
| Clorofórmio | $mg.L^{-1}$ | – | 1,0[b] | 1,0 | 1,0 |

(continua)

**Tabela 2**   Limites para lançamento de ENDs no sistema público de esgoto em diferentes estados brasileiros (*continuação*)

| Variável | Unidade | Limite para lançamento de ENDs no sistema público de esgoto | | | |
|---|---|---|---|---|---|
| | | São Paulo | Ceará | Cesan[c] | Copasa |
| Compostos organofosforados e carbamatos totais | mg.L$^{-1}$ | – | 1,0 em Paration[b] | – | – |
| Compostos organoclorados não listados | mg.L$^{-1}$ | – | 0,05[b] (pesticidas, solventes, etc) | – | – |
| Dicloroeteno | mg.L$^{-1}$ | – | 1,0[b] | – | 1,0 |
| Estireno | mg.L$^{-1}$ | – | 0,07[b] | – | 0,07 |
| Etilbenzeno | mg.L$^{-1}$ | – | 0,84[b] | – | 0,84 |
| Sulfeto de carbono | mg.L$^{-1}$ | – | – | 1,0 | – |
| Tetracloreto de carbono | mg.L$^{-1}$ | – | 1,0[b] | 1,0 | 1,0 |
| Tricloroeteno | mg.L$^{-1}$ | – | 1,0[b] | 0,03 | 1,0 |
| Tolueno | mg.L$^{-1}$ | – | 1,2[b] | – | 1,2 |
| Xileno | mg.L$^{-1}$ | – | 1,6[b] | – | 1,6 |
| Carga orgânica | – | – | – | < 25% da carga orgânica total tratada na ETE | – |
| Vazão máxima | – | 1,5 vazão diária | 1,5 vazão média diária | – | 1,5 vazão média estabelecida no projeto aprovado pela Copasa |
| Etilbenzeno | mg.L$^{-1}$ | – | 0,84[b] | – | 0,84 |

[a] Total de 5,0 mg.L$^{-1}$.
[b] Estipulado por tipologia industrial, discriminada na legislação.
[c] As seguintes categorias industriais são proibidas de lançarem no sistema público de esgoto: produtos metalúrgicos; produtos mecânicos; indústria da madeira; couros, peles e produtos similares; químicas; produtos farmacêuticos e perfumarias; lavanderias industriais; borracha; indústria do petróleo; componentes elétricos e eletrônicos; têxteis; oficinas mecânicas e postos de combustíveis e lava-jatos.
[d] Somatório das concentrações menor do que 20,0 mg.L$^{-1}$.

Em termos de tarifa, a maioria das concessionárias de saneamento considera apenas as variáveis DBO ou DQO e sólidos em suspensão totais.

## Análise crítica dos programas de recebimento de ENDs no sistema público de esgoto no Brasil

A legislação e as práticas de recebimento de ENDs em sistemas públicos de esgoto no Brasil merecem alguns comentários sobre as garantias ambientais e operacionais proporcionadas por elas.

**a) Quanto à garantia de integridade do sistema de coleta e transporte de esgoto**

Delatorre Junior e Morita (2007) realizaram uma pesquisa para avaliar a eficácia dos critérios de recebimento de ENDs existentes na legislação paulista quanto à proteção do sistema de coleta e transporte de esgoto. Para o desenvolvimento do trabalho, foram feitas correlações de dados secundários, obtidos em mais de 300 relatórios de caracterização de ENDs e 44 registros de acidentes ambientais da Companhia Ambiental do Estado de São Paulo (Cetesb) e em 426.460 ocorrências de manutenções na rede coletora de esgoto e 28 relatórios fotográficos de inspeção por circuito fechado de TV da Companhia de Saneamento Básico do Estado de São Paulo (Sabesp). Além disso, foram realizadas medições de campo. Os pesquisadores mostraram que diversas categorias industriais, cujos efluentes atendiam aos limites estabelecidos no art. 19A do Decreto n. 15.425/80, no que se refere às concentrações de substâncias solúveis em hexano e sólidos sedimentáveis, quando lançados na rede coletora de esgoto (RCE), ocasionavam grande número de manutenções. Problemas como caixas de gordura sem manutenção adequada, que descarregavam altas concentrações de material solúvel em hexano e de sulfetos na RCE, incrustação em virtude de material flutuante e precipitados de sulfato de cálcio, produzidos em tanques de correção de pH, e unidades de pré-tratamento mal dimensionadas foram constatadas em visitas de campo. Portanto, além do atendimento aos limites para lançamento de ENDs, é mister que as concessionárias de saneamento realizem uma avaliação do projeto das unidades de pré-tratamento e um acompanhamento periódico de sua operação.

Dos dados das coletas em bacias de esgotamento predominantemente residenciais, observou-se que o sulfeto, limitado pelo art. 19A do Decreto Estadual n. 15.425/80 em 1 mg.L$^{-1}$, apresentou concentrações acima desse valor em mais de 50% das amostras (n = 49). Esses resultados mostraram a necessidade de uma revisão do limite estabelecido para esse parâmetro, pois se o esgoto doméstico já apresentava uma concentração maior que 1 mg.L$^{-1}$, limitá-la nesse valor para lançamento dos ENDs era uma incoerência. Além disso, os interceptores e os coletores, onde foram realizadas as coletas, eram de concreto armado e se apresentavam em funcionamento há mais de 10 anos, sem nenhum problema de corrosão.

A legislação vigente no estado de São Paulo para o lançamento de ENDs no sistema público de esgoto, assim como outras, prevê ausência de solventes e substâncias explosivas e inflamáveis em lançamentos de qualquer fonte poluidora.

Em muitos laudos pesquisados por Delatorre Junior e Morita (2007) foram constatadas concentrações de benzeno, tolueno, etil benzeno e xileno (BTEX), únicos parâmetros analisados pela concessionária de saneamento para atender a tal exigência legal, de 30 a 3.000 $\mu g.L^{-1}$. No entanto, dos 27 pontos monitorados, apenas três apresentaram um limite inferior de explosividade acima de 10%, o que representa um risco iminente de inflamabilidade no caso de haver alguma fonte de ignição (Usepa, 1992). Ainda nesses pontos, os poços de visita (PVs) encontravam-se obstruídos pela presença de óleo, o que levou à hipótese de que essa obstrução provocou um acúmulo de gases inflamáveis e explosivos num espaço confinado e sem ventilação. Verifica-se, assim, a necessidade de estabelecimento de limites, pois apenas a exigência de ausência de substâncias explosivas e inflamáveis nos ENDs não é suficiente para garantir a integridade do sistema de coleta e transporte de esgoto.

**b) Da pertinência dos poluentes considerados nas legislações e normas**

Diferentemente dos países desenvolvidos, o Brasil, seus estados e municípios não realizaram, de modo aprofundado, extensivo e abrangente, um levantamento para que se pudessem estabelecer os poluentes que prioritariamente deveriam ser monitorados em suas águas. Portanto, não há garantia de que os explicitados nas legislações e normas federais, estaduais e municipais representem a realidade brasileira. Além disso, a NBR 9800 e o Decreto n. 15.425 do estado de São Paulo foram formulados na década de 1980 e, portanto, não incorporam as significativas mudanças ocorridas nas indústrias nos últimos 20 anos, especialmente pelo forte ritmo de formulação de novos produtos químicos.

Assim como os Estados Unidos, o Brasil possui uma dimensão continental e diferentes processos históricos e industriais foram operados em suas diversas e diversificadas regiões. Nesse contexto, entende-se que limites uniformes para lançamento de ENDs nos sistemas públicos de esgoto só têm sentido para a proteção da rede coletora. Cada ETE possui operações e processos unitários próprios e seu efluente tem de atender a padrões de qualidade diferentes. Dessa forma, apreende-se que seja mais conveniente determinar os limites por estação, a exemplo dos limites locais propostos pela Usepa.

**c) Quanto à garantia da qualidade do efluente tratado**

Quanto à proibição do recebimento de ENDs que possuem substâncias em concentrações potencialmente tóxicas a processos biológicos de tratamento de esgoto, a ausência de uma metodologia para definição dos limites gera insegurança àquele que decide se recebe ou não. Nesse sentido, experiências com efluentes industriais não sintéticos e ETEs em escala real foram realizadas com sucesso, no estado de São Paulo, desde 1997, mas, até o momento, nenhuma das metodologias testadas foi implementada para ser usada corriqueiramente pelas companhias de saneamento brasileiras. A seguir, são descritas algumas dessas experiências.

Entre 1997 e 2001, Ferraresi (2001) estudou o impacto do lançamento de uma água residuária do processo de dipagem de tecidos para pneus no sistema de tratamento de esgoto sanitário. A pesquisadora utilizou a RTA modificada por Botts et al. (1994) para essa avaliação. Três proporções (0,17%, 0,04% e 1%) entre as vazões de efluente industrial e esgoto doméstico foram testadas. A primeira correspondia à relação entre as vazões máxima do efluente industrial e mínima do esgoto doméstico; a segunda, entre a máxima de efluente industrial e máxima de esgoto doméstico e a terceira, uma condição extrema, difícil de ser alcançada. Foram realizados 13 testes com as proporções anteriormente descritas, sendo os três primeiros com o objetivo de aplicar a metodologia e corrigir as possíveis falhas durante sua execução.

Para cada um dos testes foram obtidos dados que permitiram a construção de gráficos de variação das concentrações de DQO, nitrogênio amoniacal, nitrato e taxa específica de utilização de oxigênio ao longo do tempo.

Os resultados dos ensaios permitiram concluir que não houve inibição significativa na remoção da DQO com a introdução da água residuária da dipagem. A taxas específicas de utilização de oxigênio ao longo do teste correlacionaram bem com a remoção de DQO. As concentrações iniciais de nitrogênio amoniacal nos conteúdos dos reatores controle e testes foram muito baixas, não se observando inibição na remoção dessa variável nos reatores com a contribuição industrial.

Em alguns testes, a formação de nitrato no reator controle foi maior do que a dos reatores com a água residuária industrial, indicando inibição, mesmo quando a proporção de vazões era de 0,04%. No entanto, essa inibição não comprometeu o sistema de tratamento, uma vez que as concentrações de nitrogênio amoniacal ao final dos testes sempre estiveram abaixo de 5 mg $N-NH_3.L^{-1}$, padrão de emissão estipulado pela legislação ambiental.

Em todos os testes realizados, os sobrenadantes dos reatores controle e testes apresentaram toxicidade crônica a Ceriodaphnia dúbia, sendo a causa o detergente utilizado na higienização dos sanitários e da cozinha.

Para avaliar se a RTA modificada reproduzia, de maneira adequada, o que ocorria na escala real, concomitantemente aos testes introduziu-se, paulatinamente, a água residuária da dipagem no sistema de tratamento de esgoto sanitário. Monitorou-se a estação por quatro meses para verificar a remoção de matéria orgânica, de sólidos em suspensão, nitrificação e toxicidade do efluente final. Os resultados obtidos na RTA e os do monitoramento da estação de tratamento em escala real foram similares, o que evidenciou a adequação da RTA modificada na simulação do processo de lodos ativados com contribuição da água residuária industrial.

Spósito e Morita (2008) utilizaram testes de fracionamento seguidos da RTA modificada por Botts et al. (1994) para identificar que tipos de tecnologias poderiam ser usados no pré-tratamento de um efluente de uma indústria química, a fim de reduzir seus impactos negativos à ETE Suzano. A vazão dessa indústria representava 7% da vazão afluente à ETE, que é uma das cinco principais da Região Metropolitana de São Paulo.

Foram realizados nove testes de fracionamento com a água residuária, escolhidos em função das propriedades das matérias-primas utilizadas no processo industrial:

- Testes 1 e 2: aeração por 24 horas; redução do pH para 3,0; aeração por 2 horas; aumento do pH para 11,0; aeração por 2 horas; ajuste para pH = 7,5 (original).
- Testes 3, 4 e 8: mistura de 100 mg.L$^{-1}$ de carvão ativado em pó por 30 minutos e sedimentação por 1 hora.
- Testes 5 e 6: Coagulação com cloreto férrico (50 mgFeCl$_3$.L$^{-1}$ e pH = 8,2), floculação e sedimentação por 30 minutos.
- Teste 7: ajuste de pH para 12,0 e aeração por 15 horas.
- Teste 9: aeração por 24 horas; redução do pH para 3,0; aeração por 1 hora; aumento do pH para 11,0; aeração por 1 hora, ajuste para pH = 8,0 (original).

Eles foram feitos na pior condição, isto é, mínima vazão afluente à ETE e máxima industrial. Para o controle, operou-se um reator (Reator ETE) com o afluente à ETE Suzano.

A Tabela 3 mostra as taxas específicas de utilização de DQO e de remoção de nitrogênio amoniacal, além das toxicidades dos sobrenadantes.

As porcentagens de inibição (PI) foram calculadas para cada teste de fracionamento, por meio da seguinte expressão:

$$PI = \left(1 - \frac{TUEO_f}{TUEO_{ETE}}\right) * 100 \qquad\qquad \text{Equação 2}$$

Em que:

$TUEO_f$ = taxa de utilização específica de oxigênio no reator com o efluente fracionado (mgO$_2$.gSSV$^{-1}$.h$^{-1}$);

$TUEO_{ETE}$ = taxa de utilização específica de oxigênio no reator ETE (mgO$_2$.gSSV$^{-1}$.h$^{-1}$).

**Tabela 3** Taxas específicas de utilização de DQO e de remoção de nitrogênio amoniacal e toxicidade do sobrenadante nos testes de fracionamento seguidos da RTA modificada

| Teste | Fracionamento DQO (mgO$_2$.L$^{-1}$) | | DQO solúvel (mgO$_2$.L$^{-1}$) | | N-NH$_3$ (mg.L$^{-1}$) | | RTA modificada Taxa específica de utilização de DQO (dia$^{-1}$) | | Taxa específica de remoção de N-NH$_3$ (dia$^{-1}$) | | Toxicidade do sobrenadante (UT) | |
|---|---|---|---|---|---|---|---|---|---|---|---|---|
| | Bruto | Efluente fracionado[1] | Bruto | Efluente fracionado[1] | Bruto | Efluente fracionado[1] | Reator ETE | Reator efluente fracionado[1] | Reator ETE | Reator efluente fracionado[1] | Reator ETE | Reator efluente fracionado[1] |
| 1 | 4.193 | 753 | NA | NA | 151 | 119 | 0,94 | 0,72 | 0,03 | 0,02 | NA | NA |
| 2 | 1.788 | 1.027 | 1.168 | 942 | 303 | 239 | 0,08 | 0,14 | 0,09 | 0,10 | NA | NA |
| 3 | 1.906 | 567 | NA | NA | 305 | 297 | NA | 0,12 | 0,05 | 0,08 | 90[2] | 30[2] |
| 4 | 1.930 | 1.841 | 1.366 | 1.262 | 253 | 231 | 0,68 | 0,60 | 0,07 | 0,09 | 4 | 6 |
| 5 | 1.823 | 1.748 | 1.690 | 1.690 | 253 | 233 | 0,25 | 0,70 | 0,05 | 0,06 | 8 | 2 |
| 6 | 1.431 | 1.316 | 1.325 | 1.247 | 147 | 147 | 0,20 | 0,20 | 0,06 | 0,05 | 1 | 1 |
| 7 | 1.191 | 1.097 | 838 | 838 | 64 | 42 | 0,24 | 0,27 | 0,06 | 0,02 | 1 | 1 |
| 8 | 3.608 | 1.511 | 1.141 | 1.066 | 200 | 195 | 0,31 | 0,42 | 0,08 | 0,05 | 2 | 2 |
| 9 | 20.136 | 17.966 | 1.671 | 1.384 | 134 | 107 | 0,41 | 0,40 | 0,06 | 0,04 | 8 | 59 |

1: média dos valores obtidos nos dois reatores.
2: porcentagem de mortos *Daphnia similis*.
NA: não avaliado.

A Tabela 4 mostra os resultados obtidos.

**Tabela 4**   Taxas específicas de utilização de oxigênio e porcentagem de inibição no início e no final da RTA

| Teste | Taxas de utilização específicas de oxigênio $(mgO_2.gSSV^{-1}.h^{-1})$ | | Porcentagem de inibição (I) % |
|---|---|---|---|
| | Reator ETE | Reatores com efluente fracionado[1] | |
| 1i | 16,44 | 10,67 | 35,13 |
| 1f | 12,21 | 3,70 | 69,70 |
| 2i | 15,93 | 33,40 | -109,67 |
| 2f | 14,48 | 16,14 | -11,46 |
| 3i | – | – | – |
| 3f | 0,41 | 2,07 | -404,88 |
| 4i | 41,18 | 35,21 | 14,50 |
| 4f | 2,26 | 4,13 | -82,52 |
| 5i | 16,45 | 27,15 | -65,05 |
| 5f | 2,10 | 3,80 | -80,95 |
| 6i | 26,87 | 26,54 | 1,23 |
| 6f | 1,25 | 1,80 | -43,60 |
| 7i | 22,21 | 29,57 | -33,14 |
| 7f | 3,73 | 4,03 | -8,04 |
| 8i | 12,97 | 23,09 | -78,03 |
| 8f | 6,26 | 5,49 | 12,30 |
| 9i | 21,04 | 23,02 | -9,41 |
| 9f | 5,82 | 4,92 | 15,46 |

i: início do teste.
f: fim do teste.
1: média dos dados obtidos nos dois reatores.
Fonte: modificada de Botts et al. (1994).

Das Tabelas 3 e 4, observa-se que com a introdução do END pré-tratado na condição crítica, houve:

- Redução significativa da taxa específica de utilização de DQO apenas no teste 1.
- Diminuição das taxas específicas de remoção de nitrogênio amoniacal nos testes 1, 6, 7, 8 e 9.
- Redução da toxicidade do efluente final da ETE nos testes 3 e 5.
- Inibição dos microrganismos no teste 1; adaptação nos testes 4 e 6 e aumento da inibição com o tempo nos testes 8 e 9.

Concluiu-se que a adsorção ou a coagulação, floculação e sedimentação eram tecnologias apropriadas para o pré-tratamento da água residuária industrial, a fim de reduzir a toxicidade do efluente da ETE Suzano.

A pesquisa mostrou que a indústria química causava toxicidade no efluente final da ETE Suzano. A metodologia adotada no trabalho indicou que ela foi adequada para simular uma condição futura de recebimento do efluente industrial pré-tratado, na situação crítica de máxima vazão deste e mínima da estação. Verificou-se também, por meio do monitoramento realizado em escala real, que a RTA modificada por Botts et al. (1994) reproduziu bem as condições de tratamento da ETE Suzano, que recebia a água residuária industrial.

Caffaro-Filho et al. (2009) realizaram uma pesquisa, que tinha por objetivo a avaliação e a identificação da toxicidade de um efluente da fabricação de resinas de poliéster num sistema de tratamento aeróbio de esgoto.

Os seguintes testes de fracionamento foram realizados com o efluente:

- Neutralização em pH = 7,0±1,0 com solução de NaOH.
- Arraste com ar em pH igual a 3,0; 7,0 e 11,0, durante 45 minutos, com vazão de ar de 3L.min$^{-1}$.
- Adsorção em carvão ativado em pó (2 g.L$^{-1}$), 15 horas de tempo de contato e filtração em papel com diâmetro de poro de 1,2 µm.
- Adição de 2g.L$^{-1}$ de sal de sódio de EDTA e mistura por 10 minutos.

Em seguida a cada teste de fracionamento, as águas residuárias eram submetidas ao ensaio padronizado OECD 209 (OECD, 1984). A porcentagem de inibição (I) e a redução da inibição pelo fracionamento (IR) foram calculadas, respectivamente, por meio das seguintes equações:

$$I(\%) = \left(1 - \frac{TUO_t}{TUO_c}\right).100 \qquad\qquad \text{Equação 3}$$

$$IR(\%) = \left(1 - \frac{I_f}{I_b}\right).100 \qquad\qquad \text{Equação 4}$$

Em que:

$TUO_t$ = taxa de utilização de oxigênio no reator teste (mgO$_2$.L$^{-1}$.min$^{-1}$);
$TUO_c$ = taxa de utilização de oxigênio no reator controle (extrato de levedura e peptona) (mgO$_2$.L$^{-1}$.min$^{-1}$);

$I_f$ = porcentagem de inibição na água residuária submetida ao fracionamento;
$I_b$ = porcentagem de inibição na água residuária sem nenhum tratamento.

A Tabela 5 mostra os resultados dos testes respirométricos realizados com as amostras fracionadas.

**Tabela 5**  Resultados dos testes respirométricos com as águas residuárias fracionadas

| Fracionamento | TUOt | $r^2$ | TUOc | IF (%) | Ib (%) | IR (%) |
|---|---|---|---|---|---|---|
| Neutralização | 0,423 | 0,9991 | 1,114 | 62,0 | 63,7 | 2,7 |
| Arraste com ar/pH 3,0 | 0,143 | 0,9995 | 0,337 | 57,6 | 66,4 | 13,3 |
| Arraste com ar/pH 7,0 | 0,154 | 0,9979 | 0,337 | 54,3 | 66,4 | 18,2 |
| Arraste com ar/pH 11,0 | 0,253 | 0,9969 | 0,337 | 24,9 | 66,4 | 62,5 |
| Adsorção em carvão ativado em pó e filtração | 0,129 | 0,9998 | 0,337 | 61,9 | 66,4 | 6,8 |
| Complexação com EDTA | 0,399 | 0,9995 | 1,114 | 64,2 | 63,7 | -0,8 |

$r^2$: coeficiente de determinação.

Torna-se evidente nessa Tabela que os compostos responsáveis pela toxicidade à biomassa aeróbia são volatilizados em pH igual a 11,0 e pobremente removidos com arraste com ar em pH 3,0. De fato, os cromatogramas das fases gasosas, obtidos nesses dois valores de pH, sobrepostos, mostram que há compostos orgânicos voláteis em pH igual a 11,0 que não eram detectados em pH igual a 3,0 (Figura 1).

Os resultados dos testes realizados com a biomassa adaptada (Tabela 6) confirmaram que o fracionamento com arraste com ar em pH 11,0 removia a toxicidade, mesmo nessa condição.

**Tabela 6**  Resultados dos testes respirométricos realizados com as amostras de água residuárias fracionadas com arraste com ar em pH 3,0 e 11,0, com biomassa adaptada e não adaptada

| Fracionamento | TUOt | $r^2$ | TUOc | If (%) | Ib (%) | IR (%) |
|---|---|---|---|---|---|---|
| Arraste com ar/pH 3 (biomassa não adaptada) | 0,125 | 0,9983 | 0,237 | 47,3 | 54,3 | 12,9 |
| Arraste com ar/pH 11 (biomassa não adaptada) | 0,164 | 0,9991 | 0,237 | 30,8 | 54,3 | 43,3 |
| Arraste com ar/pH 3 (biomassa adaptada) | 0,129 | 0,9989 | 0,237 | 45,6 | 66,0 | 30,9 |
| Arraste com ar/pH 11 (biomassa adaptada) | 0,155 | 0,9994 | 0,237 | 34,6 | 66,0 | 47,6 |

Caffaro-Filho et al. (2010) avaliaram as fases gasosas de uma amostra em pH igual a 11 e da mesma amostra submetida à aeração por 9 horas (Figura 2).

Da análise dos cromatogramas, mostrados nas Figuras 1 e 2, os pesquisadores selecionaram 22 compostos, que foram identificados por meio da comparação

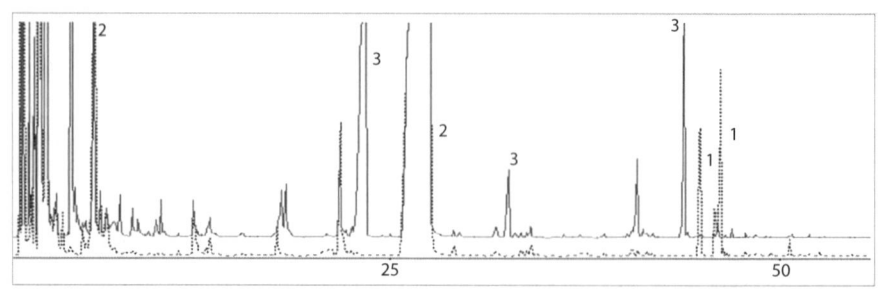

**Figura 1**  Sobreposição de cromatogramas das fases gasosas em pH igual a 3,0 (linha pontilhada) e pH igual a 11,0 (linha cheia).

(1) composto volatilizado apenas em pH igual a 3,0. (2) composto volatilizado em ambos os valores de pH e (3) composto volatilizado somente em pH igual a 11,0.

Fonte: Caffaro-Filho; Morita; Wagner et al. (2009).

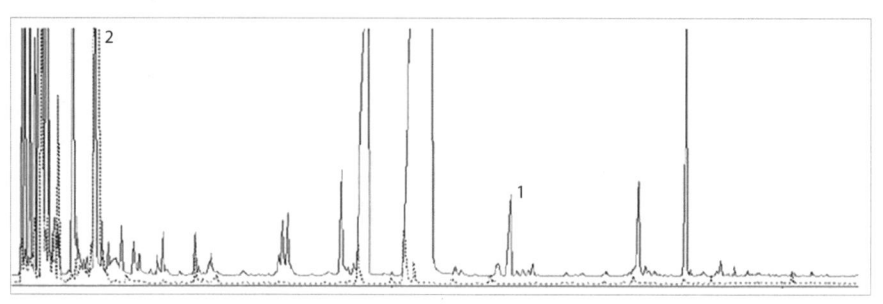

**Figura 2**  Sobreposição de cromatogramas das fases gasosas das amostras em pH igual a 11,0 (linha cheia) e após 9 horas de aeração nesse pH (linha pontilhada).

(1) composto volatilizado em pH igual a 11,0 e não encontrado na fase gasosa da amostra aerada por 9 horas. (2) composto volatilizado em pH 11,0 e presente na fase gasosa da amostra aerada por 9 horas.

Fonte: Caffaro-Filho et al. (2010).

dos seus espectros com os da biblioteca do espectrômetro de massa. Dos 22 compostos, foram escolhidos dez, que tinham toxicidade significativa segundo dados de literatura (Dimitrov et al., 2004; Katritzky e Tatham, 2001; Kaneko et al., 1987; Niknahad et al., 2003; Benigni, Passerini e Rodomonte, 2003) e/ou que estavam presentes nas emissões gasosas de indústrias produtoras de resina de poliéster (Usepa, 1997). Para esses dez compostos, foram calculados os índices de retenção de Kováts (KI). Os compostos que apresentaram alto índice de semelhança com a literatura foram: 2-butenal; 2-metil-2-butenal [M]; 2-metil-2-butenal [R]; 2-pentenal; 2-metil-2-pentenal e 2,4-hexadienal. Caffaro-Filho et al. (2010) concluíram que os compostos, presentes na indústria, responsáveis pela toxicidade aos microrganismos aeróbios, eram aldeídos insaturados (congêneres da acroleína).

**d) Quanto à política tarifária**

Por não considerar a toxicidade dos ENDs, a tarifa para uma indústria química pode ser menor do que para uma alimentícia, o que gera inconsistência e incentiva o lançamento de ENDs de categorias industriais perigosas no sistema público de esgoto.

## CONSIDERAÇÕES FINAIS

É primordial a melhoria das legislações e normas existentes relativas ao recebimento de ENDs no sistema público de esgoto no Brasil para que se garanta: (a) a integridade física do sistema de coleta, transporte e tratamento de esgoto; (b) a saúde e a segurança dos operadores e da população que vive no entorno das ETEs; (c) a qualidade do efluente tratado; (d) o reúso de água; e (e) o uso benéfico do lodo. Certamente, com essa melhoria, reduz-se o custo das tecnologias de tratamento adicionais necessárias para o reúso, especialmente o potável direto, e diminui-se o risco associado a ele.

## REFERÊNCIAS

[ABNT] ASSOCIAÇÃO BRASILEIRA DE NORMAS TÉCNICAS. *NBR 9800 – Critérios para lançamento de efluentes líquidos industriais no sistema coletor público de esgoto sanitário*. Rio de Janeiro: ABNT, 1987. 3p.

BENIGNI, R., PASSERINI, L.; RODOMONTE, A. Structure-activity relationships for the mutagenicity and carcinogenicity of simple and α-β unsaturated aldehydes. *Environmental and Molecular Mutagenesis*, v. 42, p. 136-43, 2003.

BOTTS, J. A.; MORRIS, T. L.; COLLINS, M.; et al. Evaluating the impact of industrial discharges to publicly owned treatment works: the refractory assessment protocol. In: MID-ATLANTIC INDUSTRIAL WASTE CONFERENCE, 26., Newark, 1994. *Anais*. Lancaster, Pennsylvania: Technomic Publishing Comp., 1994.

CAFFARO-FILHO, R.A.; MORITA, D.M.; WAGNER, R.; et al. Toxicity-directed approach of polyester manufacturing industry wastewater provides useful information for conducting treatability studies. *Journal of Hazardous Materials*, v. 163, p. 92-7, 2009.

CAFFARO-FILHO, R.A.; WAGNER, R.; UMBUZEIRO, G.A.; et al. Identification of α,β unsaturated aldehydes as sources of toxicity to activated sludge biomass in polyester manufacturing wastewater. *Water Science & Technology*, v. 61, p. 2317-24, 2010.

[COPASA] COMPANHIA DE SANEAMENTO DE MINAS GERAIS. *Norma Técnica T. 187/5*. Lançamento de efluentes não domésticos no sistema de esgotamento sanitário da Copasa. Belo Horizonte: Copasa, 2014. 10p.

[CESAN] COMPANHIA ESPÍRITO SANTENSE DE SANEAMENTO. *Resolução n. 5490/2013*. Aprova a Norma ENG.001.00.2013 – Recebimento de despejos não domésticos. Vitória (ES): Cesan, 2013. 20p.

DELATORRE JUNIOR, I.; MORITA, D.M. Avaliação da eficácia dos critérios de recebimento de efluentes não domésticos em sistemas de coleta e transporte de esgotos sanitários em São Paulo. *Engenharia Sanitária e Ambiental*, v. 12, p. 62-70, 2007.

DIMITROV, S.; KOLEVA, Y.; SCHULTZ, W.; et al. Interspecies quantitative structure-activity relationship model for aldehydes: aquatic toxicity. *Environmental Toxicology and Chemistry*, v. 23, p. 463-70, 2004.

ESTADO DE SÃO PAULO. Decreto n. 15.425 de 24 de julho de 1980. Acrescenta dispositivos e procede a alterações, que especifica, ao Regulamento da Lei n. 997, de 31 de maio de 1976, aprovado pelo Decreto n. 8.468, de 8 de setembro de 1976, que dispõe sobre a prevenção e o controle da poluição do meio ambiente. *Diário Oficial do Estado*, São Paulo, 24/07/1980, p. 2.

ESTADO DO CEARÁ. Resolução COEMA n. 2 de 2 de fevereiro de 2017. Dispõe sobre padrões e condições para lançamento de efluentes líquidos gerados por fontes poluidoras, revoga as portarias SEMACE n. 154, de 22 de julho de 2002, de 05 de abril de 2011, e altera a portaria SEMA-CE nº 151, de 25 de novembro de 2002. *Diário Oficial do Estado*, Fortaleza, 21/02/2017, p. 56 a 61.

ESTADOS UNIDOS. *40CFR Part 403. General pretreatment regulations for existing and new sources of pollution*. Washington: US Government Publishing Office, 2018. Disponível em: https://www.govinfo.gov/content/pkg/CFR-2019-title40-vol31/pdf/CFR-2019-title40-vol31.pdf. Acesso em: 05 jan. 2019.

[EEA] EUROPEAN ENVIRONMENT AGENCY. *Industrial waste water treatment – pressures on Europe's environment*. Copenhagen: EEA, 2019. 67p. ISSN 1977-8449.

FERRARESI, G.N. *Avaliação da toxicidade de efluente de indústria de borracha ao sistema de lodos ativados pelo método "Refractory Toxicity Assessment" – RTA Modificado*. 2001. 2 v. Dissertação (Mestrado) – Escola Politécnica, Universidade de São Paulo, São Paulo.

KANEKO, T.; SHUJI, H.; NAKANO, S.; et al. Lethal effects of a linoleic acid hydroperoxide and its autoxidation products, unsaturated aliphatic aldehydes, on human diploid fibroblasts. *Chemico-Biological Interactions*, v. 63, p. 127-37, 1987.

KATRITZKY, A.R.; TATHAM, D.B. Theoretical descriptors for the correlation of aquatic toxicity of environmental pollutants by quantitative structure-toxicity relationships. *Journal Chemical Information and Computer Sciences*, v. 41, p. 1162-76. 2001.

NIKNAHAD, H.; SIRAKI, A.G.; SHUHENDLER, A.; et al. Modulating carbonyl cytotoxicity in intact rat hepatocytes by inhibiting carbonyl-metabolizing enzymes. I. Aliphatic alkenals. *Chemico-Biological Interactions*, v. 143-4, p. 107-17, 2003.

[OECD] ORGANIZATION FOR ECONOMIC CO-OPERATION AND DEVELOPMENT. *Activated sludge. Respiration inhibition test. Guidelines for Testing of Chemicals. OECD Method 209*. Paris: OECD, 1984.

SPÓSITO, R.D.; MORITA, D.M. Identificação da classe de compostos responsáveis pela toxicidade da água residuárias de uma indústria química ao sistema de esgoto sanitário. *Revista DAE*, v. 177, p. 40-9, 2008.

[USEPA] UNITED STATES ENVIRONMENTAL PROTECTION AGENCY. Office of Wastewater Management. *Guidance manual on the development and implementation of local discharge limitations under the Pretreatment Program*. Washington, DC: Usepa, 1987. (EPA 333-B-87-202).

[USEPA] UNITED STATES ENVIRONMENTAL PROTECTION AGENCY. Office of Research and Development. *Toxicity Reduction Evaluation Protocol for Municipal Wastewater Treatment Plants*. Washington, DC: Usepa, 1989.

[USEPA] UNITED STATES ENVIRONMENTAL PROTECTION AGENCY. *Guidance to protect POTW workers from toxic and reactive gases and vapors*. Washington, DC: Usepa. 1992. (EPA 812-B-92-001).

[USEPA] UNITED STATES ENVIRONMENTAL PROTECTION AGENCY. Office of Research and Development. *Guides to pollution prevention. Municipal pretreatment programs*. Washington, DC: Usepa. 1993. 39p. (EPA/625/R-93/006).

[USEPA] UNITED STATES ENVIRONMENTAL PROTECTION AGENCY. Office of Compliance Sector Notebook Project. *Profile of the plastic resin and manmade fiber industries.* Washington, DC: Usepa, 1997.

[USEPA] UNITED STATES ENVIRONMENTAL PROTECTION AGENCY. Office of Wastewater Management. *Toxicity reduction evaluation guidance for municipal wastewater treatment plants.* Washington: Usepa, 1999.

[USEPA] UNITED STATES ENVIRONMENTAL PROTECTION AGENCY. Office of Wastewater Management. *Local limits development guidance.* Washington, DC: Usepa, 2004 (EPA 833-R-04--002A).

# ALGUNS PROCESSOS E OPERAÇÕES UNITÁRIAS EMPREGADOS EM REÚSO DE ÁGUA

# Capítulo 9

# PROCESSO DE SEPARAÇÃO POR MEMBRANAS

José Carlos Mierzwa

## INTRODUÇÃO

A ampliação dos problemas relacionados à escassez de água e a busca por novas fontes de abastecimento, associados à limitação das tecnologias convencionais de tratamento de água, impõe a necessidade de utilização de processos mais modernos tanto para o tratamento de água como o de efluentes. Isso se torna mais evidente quando se passa a considerar os esgotos domésticos como fonte para produção de água de reúso para fins potáveis, seja de forma direta ou indireta.

A própria diretriz da Organização Mundial da Saúde que trata do reúso potável enfatiza a necessidade da utilização do conceito de múltiplas barreiras para a produção de água, considerando-se a ampla variedade de contaminantes potencialmente presentes nos esgotos (WHO, 2017).

Dentre as opções tecnológicas consideradas, pode-se destacar os processos de separação por membranas incluindo, mas não se limitando, a microfiltração, ultrafiltração, nanofiltração e osmose reversa, as quais podem ser utilizadas em associação aos processos biológicos de tratamento, como no caso dos sistemas biológicos com membranas submersas, ou complementarmente a esses processos, visando à remoção de contaminantes específicos.

Considerando-se o exposto, neste capítulo são apresentados os principais conceitos sobre os processos de separação por membranas para utilização em sistemas para reúso potável de água, seja direto ou indireto.

## CONCEITOS SOBRE PROCESSOS DE SEPARAÇÃO POR MEMBRANAS

Os processos de separação por membranas, muitas vezes designados de forma inadequada por filtração em membranas, utilizam uma membrana semipermeável com capacidade de separar diferentes materiais presentes na água em função de suas propriedades físico-químicas e força motriz aplicada sobre a membrana (Mallevialle, Odendaal e Wiesner, 1996). As membranas são capazes de separar tanto sólidos em suspensão, inclusive coloidal, incluindo protozoários e bactérias, como moléculas orgânicas, incluindo vírus e substâncias inorgânicas (Cheryan, 1998). Em relação aos vírus, deve-se destacar a ocorrência da pandemia relacionada ao Coronavírus, Covid-19, que embora não seja um vírus relevante do ponto de vista de veiculação hídrica, dá um indicativo da relevância desta categoria de contaminante. A razão para isso é a possibilidade de vírus específicos poderem ter a sua disseminação por meio da água ou dos esgotos. Uma abordagem mais detalhada sobre a pandemia associada à Covid-19 é apresentada no Capítulo 3.

Para tratamento de água e efluentes, os processos de separação por membranas mais utilizados utilizam a pressão hidráulica para promover a separação dos contaminantes presentes e são divididos em quatro categorias, microfiltração, ultrafiltração, nanofiltração e osmose reversa (Buckley e Hurt, 1996; Cheryan, 1998; Mierzwa e Hespanhol, 2005), cuja capacidade de separação é ilustrada pela Figura 1.

Analisando-se a Figura 1 é possível observar que a osmose reversa é o processo que tem capacidade para eliminar até íons monovalentes e que, por essa razão, também eliminaria os demais tipos de contaminantes possivelmente presentes. Contudo, isso não é possível em razão das pressões de operação envolvidas, ou seja, quanto maior a pressão de operação de um sistema, menor é a sua tolerância a sólidos em suspensão. Isso implica a necessidade de pré-tratamentos robustos para a operação adequada de sistemas de nanofiltração e osmose reversa.

Outros conceitos relevantes sobre os processos de separação por membranas estão relacionados ao potencial de interação entre os contaminantes presentes na água ou efluente a ser tratado e a membrana, fenômeno denominado de depósito, do inglês *fouling*. Por essa razão as propriedades físico-químicas e elétricas das membranas e dos contaminantes são de grande relevância para o desenvolvimento de projetos de sistemas de separação por membranas. Além dos problemas relacionados à interação físico-química dos contaminantes com as membranas, há ainda o problema de proliferação de microrganismos, ou formação de biofilme, que em alguns casos pode melhorar o desempenho das membranas, caso específico do tratamento biológico com membranas submersas, ou comprometer o desempenho do sistema e a integridade da membrana no caso dos processos de nanofiltração e osmose reversa.

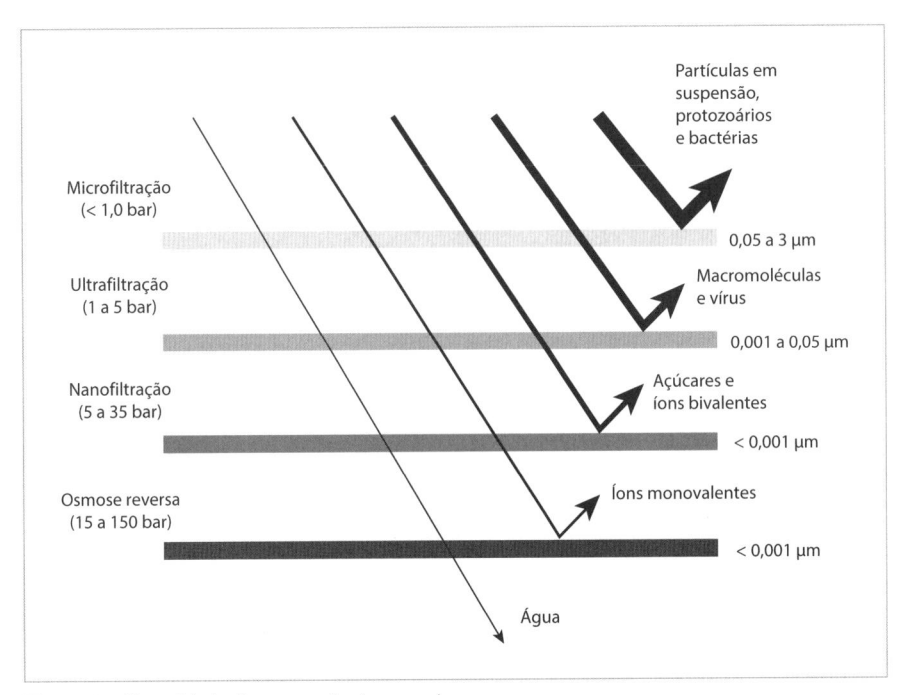

**Figura 1**   Capacidade de separação das membranas.
Fonte: adaptada de Cheryan (1998); Mierzwa e Hespanhol (2005).

Para uma melhor compreensão sobre a aplicação e o desempenho de sistemas de separação por membranas para tratamento de água e efluentes, nos itens a seguir são apresentados alguns fundamentos sobre esses processos.

## Material das membranas e propriedades associadas

De maneira geral, as membranas podem ser fabricadas utilizando-se materiais cerâmicos ou poliméricos, estes últimos os mais amplamente utilizados na produção de membranas para tratamento de água e efluentes. A importância da seleção do tipo adequado de material da membrana está associada ao potencial de interação com os contaminantes presentes na água ou efluentes a serem tratados e, consequentemente, ao desempenho da membrana.

Como a maioria das aplicações em tratamento de água e efluentes utiliza membranas poliméricas, será dada uma maior ênfase a esses tipos de membranas nas discussões que se seguem.

A partir da utilização de membranas poliméricas, em função da capacidade de separação necessária, as membranas são produzidas com um único material, caso específico das membranas de microfiltração e ultrafiltração. No caso das membranas de nanofiltração e osmose reversa, que exige um polímero denso para promover a separação de espécies solúveis, as membranas são feitas de duas camadas e são denominadas membranas de filme fino composto. Nessas membranas, há uma camada suporte de poliéster não tecido, uma camada de um polímero menos denso e uma camada do polímero denso, com uma espessura menor que 0,5 μm, para diminuir a resistência à passagem da água, Figura 2.

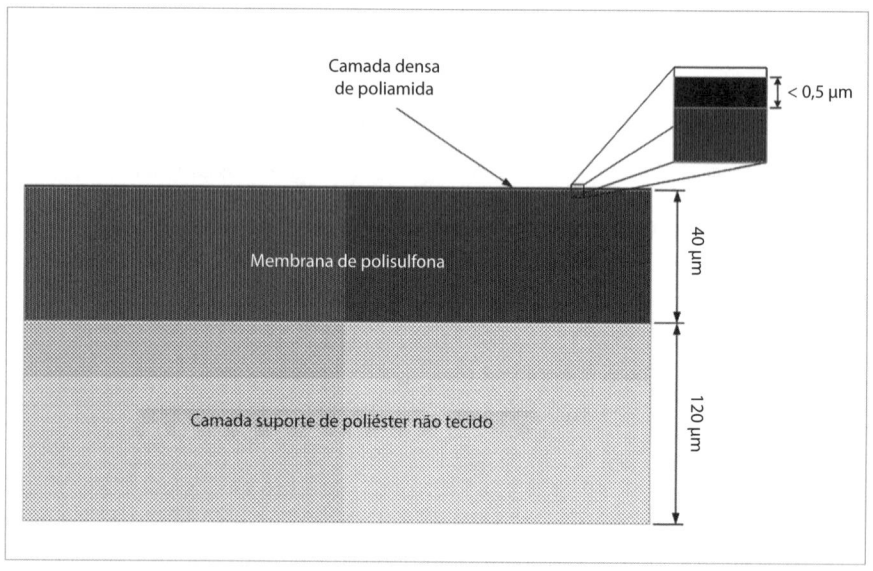

**Figura 2**   Representação da seção transversal de uma membrana de filme fino composto.
Fonte: adaptada de DOW Liquid Separations (2005).

## Hidrofilicidade ou hidrofobicidade

Uma propriedade importante para o sucesso do desempenho de uma membrana para utilização em tratamento de água ou efluentes é a sua afinidade ou não pela água, o que resulta no conceito de hidrofilicidade ou hidrofobicidade, conforme apresentado no trabalho desenvolvido por Law (2014).

- Membranas hidrofílicas: apresentam afinidade pela água, sendo menos propensas à ocorrência de depósitos e são mais fáceis de serem limpas.
- Membranas hidrofóbicas: não apresentam afinidade pela água, são mais propensas à ocorrência de depósitos pela interação com solutos orgânicos e material particulado e são mais difíceis de serem limpas.

Uma das formas de avaliar a afinidade ou não da membrana pela água é por meio da medida do ângulo de contato de uma gota séssil depositada sobre a membrana, conforme ilustrado na Figura 3. Especificamente, nas membranas hidrofílicas a gota de água irá ter um maior espalhamento, o que resulta em um menor ângulo de contato, enquanto nas membranas hidrofóbicas a gota de água terá um menor espalhamento. Essa propriedade é de grande relevância para a escolha do material da membrana para a aplicação que se pretende.

Deve ser ressaltado que a hidrofilicidade ou hidrofobicidade das membranas estão associadas à sua carga elétrica superficial, ou seja, membranas hidrofílicas apresentam carga elétrica líquida negativa, enquanto membranas hidrofóbicas carga elétrica positiva. Sendo que tanto a carga elétrica das membranas como a dos contaminantes, principalmente compostos orgânicos, são afetadas pelo valor do pH (DOW Liquid Separations, 2005).

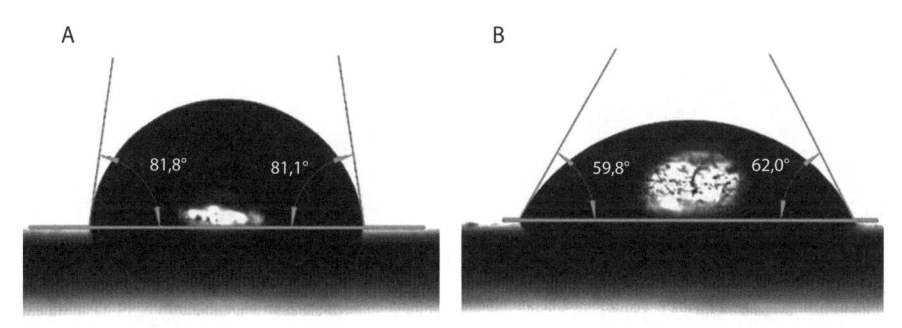

**Figura 3**   Exemplos da medida do ângulo de contato de duas membranas fabricadas de diferentes materiais: A) polisulfona e B) polietersulfona .

Fonte: acervo do autor.

## Tipo de configuração das membranas e módulos

Considerando-se o uso de materiais poliméricos, as membranas podem ser produzidas na forma de filmes planos e na forma tubular. No caso das membranas tubulares, em função do seu diâmetro, podem ser denominadas membrana tubular, diâmetro maior que 5 mm, membrana capilar, diâmetro entre 0,5 e 5 mm, e fibra oca, com diâmetro menor que 0,5 mm (Mulder, 1996). Além disso, a estrutura interna das membranas também pode ser diferente, existindo membranas densas e porosas (Aptel e Buckley, 1996; Cheryan, 1998). Em relação às membranas porosas é possível obter membranas simétricas e assimétricas, com morfologia de poro na forma de esponja ou tipo dedos. Do ponto de vista de tratamento de água, no caso das membranas porosas, a estrutura de poros mais adequada é a assimétrica com poros tipo dedos, conforme ilustrado na Figura 4. Na imagem da Figura 4 é possível observar que na superfície da membrana os poros são muito menores em comparação à camada inferior. Essa característica resulta em um melhor desempenho da membrana em relação à retenção de contaminantes e fluxo de permeado.

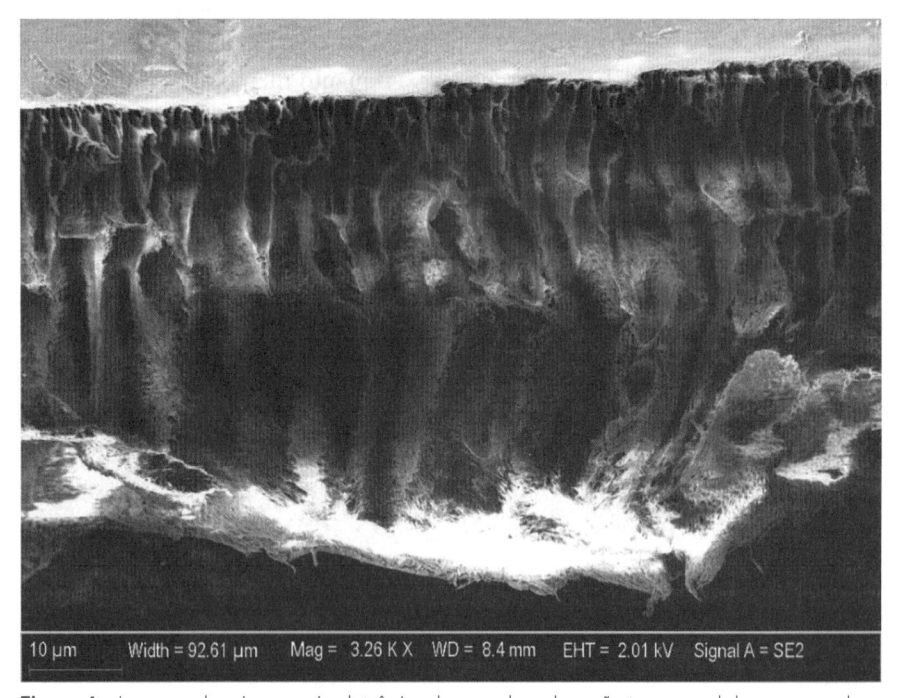

**Figura 4** Imagem de microscopia eletrônica de varredura da seção transversal de uma membrana assimétrica com poros na forma de dedos.
Fonte: acervo do autor.

A partir das formas de membranas disponíveis é possível obter módulos com diferentes configurações, como placas planas, enrolados em espiral, fibra oca e tubulares. Cada uma das configurações apresenta características específicas, como densidade de empacotamento, que é a relação entre a área de membrana no módulo e o volume ocupado pelo módulo, modo de operação e exigência de pré--tratamento. Destaca-se também que os módulos de membranas de nanofiltração e osmose reversa só estão disponíveis para tratamento de água na configuração enrolada em espiral, enquanto os módulos de membranas de microfiltração e ultrafiltração estão disponíveis em qualquer uma das configurações apresentadas.

Uma comparação entre os diferentes tipos de módulos de membranas disponíveis é apresentada na Tabela 1 (Aptel e Buckley, 1996).

**Tabela 1**   Comparação entre os diferentes tipos de módulos de membranas disponíveis

| Critério | Configuração do módulo | | | |
|---|---|---|---|---|
| | Placa plana | Enrolado em espiral | Tubular | Fibra oca/capilar |
| Densidade de empacotamento | + | ++ | - | +++ |
| Facilidade de limpeza | | | | |
| No local | + | - | ++ | - |
| Por contralavagem | - | - | - | +++ |
| Custo do módulo | + | +++ | - | +++ |
| Volume de líquido acumulado | + | + | - | ++ |
| Exigência de pré-tratamento | - | - | +++ | ++ |

- certamente desvantajoso; +++ certamente vantajoso.

## Polarização de concentrações e formação de depósitos

Antes de tratar do tema sobre polarização de concentrações e formação de depósitos em membranas, um aspecto relevante a ser tratado é o modo de escoamento da água ou do efluente nos módulos de membranas.

De maneira geral, existem duas formas de operação dos sistemas de membranas em relação ao escoamento (Cui, Jiang e Field, 2010):

- **Escoamento paralelo (*cross flow*):** neste tipo de escoamento o fluxo é paralelo à superfície da membrana e apenas uma parcela de água a atravessa como permeado e a quantidade restante é descartada como concentrado. O resultado disso é que não há acúmulo significativo de solutos na superfície da membrana, os quais são descartados do sistema no concentrado e a operação é mantida sem interrupção até a necessidade de realização de limpeza química (Figura 5A). Esse é o tipo de escoamento predominante em sistemas que utilizam membranas enroladas em espiral.
- **Escoamento perpendicular (*dead end*):** nesse tipo de escoamento o fluxo de água é perpendicular à membrana e toda a corrente líquida atravessa a membrana, resultando no acúmulo de solutos na superfície e consequente aumento na resistência à passagem da água pela membrana. Com o acúmulo de soluto, o fluxo de água é reduzido, o que exige a realização de operações de contralavagem com frequência elevada (Figura 5B). Esse tipo de escoamento é utilizado em sistemas que utilizam membranas de fibra oca, que operam com baixos valores de pressão transmembrana.

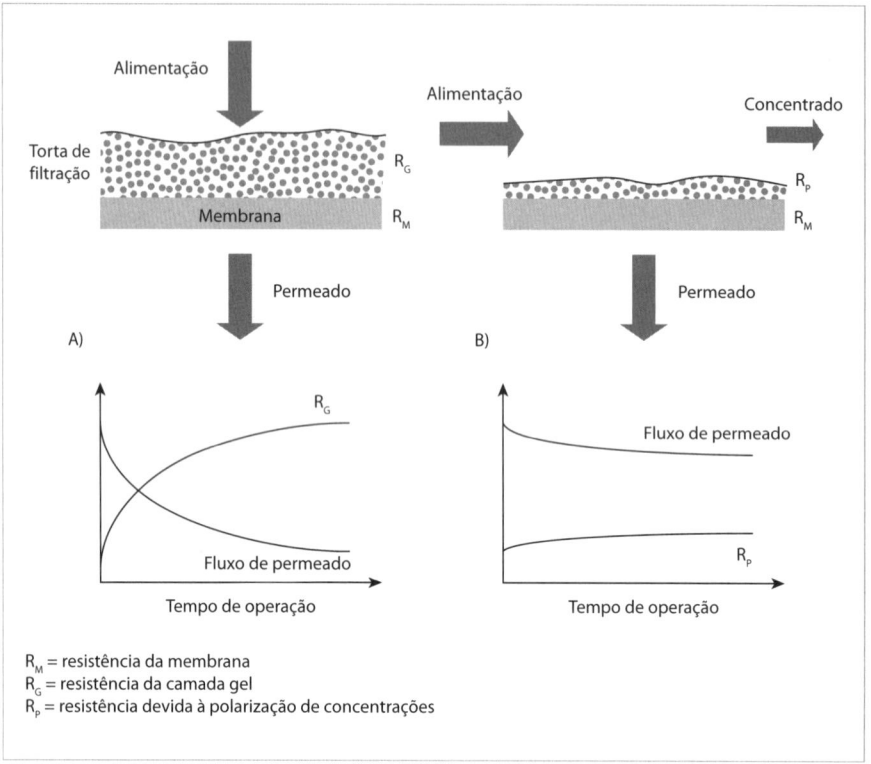

**Figura 5** Representação dos tipos de escoamento em membranas: A) perpendicular e B) paralelo.
Fonte: adaptada de Cui, Jiang e Field (2010).

## Polarização de concentrações

A polarização de concentrações é um fenômeno específico de sistemas de membranas que operam com escoamento tangencial. Ele se refere ao acúmulo de sólidos na superfície da membrana, especificamente na região da camada limite de velocidade. Esse acúmulo ocorre pelo transporte convectivo de solutos da solução que alimenta o sistema até a superfície da membrana, no qual uma parcela da água atravessa e os solutos são retidos. Isso resulta na elevação da concentração do soluto junto à superfície da membrana, a qual é controlada pelo fluxo de alimentação tangencial à membrana e pela taxa de recuperação de água utilizada (ver Figura 5B). Esse fenômeno não deve ser confundido com o depósito, que é resultado da interação dos solutos presentes na solução com a membrana.

Com baixos valores de recuperação de água, a polarização de concentração não resulta em nenhum problema significativo para o desempenho da membrana, a menos que a taxa de recuperação de água seja muito elevada. Em geral, os fornecedores de membranas recomendam que a taxa de recuperação de água por módulos de membrana com 1 m de comprimento não seja superior a 30% em função da qualidade da água de alimentação, mas o valor típico de recuperação é próximo de 18% para o tratamento de águas salobras e 14% para água do mar (DOW Liquid Separations, 2005).

## Formação de depósitos

A formação de depósitos é um fenômeno resultante da interação de solutos presentes na água ou efluentes a serem tratados com as membranas e pode ser afetado pelas condições de operação do sistema, principalmente no tratamento de correntes com a presença de sólidos em suspensão, ou compostos com baixa solubilidade.

Na prática a formação de depósitos pode ser resultado da deposição de partículas em suspensão na superfície das membranas ou no interior dos seus poros, interações eletrostáticas entre os solutos e o material das membranas, precipitação de compostos com baixa solubilidade ou qualquer outro fenômeno de interação entre os solutos e as membranas, e é bastante complexo (Guo, Ngo e Li, 2012).

Muitas vezes o fenômeno de polarização de concentrações é confundido com depósito, o que não está correto, pois a formação de depósitos é decorrente das interações de constituintes específicos com a membrana, ou pela utilização de condições operacionais inadequadas, comprimindo a camada de polarização de concentração e transformando-a em uma camada gel.

Em função do tipo de processo de separação por membranas, o problema de depósito pode ser mais severo, como no caso da presença de partículas em suspensão na corrente de alimentação de sistemas que operam com pressão elevada, como é o caso dos sistemas de nanofiltração e osmose reversa.

O controle da ocorrência de depósitos deve ser feito desde a etapa de desenvolvimento do projeto, por meio da seleção do material de membrana mais adequado, passando pela definição de estratégias de pré-tratamento para eliminar os constituintes responsáveis pela sua ocorrência, até o estabelecimento de condições operacionais para minimizar os seus efeitos durante a operação do sistema. Também deve ser considerado o desenvolvimento de programas de limpeza das membranas para possibilitar a recuperação do seu desempenho.

Um tipo específico de depósito que ocorre em processos de separação por membranas é resultado do crescimento microbiológico de bactérias heterotróficas na sua superfície, com a consequente formação de um biofilme. Diferente do depósito associado aos compostos químicos e partículas em suspensão, a ocorrência de depósito biológico é dinâmica e pode resultar no agravamento da perda de desempenho dos processos de separação por membranas pela interação e aprisionamento de outros tipos de contaminantes. Além disso, o depósito biológico, ou formação de biofilme, ocorre independentemente do nível de pré-tratamento adotado ou do uso de agentes de desinfecção (Baker e Dudley, 1998).

A formação de biofilme se inicia pelo transporte convectivo de bactérias presentes na corrente a ser tratada até a superfície da membrana, a qual irá se fixar por meio de forças físicas fracas. A partir de sua fixação as bactérias começam a excretar um polissacarídeo, denominado de substância polimérica extracelular (EPS), o qual será responsável pela adesão das bactérias na superfície da membrana (Nguyen, Roddick e Fan, 2012). O EPS excretado não é impermeável e possui capacidade de troca iônica, de maneira que os nutrientes presentes na água são fixados para utilização. Após esse processo as bactérias começam a proliferar e se desprender do biofilme formado, o que permitirá a colonização de outros pontos do sistema de membranas. A Figura 6 ilustra o processo de formação de biofilme em sistemas de membranas.

Com o estabelecimento do biofilme e formação de depósitos, o sistema terá seu desempenho reduzido, o que exigirá sua parada para a realização das operações de limpeza química e sanitização.

## Modelos de transferência de massa em processos de separação por membranas

Na literatura existem diversos modelos matemáticos que tentam descrever o transporte de massa através das membranas, destacando-se que existe uma diferença entre os mecanismos de transporte para os processos de micro e ultrafiltração em relação aos de nanofiltração e osmose reversa (Cheryan, 1998; Tewari, 2016).

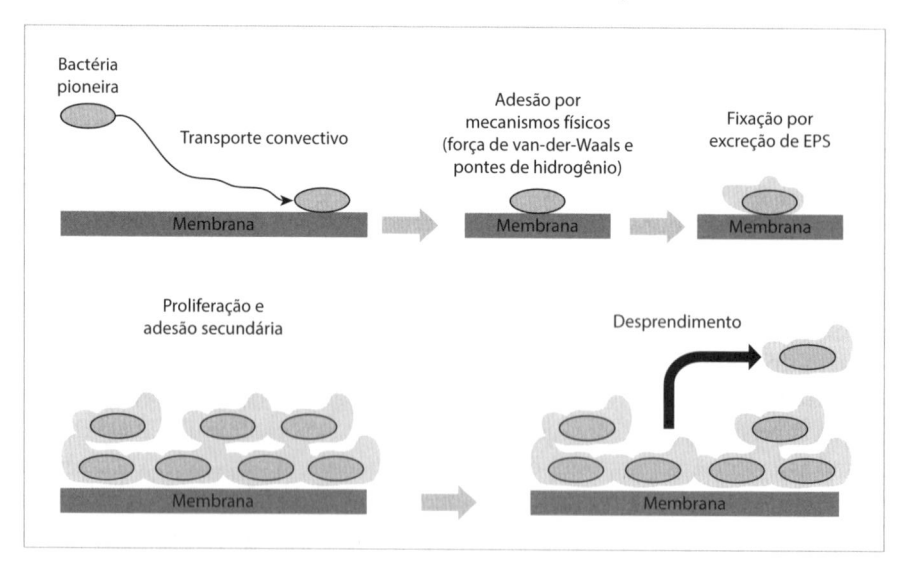

**Figura 6** Etapas do processo de formação de biofilme em sistemas de membranas.

Para os processos de microfiltração e ultrafiltração, em função do tamanho dos poros ser relativamente grande, a separação da água dos contaminantes se dá pelo mecanismo de retenção e filtração. Já no caso das membranas de nanofiltração e osmose reversa, que são consideradas densas, o transporte de massa, tanto da água como dos contaminantes se dá por difusão. Para essas condições de transporte, dois modelos gerais se destacam, o modelo de resistências em série para os processos de microfiltração e ultrafiltração e o modelo de transferência de massa por difusão. Ressalta-se que na literatura existem outros modelos mais complexos (Mulder, 1996), mas que não são apresentados, uma vez que o objetivo deste item é apenas introduzir os fundamentos relativos ao funcionamento dos processos de separação por membranas.

## Modelo de resistências em série

No modelo de resistências em série, tem-se como premissa básica que o transporte da água através das membranas de microfiltração ou ultrafiltração só ocorre quando as resistências associadas à sua passagem são vencidas. Como as membranas são porosas, pode-se considerar que o escoamento da água através dos poros irá gerar uma resistência à sua passagem, como ocorre no caso de escoamentos de fluidos em condutos forçados. No caso do tratamento de água natural ou efluentes, os fenômenos de depósito e polarização de concentrações também irão impor uma resistência à passagem da água, as quais deverão ser consideradas. Com base nesse conceito, foi proposto que o fluxo de água através da membrana pode ser representado pelas seguintes expressões, considerando-se apenas a passagem de água através da membrana (Cheryan, 1998; Tewari, 2016).

Para água pura:

$$J = \frac{\Delta P}{\mu.R_M} \tag{1}$$

Em que:

$J$ = fluxo de água através da membrana (m.s$^{-1}$);
$\Delta P$ = pressão transmembrana (Pa);
$\mu$ = viscosidade cinemática da água (Pa.s);
$R_M$ = resistência da membrana à passagem da água (m$^{-1}$).

Para águas naturais ou efluentes:

$$J = \frac{\Delta P}{\mu \left( R_M + R_D + R_G \right)} \tag{2}$$

Na qual $R_D$ e $R_G$ são as resistências causadas pela ocorrência de depósitos e pelo acúmulo de solutos na camada de polarização de concentrações e ambas têm a mesma unidade que a resistência da membrana ($R_M$).

Pelas equações (1) e (2), verifica-se que a viscosidade cinemática da água tem influência no fluxo de água através da membrana. Como essa propriedade é influenciada pela temperatura, o fluxo de água também é, o que requer que os valores de fluxo sejam normalizados para um valor de temperatura de referência, o que pode ser feito com a utilização da Equação 3.

$$J_{TR} \cdot \mu_{TR} = J_{TM} \cdot \mu_{TM} \tag{3}$$

Em que:

$J_{TR}$ e $J_{TM}$ = fluxos de água nas temperaturas de referência e registrada durante a realização da medição;

$\mu_{TR}$ e $\mu_{TM}$ = viscosidades da água nas temperaturas de referência e registrada durante a realização da medição.

O modelo apresentado é muito útil para compreender o efeito da interação dos contaminantes presentes na água ou efluente a ser tratado pelos processos de microfiltração e ultrafiltração, por meio da realização de ensaios-piloto, assim como obter os parâmetros ótimos de operação, a partir do conceito de fluxo crítico.

É importante observar que a resistência em virtude de depósitos não é afetada pela pressão de operação do sistema, enquanto a resistência da camada de polarização de concentrações sim. Essa condição resulta no conceito de ponto crítico de operação, o qual está diretamente relacionado ao comportamento do fluxo de água através da membrana em função da pressão aplicada. De maneira geral, para baixos valores de pressão, a resistência da camada de polarização é muito baixa em relação à resistência da membrana, de maneira que o fluxo de água varia linearmente com a pressão. A partir de um determinado ponto, o aumento da pressão comprime a camada de polarização, que passa a ter o comportamento de uma camada gel, causando um aumento significativo da resistência à passagem da água. Nessa condição, o fluxo de água deixará de variar linearmente com a pressão, o que define o ponto crítico de operação, conforme ilustra a Figura 7.

O ponto crítico serve como referência para o estabelecimento das condições de operação dos processos de microfiltração e ultrafiltração, devendo ser obtidos para as diferentes estações climáticas do ano, pois as características da água ou efluente variam em função da temperatura.

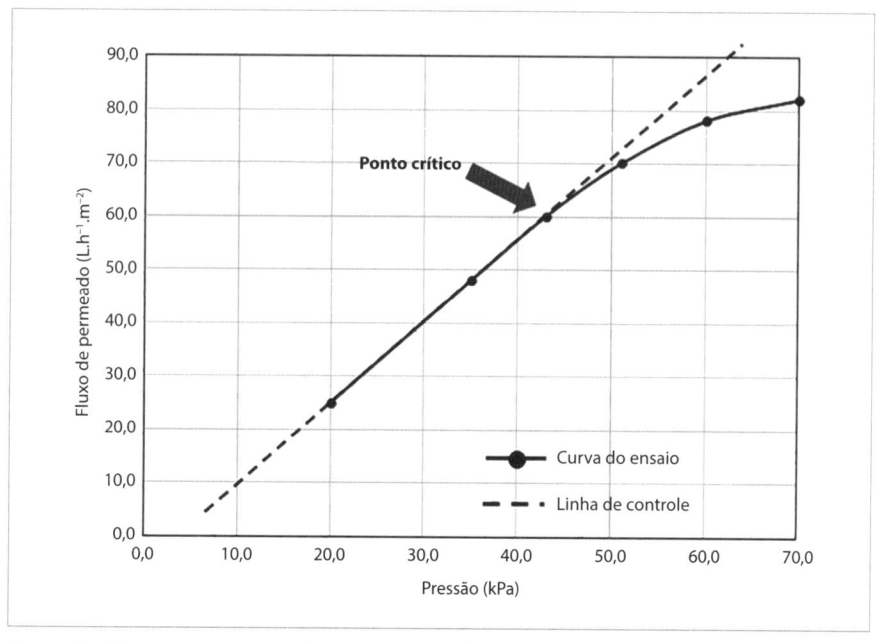

**Figura 7**  Obtenção do ponto crítico de operação de processos de microfiltração e ultrafiltração.

## Modelo de transferência de massa por difusão (Teoria do Filme)

No caso dos processos de separação por membranas que utilizam membranas densas e não toleram a presença de sólidos em suspensão na corrente de alimentação, o modelo de resistências em séries não se aplica, já que o processo de transferência de massa é difusivo. Em linhas gerais, quando uma corrente de água ou efluentes é submetida ao processo de nanofiltração ou osmose reversa, que operam com fluxo tangencial, tanto a água como os solutos chegam à superfície da membrana por transporte convectivo. Ao chegar a essa superfície, em função da pressão aplicada, que é superior à pressão osmótica da solução na camada limite, a água irá difundir através da membrana, enquanto os contaminantes presentes serão acumulados na camada limite. Considerando-se que a membrana é uma barreira efetiva para os contaminantes, com o aumento da sua concentração na camada limite irá ocorrer a difusão dos solutos da camada limite de volta para a solução, de maneira a ser atingido um equilíbrio dinâmico de transferência de massa, ou seja, a quantidade de massa que chega por fluxo convectivo retorna à solução pelo fluxo difusivo. A Figura 8 ilustra o processo descrito, a qual é utilizada para a obtenção do modelo de transferência de massa por difusão.

Considerando-se a Figura 8, o fluxo de soluto que chega na camada limite é convectivo, dado pelo produto entre a concentração de soluto na alimentação e

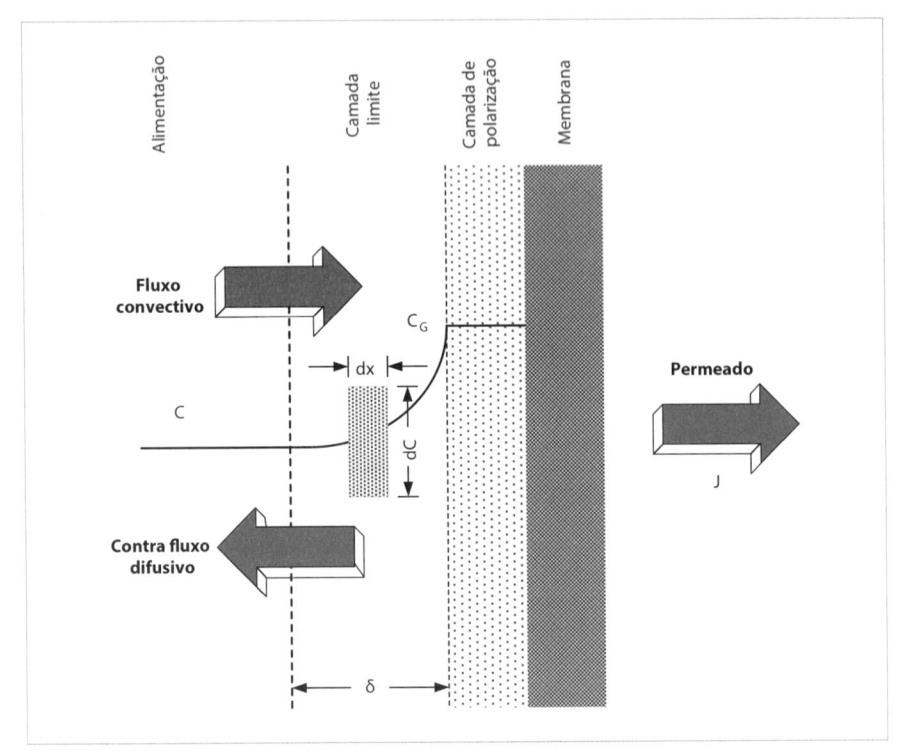

**Figura 8**   Representação esquemática dos fluxos de massa na camada limite e na membrana durante a operação.

Fonte: adaptada de Cheryan (1998).

o fluxo de permeado, Equação (4). Já o fluxo de soluto que sai da camada limite, considerando-se que a membrana só permite a passagem de água, é difusivo, dado pelo produto entre a difusividade do soluto e a variação da concentração de soluto na camada limite, Equação (5).

$$J_{SC} = JC \tag{4}$$

$$J_{SD} = D \frac{d_C}{d_x} \tag{5}$$

Em equilíbrio, admitindo-se que a mistura axial e a passagem de soluto através da membrana são desprezíveis, a quantidade de soluto que chega na camada limite por transporte convectivo é igual a quantidade que deixa a camada limite por difusão, Equação (6).

$$Jd_x = D\frac{dC}{C} \tag{6}$$

Integrando-se a Equação (6) para $dx$ variando de 0 a $\delta$ e $dC$ variando de C a $C_G$, obtém-se a Equação (7):

$$J = \frac{D}{\delta}\ln\frac{C_G}{C} \tag{7}$$

Pela Equação (7), verifica-se que o fluxo de permeado ($J$), através da membrana, é controlado pela difusividade do soluto na camada limite, ressaltando-se que no modelo não foi considerada a pressão de operação do sistema, ou seja, ele só é válido para a condição na qual o fluxo é independente da pressão. É possível modelar os processos de nanofiltração e osmose reversa levando-se em conta a pressão aplicada, porém essa modelagem está fora do escopo deste capítulo, mas pode ser encontrada na literatura (Mulder, 1996). Além disso, os principais fabricantes de membranas de nanofiltração e osmose reversa disponibilizam programas computacionais para o dimensionamento de sistemas, os quais incorporam todos os conceitos de transferência de massa, na camada limite e através da membrana, e são mais adequados para aplicações práticas.

## DESENVOLVIMENTO DE PROJETOS DE SISTEMAS DE SEPARAÇÃO POR MEMBRANAS

O desenvolvimento de projetos de sistemas de separação por membranas é bastante direto, devendo-se conhecer as principais características da corrente a ser tratada, a qualidade final desejada e a vazão de água a ser produzida ou efluente a ser tratado. Com base nas características de qualidade é definido o tipo de processo ou combinação de processos a ser utilizada. Uma informação de grande relevância para o projeto de sistemas de membranas são os parâmetros de projeto, como vazão de tratamento, fluxo através das membranas, pressão de operação e capacidade de recuperação de água.

Para garantir o funcionamento adequado do sistema de tratamento é recomendado que os parâmetros de projeto sejam obtidos por meio da realização de ensaios-piloto, com duração suficiente para permitir a operação nas diferentes condições de qualidade da água ou efluente. Ressalta-se que o projeto deve ser desenvolvido com base nos parâmetros mais críticos de operação observados nos ensaios-piloto.

Um aspecto de grande relevância é o fato de as membranas poliméricas apresentarem uma vida útil média de 5 anos e que a cada ano elas perdem capacidade de produção, em geral 10% a cada ano. Essa condição implica a necessidade de projetar o sistema de membrana com a capacidade de produção do final de sua vida útil, caso isso não seja feito, há o risco de as membranas terem a sua vida útil reduzida de forma significativa.

A partir dessas informações, é possível estruturar o fluxograma do sistema de tratamento, incluindo as etapas de pré-tratamento e pós-tratamento, além da unidade de separação por membranas e componentes auxiliares, como sistema de limpeza química e contralavagem no caso da utilização de elementos de membranas de fibra oca. A Figura 9 apresenta uma representação simplificada do fluxograma de um sistema de tratamento que utiliza os processos de separação por membranas.

É importante observar que a complexidade dos subsistemas de pré-tratamento e pós-tratamento dependem da qualidade da corrente de alimentação e da água a ser produzida, respectivamente.

Considerando-se a prática de reúso potável, a partir de esgotos predominantemente domésticos, o subsistema de pré-tratamento seria constituído por um processo biológico de lodos ativados com membranas submersas, o sistema de membranas seria uma unidade de osmose reversa e o pós-tratamento seria uma unidade de oxidação fotoquímica.

Enfatiza-se, também, que os processos de separação por membranas requerem uma operação automatizada, com interferência mínima de operadores, para evitar danos às unidades que utilizam membranas.

## Projetos de sistemas de microfiltração e ultrafiltração

Como mencionado, o projeto de sistemas de separação por membranas requer o conhecimento do fluxo de permeado que as membranas podem operar e a pressão de operação, além das informações sobre capacidade de tratamento, qualidade da alimentação do sistema e requisitos de qualidade do produto a ser obtido.

O nível de pré-tratamento exigido para os processos de microfiltração e ultrafiltração é menos rigoroso que aquele necessário para os processos de nanofiltração e osmose reversa. Contudo, o processo de microfiltração pode ser mais exigente em relação ao pré-tratamento, principalmente com relação aos sólidos coloidais, o que torna mais complexo o desenvolvimento do seu projeto em comparação com o processo de ultrafiltração.

A maior preocupação em relação ao processo de microfiltração está associada à distribuição do tamanho das partículas na água ou efluente a ser tratado e a distribuição do tamanho de poros da membrana. Havendo sobreposição das curvas de distribuição do tamanho de partículas com a de distribuição do tamanho de poros da membrana, haverá a formação de depósitos por obstrução de poros. Em geral, tanto o tamanho das partículas sólidas em suspensão em uma amostra de

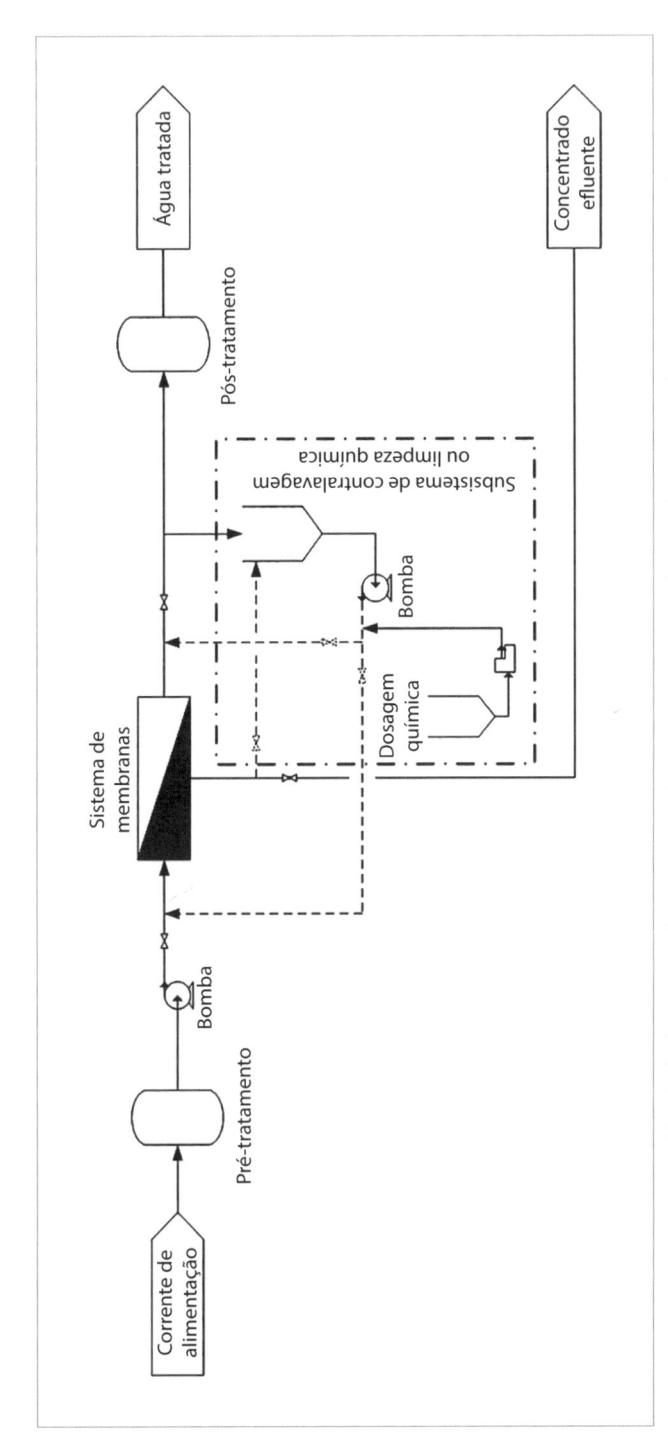

**Figura 9**   Representação simplificada do fluxograma de um sistema de tratamento com a utilização de processos de separação por membranas.

água ou efluente como o tamanho dos poros das membranas seguem o modelo de distribuição normal. Assim, quanto maior for a distância entre as curvas de distribuição do tamanho de partículas em suspensão em uma amostra e do tamanho de poros das membranas, menor a necessidade de pré-tratamento para evitar a ocorrência de obstrução dos poros da membrana e perda de desempenho do sistema de tratamento. A Figura 10 ilustra dois exemplos de curvas de distribuição de tamanho de partículas em suspensão em uma amostra de água e tamanho de poros de uma membrana hipotética de microfiltração e as consequências para o desempenho do processo.

Uma das formas de separar a curva de distribuição de tamanho de partículas em suspensão de uma corrente líquida da curva de distribuição do tamanho de poros da membrana de microfiltração é por meio do processo de coagulação por neutralização de cargas e floculação. Nesse caso é importante levar em consideração o tipo de coagulante utilizado, em função da carga elétrica líquida das membranas ser negativa. Assim, não é recomendado o uso de coagulantes catiônicos.

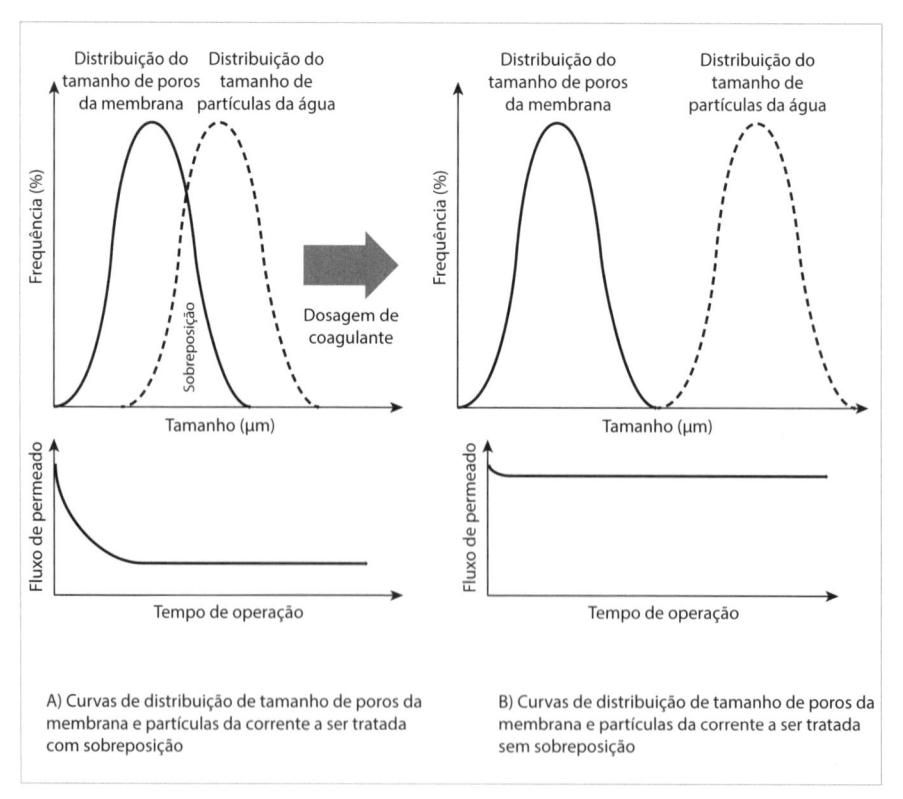

**Figura 10** Curvas de distribuição do tamanho de poros da membrana e partículas na corrente de alimentação e efeito no desempenho de membranas de microfiltração.

Outra forma de separar as curvas de distribuição do tamanho de poros da membrana e partículas da corrente de alimentação é substituir a membrana de microfiltração por uma membrana de ultrafiltração. Essa opção é mais adequada pois elimina a necessidade de utilização de coagulantes ou auxiliares de floculação e reduz o risco de perda irreversível da capacidade de produção das membranas.

## Obtenção dos parâmetros de operação e dimensionamento da unidade de membranas

Para o dimensionamento dos sistemas de microfiltração e ultrafiltração, operando com escoamento perpendicular, é necessário dispor do fluxo de permeado, pressão de operação, frequência ótima de contralavagem, fluxo de contralavagem e vazão de água a ser produzida ou de efluente a ser tratado. O fluxo de permeado e a pressão de operação são obtidos a partir de ensaios-piloto para obtenção do ponto crítico de operação do sistema (ver Figura 7 e o subitem correspondente). Os ensaios para a obtenção do ponto crítico devem ser realizados estabelecendo-se um intervalo para a realização das operações de contralavagem, que é mantido fixo, e variando-se a pressão de operação do sistema para a obtenção do fluxo.

Com a obtenção do fluxo crítico, deve-se adotar um valor de pressão de operação e fluxo de permeado variando entre 80 e 90% dos valores do ponto crítico. A partir de então realizam-se ensaios variando-se o intervalo de contralavagem para verificar a variação de produção de água pelo sistema. O gráfico apresentado na Figura 11 ilustra o exemplo da influência do intervalo de contralavagem na produtividade de um sistema de ultrafiltração (Rodrigues, 2012). Com base nos resultados do ensaio é possível obter a frequência ótima de contralavagem, para isso basta traçar uma linha paralela ao eixo y e interceptar o ponto máximo da curva, ou então derivar a expressão de ajuste da curva obtida em relação ao tempo e igualar a zero. A partir das informações disponíveis é possível obter a área de membrana necessária, o número de módulos a serem utilizados e as principais características dos equipamentos a serem utilizados.

As equações necessárias podem ser obtidas por meio da realização de um balanço de massa na unidade de membranas, para isso pode ser utilizado o diagrama apresentado na Figura 12.

Com base no diagrama da Figura 12 e considerando-se que a massa específica das correntes envolvidas não varia, pode-se obter a equação abaixo.

$$Q_A = Q_{AT} + Q_{CL} \qquad (8)$$

Produção diária de água tratada ($Q_{AT}$) é um dado de projeto e a obtenção da vazão diária de alimentação ($Q_A$) e do consumo diário de água para a contralavagem ($Q_{CL}$) é feita utilizando-se as informações sobre:

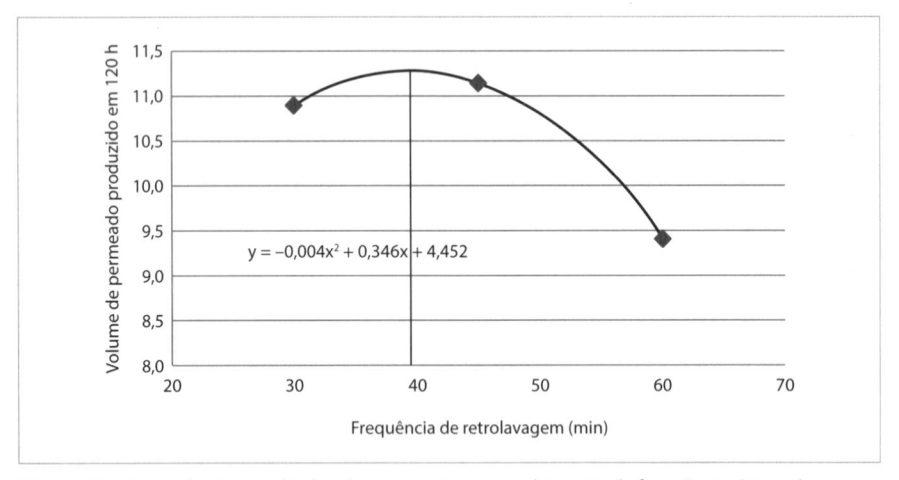

**Figura 11** Exemplo dos resultados de um ensaio para a obtenção da frequência ótima de contra-lavagem em um sistema de ultrafiltração.

Fonte: adaptada de Rodrigues (2012).

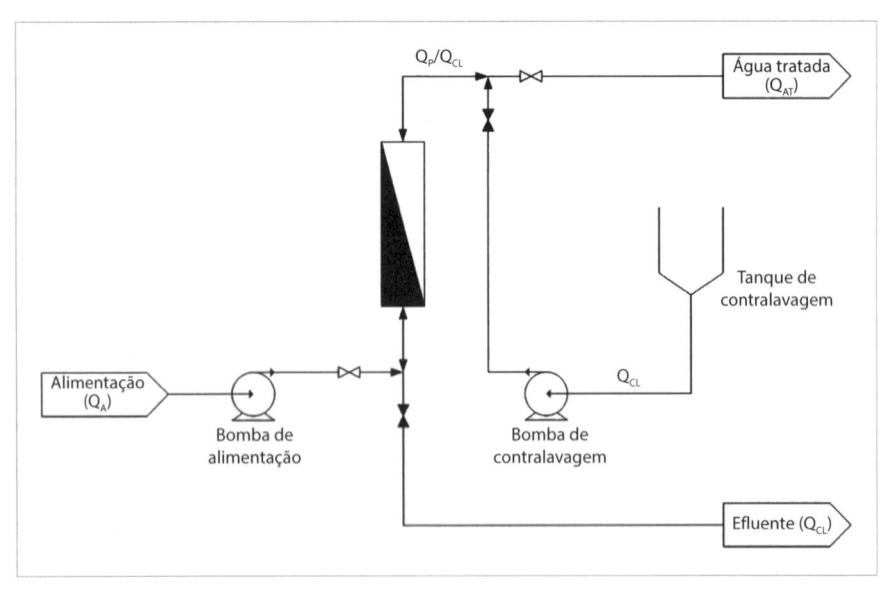

**Figura 12** Diagrama simplificado para realização do balanço de massa.

- Fluxo de permeado ($J_P$), obtido no ensaio-piloto.
- Fluxo de contralavagem ($J_{CL}$), obtido na folha de dados da membrana a ser utilizada.
- Intervalo de tempo entre contralavagens (ICL).
- Número de ciclos de produção diário (NCP).
- Tempo das operações de contralavagem (TCL).
- Tempo de injeção de água nas operações de contralavagem (TIACL).
- Número de operações de limpeza química melhorada (NLM).
- Duração da limpeza química melhorada (TLM).

Com base nos parâmetros indicados, é possível estabelecer as relações apresentadas a seguir:

1. Número de ciclos de produção (NCP):
O número de ciclos de produção é baseado no intervalo de tempo entre as operações de contralavagem e sua duração, número de limpezas químicas melhoradas e tempo de execução das limpezas químicas melhoradas, equação (9).

$$NCP = \frac{24.NMH - NLM.TLM}{ICL + TCL} \tag{9}$$

Em que:

$NCP = d^{-1}$;
$NMH$ = número de minutos por hora (60 minutos.$h^{-1}$);
ICL, TCL e TLM = minutos.

2. Vazão de alimentação ($Q_A$):
Como o sistema opera com fluxo perpendicular, a vazão de alimentação é igual a vazão de permeado a ser produzida na unidade.

$$Q_A = Q_P = \frac{J_P.A.NCP.ICL}{1.000.NMH} \tag{10}$$

Em que:

$Q_A$ e $Q_P$ = produção diária do sistema equivalente à produção de permeado ($m^3.d^{-1}$);
$J_P = L.h^{-1}.m^{-2}$;
A = área da membrana em $m^2$.

3. Consumo diário de água para contralavagem ($Q_{CL}$):

O consumo de água para contralavagem é obtido com base no fluxo de contralavagem recomendado pelo fornecedor, número de ciclos de contralavagem, que é igual ao número de ciclos de produção, e tempo de injeção de água durante a operação de contralavagem, conforme a expressão a seguir:

$$Q_{CL} = \frac{J_{CL}.A.(NCP + NLM).TIACL}{1.000.NMH} \quad (11)$$

Em que:

$Q_{CL}$ = consumo diário de água na contralavagem ($m^3.d^{-1}$);
$J_{CL}$ = $L.h^{-1}.m^{-2}$.

Substituindo-se as expressões (10) e (11) em (8) e rearranjando para isolar a área de membrana obtém-se a Equação (12).

$$A = \frac{Q_{AT}.1.000.NMH}{\left[J_P.NCP.ICL - J_{CL}.(NCP + NLM).TIACL\right]} \quad (12)$$

Em que:

$Q_{AT}$ = produção diária de água tratada em ($m^3.d^{-1}$);
TIACL = minutos.

A partir da área de membrana calculada e das informações sobre os modelos de módulos disponíveis, pode-se calcular o número de módulos a serem utilizados, Equação 13. É importante ressaltar que o resultado do cálculo para a obtenção do número de módulos de membranas sempre deve ser aproximado para o próximo número inteiro. Além disso, o número total de módulos a ser utilizado deve possibilitar um agrupamento uniforme.

$$N_{módulos} = \frac{A}{A_{módulo}} \quad (13)$$

Com os dados sobre o número de módulos e área de membrana por módulo deve-se recalcular o consumo diário de água para contralavagem ($Q_{CL}$), pela equação (11), e a produção diária do sistema ($Q_A$), pela equação (8), o que possibilita calcular o fluxo de permeado na operação:

$$J_{PO} = \frac{Q_A.1.000}{24.N_{módulos}.A_{módulo}} \quad (14)$$

Os dados obtidos permitem o cálculo da vazão horária das bombas de alimentação e de contralavagem, equações (15) e (16).

$$Q_{BA}\left(\frac{m^3}{h}\right) = \frac{J_{PO}.N_{módulos}.A_{módulo}}{1.000} \qquad (15)$$

$$Q_{BCL}\left(\frac{m^3}{h}\right) = \frac{J_{CL}.N_{módulos}.A_{módulo}}{1.000} \qquad (16)$$

Para as equações 13 a 16:

$A_{módulo}$ = área de membrana por módulo (m²);
$N_{módulos}$ = número de módulos a serem utilizados;
$J_{PO}$ = fluxo de permeado na operação (L.h⁻¹.m⁻²).

A pressão de operação da bomba de alimentação é obtida com base na curva para determinação do fluxo crítico, considerando-se o fluxo de permeado na operação e a pressão da bomba de contralavagem com base nas restrições impostas pelo fabricante das membranas.

Com base nos dados sobre a capacidade de produção de água e parâmetros de operação das membranas é possível obter todos os parâmetros para o projeto de uma unidade microfiltração ou ultrafiltração.

## Projetos de sistemas de nanofiltração e osmose reversa

O desenvolvimento de projetos de sistemas de nanofiltração e osmose reversa também é feito com base nos parâmetros obtidos em unidades-piloto, ressaltando-se que também é possível fazer uma avaliação preliminar utilizando os modelos computacionais disponibilizados pelas empresas fabricantes de membranas.

Deve-se considerar, para efeito de projeto, que o principal objetivo dos sistemas de nanofiltração e osmose reversa é a remoção de espécies inorgânicas solúveis, e que esses sistemas devem ser precedidos de unidades de pré-tratamento adequadas.

No que se refere ao dimensionamento de unidades de nanofiltração e osmose reversa, o aspecto mais relevante é definir o tipo de arranjo a ser utilizado, o qual depende da quantidade de água que se deseja obter e de sua qualidade.

Como nos módulos de membranas de nanofiltração e osmose reversa a recuperação máxima de água por passagem tem um valor limite, na prática limitado a 10%, há a possibilidade de instalar até seis módulos de membranas por vaso de pressão, o que irá resultar em uma recuperação de água próxima de 50% por passagem. Para se obter valores superiores de recuperação de água é necessário utilizar arranjos específicos de tratamento. De maneira geral, os principais arranjos disponíveis de sistemas de nanofiltração e osmose para tratamento de água, considerando-se apenas a produção para fins potáveis, são (Cheryan, 1998; DOW Liquid Separations, 2005):

- Sistema de passagem única – nessa configuração, os vasos de pressão com um ou mais módulos são instalados, de maneira que a alimentação passe por esses módulos uma única vez. A recuperação máxima de água é inferior à 50% e geralmente são utilizados para dessalinização de água do mar.
- Sistema de múltiplos estágios – nesse arranjo os vasos de pressão com os módulos de membrana são instalados em série, ou em estágios, de maneira que o concentrado dos vasos de pressão de um estágio é alimentado no estágio subsequente. Por questões técnicas e econômicas, o número máximo de estágios em série é igual a três, o que possibilita uma recuperação total de água próxima de 90% da alimentação.
- Sistemas com recirculação de concentrado – quando se deseja uma maior recuperação de água do sistema, ou para assegurar as condições hidráulicas de operação, é possível operar o sistema com recirculação de uma parcela do concentrado para a alimentação. Nesse arranjo, há um maior consumo de energia, em virtude da necessidade de recirculação, bem como a qualidade final do permeado será inferior em comparação com um sistema de passagem única.

Na Figura 13 são apresentadas as possíveis configurações dos sistemas de nanofiltração e osmose reversa, com a indicação do potencial de recuperação de água em cada um deles.

A partir das possíveis configurações para os sistemas e das informações sobre vazão de tratamento ou de água a ser produzida, taxa de recuperação de água, fluxo de água através das membranas e características dos módulos de membranas é possível fazer o dimensionamento preliminar da unidade. Para essa finalidade, são utilizadas as equações apresentadas a seguir.

$$A = \frac{Q_P}{J} \tag{17}$$

$$N_M = \frac{A}{A_M} \tag{18}$$

$$N_V = \frac{N_M}{N_{EPV}} \tag{19}$$

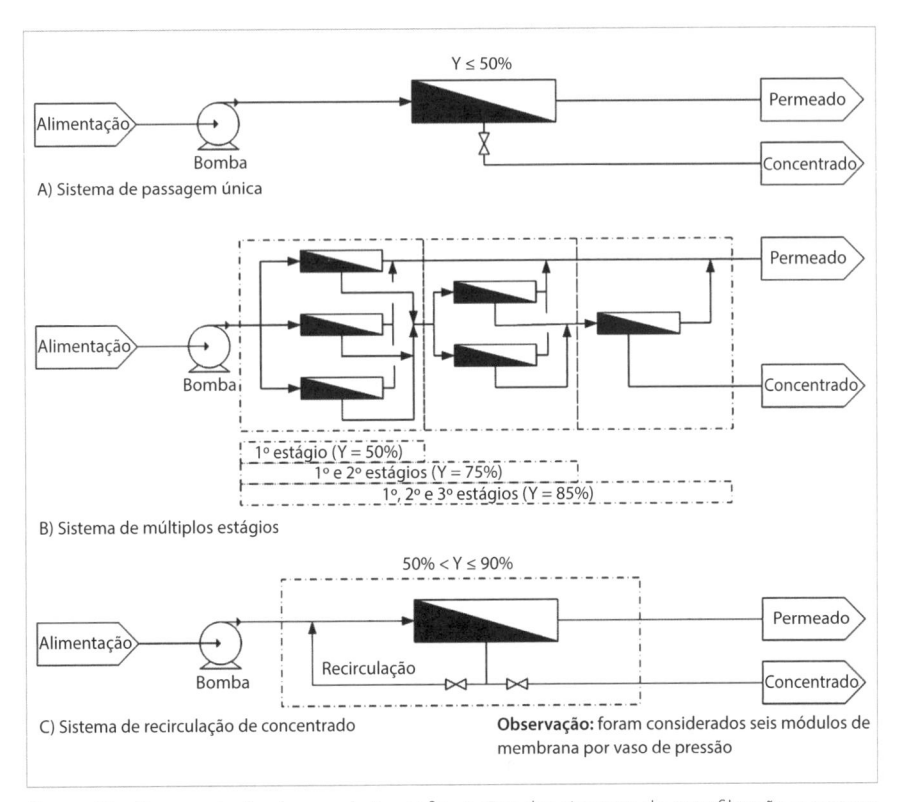

**Figura 13**   Representação das possíveis configurações dos sistemas de nanofiltração e osmose reversa e respectivos valores de recuperação de água.

Em que:

A = área total de membrana (m²);
$Q_P$ = vazão de produção do sistema (L.h⁻¹);
J = fluxo de permeado de projeto (L.h⁻¹.m⁻²);
$N_M$ = número de módulos a serem utilizados;
$A_M$ = área de membrana por módulo (m²);
$N_V$ = número de vasos de pressão;
$N_{EPV}$ = número de elementos por vaso de pressão.

É importante lembrar que os resultados para o número de módulos de membranas e de vasos de pressão deve ser sempre aproximado para o próximo número inteiro.

Com base nesses cálculos, considerando-se o valor de recuperação de água a ser obtido, pode-se definir a configuração do sistema e calcular todas as vazões envolvidas, o que é feito por meio da utilização de um balanço de massa. Conhecendo-se a capacidade de rejeição de sais pelas membranas também é possível realizar o balanço de massa para os contaminantes. Deve-se destacar que é mais adequado elaborar o dimensionamento dos sistemas de nanofiltração e osmose reversa por meio da utilização dos programas computacionais desenvolvidos pelos fornecedores de membranas, os quais estão disponíveis nas suas páginas eletrônicas.

## CONSIDERAÇÕES FINAIS

Neste capítulo foram apresentados os conceitos básicos sobre os processos de separação por membranas para a utilização em tratamento de água e efluentes.

Deve-se destacar que o conteúdo apresentado não esgota o tema sobre a utilização dos processos de separação por membranas, mas é adequado para a obtenção de uma compreensão adequada sobre os princípios de seu funcionamento, bem como dos conceitos relacionados ao desenvolvimento de projetos e acompanhamento da operação de sistemas.

Considerando-se a aplicação dos processos de separação por membranas para reúso potável de água, é recomendado que o leitor busque informações adicionais sobre os processos biológicos de tratamento de esgotos que utilizam membranas submersas. A razão para isso é que a principal fonte para a produção de reúso potável são os esgotos domésticos e que a aplicação de sistemas biológicos com membranas submersas requer o conhecimento sobre os fundamentos dos processos de tratamento de esgotos em associação com o processo de separação por membranas (Judd, 2006; Hespanhol e Mierzwa, 2016).

## REFERÊNCIAS

APTEL, P.; BUCKLEY, C.A. *Categories of membrane operations*. Chapter 2. Water treatment membrane processes. American Water Works Association Research Foundation, Lyonnaise des Eaux, and Water Research Commission of South Africa. McGraw-Hill, 1996.

BAKER, J.S.; DUDLEY, L.Y. Biofouling in membrane systems – A review. *Desalination*, v. 118, p. 81-90, 1998.

BUCKLEY, C.A.; HURT, Q.E. *Membrane applications: A contaminant-based perspective*. Chapter 3. Water treatment membrane processes. American Water Works Association Research Foundation, Lyonnaise des Eaux, and Water Research Commission of South Africa. McGraw-Hill, 1996.

CHERYAN, M. *Ultrafiltration and microfiltration Handbook*. Second edition. Boca Raton, FL: CRC Press LLC, 1998. 527p.

CUI, Z.F.; JIANG, Y.; FIELD, R.W. *Fundamentals of pressure-driven membrane separation processes.* Chapter 1. Membrane Technology – A practical guide to membrane technology and applications in food and bioprocessing. Burlington, MA: Elsevier Ltd., 2010.

DOW LIQUID SEPARATIONS. *FILMTEC reverse osmosis membranes – Technical manual.* Dow Chemical Company. Form No. 609-00071-0705. July, 2005.

GUO, W.; NGO, H-H.; LI, J. A mini-review on membrane fouling. *Bioresource technology*, v. 122, p. 27-34, 2012.

HESPANHOL, I.; MIERZWA, J.C. (Tradutores). *Tratamento de efluentes e recuperação de recursos.* 5.ed. Porto Alegre: AMGH Editora Ltda, 2016.

JUDD, S. *The MBR book – Principles and applications of membrane bioreactors in water and wastewater treatment.* Oxford, UK: Elsevier Ltd, 2006. 325p.

LAW, K.Y. Definitions for Hydrophilicity, Hydrophobicity, and Superhydrophobicity: Getting the Basics Right. *The Journal of Physical Chemistry Letters*, v. 5, p. 686-8, 2014.

MALLEVIALLE, J.; ODENDAAL, P.E.; WIESNER, M.R. *The emergence of membranes in water and wastewater treatment.* Chapter 1, Water treatment membrane processes. American Water Works Association Research Foundation, Lyonnaise des Eaux, and Water Research Commission of South Africa. McGraw-Hill, 1996.

MIERZWA, J.C.; HESPANHOL, I. *Água na indústria – Uso racional e reúso.* São Paulo: Oficina de Texto, 2005.

MULDER, M. *Basic principles of membrane technology.* 2.ed. Norwell, MA: Kluwer Academic Publishers, 1996. 563p.

NGUYEN, T.; RODDICK, F.A.; FAN, L. Biofouling of water treatment membranes: A review of the underlying cause, monitoring techniques and control measures. *Membranes*, v. 2, p. 804-40, 2012.

RODRIGUES, L.D.B. Reúso de água em sistemas aeroportuários utilizando o processo de ultrafiltração. 2012. 103p. Dissertação (Mestrado) – Escola Politécnica da Universidade de São Paulo, Departamento de Engenharia Hidráulica e Ambiental, São Paulo.

TEWARI, P.K. *Nanocomposite membrane technology – Fundamentals and applications.* CRC Press/ Taylor & Francis Group, LLC, 2016.

[WHO] WORLD HEALTH ORGANIZATION. *Potable reuse: Guidance for producing safe drinking-water.* Genebra, 2017.

# Capítulo 10
# CARVÃO ATIVADO

Luiz Di Bernardo
Angela Di Bernardo Dantas
Alessandro Minillo

## INTRODUÇÃO

O carvão ativado (CA) é usado no tratamento de água destinada ao consumo humano e no tratamento de águas de reúso principalmente para a remoção de compostos orgânicos, e depende de diversos fatores, destacando-se a matéria-prima para sua produção, o processo de produção e ativação, o tamanho e a forma dos grãos, a distribuição de tamanhos dos poros, a qualidade da água a ser submetida ao processo de adsorção, as características das moléculas de compostos orgânicos a serem adsorvidos etc.

A maior parte das substâncias que causam sabor e odor, cor, mutagenicidade e toxicidade, incluindo agrotóxicos, disruptores endócrinos, fármacos, geosmina, metil isoborneol (MIB), cianotoxinas em geral e subprodutos da pré-desinfecção (especialmente quando o cloro é usado), pode ser adsorvida em carvão ativado. Entretanto, não se pode generalizar que qualquer tipo de CA (CAP – pulverizado ou CAG – granular) irá adsorver a mesma quantidade de qualquer substância orgânica indesejável na água, pois a massa molecular desta está diretamente relacionada ao tamanho dos poros do CA. Por isso, o conhecimento prévio das principais propriedades dos diferentes tipos de CA e a realização de ensaios em laboratório visando à remoção de substâncias específicas são imprescindíveis para a sua seleção apropriada.

Outro aspecto importante do carvão ativado, em especial o granular (CAG), diz respeito à sua capacidade natural como material de suporte para o desenvolvimento de microrganismos, principalmente bactérias presentes no ambiente natural, como bactérias nitrificantes à heterotróficas, as quais são responsáveis pelo metabolismo da matéria orgânica biodegradável (Luo et al., 2014). Essas bactérias, em associação com outros microrganismos presentes no meio, formam comunidades microbianas capazes de se instalarem na superfície e no interior dos poros do carvão, promovendo a formação de uma estrutura complexa conhecida como biofilme. Nessas condições, o carvão ativado granular é denominado carvão ativado biologicamente ou CAB (Flemming e Wingender, 2010).

## CARACTERÍSTICAS DO CARVÃO ATIVADO

O CA é um excelente adsorvente porque apresenta uma vasta área superficial onde os compostos orgânicos podem aderir em virtude da ligação química entre o sólido adsorvente e o adsorvato presente na fase líquida, pela troca ou pelo compartilhamento de elétrons com elementos químicos ligados à superfície do material sólido. A Figura 1 mostra fotos da microscopia por varredura de um grão de carvão ativado produzido com babaçu, evidenciando a grande quantidade

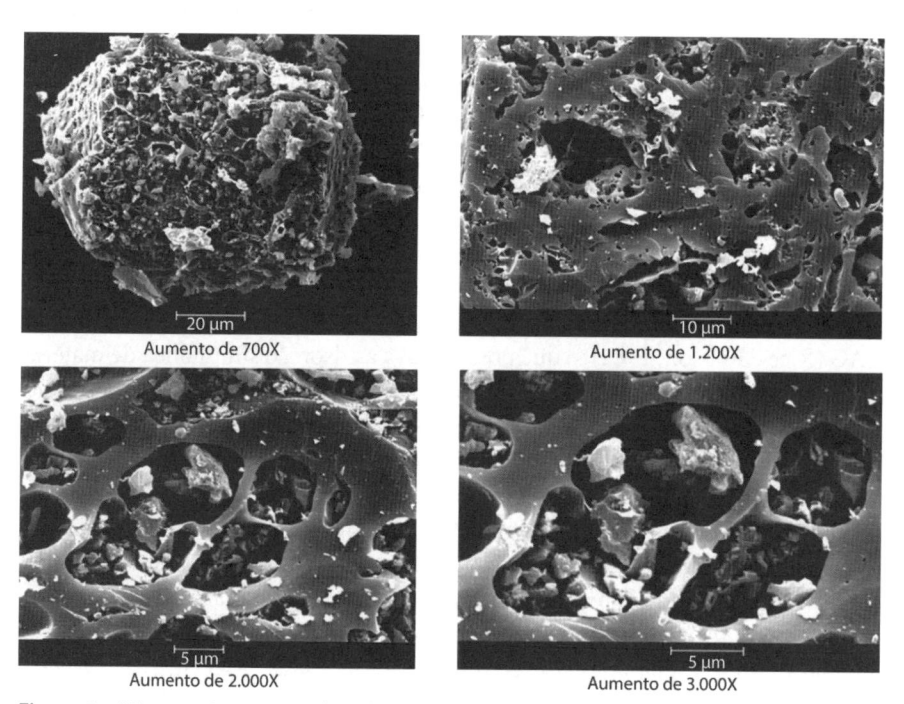

**Figura 1**　Microscopia por varredura de um grão de carvão ativado pulverizado, produzido do babaçu.

Fonte: Medeiros (2015).

de poros de diversos tamanhos (macro, meso e microporos) e a sua superfície irregular, que aumenta consideravelmente a área superficial específica. Existe uma variedade de materiais que podem ser utilizados na fabricação de CA. No Brasil, predominantemente, empregam-se madeira, carvão betuminoso e sub-betuminoso, osso e casca de coco. Uma vez preparada a granulometria desejada, a produção envolve, basicamente, a carbonização (em temperaturas que variam de 500 a 800°C) e a ativação (realizada com gases oxidantes – vapor, gás carbônico ou oxigênio – em temperaturas de 800 a 900°C). A reatividade do material carbonizado cresce com o aumento da porosidade gerada e com a diminuição da ordenação estrutural do material.

O carvão ativado pode ser adquirido pulverizado ou granulado. O carvão ativado pulverizado (CAP) é mais indicado quando a contaminação da água é sazonal, enquanto o carvão ativado granular (CAG) é recomendado quando há necessidade do uso contínuo da adsorção. Em geral, quando comparadas às colunas de CAG, as instalações para o uso do CAP são menos onerosas e não há custos com regeneração do carvão. Entretanto, a eficiência de adsorção do CAP é menor que a do CAG (as colunas recebem água filtrada como afluente) e a produção de lodo (massa seca) é maior. Assim, a escolha do tipo de CA a ser utilizado também será definida pela quantidade de material a ser adsorvido na água de reúso, uma vez que isso implica diretamente a quantidade necessária de carvão ativado e, consequentemente, o custo do tratamento.

Embora seja difícil datar os primeiros trabalhos envolvendo o uso do filtro biológico de carvão ativado granular (FBCAG), sejam estes destinados ao tratamento de água potável ou de águas de reúso, estudos realizados no final da década de 1970 já reportavam seu emprego em Estações de Tratamento de Água (Weber, Pirbazari e Melson,1978; Rice e Robson, 1982). Nesses estudos, foi identificado que a atividade microbiana aeróbica era promovida deliberadamente na estrutura do CAG (Rice e Robson, 1982), o que possibilitava a adsorção simultânea de matéria não biodegradável e a oxidação de contaminantes biodegradáveis em um mesmo reator (Weber, Pirbazari e Melson, 1978). Na Figura 2 são apresentadas fotos de um grão de CAG (a) e de um grão de CAB (b).

Os avanços tecnológicos até o presente tornaram possível a remoção de vários contaminantes no tratamento de água utilizando a adsorção em conjunto com os processos biológicos, pois o FBCAG pode representar uma vantagem econômica sobre as técnicas convencionais utilizadas. Os custos de implantação de um sistema com FBCAG são menores se comparados aos sistemas individuais com uso de duas unidades separadas (Çeçen e Aktas, 2007; Aktas e Çeçen, 2011; Weber, Pirbazari e Melson, 1978). Estudos demonstram que há remoção da matéria orgânica mesmo quando a capacidade de adsorção do carvão se encontra esgotada (Speitel e Digiano, 1987; Velten et al., 2011).

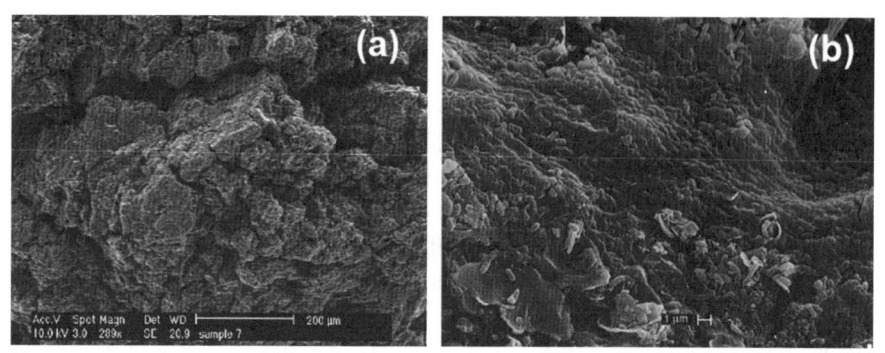

**Figura 2** Microscopia eletrônica de varredura da superfície de um grão de CAG (a) e de um CAB (b) no meio filtrante do tratamento terciário de águas residuais.

Fonte: adaptada de Wang et al., 2007 (a) e Simpson, 2008 (b).

## Características físicas

### Granulometria

Geralmente, o carvão ativado granular (CAG) possui grãos com tamanhos entre 0,5 mm e 2,4 mm (mais comum entre 0,42 e 1,68 mm e $D_{10} = 1,0$ mm), sendo que o coeficiente de desuniformidade (igual a $D_{60}/D_{10}$, sendo $D_{60}$ o tamanho do grão correspondente a 60% do material que passa – em massa – na curva de distribuição granulométrica, e $D_{10}$ o tamanho do grão correspondente a 10%) varia, em geral, entre 1,5 e 2,0. O CAP possui grãos com tamanhos compreendidos entre 0,01 e 0,05 mm, com tamanho correspondente a 90% que passa (em massa), na curva de distribuição granulométrica, menor que 0,044 mm.

### Massa específica aparente, massa específica dos grãos e superfície específica

A massa específica aparente (MEA) é igual à massa da amostra de CA dividida pelo volume total (grãos + ar presente nos vazios intergranulares). A MEA do CAG varia entre 350 e 600 kg/m³ e a do CAP, entre 350 e 750 kg/m³; em ambos os casos, a MEA depende do material utilizado para a produção do carvão. A massa específica dos grãos molhados varia de 1.300 a 1.500 kg/m³ (inclui o volume dos grãos e o volume dos poros). A massa específica dos grãos (MEG) é igual à massa dos grãos dividida pelo volume dos grãos (não inclui o volume de vazios entre os grãos) e geralmente varia entre 600 e 800 kg/m³. A superfície específica corresponde à área superficial disponível por massa do carvão e está compreendida, geralmente, entre 900 e 1.400 m²/g para o CAG, e de 1.200 a 1.800 m²/g para o CAP.

## Características adsortivas

Diversos parâmetros podem ser usados para descrever a capacidade adsortiva do carvão ativado, tais como: Número de Melaço ou Índice de Descoloração (NM); Índice de Fenol (IF); Índice de Azul de Metileno (IAM); Número de Iodo (NI). O NI, o IAM e a superfície específica (usualmente determinada pela medida da isoterma de adsorção de moléculas de nitrogênio – este parâmetro foi proposto por Brunauer, Emmett e Teller, razão pela qual é sempre mencionado o termo BET-$N_2$) são considerados os parâmetros indiretos mais importantes para avaliar a capacidade adsortiva de um determinado tipo de carvão. Entretanto, como será visto posteriormente, a isoterma para um composto específico a ser removido da água é o melhor indicador da potencialidade do uso de um certo tipo de carvão ativado.

Outras características dos carvões ativados também são consideradas para sua especificação, tais como a umidade (em porcentagem) e as quantidades (em porcentagem) de matéria volátil e de cinzas. Trabalhos realizados por Kuroda et al. (2005), Piza (2008) e Francisco (2014) com amostras de CAP e CAG produzidos com diferentes materiais revelaram uma variação significativa dos parâmetros comumente usados para caracterizar a capacidade adsortiva (Tabela 1), de sorte que é necessário conhecer tais características dos CAs antes do seu uso para adsorção de uma determinada substância.

**Tabela 1** Características de alguns carvões ativados nacionais pulverizados e granulares

| Tipo de carvão | CAP | CAG |
|---|---|---|
| Coco | IAM = 70 a 132,5 mg/g; NI = 470 a 821 mg/g | IAM = 54 a 160 mg/g; NI = 845 a 936 mg/g; superfície específica BET-N2 = 789 m²/g; volume de microporos = 0,14 a 030 cm³/g; volume de mesoporos = 0,04 cm³/g |
| Osso | IAM = 15,8 mg/g; NI = 12,1 mg/g | IAM = 11,4 mg/g; NI = 21 mg/g |
| Madeira | IAM = 66 a 171 mg/g; NI = 465 a 1.019 mg/g; superfície específica BET-N2 = 821 m²/g; volume de microporos = 0,16 a 0,30 cm³/g; volume de mesoporos = 0,09 cm³/g | |
| Pinho | IAM = 110 a 120 mg/g; NI = 638 a 707 mg/g | IAM = 130 a 180 mg/g; NI = 798 a 988 mg/g |
| Babaçu | IAM = 120 mg/g; NI = 939 mg/g | IAM = 170 mg/g; NI = 1.029 mg/g |

Fonte: Kuroda et al. (2005), Piza (2008), Francisco (2014).

## CINÉTICA DA ADSORÇÃO

Os compostos (adsorvato) são adsorvidos na superfície do adsorvente em virtude da ação de diversos tipos de forças químicas, como ligações de hidrogênio, interações dipolo-dipolo e forças de Van der Waals. Se a reação for reversível, como acontece com diversos compostos adsorvidos em CA, as moléculas continuam a se acumular na superfície até que as velocidades de reação nos dois sentidos se igualem, o que indicará a existência de equilíbrio, sem adsorção adicional.

Há modelos matemáticos que descrevem a relação entre a quantidade de adsorvato por unidade de adsorvente e a concentração de adsorvato na água, sendo, os mais comuns, os modelos de Freundlich e o de Langmuir. A Isoterma de Freundlich tem sido mais utilizada para os trabalhos com CA por se adequar melhor aos dados experimentais e é representada por:

$$q_e = K_{ad} \, C_e^{1/n} \tag{1}$$

ou

$$\log q_e = \log K_{ad} + \frac{1}{n} \log C_e \tag{2}$$

Em que:

$q_e$ = quantidade de adsorvato por unidade de adsorvente (mg do adsorvato por g do adsorvente ou mol do adsorvato por g do adsorvente);

$C_e$ = concentração do adsorvato no equilíbrio (mg/L ou mol/L);

$K_{ad}$, n = coeficientes a serem determinados empiricamente, sendo que $K_{ad}$ está relacionado à capacidade de adsorção do adsorvato pelo adsorvente, e *n* depende das características da adsorção.

Os principais fatores que afetam as isotermas de adsorção são: i) área superficial dos poros (a qual pode variar de 200 a 1.800 $m^2$/g); ii) distribuição de tamanhos dos poros; iii) características químicas da superfície do carvão ativado. A Figura 3 mostra o volume de poros em função do seu raio para diferentes granulometrias de CAG e, na Figura 4, são apresentadas as isotermas de adsorção de ácido fúlvico para os mesmos carvões.

Conhecendo-se os coeficientes das Isotermas de Freundlich para qualquer composto orgânico, para um determinado tipo de carvão (ver alguns exemplos na Tabela 2), pode-se determinar a capacidade de adsorção necessária para remover uma determinada substância da água e, assim, obter-se o tempo de contato necessário para uma coluna de adsorção em CAG, de acordo com uma vida útil

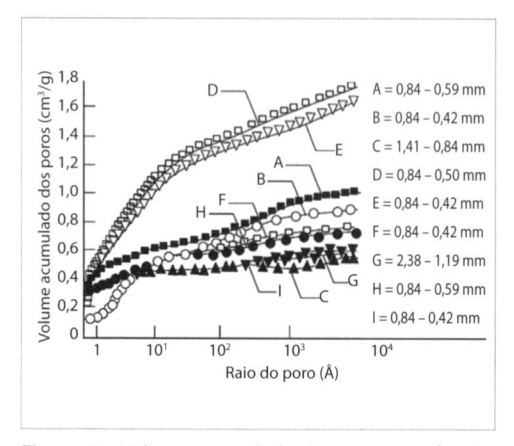 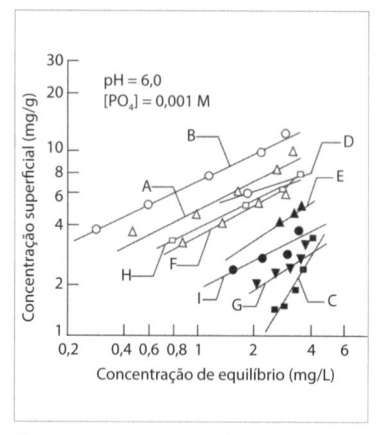

**Figura 3** Volume acumulado dos poros em função do raio do poro para grãos de diferentes tipos de CAG.
Fonte: AWWA (1999).

**Figura 4** Isotermas de adsorção de ácido fúlvico para diferentes tipos de CAG.
Fonte: AWWA (1999).

**Tabela 2** Coeficientes das Isotermas de Freundlich para diferentes substâncias orgânicas

| Substância | $K_{ad}$ $(mg/g)^{1/n}$ | $1/n$ |
|---|---|---|
| PCB | 14.100 | 1,03 |
| Heptacloro | 9.320 | 0,92 |
| Heptacloro-epóxido | 2.120 | 0,75 |
| Toxafeno | 950 | 0,74 |
| Endrin | 666 | 0,80 |
| Hexaclorobenzeno | 450 | 0,60 |

Fonte: AWWA (2011).

pré-fixada (tempo entre regenerações), bem como estimar a dosagem de CAP necessária a ser aplicada.

A Tabela 3 mostra valores de $K_{ad}$ e de $1/n$ para adsorção de um extrato de microcistina (sem purificação da toxina) para dois tipos de CAP (Kuroda et al., 2005) e para adsorção de hexazinona e diuron, para CAG e CAP (Piza, 2008). É importante destacar que o uso de CA na prática deve sempre estar fundamentado em ensaios, para avaliar a sua capacidade de adsorção e não baseado apenas em valores de literatura.

**Tabela 3**   Valores de coeficientes da Isoterma de Freundlich para diferentes tipos de carvão ativado e diferentes adsorvatos

| Autor | Tipo de CA | Composto adsorvido | Kad (mg/g) | 1/n (L/g) |
|-------|-----------|-------------------|-----------|-----------|
| Kuroda (2005) | CAP | Microcistina | 1,19 | 0,148 |
|  | CAP | Microcistina | 0,8 | 0,383 |
| Piza (2011) | CAP | Hexazinona | 97,08 | 0,135 |
|  | CAG | Hexazinona | 124,82 | 0,241 |
|  | CAP | Diuron | 382,1 | 0,217 |
|  | CAG | Diuron | 371 | 0,155 |

É importante ressaltar que na água bruta afluente a uma ETA ou na água de reúso há uma matriz de contaminantes, além da matéria orgânica natural, cuja composição e concentrações são, muitas vezes, desconhecidas, não sendo, assim, possível utilizar diretamente os valores obtidos pelas isotermas. Nesses casos, recomenda-se que sejam realizados estudos de tratabilidade ou ensaios em instalações-piloto para a determinação dos parâmetros a serem utilizados. Em vista da dificuldade de se monitorar cada composto presente na água bruta ou na água de reúso, é recomendável o monitoramento e, muitas vezes, a remoção de carbono orgânico total (COT) ou carbono orgânico dissolvido (COD).

No estudo de tratabilidade realizado pela Hidrosan (2016, com amostra de água bruta de um rio, com concentração de carbono orgânico dissolvido (COD) da ordem de 12 mg/L, foi testada a eficiência de remoção de COD com o tratamento em ciclo completo associado à adsorção em CAP e em CAG de madeira e mineral (equipamento de jarteste com filtros de laboratório – FLCAG), cujos resultados estão mostrados na Figura 5. Nota-se, nesta figura, que foi possível atingir remoção de COD acima de 80% para o CAP e acima de 85% para o CAG.

## FILTRO DE CARVÃO ATIVADO GRANULAR (FCAG)

A adsorção em CAG ocorre geralmente em uma coluna ou um filtro que contém o adsorvente granular em estado estacionário, o qual irá remover os contaminantes presentes na água. Os fatores que afetam a forma da velocidade das curvas ou frentes de adsorção em um filtro de carvão ativado granular (FCAG) podem ser divididos em três grandes classes: i) termodinâmicos; ii) cinéticos, e iii) fluidodinâmicos.

Os fatores termodinâmicos são aqueles que determinam a distribuição de equilíbrio dos solutos adsorvidos entre a fase fluida e a fase sólida e abrangem a concentração total do fluido, a porosidade do meio granular e da partícula, e a capacidade do adsorvente em função da concentração do soluto no fluido, da pressão e da temperatura. Essas informações estão contidas nas isotermas e são

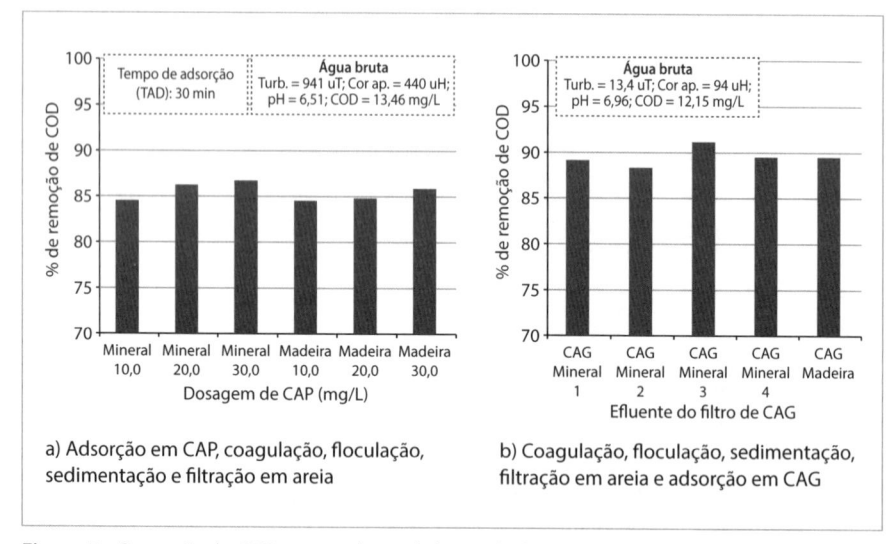

**Figura 5**   Remoção de COD em instalação de bancada de jarteste com CAP e FLCAG.
Fonte: Hidrosan (2016).

fatores essenciais para o estabelecimento da velocidade e da forma da frente de adsorção. Quanto maior for a capacidade de adsorção, mais baixa será a velocidade da frente. Os fatores cinéticos são aqueles que governam a velocidade de transferência dos solutos do fluido para o sólido ou do sólido para o fluido. Essa transferência é de natureza difusional e é afetada pela fluidodinâmica local nas vizinhanças da partícula. Uma baixa velocidade de transferência resulta geralmente no alongamento da frente de adsorção. Os fatores fluidodinâmicos podem ter diferentes origens em função dos efeitos dos escoamentos laminar, turbulento e geométricos e instabilidades fluidodinâmicas (decorrentes das diferenças de densidade e/ou viscosidade), sendo que tais efeitos tendem a aumentar o tempo de residência das moléculas do soluto e, consequentemente, alongar a frente.

A espessura de CAG necessária para o adsorvato ser transferido do fluido para o adsorvente é chamada de Zona de Transferência de Massa (ZTM). Ao longo do tempo de operação, a ZTM se movimenta no meio granular, conforme mostrado na Figura 6, de forma que o carvão em contato com a água contaminada atinja sua capacidade total de adsorção, ficando saturado. O carvão abaixo da ZTM permanece virgem, mas o movimento da ZTM continua até o momento em que for notada a presença do contaminante no efluente, caracterizando a ruptura (ou ponto de ruptura), de forma que o leito de CAG deve ser substituído ou regenerado.

A variação da concentração do contaminante no efluente da coluna ao longo do tempo de operação, até ser atingido o valor máximo permitido no efluente,

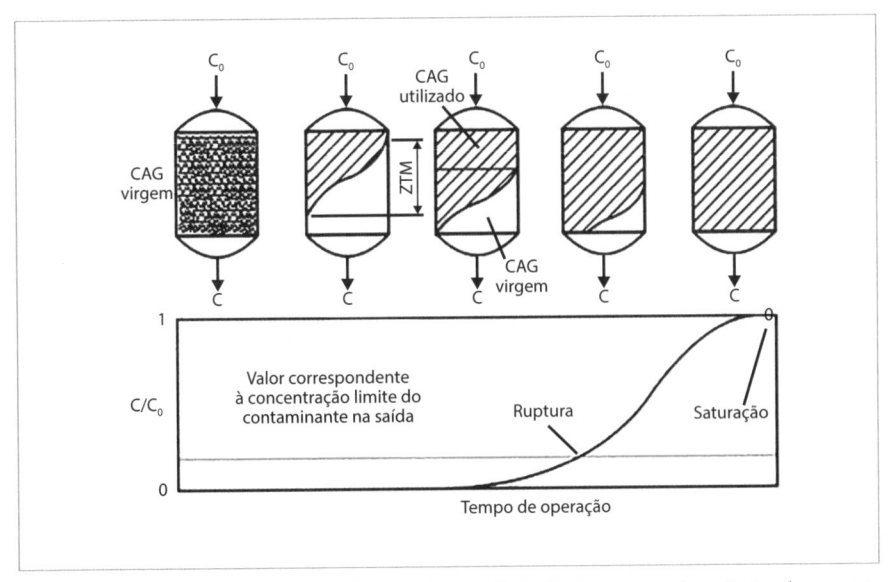

**Figura 6**   Ilustração do movimento da zona de transferência de massa e da variação da concentração de saída da coluna de adsorção em meio fixo, ao longo do tempo de operação – curva de ruptura.

Fonte: adaptada de MWH et al. (2012).

é denominada curva de ruptura. O tempo para atingir o ponto ou a curva de ruptura geralmente é menor com a diminuição da espessura do leito, o aumento do tamanho de partícula do adsorvente, o aumento da vazão através do leito e o aumento da concentração inicial de contaminante.

Há diversos modelos matemáticos na literatura que podem ser ajustados para prever a capacidade de adsorção de um filtro adsorvedor com leito fixo, para apenas um adsorvato, como mostram os trabalhos elaborados por Heijman e Hopman (2009), Scharf et al. (2010). Entretanto, quando há mais de um contaminante a ser removido, estes podem competir pelos sítios de adsorção do CAG, sendo necessários ensaios em escala-piloto ou em escala reduzida (AWWA, 2011).

Os principais parâmetros para o projeto de um FCAG são:

- Tempo de contato em leito vazio (do inglês, *empty bed contact time*): varia entre 5 e 60 min.

$$ \text{TCLV} = \frac{V_{CAG}}{Q} = \frac{Ac \times L}{Q} \tag{3} $$

Em que:

TCLV = tempo de contato em leito vazio (min);
Q = vazão afluente ($m^3$/min);
$V_{CAG}$ = volume do leito granular de CAG ($m^3$);
Ac = área da seção transversal do leito de CAG ($m^2$);
L: espessura do leito granular (m).

- Taxa de aplicação superficial: varia entre 120 e 360 $m^3/m^2$/d.

$$TAS = \frac{Q}{Ac} \tag{4}$$

Em que:

TAS = taxa de aplicação superficial ($m^3/m^2$/d).

- Espessura do leito de CAG: geralmente entre 0,5 e 3 m.
Dividindo-se a equação 3 pela equação 4, obtém-se:

$$L = TCLV \times TAS \left( \frac{1d}{1.440 \ min} \right) \tag{5}$$

- Taxa volumétrica de utilização do carvão.

$$TU = \frac{M_{CAG}}{V_{ÁGUA}} \tag{6}$$

Em que:

TU = taxa volumétrica de utilização de carvão (g/L);
$M_{CAG}$ = massa de CAG (g);
$V_{ÁGUA}$ = volume de água filtrada no CAG até a ocorrência da ruptura (L).

Assumindo-se que todo o carvão presente na coluna de CAG alcançará o equilíbrio com a concentração do adsorvato no afluente, e que os valores dos coeficientes da Isoterma de Freundlich podem ser usados em relação à concentração inicial do adsorvato, resulta a taxa de utilização mínima do CAG (TUmin) calculada pela equação 7.

$$TUmin = \frac{C_0 - Ce}{q_{e0}} \tag{7}$$

Em que:

TUmin = taxa de uso mínimo do carvão (g de CAG/L de água escoada);
$q_{e0}$ = massa adsorvida para $Ce = C_0$ (mg de adsorvato por g de carvão);
$C_0$ = concentração inicial do adsorvato (mg/L);
Ce = concentração do adsorvato – média em toda coluna (mg/L).

Para uma vida útil pré-fixada (tempo entre regenerações) para o CAG, é possível estimar o tempo de contato necessário, de acordo com a TAS. A regeneração do CAG consiste, basicamente, em: a) aquecimento à temperatura de 200°C; b) evaporação das substâncias adsorvidas e decomposição de algumas dessas substâncias a temperaturas de 200 a 500°C; c) pirólise das substâncias não voláteis e dos fragmentos daquelas voláteis com formação de resíduo resultante da pirólise, utilizando vapor de água ou dióxido de carbono em temperaturas da ordem de 700°C.

A estimativa da taxa volumétrica e da taxa de uso do carvão em uma coluna de CAG (massa específica aparente CAG de 550 g/L) usada para adsorver 1 mg/L de hexaclorobenzeno de água após a filtração em uma unidade que trata a vazão de 10 L/s é exemplificada a seguir.

A. Tabela 2 $\rightarrow K_{ad} = 450$ (mg/g) (L/mg)$^{1/n}$ e $1/n = 0,60$

B. Equação 1 com $q_e = q_{e0} \rightarrow q_{e0} = 450(mg/g) (L/mg)^{0,60} (1\ mg/L)^{0,60} = 450$ mg/g

C. Equação 7 $\rightarrow$ TUmin $= \dfrac{C_o - C_e}{q_{e0}} = \dfrac{1\left(mg/L\right)}{450\left(mg/g\right)} = 0,0022$ g CAG/L de água

D. Tempo de regeneração do CAG: assumido igual a 3 anos

E. Volume total de água que passará pela coluna em 3 anos $\rightarrow V_{ÁGUA} = 10$ (L/s) × 86.400 (s/d) × 3 × 365 (d) = 946,08 × 10$^6$ L

F. Massa mínima necessária de CAG ($M_{CAG}$): Eq. 6 $\rightarrow M_{CAG} = V_{ÁGUA}$ × TUmin = 946,08 × 10$^6$ (L) × 0,0022 g CAG/Lágua $\rightarrow M_{CAG} = 208,14 × 10^4$ g CAG = 2.081,4 kgCAG

G. Volume mínimo necessário de CAG $\rightarrow V_{CAG} = M_{CAG}/\rho_{CAG} = 2.081,4$ (kg)/0,55 (kgCAG /$L_{CAG}$) = 3.783,6 L CAG

H. Taxa de aplicação superficial: assumida igual a 200 m$^3$/m$^2$/d

I. Área da coluna em planta ($A_c$) $\rightarrow A_c = [0,01$ (m$^3$/s) × 86.400 (s/d)]/200 (m$^3$/m$^2$/d) = 4,32 m$^2$

J. Espessura da camada de CAG (L) $\rightarrow$ L = 3,7836 (m$^3$ CAG)/4,32 (m$^2$) = 0,88 m

K. O tempo de contato em leito vazio (sem considerar o CAG) resulta de aproximadamente 6,3 minutos [(3,7836 m$^3$)/(0,01 m$^3$/s × 60 s/min)].

Para estimar o tempo de ruptura de um determinado leito de CAG, podem ser realizados ensaios de ruptura em escala-piloto, seguindo os mesmos parâmetros de projeto em escala real: taxa de aplicação superficial, granulometria, espessura do leito de CAG e tempo de contato em leito vazio.

A execução de ensaios em escala-piloto pode resultar em tempo muito longo (um ou mais anos, até atingir a saturação do carvão), maior demanda de recursos, nem sempre disponíveis, e a utilização de modelos matemáticos aproximados, como o mostrado no exemplo anterior. Tanto para diminuir o tempo dos ensaios quanto para reduzir os custos envolvidos, pode-se utilizar a metodologia de Ensaios em Escala Reduzida – EER (Hand et al., 1984; Crittenden et al., 1986; 1991; ASTM, 2008). Ressalta-se que tal metodologia encontra-se descrita com detalhes nas referências AWWA (1999; 2011) e Voltan et al. (2016).

## FILTRO BIOLÓGICO DE CARVÃO ATIVADO GRANULAR (FBCAG)

### Mecanismos de remoção de substâncias orgânicas

O FBCAG age como um biorreator, em que dois processos concomitantes ocorrem sobre o carvão: adsorção biológica (bioadsorção) e biodegradação. No estágio inicial da colonização do FBCAG pelos microrganismos, uma expressiva parcela da produção microbiana presente no interior do carvão é eliminada no efluente em vez de se fixar na biomassa. Isso explica situações de reduzida presença de microrganismos no carvão durante esse período, por não estarem adaptados a uma fixação permanente (Servais, Billen e Bouillot, 1994). Com o tempo (semanas a meses), a colonização dos microrganismos sobre o carvão torna-se mais efetiva, favorecendo os processos concomitantes de bioadsorção e biodegradação de diferentes compostos e subprodutos metabólicos, cujos mecanismos de degradação e fixação são indicados na Figura 7 (Servais, Billen e Bouillot, 1994; Speitel e Digiano, 1987; Summers, Knappe e Snoeyink, 2011; Jin et al., 2013).

Durante o processo de biodegradação, os diferentes compostos orgânicos são constantemente metabolizados pelos microrganismos formadores do biofilme (Servais et al., 1992), cujo processo de metabolização das substâncias adsorvidas no carvão é conhecido como biorregeneração (Aktaş e Çeçen, 2007), o qual contribui para aumentar o tempo de uso do CAG no FBCAG, com consequente redução da frequência de sua regeneração (Jahangir, 1994). Alguns autores sugerem que a bioadsorção possa representar outro importante mecanismo de remoção da matéria orgânica natural pelos microrganismos que colonizam o CAG (Servais et al., 1992; Graham, 1999).

A combinação dos processos de bioadsorção e biodegradação no FBCAG para remoção de diferentes compostos orgânicos e inorgânicos minimiza a flutuação da qualidade da água durante seu tratamento, o que reduz sua instabilidade quan-

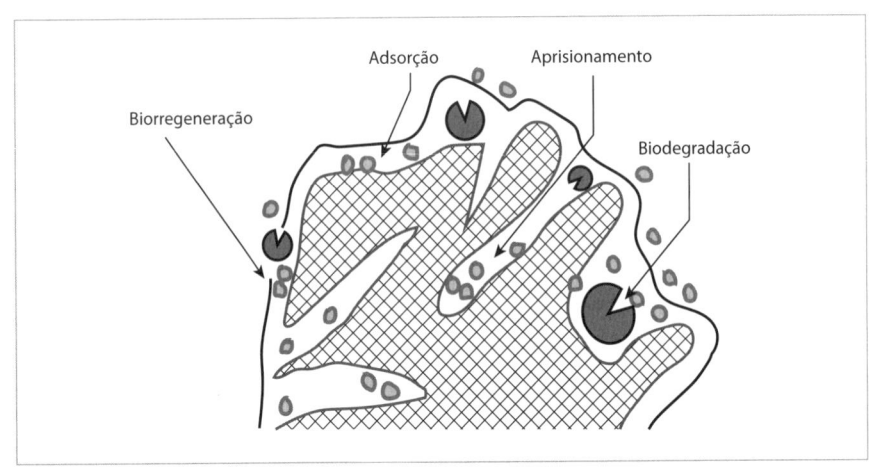

**Figura 7**   Mecanismos de remoção de substâncias orgânicas no FBCAG.
Fonte: adaptada de Simpson (2008).

do destinada ao abastecimento (Servais, Billen e Bouillot, 1994; Graham, 1999; Sobecka et al., 2006). Em condições de elevadas concentrações de contaminantes na água, os processos de adsorção biológica apresentam domínio em relação à biodegradação, mas quando essa concentração diminui, a biodegradação assume papel majoritário, o que realça uma maior remoção de diferentes contaminantes presentes no meio (Speitel e Digiano, 1987). Assim, o uso de FBCAG representa uma barreira segura na remoção de possíveis contaminantes e na redução de riscos sobre a instabilidade biológica da água tratada (Dussert e Van Stone, 1994; Westphalen, Corção e Benetti, 2016).

## Biofilme e etapas de formação

O biofilme corresponde a comunidades celulares que podem ser formadas por uma ou mais espécies de microrganismos, aderidas a um substrato, embebidas em uma matriz de substâncias poliméricas extracelulares (exopolissacarídeos – EPS), em cuja formação os microrganismos constituintes podem exibir diferentes fenótipos, metabolismo, fisiologia e transcrição genética (Flemming e Wingender, 2010). A organização dessas estruturas biológicas cria ambientes heterogêneos com diferentes valores de pH, concentração de íons, oxigênio, carbono e nitrogênio (Watnick e Kolter, 2000).

A dinâmica de formação de um biofilme em diversas superfícies normalmente envolve uma série sequencial de etapas distintas, com processos de adsorção, crescimento, adesão e aderência (estabilização da adesão celular), que são comumente descritos (Stewart et al., 1995). Inicialmente, os microrganismos denominados colonizadores primários, aderem à superfície de um determinado substrato (ver Figura 8a), e mudam seu modo de vida planctônico ao séssil. Com a ausência de interferência mecânica ou química do meio externo, esses microrganismos se desenvolvem e formam microcolônias, com a síntese de uma matriz exopolissacarídica – EPS (ver Figura 8b), que passa a atuar como substrato para a aderência de novas comunidades de microrganismos, denominados colonizadores secundários. Essa etapa é marcada pela aderência de microrganismos individualizados ou planctônicos que podem unir-se uns aos outros, formando agregados na superfície em que se aderem, promovendo uma total colonização do substrato, formando macrocolônias (ver Figura 8c), que segue promovendo o processo de maturação do biofilme (Figura 8d).

Durante as etapas de formação do biofilme, este atinge uma determinada massa crítica (equilíbrio dinâmico alcançado), e suas camadas mais periféricas promovem o desprendimento de células planctônicas ou de grupos de células unidas pelos exopolissacarídeos. Esse desprendimento favorece a dispersão de novos microrganismos que eventualmente irão colonizar novos substratos e formar novos biofilmes em outros locais.

A associação dinâmica desses microrganismos contidos no biofilme permite a formação de sistema biológico altamente organizado, com estabelecimento de comunidades funcionais estruturadas e coordenadas. O biofilme como um microambiente também torna propícia a criação de condições de cooperatividade metabólica, em que relações sintróficas ocorrem entre diferentes grupos de organismos associados, estabelecendo dependência entre si para o uso de determinado substrato durante seu crescimento (Davey e O'toole, 2000).

Em todos os sistemas biológicos que envolvem o carvão ativado, o sinergismo que existe entre carvão e o biofilme é atribuído aos mecanismos de adsorção, dessorção e biodegradação, os quais podem ocorrer simultaneamente ou sequencialmente. Nesse sentido, a biodegradabilidade do substrato representa o principal requisito desses mecanismos. Se água de reúso possuísse somente compostos orgânicos não biodegradáveis, um sistema de FBCAG não funcionaria eficientemente. Da mesma forma, nenhum benefício ocorreria se a água de reúso apresentasse apenas compostos orgânicos biodegradáveis, mas não adsorvíveis (Çeçen e Aktaş, 2011).

## Uso do filtro biológico de carvão ativado granular (FBCAG)

O desafio do uso do FBCAG está no controle do crescimento excessivo de microrganismos ativos no biofilme, para não causar possíveis riscos de colmatação, perda de carga excessiva e anaerobiose (Simpson, 2008; Jin et al., 2013).

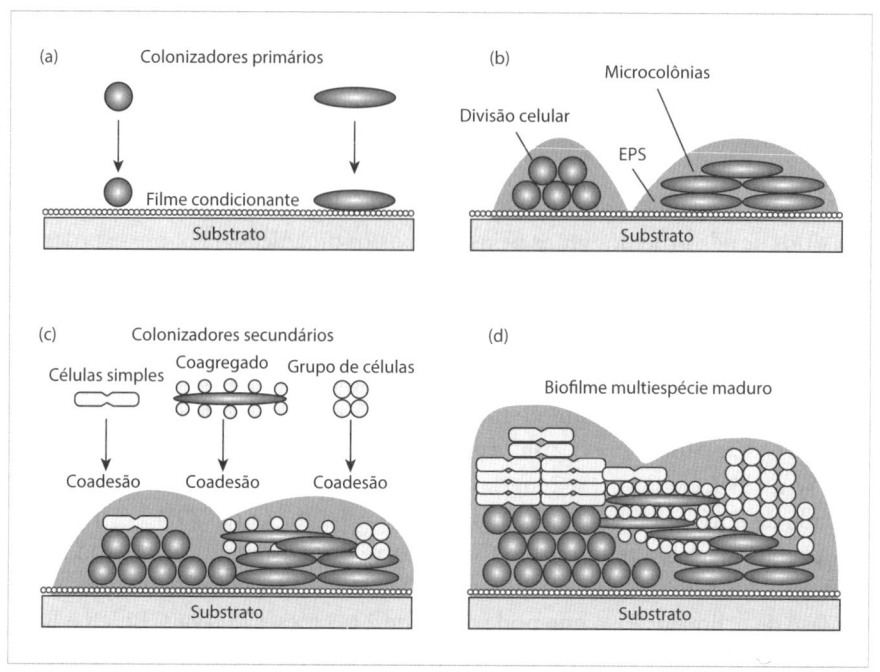

**Figura 8**  Diferentes etapas de formação de um biofilme de multiespécie. a) Colonização primária da superfície, recoberta por um filme condicionante composto por polissacarídeos, proteínas, lipídios, dentre outros; b) desenvolvimento, divisão celular, síntese de EPS e composição das microcolônias; c) coadesão de células simples e/ou coagregados de células e/ou grupo de microrganismos; e d) maturação e formação de mosaicos clonais em um biofilme multiespécie.

Fonte: adaptada de Rickard et al. (2003).

Em situações extremas, quando há descontrole do crescimento do biofilme no FBCAG, pode ocorrer perda na eficiência de remoção das substâncias orgânicas, picos de turbidez no efluente, além de uma concomitante redução da concentração de oxigênio dissolvido e do pH, com riscos aos usuários da água tratada em virtude de possível ocorrência de doenças infecciosas associadas à presença de microrganismos no sistema da distribuição de água potável (Keinanen, Martikainen e Kontro, 2004).

A adoção de técnicas de controle no crescimento do biofilme no FBCAG pode ser atenuada por meio da insuflação do ar para remover o excesso de biomassa e lavagem com água no sentido ascensional (Walker e Weatherley, 1999). No tratamento biológico de água para consumo humano, o objetivo é manter uma população microbiana benigna, capaz de remover compostos orgânicos biodegradáveis e reduzir a instabilidade na qualidade da água produzida (Sobecka et al., 2006; Hammes et al., 2010). A adoção de medidas como o controle da quantidade de carbono orgânico assimilável e de fósforo disponíveis aos microrganismos, por meio do manejo da vazão de alimentação, reduzindo-a ou aumentando-a de acordo com as características da água afluente, tem se mostrado promissora com bons resultados sobre a limitação do crescimento do biofilme (Wang, Summers e Miltmer, 1995).

Durante a operação de um FBCAG, torna-se natural que ocorra a saturação dos sítios de adsorção dos grãos pelos compostos orgânicos até que esse processo deixa de ser eficiente, entretanto, a unidade continua a remover os compostos que caracterizam a concentração de carbono orgânico dissolvido (COD) por processos metabólicos. A remoção e degradação dos compostos orgânicos dissolvidos na água afluente a um FBCAG pode ser explicada por três etapas: A (adsorção física), B (adsorção e degradação biológica) e C (degradação biológica somente) (Dussert e Van Stone, 1994), conforme visto nas Figuras 9a (Simpson, 2008) e 9b (AWWA, 1999; $COD_{afluente}$ = 7 mg/L; taxa de aplicação = 127 mm/h; espessura da camada de CAG = 2,8 m; dosagem de ozônio = 1,1 mg $O_3$/g $COD_{afluente}$).

A maior parte da remoção do COD ocorre por adsorção no CAG no início de funcionamento (Etapa A), sendo que as bactérias associadas ao biofilme estão em fase de aclimatação, o que pode durar de 2 a 3 meses (Servais, Billen e Bouillot, 1994; Simpson, 2008), com eficiência de remoção do COD entre 40 e 90% (Rhim, 2006). Na Etapa B, a remoção dos compostos orgânicos dissolvidos por adsorção diminui gradualmente à medida que os sítios de adsorção do CAG são saturados; nessa etapa, as bactérias já encontram-se aclimatadas, o que favorece um aumento significativo da degradação biológica do COD. Durante essa etapa ocorrem concomitantemente os processos de adsorção e de degradação biológica do COD (Simpson, 2008). Por fim, na Etapa C, a remoção por degradação biológica é consideravelmente maior que a observada pela adsorção, ou seja, a remoção de COD atinge um estado relativamente estável (Dussert e Van Stone, 1994).

O uso de ozônio em um FBCAG aumenta significativamente a atividade biológica no CAG, pois os subprodutos da ozonização são mais facilmente biodegradáveis e sua remoção controla o crescimento biológico nos sistemas de distribuição e aumento da estabilidade do cloro residual. Entretanto, a produção excessiva de biomassa pode fazer com sejam necessárias velocidades relativamente altas para a lavagem do meio granular (Van der Aa et al., 2006).

A Figura 10 mostra alguns arranjos com tecnologia de ciclo completo em que pode ser usado o FBCAG (Jin et al., 2013).

No arranjo *a*, o FBCAG com aplicação de ozônio (com dosagem relativamente alta) encontra-se entre a decantação e a filtração rápida, e como pode eventualmente ocorrer liberação de partículas e microrganismos, é recomendável a coagulação novamente seguida da filtração rápida e da cloração final. Para o arranjo *b*, a ozonização e o FBCAG situam-se após a filtração rápida e, por isso,

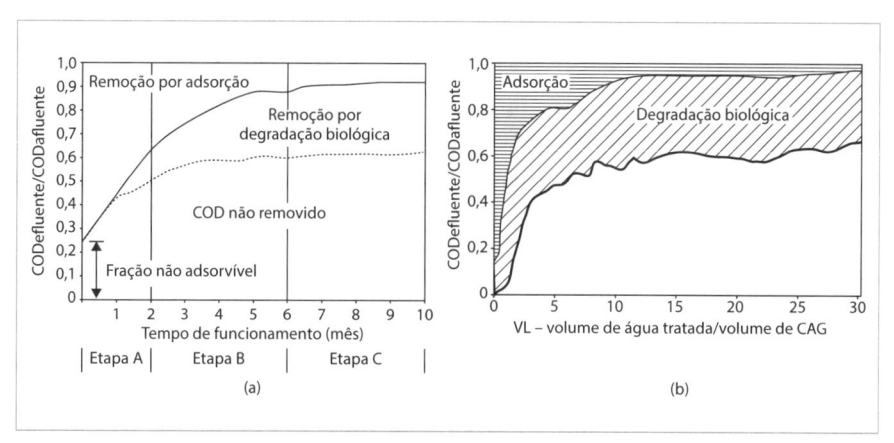

**Figura 9**   Remoção de COD por adsorção e degradação biológica ao longo do tempo em um FBCAG.

Fontes: (a) adaptada de Simpson, 2008 e (b) adaptada de AWWA, 1999.

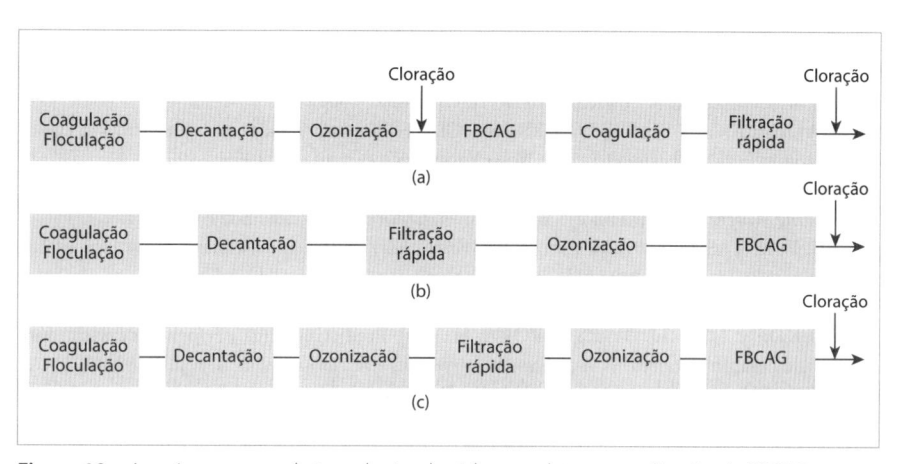

**Figura 10**   Arranjos com uso de tecnologias de ciclo completo com aplicação do FBCAG.

Fonte: adaptada de Jin et al. (2013).

a dosagem de ozônio é menor que no arranjo *a*. No entanto, micropartículas orgânicas e microrganismos que saem do FBCAG poderão gerar um impacto indesejável na qualidade da água produzida, sendo, portanto, requeridas lavagens mais frequentes do CAG dessa unidade. O arranjo *c* é caracterizado pelo uso de ozônio em dois locais distintos, antes e após a filtração rápida, sendo as demais unidades de tratamento similares ao arranjo *b*.

## CONSIDERAÇÕES FINAIS

O filtro biológico de carvão ativado granular (FBCAG) mostra-se promissor, seguro e ambientalmente sustentável, pois não necessita da adição de produtos químicos. Muitos trabalhos apontam vantagens técnicas e econômicas do seu uso em detrimento aos sistemas convencionais que utilizam apenas o CAG para adsorção de contaminantes orgânicos. Contudo, o grande desafio do FBCAG, como parte da estação de tratamento de água ou de águas de reúso, está no controle do crescimento excessivo de microrganismos ativos no biofilme. Diferentes arranjos são possíveis de associação do FBCAG com as etapas de clarificação e oxidação no tratamento de água de reúso; entretanto, sugere-se que sejam feitos ensaios de tratabilidade em instalação piloto para a definição da melhor configuração.

## REFERÊNCIAS

AKTAŞ, Ö.; ÇEÇEN, F. Bioregeneration of activated carbon: a review. *International Biodeterioration & Biodegradation*, v. 59, n. 4, p. 257-72. 2007.

[ASTM] AMERICAN SOCIETY FOR TESTING AND MATERIALS. *ASTM D 6586-03*: Standard Practice for the Prediction of Contaminant Adsorption on GAC in Aqueous Systems Using Rapid Small-Scale Column Tests. Filadélfia: ASTM International, 2008.

[AWWA] AMERICAN WATER WORKS ASSOCIATION. *Water quality and treatment – A Handbook of community water supplies*. 5.ed. Nova York: McGraw Hill Inc., 1999.

[AWWA] AMERICAN WATER WORKS ASSOCIATION. *Water quality and treatment – A Handbook on Drinking Water*. McGraw Hill Inc. 6.ed. Denver, Colorado, James K. Edzwald, 2011.

ÇEÇEN, F.; AKTAŞ, Ö. *Activated Carbon for Water and Wastewater Treatment. Integration of Adsorption and Biological Treatment*. Weinheim, Alemanha: Wiley-VCH Verlag & Co. KGaA, 2011. 409p.

CRITTENDEN, J.C.; REDDY, P.S.; ARORA, H.; et al. Predicting GAC performance with rapid small-scale column test. *Journal American Water Works Association*, v. 83, n. 1, p. 77-87, 1991.

CRITTENDEN, J.C.; BERRIGAN, J.K.; HAND, D.W. Design of rapid small-scale adsorption tests for constant diffusivity. *Journal of Water Pollution Cont. Fed.*, p. 58-312, 1986.

DAVEY, M.E.; O'TOOLE, G.A. Microbial Biofilms: from Ecology to Molecular Genetics. *Microbiology and Molecular Biology Reviews*, v. 64, p. 847-67, 2000.

DUSSERT, B.W.; VAN STONE, G.R. The biological activated carbon process for water purification. *Water Engineer. Managem.*, v. 141, n. 12, p. 22-4, 1994.

FLEMMING, H.C.; WINGENDER, J. The biofilm matrix. *Nature Reviews Microbiology*, v. 8, p. 623-33, 2010.

FRANCISCO, A.A. *Avaliação da remoção de Microcystis sp. e microcistinas no tratamento por ciclo completo e adsorção em carvão ativado com avaliação ecotoxicológica*. 2014. 125f. Dissertação (Mestrado em Engenharia de Edificações e Saneamento) – Universidade Estadual de Londrina, Londrina/PR.

GRAHAM, N. Removal of humic substances by oxidation/biofiltration processes – a review. *Water Sci. Technol.*, v. 40, n. 9, p. 141-8, 1999.

HAMMES, F.; BERGER, C.; KÖSTER, O.; et al. Assessing biological stability of drinking water without disinfectant residuals in a full-scale water supply system. *Journal of Water Supply: Research and Technology – Aqua*, v. 59, n. 1, p. 31-40, 2010.

HAND, D.W.; CRITTENDEN, J.C.; ASCE, M.; et al. Simplified models for design of fixed-bed adsorption system. *Journal of Environmental Engineering*, Michigan, v. 110, n. 2, 1984.

HEIJMAN, S.G.J.; HOPMAN, R. Activated carbon filtration in drinking water production: model prediction and new concepts. *Colloids and Surfaces A: Physicochemical and Engineering Aspects*, USA, v. 151, p. 303-10, 2009.

HIDROSAN ENGENHARIA. *Estudo de tratabilidade de água de manancial superficial e projeto executivo de reforma de ETA e ETR*. São Carlos, SP, Brasil, 2016.

JAHANGIR, M.A.Q. *Bioregeneration of granular activated carbon*. Ph.D. Thesis, The University of Birmingham, UK, 1994.

JIN, P.; JIN, X.; WANG, X.; et al. *Biological Activated Carbon Treatment Process for Advanced Water and Wastewater Treatment, Biomass Now – Cultivation and Utilization, Miodrag Darko Matovic, Intech Open*. 2013. DOI: 10.5772/52021. Disponível em: https://www.intechopen.com/books/biomass--now-cultivation-and-utilization/biological-activated-carbon-treatment-process-for-advanced--water-and-wastewater-treatment. Acesso em: 18 fev. 2020.

KEINANEN, M.; MARTIKAINEN, P.; KONTRO, M. Microbial community structure and biomass in developing drinking water biofilms. *Canadian Journal of Microbiology*, v. 50, n. 3, p. 183-91, 2004.

KURODA, E.K.; ALBUQUERQUE JR.; E.C., DI BERNARDO, L.; et al. Caracterização e escolha do tipo de carvão ativado a ser empregado no tratamento de água contendo microcistinas. 23º CONGRESSO BRASILEIRO DE ENGENHARIA SANITÁRIA E AMBIENTAL, 72., 2005, Campo Grande, MS. *Anais Eletrônicos...* Campo Grande, MS, Brasil, 2005.

LUO, Y.; GUO, W.; NGO, H.H.; et al. A review on the occurrence of micropollutants in the aquatic environment and their fate and removal during wastewater treatment. *Science of the Total Environment*, v. 473-4, p. 619-41, 2014.

MEDEIROS, H.L.S. *Estudo da adsorção do cálcio e estrôncio da água produzida utilizando carvão de babaçu*. 2015. Dissertação (Mestrado em Ciência e Engenharia de Petróleo) – Centro de Ciências Exatas e da Terra, Centro de Tecnologia, Universidade Federal do Rio Grande do Norte, Natal.

MWH, H.K.J.; HAND, D.W.; CRITTENDEN, J.C.; et al. Principles of water treatment. *JohnWiley & Sons*. New Jersey, USA, 2012.

PIZA, A.V.T. *Avaliação da capacidade adsortiva de carvões ativados para a remoção de diuron e hexazinona*. 2008. 110f. Dissertação (Mestrado) – Universidade de Ribeirão Preto, Ribeirão Preto.

RICKARD, A.H.; GILBERT, P.; HIGH, N.J.; et al. Bacterial coaggregation: an integral process in the development of multi-species biofilms. *Trends Microbiol*. v. 11, p. 94-100, 2003.

RICE, R.G.; ROBSON, C.M. Biological Activated Carbon: Enhanced Aerobic Biological Activity in GAC Systems, *Ann Arbor Science, Ann Arbor, MI*, 1982.

RHIM, J. Characteristics of adsorption and biodegradation of dissolved organic carbon in biological activated carbon pilot plant. *Korean J. Chem. Eng.*, v. 23, n. 1, p. 38-42, 2006.

SCHARF, R.G.; JOHNSTON, R.W.; SEMMENS, M.J.; et al. Comparison of batch sorption tests, pilot studies, and modeling for estimating GAC bed life. *Water Research*, Minneapolis, v. 44, n. 3, p. 769-80, 2010.

SERVAIS, P.; BILLEN, G.; BOUILLOT, P.; et al. A pilot study of biological GAC filtration in drinking water treatment. *Aqua*, v. 41, n. 3, p. 163-8, 1992.

SERVAIS, P.; BILLEN, G.; BOUILLOT, P. Biological colonization of granular activated carbon filters in drinking-water treatment, *J. Environ. Eng.*, v. 120, n. 4, p. 888-99, 1994.

SIMPSON, D.R. Biofilm processes in biologically active carbon water purification. *Water Research*, v. 42, p. 2839-48, 2008.

SOBECKA, B.S.; TOMASZEWSKA, M.; JANUS, M.; et al. Biological activation of carbon filters. *Water Research*, v. 40, n. 2, p. 355-63, 2006.

SPEITEL, G.E.; DIGIANO, F.A. The bioregeneration of GAC used to treat micropollutants, *Jour. Am. Water Works Assoc.*, v. 79, n. 1, p. 64-73, 1987.

STEWART, P.S.; MURGA, R.; SRINIVASAN, R.; et al. Biofilm structural heterogeneity visualized by three microscopic methods. *Water Research*, v. 29, p. 2006-9, 1995.

SUMMERS, R.S.; KNAPPE, D.R.U.; SNOEYINK, V.L. Adsorption of organic compounds by activated carbon. In: EDZWALD, J.K. (Ed.). *Water quality and treatment: a handbook on drinking water*. 6.ed. New York: McGraw-Hill/American Water Works Association, 2011, cap. 14.

VAN DER AA, L.T.J.; MAGIC-KNEZEV, A.; RIETVELD, L.C.; et al. Biomass development in biological activated carbon filters. In: *Recent Progress in Slow Sand and Alternative Biofiltration Processes*. In: GIMBEL, R.; GRAHAM, N.J.D; COLLINS, M.R. (Eds). Londres: IWA Publishing, 2006. p. 293-302.

VELTEN, S.; BOLLER, M.; KOSTER, O.; et al. Development of biomass in drinking water granular active (GAC) filter. *Water Research*, v. 45, n. 19, p. 6347-54, 2011.

VOLTAN, P.E.N.; DI BERNARDO, L.; DANTAS, A.D.B.; et al. Predição da performance de carvão ativado granular para remoção de herbicidas com ensaios em coluna de escala reduzida. *Engenharia Sanitária e Ambiental*, v. 21, p. 241-50, 2016.

WALKER, G.M.; WEATHERLEY, L.R. Biological activated carbon treatment of industrial wastewater in stirred tank reactors. *Chemical Engineering Journal*, v. 75, n. 3, p. 201-6, 1999.

WANG, J.Z.; SUMMERS, R.S.; MILTNER, R.J. 1995. Biofiltration performance I: relationship to biomass. *Journal American Water Works Association*, v. 87, n. 12, p. 55-63.

WANG, H; HO, L.; LEWIS, D. B.; NEWCOMBE, G. 2007. Descrimination and assessing adsorption and biodegradation removal mechanisms during granular activated carbon filtration of microcystin toxins. *Water Research*, vol. 41, issue 18, 2007, p. 4262-70.

WATNICK, P.; KOLTER, R. Biofilm, City of Microbes – Minireview. *Journal of Bacteriology*, v. 182, n. 10, p. 2675-9, 2000.

WEBER, W.J.; PIRBAZARI, M.; MELSON, G.L. Biological growth on activated carbon: an investigation by scanning electron microscopy. *Environmental Science and Technology*, v. 12, n. 7, p. 817-9, 1978.

WESTPHALEN, A.P.C.; CORÇÃO, G.; BENETTI, A.D. Utilização de carvão ativado biológico para o tratamento de água para consumo humano. *Eng Sanit Ambient.*, v. 21, n. 3, p. 425-36, 2016.

# Capítulo 11

# PROCESSOS OXIDATIVOS AVANÇADOS (POA)

Antonio Carlos Silva Costa Teixeira

## INTRODUÇÃO

No contexto dos Objetivos de Desenvolvimento Sustentável das Nações Unidas, um dos principais esforços até 2030 visa a melhorar a qualidade dos recursos hídricos, o que exige, em última análise, eliminar a liberação de poluentes químicos e minimizar a proporção de águas residuais não tratadas, bem como aumentar substancialmente a reutilização segura da água. Inúmeros compostos presentes em efluentes são classificados como poluentes de preocupação emergente (*pollutants of emerging concern*), a exemplo de pesticidas, fármacos, hormônios, organoclorados, parabenos, surfactantes, compostos de uso industrial etc., cuja remoção impõe novos desafios.

Nas últimas três décadas, tem sido notável a preocupação da comunidade científica internacional em detectar, quantificar e elucidar os efeitos desses compostos em águas superficiais e subterrâneas (Gavrilescu et al., 2015; Minguez et al., 2016). No Brasil, menciona-se o trabalho de Machado et al. (2016), importante e pioneiro levantamento nacional da presença de poluentes de preocupação emergente em diferentes amostras de águas superficiais e de água potável no país.

Ainda que não sejam responsáveis por efeitos tóxicos agudos, em virtude das baixas concentrações em que estão presentes em matrizes ambientais, muitos desses compostos são introduzidos continuamente no ambiente, podendo causar efeitos crônicos sobre a biota e a saúde humana. Apesar disso, a maior parte desses poluentes carece de regulamentação legal precisa quanto ao descarte e à presença em efluentes e águas superficiais, sendo as diretrizes previstas pela legislação em muitos países pouco específicas e, em alguns casos, ainda estão em discussão (Machado et al., 2016).

As tecnologias usuais de tratamento de efluentes municipais e industriais envolvem operações mecânicas (decantação, filtração etc.), físico-químicas (floculação, precipitação, neutralização, adsorção em carvão ativado, osmose reversa etc.) e biológicas (lodo ativado, reatores com membranas submersas etc.). Por vezes, tais processos apresentam limitações técnicas e/ou econômicas quanto à remoção completa de poluentes emergentes.

De fato, os processos físico-químicos concentram contaminantes em uma fase, exigindo novas ações quanto à disposição final, ao passo que poluentes não biodegradáveis impõem limites ao tratamento biológico. Diante desse quadro, vem crescendo a busca por tecnologias eficazes para pré ou pós-tratamento de efluentes, de custo competitivo e ambientalmente amigáveis, priorizando a sustentabilidade. Tal preocupação torna-se ainda mais evidente quando se considera o tratamento de efluentes municipais objetivando o reúso de água para fins de abastecimento público.

Uma alternativa interessante consiste na associação entre processos convencionais de tratamento e os chamados processos oxidativos avançados (POA), que permitem degradar grande parte dos poluentes orgânicos, com diversas estruturas químicas e grupos funcionais (hidrocarbonetos alifáticos, halogenados, aromáticos, policíclicos, fenóis, éteres, aminas, cetonas etc.), a substâncias menos tóxicas e/ou mais facilmente biodegradáveis, levando, em certas condições, à oxidação total a dióxido de carbono, água e compostos inorgânicos contendo nitrogênio, fósforo e halogênios (Oppenländer, 2003), conforme o substrato.

## ESPÉCIES RADICALARES REATIVAS

Os POA devem sua eficácia à geração de espécies radicalares primárias (particularmente radicais hidroxila, $HO^{\bullet}$) (Oppenländer, 2003), usualmente como resultado da ativação de um agente oxidante (por exemplo, $O_3$, $H_2O_2$) mediada por radiação UV, metais, catalisadores etc. Reações envolvendo radicais primários e outras espécies em solução dão origem a radicais secundários (p. ex., radicais hidroperoxila, $HO_2^{\bullet}$; e o ânion-radical superóxido, $O_2^{\bullet-}$), além de radicais terciários (radicais carbonato, $CO_3^{\bullet-}$ e bicarbonato, $HCO_3^{\bullet}$).

Os radicais hidroxila são espécies de forte caráter oxidante ($E° = 2{,}73$ V EPH), encontrados em concentrações estacionárias da ordem de $10^{-12}$ mol $L^{-1}$ (na presença de matéria orgânica dissolvida) e cujas reações com poluentes orgânicos são pouco seletivas e seguem cinética de segunda ordem, com constantes entre $10^9$ e $10^{10}$ L $mol^{-1}$ $s^{-1}$ (Oppenländer, 2003). O ataque de radicais hidroxila a poluentes orgânicos (RH), por meio de reações de abstração de hidrogênio de carbonos alifáticos, adição a centros com alta densidade eletrônica (carbonos insaturados, anéis aromáticos) e transferência de elétrons (p. ex., no caso de compostos halogenados), dá origem a radicais orgânicos ($R^{\bullet}$) (reação 1), que reagem com $O_2$ em meio aquoso por meio de reações controladas por difusão, formando radicais peroxila ($RO_2^{\bullet}$) (reação 2).

A oxidação subsequente de substratos orgânicos ocorre via reações em cadeia (reação 3), favorecendo a mineralização de poluentes. As constantes cinéticas de segunda ordem das reações entre contaminantes de interesse e espécies radicalares, entre as quais radicais hidroxila, podem ser determinadas por métodos de competição cinética (Shemer et al., 2006), entre outros.

$$HO^{\bullet} + RH \rightarrow R^{\bullet} + H_2O \tag{1}$$

$$R^{\bullet} + O_2 \rightarrow RO_2^{\bullet} \tag{2}$$

$$RO_2^{\bullet} \rightarrow ... \rightarrow R_{ox} \rightarrow ... \rightarrow CO_2 + H_2O \tag{3}$$

Por sua vez, radicais sulfato ($SO_4^{\bullet-}$) podem ser obtidos a partir da ativação do ânion persulfato ($S_2O_8^{2-}$). Tais radicais apresentam potencial padrão de redução $E° = 2,6$ V EPH (Leitner, 2018) e processos neles baseados têm ganhado destaque crescente entre os POA.

A eficiência dos POA é fortemente impactada pela presença de íons carbonato ($CO_3^{2-}$) e bicarbonato ($HCO_3^-$) em solução (Oppenländer, 2003), que reagem prontamente com radicais hidroxila, daí serem denominados sequestradores (*scavengers*). Por outro lado, os radicais $SO_4^{\bullet-}$ reagem com compostos orgânicos por transferência de elétrons mais rapidamente que radicais $HO^{\bullet}$, suas reações são mais seletivas e estão menos sujeitos à ação de espécies inorgânicas sequestradoras quando comparados aos radicais hidroxila (Leitner, 2018).

## PEROXIDAÇÃO FOTOASSISTIDA (UV/$H_2O_2$)

Radicais hidroxila podem ser gerados a partir da fotólise de peróxido de hidrogênio, com rendimento quântico igual a 0,98 mol mol fótons⁻¹ em 254 nm. Nesse comprimento de onda, o coeficiente de absorção molar ($\varepsilon$) do $H_2O_2$ é igual a 19,6 L mol⁻¹ cm⁻¹ e cai a 0,88 L mol⁻¹ cm⁻¹ entre 295-299 nm (Oppenländer, 2003). As reações envolvidas seguem o mecanismo de Haber-Weiss, que compreende etapas de iniciação (reação 4), propagação (reações 5 e 6) e terminação (reações 7-9). Edalatmanesh, Dhib e Mehrvar (2008) apresentam um conjunto estendido de reações, considerando os equilíbrios ácido-base ($H_2O_2 \rightleftarrows H^+ + HO_2^-$ e $O_2^{\bullet-} + H^+ \rightleftarrows HO_2^{\bullet}$) e reações das espécies neles envolvidas.

$$H_2O_2 \xrightarrow{\ hv\ } 2HO^\bullet \tag{4}$$

$$HO^\bullet + H_2O_2 \rightarrow H_2O + HO_2^\bullet \tag{5}$$

$$HO_2^\bullet + H_2O_2 \rightarrow H_2O + O_2 + HO^\bullet \tag{6}$$

$$HO^\bullet + HO^\bullet \rightarrow H_2O_2 \tag{7}$$

$$HO^\bullet + HO_2^\bullet \rightarrow H_2O + O_2 \tag{8}$$

$$HO_2^\bullet + HO_2^\bullet \rightarrow H_2O_2 + O_2 \tag{9}$$

Cabe lembrar que muitos poluentes orgânicos absorvem fortemente radiação UV abaixo de 300 nm e, dessa forma, podem sofrer degradação apreciável, a depender do rendimento quântico para fotólise direta. Nesse caso, o processo UV/$H_2O_2$ exige emprego de concentrações mais altas de $H_2O_2$, o que favorece o autoconsumo de radicais $HO^\bullet$ pelas moléculas do oxidante segundo as reações 5 e 6, com constantes cinéticas de $2,7 \times 10^7$ L mol$^{-1}$ s$^{-1}$ e 3 L mol$^{-1}$ s$^{-1}$, respectivamente (Edalatmanesh, Dhib e Mehrvar, 2008).

Isso pode trazer algumas restrições ao processo, às quais se somam o custo de operação de fontes radiantes UVC e os custos associado ao frete e armazenagem do peróxido de hidrogênio. Apesar disso, o processo é considerado muito eficaz. Por exemplo, Kim, Yamashita e Tanaka (2009) observaram remoção superior a 90% para quase 40 fármacos encontrados em efluente municipal. Processos de múltiplas barreiras (p. ex., microfiltração, osmose reversa e UV/$H_2O_2$) têm sido empregados em localidades nos EUA (Califórnia, Texas, Arizona), Austrália e Singapura para reúso potável de água a partir de efluentes municipais (Gerrity et al., 2013; Marron et al., 2019).

## PROCESSOS $H_2O_2$-Fe(II) (FENTON) E $H_2O_2$-Fe(II)/Fe(III)/UV (FOTO-FENTON)

O processo $H_2O_2$-Fe(II) (Fenton) baseia-se nas reações entre Fe(II)/Fe(III) e $H_2O_2$, gerando espécies radicalares (Pignatello, Oliveros e Mackay, 2006). O mecanismo mais frequentemente descrito na literatura envolve a oxidação de Fe(II) a Fe(III) e a redução de $H_2O_2$, com a formação de íons hidróxido e radicais $HO^\bullet$ (reação 10). Por sua vez, em sistemas não irradiados, o íon Fe(III) é reduzido a Fe(II) por $H_2O_2$ (reação 11) a uma taxa muito inferior à exibida pela reação 10 (Simunovic et al., 2011), gerando radicais $HO_2^\bullet$. Assim, a velocidade inicial de degradação de poluentes orgânicos é menor para o processo $H_2O_2$-Fe(III) em comparação ao processo $H_2O_2$-Fe(II). A remoção global obtida, entretanto, independe da espécie de ferro com que o sistema é iniciado.

$$Fe^{2+} + H_2O_2 \rightarrow Fe^{3+} + HO^{\bullet} + HO^{-} \quad (k = 76 \text{ L mol}^{-1} \text{ s}^{-1}) \tag{10}$$

$$Fe^{3+} + H_2O_2 \rightarrow Fe^{2+} + HO_2^{\bullet} + H^{+} \quad (k = 2 \times 10^{-2} \text{ L mol}^{-1} \text{ s}^{-1}) \tag{11}$$

Várias outras reações coexistem no processo Fenton, particularmente envolvendo radicais/Fe(II)/Fe(III) (p. ex., reações 12-14) e $H_2O_2$/radicais (reações 5 e 6) (Pignatello, Oliveros e Mackay, 2006):

$$Fe^{2+} + HO_2^{\bullet} + H^{+} \rightarrow Fe^{3+} + H_2O_2 \tag{12}$$

$$Fe^{3+} + HO_2^{\bullet} \rightarrow Fe^{2+} + O_2 + H^{+} \tag{13}$$

$$Fe^{2+} + HO^{\bullet} \rightarrow Fe^{3+} + HO^{-} \tag{14}$$

Radicais $HO^{\bullet}$ são os oxidantes principais da reação Fenton, embora outras espécies, como o íon ferril ($Fe^{IV}O^{2+}$), possam também estar envolvidas (Wadley e Waite, 2004). O pH ótimo da reação Fenton para degradação de compostos orgânicos situa-se em torno de 3,0 (Pignatello, Oliveros e Mackay, 2006); para pH > 3-4 e dependendo da concentração de ferro, há precipitação de oxi-hidróxidos de Fe(III) (Wadley e Waite, 2004). De fato, em solução aquosa, Fe(II) e Fe(III) existem como aquo e aquo-hidróxi complexos, dependendo do pH, da concentração de ferro e da concentração de ligantes inorgânicos e orgânicos presentes. Para pH 2-7 e na ausência de ligantes orgânicos fortes, no caso do Fe(II) tem-se o complexo $Fe(H_2O)_6^{2+}$, equivalente a $Fe^{2+}_{aq}$. No caso do Fe(III), as espécies principais são: $Fe(H_2O)_6^{3+}$, equivalente a $Fe^{3+}_{aq}$ (pH < 3); $Fe(OH)^{2+}_{aq}$, equivalente ao complexo $Fe(OH)(H_2O)_5^{2+}$ (pH ~ 3); e $Fe(OH)_2^{+}_{aq}$ ou $Fe(OH)_2(H_2O)_4^{+}$ (pH 3-7) (Wadley e Waite, 2004).

No intervalo de pH entre 2,8 e 3,2, o principal complexo $Fe(OH)^{2+}$ absorve radiação UV-visível abaixo de 400 nm (Oppenländer, 2003), com máximo em 300 nm ($\varepsilon = 1985 \pm 80$ L mol$^{-1}$ cm$^{-1}$, conforme Benkelberg e Warneck, 1995). Dessa forma, no processo foto-Fenton, a reciclagem de Fe(II) pela fotorredução de espécies contendo Fe(III) também resulta na formação de radicais $HO^{\bullet}$, por meio de transferência de carga do ligante para o metal (reação 15), com rendimento quântico $\Phi(+Fe^{2+}) = 0,218$ mol mol fótons$^{-1}$ (310 nm) (Benkelberg e Warneck, 1995).

$$Fe(OH)^{2+} \xrightarrow{\quad h\nu \quad} Fe^{2+} + HO^{\bullet} \tag{15}$$

Fe(III) também forma complexos estáveis com carboxilatos, que absorvem fortemente na região do visível. Por exemplo, na presença do íon oxalato ($C_2O_4^{2-}$), Fe(III) em solução forma o complexo $[Fe(C_2O_4)]^+$, que absorve radiação visível até aproximadamente 550 nm (Oppenländer, 2003). Tais espécies geram Fe(II) quando irradiadas (reação 16), com rendimentos quânticos elevados, como sumarizado por Oppenländer (2003), em meio aquoso: $Fe^{3+}/H_2C_2O_4$, $\Phi(+Fe^{2+}) = 1,14$ (220-600 nm); $[Fe(C_2O_4)_3]^{3-}/H_2O_2$, $\Phi(+HO^{\bullet}) = 2,23$-3,65 (300 nm); $K_3[Fe(C_2O_4)_3]$, $\Phi(+Fe^{2+}) = 1,25$ (254 nm), $\Phi(+Fe^{2+}) = 1,07$ (436 nm) e $\Phi(+Fe^{2+}) = 0,86$ (509 nm) mol mol fótons$^{-1}$. Processos baseados na reação de Fenton e carboxilatos foram estudados para remoção do pesticida amicarbazona (Graça, De Velosa e Teixeira, 2017a).

$$[Fe(OOC\text{-}R)]^{2+} \xrightarrow{\quad h\nu \quad} Fe^{2+} + R^{\bullet} + CO_2 \tag{16}$$

O processo foto-Fenton é dos POA mais estudados para remediação de águas contendo poluentes de preocupação emergente, a exemplo de antibióticos (Batista, Pires e Teixeira, 2014). Muitos esforços têm igualmente sido feitos para viabilizar a utilização de radiação solar nesse processo, além de se buscarem alternativas para sua condução em meio levemente ácido ou neutro (Gomis et al., 2015).

## FOTOCATÁLISE HETEROGÊNEA

Os processos fotocatalíticos heterogêneos empregam semicondutores de óxidos metálicos, sendo o mais utilizado o $TiO_2$ P25 (constituído por 70% de anatase e 30% de rutilo). Radiação UV de comprimento de onda inferior a 390 nm permite excitar elétrons ($e^-$) da banda de valência à banda de condução do semicondutor, gerando lacunas ($h^+$) na banda de valência (Oppenländer, 2003; Zhu e Wang, 2017) (reação 17); a transição ocorre a partir da absorção de fótons com energia superior ao *bandgap* entre as bandas, que é de 3,2 eV para anatase (Oppenländer, 2003). Por outro lado, a eficiência do processo é fortemente limitada pela recombinação de cargas (reação 18). As lacunas fotogeradas na banda de valência possuem caráter oxidante, de tal forma que moléculas de água e íons hidróxido adsorvidos na superfície do catalisador são oxidados (reações 19 e 20, respectivamente), gerando radicais hidroxila, capazes de oxidar poluentes orgânicos adsorvidos. Moléculas de poluentes (RH) também podem ser oxidadas diretamente pelas lacunas (reação 21), dando origem a radicais catiônicos orgânicos ($RH^{\bullet+}$).

Por se tratar de um processo heterogêneo, o mecanismo de fotocatálise com semicondutores em suspensão aquosa envolve diferentes etapas: (i) transferência de espécies na fase aquosa para a superfície do catalisador; (ii) adsorção das espécies; (iii) reações na superfície do semicondutor; (iv) dessorção de produtos; e (v) remoção dos produtos da região interfacial para a solução. Cabe lembrar também que o pH afeta significativamente o processo $TiO_2/UV$, modificando as propriedades superficiais do semicondutor e a distribuição de espécies adsorvidas e sua carga, determinando o tamanho dos agregados de partículas.

$$TiO_2 \xrightarrow{h\nu} e^- + h^+ \tag{17}$$

$$e^- + h^+ \rightarrow TiO_2 \tag{18}$$

$$h^+ + H_2O_{ads} \rightarrow HO^\bullet_{ads} + H^+ \tag{19}$$

$$h^+ + OH^-_{ads} \rightarrow HO^\bullet_{ads} \tag{20}$$

$$h^+ + RH_{ads} \rightarrow RH^{\bullet+}_{ads} \tag{21}$$

$$h^+ + RH_{ads} \rightarrow RH^{\bullet+}_{ads} \tag{22}$$

$$O_2^{\bullet-} + H^+ \rightarrow HO^\bullet_{2ads} \tag{23}$$

A recombinação de pares $h^+/e^-$, a dispersão da radiação UV por partículas de $TiO_2$ em suspensão e a pequena fotoatividade na região do visível (restrita a aproximadamente 5% do espectro solar) contribuem para a baixa eficiência quântica do processo $UV/TiO_2$. Por outro lado, além de ser essencial para a mineralização de poluentes (reações 2 e 3), o oxigênio atua como aceptor de elétrons na banda de condução, o que contribui para reduzir a recombinação de cargas; assim, o radical $O_2^{\bullet-}$, gerado pela reação 22, também participa indiretamente de reações de oxidação, via formação de radicais hidroperoxila ($HO_2^\bullet$) em meio ácido (reação 23). De modo similar, $H_2O_2$ ou $S_2O_8^{2-}$ podem ser usados como sequestradores de elétrons fotogerados, contribuindo para reduzir a taxa de recombinação de pares $h^+/e^-$ (Mills e Lee, 2004), gerando radicais hidroxila e sulfato (reações 24 e 25, respectivamente):

$$H_2O_2 + e^- \rightarrow HO^\bullet_{ads} + OH^- \tag{24}$$

$$S_2O_8^{2-} + e^- \rightarrow SO_4^{\bullet-} + SO_4^{2-} \tag{25}$$

O fotocatalisador $TiO_2$ tem sido modificado empregando não metais (N, C, S, B), com o objetivo de aumentar sua atividade no visível, viabilizando o emprego de luz solar. Nesse caso, a fotoatividade no visível é atribuída a efeito fotossensibilizador do carbono ou ao estreitamento do *bandgap* energético do semicondutor (Yang et al., 2008). Outra proposta para melhorar o desempenho do processo fotocatalítico consiste em decorar sílicas mesoporosas com $TiO_2$, o que foi avaliado para degradação do pesticida amicarbazona (Conceição et al., 2017). Fujioka et al. (2017) apresentam uma revisão sobre a degradação de N-nitrosodimetilamina (NDMA) e 1,4-dioxano pelos processos $UV/H_2O_2$ e $TiO_2/UV$ para reúso potável direto.

A síntese de nanoestruturas semicondutoras controladas tem aberto perspectivas interessantes para melhorar a atividade de fotocatalisadores (Thatai, Khurana e Kumar, 2016). Nanoestruturas híbridas de óxidos metálicos e prata são potencialmente atraentes para aplicação na fotodegradação de poluentes de preocupação emergente com irradiação solar (Hong et al., 2016); é o caso, por exemplo, de $ZnO\text{-}Ag^0$ e $WO_3\text{-}Ag^0$. Um dos ganhos dessa junção é a rápida transferência de elétrons do óxido para o metal, reduzindo a recombinação de cargas e alterando a absorção de radiação UV, propriedades muito desejáveis na degradação fotocatalítica de poluentes orgânicos (Hong et al., 2016; Zhu e Wang, 2017).

Há também estruturas fotocatalíticas compostas por um núcleo de um material e uma casca oca de revestimento de outro material, separadas por um espaço vazio: trata-se das partículas com morfologia núcleo-vazio-casca (*yolk-shell*). Tais materiais apresentam diversas vantagens quando comparados a nanopartículas convencionais e a nanopartículas do tipo núcleo-casca (*core-shell*). De fato, as propriedades de nanoestruturas híbridas do tipo *yolk-shell* podem ser modificadas quanto ao tamanho do núcleo, espaço vazio, espessura de casca e porosidade (Joo et al., 2013), constituindo materiais promissores para a fotocatálise heterogênea.

## PROCESSOS BASEADOS EM OZÔNIO

A ozonização é uma tecnologia estabelecida para desinfecção e tratamento de água e efluentes. O ozônio ($O_3$) possui forte caráter oxidante ($E° = 2,07$ V EPH), sendo uma molécula instável, que se decompõe rapidamente em espécies radicalares e oxigênio. O tempo de meia-vida do ozônio em água limpa é função do pH, composição e temperatura e seu valor é de cerca de 20 minutos e de 5 minutos em pH 6 e 8, respectivamente (Bila, Azevedo e Dezotti, 2008). Em virtude de sua instabilidade, o ozônio é gerado *in situ*, sendo o processo mais usual baseado em descarga elétrica de alta tensão ($\sim 10$ kV) em uma corrente de oxigênio ou ar (efeito corona) (Gottschalk, Saupe e Libra, 2000).

A oxidação de poluentes durante a ozonização ocorre segundo as vias direta e indireta, esta última com a participação de radicais hidroxila gerados pela decomposição do $O_3$. No primeiro caso, predominante em meio ácido (pH $\leq 4$) (Beltrán, 2004), ozônio molecular reage seletivamente com substratos orgânicos (R), o que é representado simplificadamente por:

$$O_3 + R \rightarrow R_{ox} \rightarrow ... \rightarrow CO_2 + H_2O \tag{26}$$

As reações do ozônio molecular em meio aquoso envolvem oxidação, cicloa-dição e substituição eletrofílica (Beltrán, 2004). A oxidação direta de compostos orgânicos é seletiva e relativamente lenta, apresentando constantes cinéticas de segunda ordem entre 1 e $10^3$ L mol$^{-1}$ s$^{-1}$ (Gottschalk, Saupe e Libra, 2000). Por outro lado, em meio alcalino (pH > 8), o principal responsável pela de-composição do ozônio é o íon hidróxido (OH$^-$), seguindo uma série complexa de reações que levam à formação de radicais hidroxila (Beltrán, 2004; Tang, 2004), principal responsável pela oxidação de poluentes orgânicos (reações 1-3). Na etapa de iniciação, o ozônio é decomposto por íons hidróxido, levando à formação do ânion hidroperóxido (HO$_2^-$) e do radical hidroperoxila (HO$_2^\bullet$) (reações 27 e 28, respectivamente) (Ikehata e Li, 2018):

$$O_3 + HO^- \rightarrow O_2 + HO_2^- \qquad (k = 40 \text{ L mol}^{-1} \text{ s}^{-1}) \tag{27}$$

$$O_3 + HO_2^- \rightarrow HO_2^\bullet + O_3^{\bullet-} \qquad (k = 2{,}2 \times 10^6 \text{ L mol}^{-1} \text{ s}^{-1}) \tag{28}$$

Em meio básico, o ânion radical superóxido é formado pela desprotonação do radical HO$_2^\bullet$:

$$HO_2^\bullet \rightarrow O_2^{\bullet-} + H^+ \tag{29}$$

De modo simplificado, na etapa de propagação o ânion-radical $O_3^{\bullet-}$ é formado pela reação entre o ozônio e o ânion radical superóxido, sofrendo rápida decom-posição e originando radicais hidroxila (Ikehata e Li, 2018):

$$O_3 + O_2^{\bullet-} \rightarrow O_3^{\bullet-} + O_2 \tag{30}$$

$$O_3^{\bullet-} + H^+ \rightleftarrows HO_3^\bullet \tag{31}$$

$$HO_3^\bullet \rightarrow HO^\bullet + O_2 \tag{32}$$

Radicais HO$^\bullet$ também podem reagir com ozônio, resultando na formação de radicais hidroperoxila, menos reativos:

$$HO^\bullet + O_3 \rightarrow HO_4^\bullet \tag{33}$$

$$HO_4^\bullet \rightarrow O_2 + HO_2^\bullet \tag{34}$$

Diversas reações (5-9; 35 e 36) resultam no consumo de espécies radicalares formadas (Beltrán, 2004):

$$HO_4^{\bullet} + HO_4^{\bullet} \rightarrow 2O_3 + H_2O_2 \qquad (35)$$

$$HO_4^{\bullet} + HO_3^{\bullet} \rightarrow O_3 + O_2 + H_2O_2 \qquad (36)$$

A via indireta de degradação de poluentes orgânicos é mais eficiente, uma vez que a capacidade de oxidação do radical hidroxila é superior à do ozônio molecular, o ataque é pouco seletivo e as constantes cinéticas de segunda ordem das reações de que radicais HO$^{\bullet}$ participam são muito superiores às observadas para a reação direta com $O_3$. Lahnsteiner, van Rensburg e Esterhuizen (2018) descrevem o emprego de etapas de ozonização em plantas de reúso potável direto em Windhoek (Namíbia), destacando como vantagens a remoção efetiva de carbono orgânico dissolvido, além da oxidação de micropoluentes e desinfecção. No caso do processo $O_3/H_2O_2$ (*peroxone*), o ânion hidroperóxido $HO_2^-$, que corresponde à forma desprotonada do peróxido de hidrogênio em meio básico (pH > 10), reage com ozônio, dando origem ao precursor ânion-radical $O_3^{\bullet-}$ (reações 37 e 38), resultando na formação de radicais hidroxila (reações 31 e 32) (Oppenländer, 2003):

$$H_2O_2 \rightarrow HO_2^- + H^+ \qquad (37)$$

$$HO_2^- + O_3 \rightarrow HO_2^{\bullet} + O_3^{\bullet-} \qquad (38)$$

Comparada à reação 38, a reação entre $O_3$ e $H_2O_2$ não desprotonado é muito lenta. Por outro lado, acima de certa concentração de $H_2O_2$ não há aumento na eficiência do processo $O_3/H_2O_2$, já que o peróxido de hidrogênio age como consumidor de radicais hidroxila (reação 5). Piras et al. (2020) discutem a viabilidade dos processos $O_3/H_2O_2$ e $UV/H_2O_2$ como pré e pós-tratamento da etapa de biofiltração com carvão ativado, respectivamente, visando a alcançar padrões de qualidade de água para reúso potável a partir de efluente municipal, obtendo 99% de remoção dos micropoluentes.

O ozônio absorve apreciavelmente radiação UV em 254 nm ($\varepsilon = 3300$ L mol$^{-1}$ cm$^{-1}$) (Gottschalk, Saupe e Libra, 2000), fotolisando e dando origem a $H_2O_2$ (reações 39 e 40), que por sua vez também sofre fotodecomposição e dá origem a radicais HO$^{\bullet}$ e HO$_2^{\bullet}$ (reações 4-6). Nesse caso (processo $UV/O_3$), a degradação de contaminantes decorre da fotólise direta, da oxidação direta por ozônio e da oxidação por radicais hidroxila. O processo combinado $O_3/H_2O_2/UV$ é, igualmente, uma alternativa interessante.

$$O_3 \xrightarrow{h\nu} O_2 + O^\bullet \tag{39}$$

$$O^\bullet + H_2O \rightarrow H_2O_2 \tag{40}$$

Finalmente, menciona-se também a ozonização catalítica, baseada na ativação de $O_3$ empregando íons (p. ex., $Fe^{2+}$, $Mn^{2+}$, $Cu^{2+}$, $Zn^{2+}$) ou óxidos de metais de transição (processo heterogêneo), dando origem a radicais hidroxila (Beltrán, 2004). A ozonização de sistemas aquosos é um processo complexo, que envolve transferência de $O_3$ da fase gasosa para a fase líquida e uma grande diversidade de reações químicas. Embora o ozônio seja ligeiramente mais solúvel em água que o oxigênio, sua aplicação em sistemas aquosos exige transferência de massa eficiente na interface gás-líquido. Dessa forma, sendo as reações irreversíveis na fase líquida, a degradação de poluentes orgânicos pode ser limitada pela taxa das reações químicas ou pela transferência de massa.

## PROCESSOS BASEADOS NA FOTÓLISE, RADIÓLISE E SONÓLISE DA ÁGUA

Alguns processos são capazes de gerar radicais hidroxila diretamente, além de outras espécies reativas, sem o emprego de oxidantes auxiliares ou catalisadores. Um exemplo é a fotólise de moléculas de água empregando radiação VUV (< 190 nm) (Oppenländer, 2003), gerando radicais $HO^\bullet$, átomos de hidrogênio ($H^\bullet$) e elétrons solvatados ($e^-_{aq}$) (reação 41). Os dois últimos combinam-se a moléculas de oxigênio em solução, dando origem ao ânion radical superóxido (reação 42) e ao radical hidroperoxila (reação 43), respectivamente, ambos oxidantes; o ânion radical $O_2^{\bullet-}$ é protonado em meio ácido, também resultando em radicais $HO_2^\bullet$.

É importante destacar a significativa absorção de radiação VUV pelas moléculas de água. Por exemplo, em 172 nm o coeficiente de absorção molar da água é igual a 10 L mol$^{-1}$ cm$^{-1}$ e, sendo a concentração molar de 55 mol L$^{-1}$, tem-se absorção total da radiação incidente em um filme líquido de espessura inferior a 0,1 mm (Oppenländer, 2003). Nesse comprimento de onda, o rendimento quântico para fotólise da água é igual a 0,42 mol mol fótons$^{-1}$, o que resulta em concentrações localizadas elevadas de radicais hidroxila no filme (> $10^{-4}$ mol L$^{-1}$, conforme Oppenländer, 2003).

$$H_2O \xrightarrow{h\nu} H^\bullet + HO^\bullet + e^-_{aq} \tag{41}$$

$$e^-_{aq} + O_2 \rightarrow O_2^{\bullet-} \tag{42}$$

$$H^\bullet + O_2 \rightarrow HO_2^\bullet \tag{43}$$

Por sua vez, a irradiação por feixe de elétrons (*electron beam irradiation*, EBI) baseia-se na radiólise de moléculas de água, gerando diferentes espécies, oxidantes e redutoras (Cooper et al., 2004). Outra forma de promover a radiólise da água é via irradiação gama, geralmente usando fontes de $^{60}$Co (Rivas-Ortiz et al., 2017). Nessas tecnologias, a degradação de contaminantes não é influenciada pela turbidez da matriz aquosa.

A dose corresponde à quantidade de energia do feixe de elétrons que é absorvida por unidade de massa do material irradiado. A unidade de medida correspondente é o gray (Gy), equivalente a 100 rad ou 1 J kg$^{-1}$. Por outro lado, a eficiência de remoção de contaminantes via irradiação por feixe de elétrons é expressa pelos valores [G], definidos como a quantidade de estados energizados, radicais ou outros produtos formados quando se absorvem 100 eV de energia. As espécies resultantes da radiólise da água e suas quantidades equivalentes em [G] são apresentadas pela reação esquemática (Tang, 2004):

$$H_2O + e^- \rightarrow [2,7]\ HO^{\bullet} + [0,6]\ H^{\bullet} + [2,6]\ e_{aq}^- + [2,7]\ H_3O^+ +$$
$$+ [0,45]\ H_2 + [0,7]\ H_2O_2 \tag{44}$$

A título de exemplo, a eficácia da irradiação por feixe de elétrons para remoção de toxicidade residual foi verificada para misturas de fármacos (Tominaga et al., 2018). Apesar de suas vantagens, a tecnologia baseada em EBI para tratamento de água e efluentes aquosos contendo contaminantes emergentes ainda é pouco estudada em comparação a outros POA, embora já tenha sido empregada em escala comercial para efluentes de uma indústria têxtil (Han et al., 2012). Wang et al. (2016) discutem a aplicação de EBI quanto à remoção de bromato e ácido perfluorooctanoico visando ao reúso potável de água.

Já a degradação de poluentes de preocupação emergente em fase aquosa por meio de ultrassom (US) é baseada na cavitação acústica empregando frequências entre 20-1.000 kHz (Torres-Palma e Serna-Galvis, 2018). O fenômeno envolve nucleação, rápida expansão e implosão de microbolhas, ciclicamente, em curtos intervalos de tempo (Mason e Pétrier, 2004). Esse processo resulta em temperaturas e pressões extremas no interior das cavidades (~5.000 K e ~1.000 atm, respectivamente, conforme Torres-Palma e Serna-Galvis, 2018) e temperaturas ao redor de 2.000 K na interface gás-líquido, como mencionado por Tang (2004), resultado da intensa liberação de energia. Nessas condições, solutos orgânicos voláteis podem sofrer pirólise no interior das cavidades (Bagal e Gogate, 2014), ao passo que moléculas de água e de oxigênio dissociam-se termicamente, formando átomos de hidrogênio (H$^{\bullet}$), radicais HO$^{\bullet}$, átomos de oxigênio (O$^{\bullet}$) e radicais hidroperoxila (HO$_2^{\bullet}$) (Torres-Palma e Serna-Galvis, 2018), conforme as reações 45-49. Os radicais HO$^{\bullet}$ podem reagir com poluentes orgânicos em solução e/ou na interface entre as bolhas e o líquido, o que depende da hidrofilicidade ou hidrofobicidade das moléculas do substrato orgânico, respectivamente, como observado, por exemplo, para o antibiótico sulfadiazina por Lastre-Acosta et al. (2015).

$$H_2O \xrightarrow{\text{US}} HO^\bullet + H^\bullet \tag{45}$$

$$O_2 \xrightarrow{\text{US}} 2O^\bullet \tag{46}$$

$$O^\bullet + H_2O \rightarrow 2HO^\bullet \tag{47}$$

$$H^\bullet + O_2 \rightarrow HO_2^\bullet \tag{48}$$

$$HO^\bullet + HO^\bullet \rightarrow H_2O_2 \tag{49}$$

$$H_2O_2 \xrightarrow{\text{US}} 2HO^\bullet \tag{50}$$

A degradação de poluentes de preocupação emergente por meio da cavitação acústica pode ser intensificada empregando-se $H_2O_2$ como fonte suplementar de radicais hidroxila (reação 50) e também por meio da associação com o reagente de Fenton (processo sono-Fenton) (Bagal e Gogate, 2014).

## PROCESSOS BASEADOS EM PERSULFATO

O ânion persulfato pode ser ativado para geração de radicais sulfato ($SO_4^{\bullet-}$) pela radiação UV (reação 51) (Leitner, 2018). Em 254 nm, o coeficiente de absorção molar do $S_2O_8^{2-}$ é de 20 L mol$^{-1}$ cm$^{-1}$, similar ao exibido pelo $H_2O_2$ nesse comprimento de onda; no UVA, o ânion persulfato apresenta absorção mais intensa que o peróxido de hidrogênio ($\varepsilon = 0{,}25$ L mol$^{-1}$ cm$^{-1}$ em 351 nm) (Graça, De Velosa e Teixeira, 2017b).

Outras formas de ativação incluem (Leitner, 2018): ativação térmica (reação 52); alcalina (reações 53-55); por meio de cátions de metais de transição em meio ácido, tal como $Fe^{2+}$ (reação 56) ou complexos metálicos em pH próximo ao neutro; e também empregando metais de valência zero, como $Fe^0$ (Graça et al., 2018). Nesse último caso, a oxidação do metal (reações 57-59) constitui a fonte de Fe(II) para ativação do persulfato e os íons $Fe^{3+}$ formados podem ser reduzidos pelo $Fe^0$ (reação 60).

$$S_2O_8^{2-} \xrightarrow{h\nu} 2SO_4^{\bullet-} \tag{51}$$

$$S_2O_8^{2-} \xrightarrow{\Delta} 2SO_4^{\bullet-} \tag{52}$$

$$S_2O_8^{2-} + H_2O \xrightarrow{HO^-} SO_5^{2-} + SO_4^{2-} + 2H^+ \tag{53}$$

$$SO_5^{2-} + H_2O \xrightarrow{HO^-} HO_2^- + SO_4^{2-} + H^+ \tag{54}$$

$$HO_2^- + S_2O_8^{2-} \rightarrow SO_4^{\bullet-} + SO_4^{2-} + H^+ + O_2^{\bullet-} \tag{55}$$

$$Fe^{2+} + S_2O_8^{2-} \rightarrow Fe^{3+} + SO_4^{\bullet-} + SO_4^{2-} \tag{56}$$

$$Fe^0 + S_2O_8^{2-} \rightarrow Fe^{2+} + 2SO_4^{2-} \tag{57}$$

$$2Fe^0 + O_2 + 2H_2O \rightarrow 2Fe^{2+} + 4HO^- \tag{58}$$

$$Fe^0 + 2H_2O \rightarrow Fe^{2+} + 2HO^- + H_2 \tag{59}$$

$$2Fe^{3+} + Fe^0 \rightarrow 3Fe^{2+} \tag{60}$$

Os sais de persulfato apresentam diversas vantagens, particularmente o baixo custo, solubilidade em água, estabilidade e facilidade de transporte e de armazenagem. Brienza et al. (2016) mostraram a eficácia do processo irradiado por luz solar mediado por radicais $SO_4^{\bullet-}$ (gerados a partir da ativação do ânion peroximonosulfato, $HSO_5^-$, por íons $Fe^{2+}$) quanto à remoção de mais de 50 micropoluentes presentes em efluente municipal, além de redução de toxicidade e estrogenicidade. Por sua vez, Li et al. (2017) apresentam um modelo cinético para avaliação dos processos $UV/S_2O_8^{2-}$, $UV/H_2O_2$ e $UV/HOCl$ diante da degradação de 1,4-dioxano, carbamazepina, fenol, 17β-estradiol, anilina e sulfametoxazol em permeado de osmose reversa, visando ao reúso potável de água, discutindo os impactos do pH e das concentrações de $Cl^-$, $Br^-$ e carbono inorgânico.

## OXIDAÇÃO ELETROQUÍMICA

Contaminantes de preocupação emergente podem ser degradados por eletrólise direta no ânodo ou por meio de oxidação eletroquímica anódica. Como apontam Zhang et al. (2019), radicais hidroxila adsorvidos fisicamente no ânodo (M) são formados a partir da oxidação da água (reação 61) e podem interagir com a superfície desse eletrodo (reação 62), formando sítios $MO_{x+1}$. Trata-se de formas ativas de oxigênio, que podem oxidar poluentes orgânicos (R) adsorvidos na superfície do ânodo (reações 63 e 64). É possível também a formação de oxigênio (reações 65 e 66). De qualquer modo, devem-se empregar ânodos com elevada sobretensão para evolução de $O_2$ (Zhang et al., 2019), por tratar-se de efeito competitivo indesejado durante a eletro-oxidação de poluentes orgânicos.

$$MO_x + H_2O \rightarrow MO_x(HO^\bullet) + H^+ + e^- \tag{61}$$

$$MO_x(HO^\bullet) \rightarrow MO_{x+1} + H^+ + e^- \tag{62}$$

$$R + MO_x(HO^\bullet)_z \rightarrow z/2CO_2 + MO_x + zH^+ + ze^- \tag{63}$$

$$R + MO_{x+1} \rightarrow RO + MO_x \tag{64}$$

$$MO_x(HO^\bullet) \rightarrow 1/2O_2 + MO_x + H^+ + e^- \tag{65}$$

$$MO_{x+1} \rightarrow 1/2O_2 + MO_x \tag{66}$$

Os eletrodos podem ser agrupados conforme a maior ou menor interação entre os radicais hidroxila formados e o ânodo, isto é, conforme a menor ou maior reatividade (capacidade de oxidação) perante substratos orgânicos, respectivamente (Kapałka; Fóti; Comninellis, 2008). No primeiro caso, estão os ânodos à base de $IrO_2$, cujo produto da interação, $IrO_3$, como mencionam esses autores, favorece tanto a evolução de $O_2$ como a oxidação de poluentes; outro exemplo é o ânodo $RuO_2/TiO_2$. Por sua vez, os ânodos de diamante dopado com boro (DDB) figuram entre os eletrodos com maior capacidade de oxidação de substratos orgânicos, o que se dá por meio de radicais $HO^\bullet$ fisissorvidos (Zhang et al., 2019), sendo, pois, conhecidos por seu excelente desempenho em processos eletro-oxidativos. Entre esses extremos, podem ser situados os eletrodos Ti/Pt, Ti/PbO$_2$ e Ti/SnO$_2$-Sb$_2$O$_5$ (Kapałka, Fóti e Comninellis, 2008).

Por outro lado, a oxidação eletroquímica indireta envolve a geração eletroquímica de oxidantes, tais como cloro ativo, radicais sulfato, ozônio, peróxido de hidrogênio e radicais hidroxila (Zhang et al., 2019). Tomando os dois últimos como exemplo, $H_2O_2$ é produzido na superfície do cátodo a partir da redução do oxigênio (reação 67); nesse caso, podem-se empregar eletrodos de difusão gasosa (EDG) para introdução de $O_2$ no sistema (Sirés et al., 2014). Por sua vez, radicais $HO^\bullet$ são gerados a partir da redução do $H_2O_2$ (reação 68).

$$O_2 + 2H^+ + 2e^- \rightarrow H_2O_2 \tag{67}$$

$$H_2O_2 + e^- \rightarrow HO^\bullet + HO^- \tag{68}$$

Finalmente, a adição de um sal de ferro permite obter radicais $HO^\bullet$ a partir da reação entre íons $Fe^{2+}$ e $H_2O_2$ gerado catodicamente: trata-se do processo eletro-Fenton, no qual o Fe(III) formado é reduzido a Fe(II) eletroquimicamente (Sirés et al., 2014).

## CONSIDERAÇÕES FINAIS

São diversas as alternativas de tecnologias baseadas em processos oxidativos avançados (POA), fotoquímicos ou não fotoquímicos, homogêneos ou heterogêneos, para degradação de poluentes de preocupação emergente em água e efluentes industriais e municipais.

No conjunto das tecnologias aqui apresentadas, podem-se destacar algumas vantagens: formas diversas de geração de espécies reativas; oxidação rápida e pouco ou mesmo não seletiva de contaminantes; mineralização total dos poluentes orgânicos possível em determinadas condições; radiação empregada pode ser artificial ou solar. Uma questão fundamental a ser considerada, particularmente em aplicações voltadas ao reúso potável direto, diz respeito à geração de subprodutos de degradação, muitas vezes também de natureza tóxica. Dessa forma, é essencial quantificar a remoção de toxicidade, estrogenicidade e genotoxicidade pós-tratamento.

A aplicação de POA em larga escala envolve considerar os custos de investimento (p. ex., ozonizadores, fontes radiantes, reatores, equipamentos de pré e pós-tratamento, eletrodos etc.) e operacionais (p. ex., reagentes e catalisadores, consumo energético para geração de radicais, consumo energético de pré e pós-tratamentos, além de equipamentos de transporte de fluidos e troca de calor; aquisição, transporte e armazenamento de oxidantes auxiliares, manutenção etc.). Dependendo do caso, esses últimos podem tornar os processos oxidativos avançados pouco atraentes para a indústria e estações de tratamento de efluentes municipais e de água de abastecimento. Portanto, a busca de alternativas que reduzam os custos dos tratamentos é essencial para sua difusão.

Como visto, as tecnologias mais exploradas dos POA são os processos fotoinduzidos, como $UV/H_2O_2$, $UV/O_3$ e os processos fotocatalíticos, também em virtude da disponibilidade de fontes radiantes. Por outro lado, estas têm sido apontadas como importantes responsáveis pelos custos, como resultado do consumo energético associado à radiação UV. Essa é uma das principais motivações para o desenvolvimento de processos baseados na radiação solar, disponível e livre de custos de geração, ainda que não livre de custos de investimento e utilização.

Finalmente, as aplicações discutidas na literatura a respeito do tratamento de efluentes municipais, associadas ao reúso potável direto de água para fins de abastecimento, envolvem necessariamente esquemas de tratamento combinados, em que os POA são associados a processos de separação com membranas, osmose reversa, adsorção em carvão ativado, tratamento biológico avançado, entre outros, segundo diferentes etapas e arranjos operacionais.

# REFERÊNCIAS

BAGAL, M.V.; GOGATE, P.R. Wastewater treatment using hybrid treatment schemes based on cavitation and Fenton chemistry: a review. *Ultrasonics Sonochemistry*, v. 21, n. 1, p. 1-14, 2014.

BATISTA, A.P.S.; PIRES, F.C.C.; TEIXEIRA, A.C.S.C. Photochemical degradation of sulfadiazine, sulfamerazine and sulfamethazine: relevance of concentration and heterocyclic aromatic groups to degradation kinetics. *Journal of Photochemistry and Photobiology A: Chemistry*, v. 286, p. 40-6, 2014.

BELTRÁN, F.J. *Ozone reaction kinetics for water and wastewater systems*. 1.ed. Boca Raton: Lewis Publishers, 2004.

BENKELBERG, H.J.; WARNECK, P. Photodecomposition of iron(III) hydroxo and sulfato complexes in aqueous solution: wavelength dependence of OH and $SO_4^-$ quantum yields. *Journal of Physical Chemisty*, v. 99, n. 14, p. 5214-21, 1995.

BILA, D.M.; AZEVEDO, E.B.; DEZOTTI, M. Ozonização e processos oxidativos avançados. In: Dezotti, M. (Coord.). *Processos e técnicas para o controle ambiental de efluentes líquidos*. 1.ed. Rio de Janeiro: E-papers, 2008. cap 4, p. 243-308.

BRIENZA, M.; AHMED, M.M.; ESCANDE, A.; et al. Use of solar advanced oxidation processes for wastewater treatment: follow up on degradation products, acute toxicity, genotoxicity and estrogenicity. *Chemosphere*, v. 148, p. 473-80, 2016.

CONCEIÇÃO, D.S.; GRAÇA, C.A.L.; FERREIRA, D.P.; et al. Photochemical insights of $TiO_2$ decorated mesoporous SBA-15 materials and their influence on the photodegradation of organic contaminants. *Microporous and Mesoporous Materials*, v. 253, p. 203-14, 2017.

COOPER, W.J.; GEHRINGER, P.; PIKAEV, A.K.; et al. Radiation processes. In: Parsons, S. (Ed.). *Advanced oxidation processes for water and wastewater treatment*. 1.ed. London: IWA Publishing, 2004. cap. 9, p. 209-46.

EDALATMANESH, M.; DHIB, R.; MEHRVAR, M. Kinetic modeling of aqueous phenol degradation by $H_2O_2$/UV process. *International Journal of Chemical Kinetics*, v. 40, n. 1, p. 34-43, 2008.

FUJIOKA, T.; MASAKI, S.; KODAMATANI, H.; et al. Degradation of N-nitrosodimethylamine by UV-based advanced oxidation processes for potable reuse: a short review. *Current Pollution Reports*, v. 3, n. 2, p. 79-87, 2017.

GAVRILESCU, M.; DEMNEROVA, K.; AAMAND, J.; et al. Emerging pollutants in the environment: present and future challenges in biomonitoring, ecological risks and bioremediation. *New Biotechnology*, v. 32, n. 1, p. 147-56, 2015.

GERRITY, D.; PECSON, B.; TRUSSELL, R.R.; et al. Potable reuse treatment trains throughout the world. *Journal of Water Supply Research and Technology-Aqua*, v. 62, n. 6, p. 321-38, 2013.

GOMIS, J.; CARLOS, L.; PREVOT, A.B.; et al. Bio-based substances from urban waste as auxiliaries for solar photo-Fenton treatment under mild conditions: optimization of operational variables. *Catalysis Today*, v. 240, p. 39-45, 2015.

GOTTSCHALK, C.; SAUPE, A.; LIBRA, J.A. *Ozonation of water and wastewater: a practical guide to understanding ozone and its application*. 1.ed. Weinheim: Wiley-VCH, 2000.

GRAÇA, C.A.L.; DE VELOSA, A.C.; TEIXEIRA, A.C.S.C. Role of Fe(III)-carboxylates in AMZ photodegradation: a response surface study based on a Doehlert experimental design. *Chemosphere*, v. 184, p. 981-91, 2017a.

GRAÇA, C.A.L.; FUGITA, L.T.N.; DE VELOSA, A.C.; et al. Amicarbazone degradation promoted by ZVI-activated persulfate: study of relevant variables for practical application. *Environmental Science and Pollution Research*, v. 25, n. 6, p. 5474-83, 2018.

GRAÇA, C.A.L.; DE VELOSA, A.C.; TEIXEIRA, A.C.S.C. Amicarbazone degradation by UVA-
-activated persulfate in the presence of hydrogen peroxide or $Fe^{2+}$. *Catalysis Today*, v. 280, n. 1, p. 80-5, 2017b.

HAN, B.; KIM, J. K.; KIM, Y.; et al. Operation of industrial-scale electron beam wastewater treatment plant. *Radiation Physics and Chemistry*, v. 81, n. 9, p. 1475-8, 2012.

HONG, J.W.; WI, D.H.; LEE, S.U.; et al. Metal-semiconductor heteronanocrystals with desired configurations for plasmonic photocatalysis. *Journal of the American Chemical Society*, v. 138, n. 48, p. 15766-73, 2016.

IKEHATA, K.; LI, Y. Ozone-based processes. In: Ameta, S. C.; Ameta, R. (Eds.). *Advanced oxidation processes for wastewater treatment: emerging green chemical technology*. 1.ed. Londres: Academic Press, 2018. cap. 5, p. 115-34.

JOO, J.B.; DAHL, M.; LI, N.; et al. Tailored synthesis of mesoporous $TiO_2$ hollow nanostructures for catalytic applications. *Energy and Environmental Science*, v. 6, n. 7, p. 2082-92, 2013.

KAPAŁKA, A.; FÓTI, G.; COMNINELLIS, C. Kinetic modelling of the electrochemical minerali-
zation of organic pollutants for wastewater treatment. *Journal of Applied Electrochemistry*, v. 38, n. 1, p. 7-16, 2008.

KIM, I.; YAMASHITA, N.; TANAKA, H. Performance of UV and $UV/H_2O_2$ processes for the re-
moval of pharmaceuticals detected in secondary effluent of a sewage treatment plant in Japan. *Journal of Hazardous Materials*, v. 166, n. 2-3, p. 1134-40, 2009.

LAHNSTEINER, J.; VAN RENSBURG, P.; ESTERHUIZEN, J. Direct potable reuse - a feasible water management option. *Journal of Water Reuse and Desalination*, v. 8, n. 1, p. 14-28, 2018.

LASTRE-ACOSTA, A.M.; CRUZ-GONZÁLEZ, G.; NUEVAS-PAZ, L.; et al. C Ultrasonic degrada-
tion of sulfadiazine in aqueous solutions. *Environmental Science and Pollution Research*, v. 22, n. 2, p. 918-25, 2015.

LEITNER, N.K.V. Sulfate radical ion-based AOPs. In: Stefan, M. I. (Ed.). *Advanced oxidation processes for water treatment: fundamentals and applications*. 1.ed. Londres: IWA Publishing, 2018. cap. 10, p. 429-60.

LI, W.; JAIN, T.; ISHIDA, K.; et al. A mechanistic understanding of the degradation of trace organic contaminants by UV/hydrogen peroxide, UV/persulfate and UV/free chlorine for water reuse. *Environmental Science-Water Research & Technology*, v. 3, n. 1, p. 128-38, 2017.

MACHADO, K.C.; GRASSI, M.T.; VIDAL, C.; et al. A preliminary nationwide survey of the presence of emerging contaminants in drinking and source waters in Brazil. *Science of the Total Environment*, v. 572, p. 138-46, 2016.

MARRON, E.L.; MITCH, W.A.; VON GUNTEN, U.; et al. A Tale of two treatments: the multiple barrier approach to removing chemical contaminants during potable water reuse. *Accounts of Chemical Research*, v. 52, n. 3, p. 615-22, 2019.

MASON, T.J.; PÉTRIER, C. Ultrasound processes. In: PARSONS, S. (Ed.). *Advanced oxidation processes for water and wastewater treatment*. 1.ed. Londres: IWA Publishing, 2004. cap. 8, p. 185-208.

MILLS, A.; LEE, S.K. Semiconductor photocatalysis. In: PARSONS, S. (Ed.). *Advanced oxidation processes for water and wastewater treatment*. 1.ed. Londres: IWA Publishing, 2004. cap. 6, p. 137-66.

MINGUEZ, L.; PEDELUCQ, J.; FARCY, E.; et al. Toxicities of 48 pharmaceuticals and their fresh-
water and marine environmental assessment in northwestern France. *Environmental Science and Pollution Research*, v. 23, n. 6, p. 4992-5001, 2016.

OPPENLÄNDER, T. *Photochemical purification of water and air: advanced oxidation processes (AOPs), principles, reaction mechanisms, reactor concepts*. 1.ed. Weinheim: Wiley-VCH, 2003.

PIGNATELLO, J.J.; OLIVEROS, E.; MACKAY, A. Advanced oxidation processes for organic contaminant destruction based on the Fenton reaction and related chemistry. *Critical Reviews in Environmental Science and Technology*, v. 36, n. 1, p. 1-84, 2006.

PIRAS, F.; SANTORO, O.; PASTORE, T.; et al. Controlling micropollutants in tertiary municipal wastewater by $O_3/H_2O_2$, granular biofiltration and $UV_{254}/H_2O_2$ for potable reuse applications. *Chemosphere*, v. 239, UNSP 124635, 2020.

RIVAS-ORTIZ, I.B.; CRUZ-GONZÁLEZ, G.; LASTRE-ACOSTA, A.M.; et al. Optimization of radiolytic degradation of sulfadiazine by combining Fenton and gamma irradiation processes. *Journal of Radioanalytical and Nuclear Chemistry*, v. 314, n. 3, p. 2597-607, 2017.

SHEMER, H.; SHARPLESS, C.M.; ELOVITZ, M.S.; et al. Relative rate constants of contaminant candidate list pesticides with hydroxyl radicals. *Environmental Science & Technology*, v. 40, n. 14, p. 4460-6, 2006.

SIMUNOVIC, M.; KUSIC, H.; KOPRIVANAC, N.; et al. Treatment of simulated industrial wastewater by photo-Fenton process: part II. The development of mechanistic model. *Chemical Engineering Journal*, v. 173, n. 2, p. 280-9, 2011.

SIRÉS, I.; BRILLAS, E.; OTURAN, M.A.; et al. M. Electrochemical advanced oxidation processes: today and tomorrow. A review. *Environmental Science and Pollution Research*, v. 21, n. 14, p. 8336-67, 2014.

TANG, W.Z. *Physicochemical treatment of hazardous wastes*. 1.ed. Boca Raton: Lewis Publishers, 2004.

THATAI, S.; KHURANA, P.; KUMAR, D. Role of core-shell nanocomposites in heavy metal removal. In: MISHRA, A. K. (Ed.). *Smart materials for waste water applications*. Hoboken, New Jersey: Scrivener Publishing/Wiley, 2016. cap. 11, p. 289-309.

TOMINAGA, F.K.; BATISTA, A.P.S.; TEIXEIRA, A.C.S.C.; et al. Degradation of diclofenac by electron beam irradiaton: toxicitiy removal, by-products identification and effect of another pharmaceutical compound. *Journal of Environmental Chemical Engineering*, v. 6, n. 4, p. 4605-11, 2018.

TORRES-PALMA, R.; SERNA-GALVIS, E. A. Sonolysis. In: AMETA, S.C.; AMETA, R. (Eds.). *Advanced oxidation processes for wastewater treatment: emerging green chemical technology*. 1.ed. London: Academic Press, 2018. cap. 7, p. 177-213.

WADLEY, S.; WAITE, T.D. Fenton processes. In: PARSONS, S. (Ed.). *Advanced oxidation processes for water and wastewater treatment*. 1.ed. Londres: IWA Publishing, 2004. cap. 5, p. 111-136.

WANG, L.; BATCHELOR, B.; PILLAI, S.D.; et al. Electron beam treatment for potable water reuse: removal of bromate and perfluorooctanoic acid. *Chemical Engineering Journal*, v. 302, p. 58-68, 2016.

YANG, X.X.; CAO, C.D.; ERICKSON, L.; et al. Synthesis of visible-light-active $TiO_2$-based photocatalysts by carbon and nitrogen doping. *Journal of Catalysis*, v. 260, n. 1, p. 128-33, 2008.

ZHANG, M.; SHI, Q.; SONG, X.Z.; et al. Recent electrochemical methods in electrochemical degradation of halogenated organics: a review. *Environmental Science and Pollution Research*, v. 26, n. 11, p. 10457-86, 2019.

ZHU, S.S.; WANG, D.W. Photocatalysis: basic principles, diverse forms of implementations and emerging scientific opportunities. *Advanced Energy Materials*, v. 7, n. 23, 1700841, 2017.

# Capítulo 12
# OZONIZAÇÃO

Luiz Antonio Daniel
Luan de Souza Leite

## INTRODUÇÃO

O ozônio pode ser usado tanto para desinfecção como para oxidação, em água de abastecimento e nos efluentes de sistemas de tratamento de esgoto. Como não há separação dos processos, ao se usar o ozônio para a desinfecção, inevitavelmente ocorrerá também a oxidação de substâncias orgânicas e inorgânicas presentes na água ou no esgoto.

Essa ação conjunta é vantajosa ao se considerar que os compostos de difícil degradação por via biológica poderão ser oxidados a compostos mais facilmente assimiláveis pelos microrganismos. Além disso, isso também ocorre para compostos tóxicos, mutagênicos, teratogênicos e desreguladores endócrinos, quase todos presentes na água e em efluentes de estações de tratamento de esgoto (ETE) em concentrações muito pequenas, da ordem de nanogramas a microgramas por litro.

Por outro lado, poderá ocorrer a formação de subprodutos que podem ter efeito prejudicial à saúde humana, no caso de reúso para fim potável, ou à biota aquática, no caso de disposição de efluentes sanitários tratados e desinfetados. No reúso potável, o ozônio pode ser usado em diferentes locais do sistema de tratamento: como oxidante a montante do início do tratamento e em locais intermediários (entre processos), ou como desinfetante final.

## REAÇÕES DO OZÔNIO

O ozônio, ao ser transferido para a água (entende-se, nesse contexto, água de abastecimento e efluentes de ETE, tanto para disposição em corpos de água como para reúso), reage com as substâncias orgânicas diretamente, como a molécula de ozônio ($O_3$, reação molecular), ou indiretamente como radical livre hidroxila (°OH, reação radicalar).

Os radicais hidroxila são formados a partir da decomposição do ozônio e por outros processos que estão abordados no capítulo sobre processos oxidativos avançados (POA).

As reações do ozônio molecular são seletivas, ao passo que as reações do radical hidroxila não são seletivas. A seletividade da reação muda o grau de oxidação, os produtos formados e a cinética de reação, que é diferente para o ozônio molecular e para o radical hidroxila.

## Reação direta

A reação direta do ozônio molecular com os compostos orgânicos é seletiva, com velocidade de reação pequena comparada à reação indireta com os radicais hidroxila. A molécula de ozônio tem estrutura dipolar e por essa característica reage com as ligações de carbonos não saturados (duplas), pela ruptura dessas ligações baseada no mecanismo de Criegee.

O ozônio reage nos locais com maior densidade de elétrons nas moléculas com cadeia alifática. A reação com compostos aromáticos é favorecida quando há grupos substituintes que fornecem elétrons como, por exemplo, hidroxila e amina. Sem esses grupos fornecedores de elétrons, a reação pode se tornar extremamente lenta.

Considerando essas características de reatividade, pode-se ordenar crescentemente a reatividade do ozônio com as estruturas químicas da seguinte forma: alifáticos saturados < anéis aromáticos < alifáticos não saturados com substituintes que atraem elétrons < não substituídos < substituídos que disponibilizam elétrons < dissociados.

As reações com os compostos inorgânicos podem ser muito mais rápidas do que as com compostos orgânicos. A velocidade de reação aumenta com o aumento da nucleofilicidade do composto, similar aos compostos orgânicos (von Gunten, 2003). As reações são mais rápidas com as espécies ionizadas ou dissociadas.

## Reação indireta

Os radicais livres contêm elétrons desemparelhados, que são altamente instáveis e a reação não é seletiva, ocorrendo imediatamente ao entrarem em contato com outras moléculas para obterem o elétron que foi perdido.

A reação do ozônio por meio de radicais livres se desenvolve em três passos: a iniciação, a propagação e a terminação.

No primeiro passo, o ozônio se decompõe pela ação dos iniciadores que pode ser o íon hidroxila (OH⁻), formando o radical hidroxila (°OH). O radical hidroxila ao reagir, retira o elétron do hidrogênio da molécula-alvo, formando água e a molécula-alvo torna-se radical livre que reage com outra molécula, propagando a reação. Se os radicais reagirem entre si, emparelhando os elétrons desemparelhados, a reação é interrompida.

## Iniciadores

O íon hidroxila é um dos iniciadores da decomposição do ozônio e da formação de radicais livres. A reação com o ozônio gera o ânion superóxido ($O_2^{°-}$) e o radical hidroperoxila ($HO_2^{°}$):

$$O_3 + HO^- \rightarrow O_2^{°-} + HO_2^{°} \tag{1}$$

O radical hidroperoxila está em equilíbrio ácido-base com o ânion superóxido:

$$HO_2^{°} \rightarrow O_2^{°-} + H^+ \tag{2}$$

## Propagadores – reações em cadeia

Os radicais formados nas reações com os iniciadores propagam a reação envolvendo o próprio ozônio ou outros compostos como, por exemplo, os compostos orgânicos. O ânion superóxido ($O_2^{°-}$) reage com o ozônio formando o ânion ozonídio ($O_3^{°-}$), que forma o trióxido de hidrogênio ($OH_3^{°}$) que se decompõe em radical hidroxila.

$$O_3 + O_2^{°-} \rightarrow O_3^{°-} + O_2 \tag{3}$$

$$HO_3^{°} \rightarrow O_3^{°-} + H^+ \tag{4}$$

$$HO_3^{°} \rightarrow °OH + O_2 \tag{5}$$

O °OH reage com o $O_3$.

$$°OH + O_3 \rightarrow HO_4^{°} \tag{6}$$

$$HO_4^{°} \rightarrow O_2 + HO_2^{°} \tag{7}$$

A decomposição do $HO_4^o$ em $O_2$ e $HO_2^o$ reinicia a reação em cadeia. No conjunto das reações em cadeia (equações 1 e 3) são consumidos 2 mol de ozônio. A reação em cadeia pode ser mantida por substâncias orgânicas que reagem com o radical hidroxila e geram o ânion superóxido. Essas substâncias são denominadas propagadoras.

## Inibidores ou terminadores da reação em cadeia

A manutenção da reação em cadeia depende da formação dos radicais $HO_2^o$ e $O_2^{o-}$. Algumas substâncias orgânicas e inorgânicas interrompem a reação em cadeia, por produzirem radicais secundários que não regeneram $O_2^{o-}$, e inibem a decomposição do ozônio.

$$^oOH + CO_3^{2-} \rightarrow OH^- + CO_3^{o-} \tag{8}$$

$$^oOH + HCO_3^- \rightarrow OH^- + HCO_3^o \tag{9}$$

Considerando as reações do passo inicial (equação 1) até a propagação (equação 7) há consumo de 3 mol de ozônio com a formação de 2 mol de radical hidroxila.

$$3O_3 + OH^- + H^+ \rightarrow 2^oOH + 4O_2 \tag{10}$$

O bicarbonato e o carbonato são inibidores da decomposição do ozônio e atuam como consumidores de $^oOH$. Os carbonatos são mais inibidores do que os bicarbonatos. Os ácidos húmicos têm ação dupla, ao atuarem como propagadores e como inibidores da formação de radicais livres. A reação entre dois radicais livres também resulta na interrupção da reação em cadeia:

$$^oOH + HO_2^o \rightarrow O_2 + H_2O \tag{11}$$

Os propagadores e inibidores de radicais livres variam com os iniciadores, como é exemplificado na Tabela 1.

**Tabela 1** Iniciadores, promotores e inibidores típicos da decomposição do ozônio em água

| Iniciador | Propagador | Inibidor |
|---|---|---|
| $OH^-$ | Ácido húmico | $HCO_3^-$ e $CO_3^{2-}$ |
| $H_2O_2/HO_2^-$ | R-aril | $PO_4^{3-}$ |
| $Fe^{2+}$ | Álcoois primários e secundários | Ácido húmico<br>R-alquil<br>Álcool tercio-butil |

O ozônio dissolvido decompõe-se naturalmente em °OH por meio das reações com os constituintes do esgoto sanitário (Gerrity et al., 2014).

## TRATAMENTO DE ESGOTO COM OZÔNIO

Os processos de tratamento de esgoto são eficientes para a remoção de matéria orgânica, nitrogênio e fósforo, entretanto alguns compostos orgânicos não são eficientemente removidos, tais como os micropoluentes e os compostos recalcitrantes. Esses compostos persistem nas águas superficiais e podem causar problemas de saúde, mesmo após o tratamento para a potabilização (Mecha et al., 2016).

A oxidação química é um dos processos utilizados para a remoção desses compostos recalcitrantes, sendo o ozônio um dos oxidantes mais usuais para a oxidação de pesticidas, fármacos e surfactantes (Gerrity e Snyder, 2011), seja por via molecular ($O_3$) ou radicalar (°OH) (Kasprzyk-Hordern, Ziółek e Nawrocki, 2003).

A rota da reação depende do pH e dos compostos dissolvidos na água. O radical °OH é mais eficiente por não ser seletivo e ter maior potencial de oxidação (2,80 V) em comparação ao ozônio molecular (2,07 V). Em pH menor (meio ácido), predominam as reações por via molecular e em pH maior (meio alcalino) predominam as reações por via radicalar. As condições em que o ozônio molecular e o radicalar estão simultaneamente presentes, favorecem a oxidação dos compostos recalcitrantes com aceleração do tratamento (von Gunten, 2003).

### Efeito da concentração do poluente

A eficiência de remoção do poluente (ou micropoluente) pela ozonização depende da dose de ozônio consumida, do tempo de contato e da concentração inicial do poluente.

O aumento da concentração do poluente pode reduzir a eficiência de remoção, em consequência das reações competitivas entre o poluente e os produtos intermediários da decomposição do ozônio, como demonstrado por Mecha et al. (2016) utilizando fenol como composto modelo. Comportamento semelhante pode ocorrer com outros contaminantes.

Além disso, alguns compostos naturais atuam como consumidores de radicais livres e competem com o contaminante-alvo pelos radicais hidroxila. Portanto, sua presença aumenta a demanda de oxidante e diminui a eficiência do tratamento (Ikehata, Jodeiri Naghashkar e Gamal El-Din, 2006).

No tratamento de esgoto, a DQO apresenta a tendência em diminuir gradualmente com o tempo de contato para a mesma dose aplicada de ozônio. A diminuição da remoção com o aumento do tempo de contato pode ser em decorrência da formação de produtos intermediários, pouco reativos com o ozônio como, por exemplo, ácidos carboxílicos (Mecha et al., 2016). Além disso, a remoção percentual varia com a concentração inicial e com a complexidade da matriz de estudo.

O carbono orgânico total (COT) pode não ser removido na mesma proporção da DQO, sugerindo que não há mineralização completa da matéria orgânica (Paraskeva, Lambert e Graham, 1998). Em concentração maior de matéria orgânica, a razão $O_3$/COT resulta em maior demanda imediata como é observado em efluente secundário, quando comparado com o efluente terciário pré-oxidado (Gerrity et al., 2014).

Normalmente em efluentes secundários e terciários, a concentração de sólidos suspensos totais (SST) diminui e a concentração de carbono orgânico dissolvido (COD) aumenta, após a aplicação de ozônio. Isso se deve à reação do ozônio com o material orgânico sólido que produz produtos orgânicos solúveis, que aumentam a concentração de COD (Liberti, Notarnicola e Lopez, 2000). Esses compostos de menor massa molecular são mais facilmente assimiláveis por processos biológicos a jusante como, por exemplo, a filtração (Wert et al., 2007; Hollender et al., 2009).

A não quantificação de compostos orgânicos-alvo não é indicação que foram mineralizados, pois deve-se identificar e quantificar os compostos orgânicos intermediários formados. É pouco provável que a mineralização completa da matéria orgânica se efetive com o ozônio.

## TRANSFERÊNCIA DE MASSA

O ozônio é um gás instável, que deve ser gerado no local de uso por descarga elétrica em gás que contém oxigênio (ar atmosférico), ar enriquecido com oxigênio ou oxigênio puro. A descarga elétrica dissocia a molécula de oxigênio em dois átomos de oxigênio atômico, que ao colidirem com outras moléculas de oxigênio geram o ozônio.

Como o ozônio é aplicado no estado gasoso, para que as reações ocorram é necessário transferi-lo para a fase líquida por meio de injetor ou bolhas geradas em difusores, que podem ser médias, pequenas ou microbolhas. Quanto maior a transferência, mais eficiente será a oxidação e/ou a inativação dos microrganismos e menores serão as perdas.

Nota-se que haverá uma interface entre o ozônio gasoso e o líquido, sendo que a transferência ocorre por essa interface. A resistência à transferência na interface ocasiona diferença na concentração, que resulta em gradiente que é a força motriz da transferência de massa.

O fluxo molar de massa em cada fase é proporcional ao gradiente de concentração. A resistência à transferência de massa é a soma das resistências em cada fase.

Na interface, é desenvolvido um filme laminar em cada fase (gasosa e líquida), na qual a resistência à transferência de massa se estabelece, pois a resistência nos volumes gasoso e líquido é desprezível.

O fluxo de transferência de massa em filme duplo (Lewis e Whitman, 1924) em uma das fases é igual ao produto do coeficiente de transferência e o gradiente de concentração no filme, que por sua vez é igual ao fluxo no filme da outra fase (equação 12).

$$N = K_G \left( C_G - C_{Gi} \right) = K_L \left( C_{Li} - C_L \right) \tag{12}$$

$N$ = fluxo molar;
$K_G$ = coeficiente de transferência de massa no filme gasoso;
$C_G$ = concentração do gás na fase gasosa;
$C_{Gi}$ = concentração do gás na interface gás-líquido;
$K_L$ = coeficiente de transferência de massa no filme líquido;
$C_{Li}$ = concentração do gás no líquido em equilíbrio com a concentração do gás na interface líquido-gás;
$C_L$ = concentração do gás no volume do líquido.

Quando a resistência na fase líquida controla a transferência de massa, e se for considerado que a concentração na interface líquida é a concentração de equilíbrio, o fluxo molar depende da área superficial na interface.

Normalmente em aplicações práticas, usa-se o fluxo de massa para a interface líquida e como é difícil determinar a área da interface (ozônio é normalmente aplicado em bolhas), usa-se a área superficial específica ou volumétrica. Portanto, tem-se:

$$m = \frac{dC}{dt} = N \frac{A}{V_L} MM = K_{La} \left( C_L^* - C_L \right) \tag{13}$$

$m$ = fluxo de massa;
$C$ = concentração;
$t$ = tempo;
$A$ = área superficial na interface;
$V_L$ = volume do líquido;
$MM$ = massa molecular do gás;
$K_L$ = coeficiente de transferência de massa no filme líquido;
$K_{La}$ = coeficiente volumétrico de transferência de massa no filme líquido;
$C_L$ = concentração no líquido na interface em equilíbrio com a concentração na massa líquida;
$a$ = área interfacial para transferência de massa por unidade de volume ($A/V_L$).

O ozônio reage com as substâncias dissolvidas na água e, portanto, altera a transferência de massa e a concentração de equilíbrio.

## Parâmetros que influenciam a transferência de massa do ozônio

São vários os parâmetros que interferem na transferência de massa, podendo ser agrupados naqueles que interferem na força motriz – o gradiente de concentração entre as duas fases – e naqueles que interferem no coeficiente total de transferência de massa.

Influência no gradiente de concentração foi abordada anteriormente. Os parâmetros que interferem no coeficiente total podem ser divididos em parâmetros de processo, parâmetros físicos e a geometria do reator.

Os parâmetros de processo incluem a potência aplicada, volume do reator e velocidade superficial do gás. Os parâmetros físicos incluem viscosidade cinemática, massa específica, tensão superficial, concentração de bolhas de ozônio, coeficiente de difusão molecular e constante da lei de Henry. Por fim, a geometria do reator tem influência importante no padrão de mistura e, consequentemente, no coeficiente de transferência de massa.

## Transferência de massa com reação química simultânea

As reações químicas do ozônio podem alterar o gradiente de concentração no filme laminar. Os efeitos dependem da velocidade de reação e da transferência de massa.

O efeito da reação química é considerado ao incluir o fator de aumento da transferência, e não alterando o coeficiente de transferência de massa. O fator é definido como a razão entre o fluxo de massa com reação química e o fluxo de massa por somente absorção física.

Os efeitos da reação química e da transferência de massa são interdependentes. A reação química ocorre se houver ozônio disponível, portanto depende da transferência de massa, e por outro lado a transferência de massa ocorre se houver consumo de ozônio pela reação química, que reduz a concentração de ozônio na fase líquida.

Quando a reação química é muito rápida pode ocorrer limitação pela transferência de massa e a reação ocorre no filme laminar líquido, não progredindo para o interior do líquido (volume líquido).

## DESINFECÇÃO

A contaminação das águas superficiais por esgoto sanitário representa um risco à saúde pública em razão das doenças veiculadas pela água. Por isso, a desinfecção da água de abastecimento é a última barreira de defesa contra essas doenças, antes da distribuição aos consumidores

O desinfetante deve ter ação ampla contra todas as formas de patogênicos tais como bactérias, vírus e protozoários etc. Adicionalmente deve ter boa solubilidade na água, apresentar baixa toxicidade e pequena formação de subprodutos de desinfecção, ou não formá-los (Zuma, Lin e Jonnalagadda, 2009). A desinfecção do esgoto no tratamento destinado ao reúso é a etapa mais importante para a segurança da saúde pública.

O ozônio, 1,5 vez mais oxidante que o cloro e 3 vezes mais que o ácido hipocloroso, atua simultaneamente como desinfetante em amplo espectro de patogênicos – bactérias, fungos, nematoides (ovos de helmintos), protozoários e vírus – e como oxidante removendo contaminantes inorgânicos e orgânicos, gosto e odor. Cabe frisar que o ozônio também promove a inativação efetiva de bactérias resistentes à cloração, que é o método mais usual de desinfecção.

A eficiência da inativação está relacionada à concentração do desinfetante e ao tempo de contato. Para o ozônio, deve-se fazer distinção entre dose aplicada, dose transferida, dose consumida e a concentração residual de ozônio ao se considerar a cinética de desinfecção, por exemplo, Chick-Watson representada na equação (14).

$$\frac{N}{N_o} = e^{-k'C^n t} \qquad (14)$$

N = número de organismos sobreviventes (NMP/100 mL ou UFC/100 mL);
$N_o$ = número inicial de organismos (NMP/100 mL ou UFC/100 mL);
k' = constante de velocidade de inativação;
C = concentração do desinfetante (mg/L);
n = coeficiente empírico;
t = tempo de contato (min).

O modo de ação dos desinfetantes é diferente, o que torna um desinfetante mais eficiente que outro. Para que ocorra a inativação o desinfetante precisa oxidar moléculas biológicas e se difundir através da parede celular.

O ozônio destrói os microrganismos por oxidação progressiva dos constituintes celulares. Existem dois mecanismos principais, sendo o primeiro a oxidação dos grupos sulfidrila, aminoácidos das enzimas, peptídeos e proteínas a peptídeos curtos como produto, enquanto o segundo mecanismo é a oxidação de ácidos graxos poli-insaturados a peróxidos ácidos (Victorin, 1992).

A reação do ozônio com os lipídios insaturados da parede celular resulta em ruptura da célula e vazamento do conteúdo celular (lise). As ligações duplas dos lipídios são vulneráveis ao ataque do ozônio. Nas bactérias Gram-negativas, as camadas de lipoproteínas e lipopolissacarídeos são os primeiros locais da destruição, resultando no aumento da permeabilidade e eventual lise da célula (Zuma, Lin e Jonnalagadda, 2009). No interior da célula, o ozônio tem ampla ação oxidante das proteínas causando a morte rápida.

A inativação de endósporos de *Bacilus subtilis* por ozônio e radical hidroxila é atribuída à oxidação ou ruptura da parede celular, com consequente desintegração da célula. De maneira diferente, o ácido hipocloroso, íon hipoclorito e o dióxido de cloro primeiro se difundem para dentro da célula, antes de interagirem com os constituintes celulares, o que requer maior tempo de contato para inativação (Maillard, 2002). Os vírus são atacados no capsídio proteico, usado para fixação à célula hospedeira, e por reações com os ácidos nucleicos (Liberti, Notarnicola e Lopez, 2000).

Os radicais livres formados pela decomposição do ozônio são menos eficientes para a inativação do que o ozônio molecular, possivelmente porque o radical hidroxila é neutralizado pelo bicarbonato das células (Zuma, Lin e Jonnalagadda, 2009).

A qualidade do esgoto influencia diretamente a eficiência de desinfecção por ozônio, tendo um impacto na dose de ozônio requerida para o processo. Tal fato pode ser verificado no estudo de desinfecção por ozônio, usando diferentes tipos de efluentes, realizado por Lazarova et al. (2014). A dose de ozônio necessária para uma redução de 2 log de coliformes fecais variou entre 2 e 3 mg·L$^{-1}$ para efluente terciário, 6 e 17 mg·L$^{-1}$ para efluente secundário e entre 25 e 30 mg·L$^{-1}$ para efluente primário. A melhora da qualidade do esgoto por unidades de tratamento a montante, diminuindo a concentração de SST e COD, reduz significantemente a demanda por ozônio. Por isso, é fundamental que o tratamento a montante da estação de reúso também seja otimizado.

Outro parâmetro que influencia o desempenho da desinfecção é o pH, pois o seu aumento diminui a constante de velocidade de inativação. Para manter a mesma eficiência de inativação em pH 9,16, o tempo de contato é aproximadamente o dobro do tempo em pH 4,93, sugerindo que o ozônio é mais eficiente em pH menores (meio ácido) nos quais o ozônio molecular é predominante (Zuma, Lin e Jonnalagadda, 2009).

O ozônio pode ser usado como desinfetante primário. Os tempos de contato para inativação são tipicamente de 4 a 5 vezes menores do que para o cloro. O aumento da concentração de ozônio no gás (para mesma vazão de gás e, portanto, mais ozônio dissolvido na água) aumenta a taxa de inativação de *E. coli* e outros microrganismos (Zuma, Lin e Jonnalagadda, 2009). A taxa de inativação é maior no início da desinfecção com tendência à estabilização ao longo do tempo de contato, variando de acordo com as condições locais.

*Clostridium* é muito resistente ao ozônio, sendo inativado a menos de 0,5 log para dose transferida de 3 a 5 mg/L e de 1 a 10 mg/L, com tempo de contato de 9,6 minutos, para efluentes secundários com DQO média de 36 mg/L e 71 mg/L, respectivamente (Xu et al., 2002).

O ozônio tem menor eficiência para inativar cistos de *Giardia* e oocistos de *Cryptosporidium* do que bactérias. Para efluente clarificado, Liberti, Notarnicola e Lopez (2000) obtiveram, com dosagem de 15 mg/L e tempo de contato de 10 min, mais de 60% de inativação de cistos de *Giardia lamblia* e de 14% para oocistos de *Cryptosporidium parvum*, com inativação superior a 98% de *Pseudomonas aeruginosa*.

O produto Ct (C é a concentração do desinfetante e t é o tempo de contato) é usado para estimar a inativação de microrganismos patogênicos e indicadores, mas a validade de Ct é questionável em algumas aplicações em esgoto e água de reúso (Gamage et al., 2013). Não há uniformidade em se expressar as quantidades de ozônio – ozônio aplicado, ozônio transferido, ozônio consumido, ozônio residual – o que dificulta a comparação de resultados.

Quanto maior a demanda imediata de ozônio, maior será a inativação dos microrganismos nessa dose. Esse fato indica que a concentração residual de ozônio poderá ser pequena ou inexistente e, portanto, não deve ser considerado o Ct para controle da inativação.

## REAÇÕES COM A MATÉRIA ORGÂNICA E FORMAÇÃO DE SUBPRODUTOS

A reação do ozônio com a matéria orgânica, seja por reação direta ($O_3$) ou indireta ($°OH$), pode formar produtos da desinfecção, a depender da natureza dos precursores orgânicos, tais como ácidos mono e dicarboxílicos, mono e dicetonas, alcanos, ftalatos, peróxidos orgânicos, epóxidos e aldeídos

Somente os aldeídos (formaldeído, acetaldeído, glioxal, propanal, butanal, pentanal e acetona) são formados em maior quantidade nas condições usuais de desinfecção (Silva et al., 2010).

Quando o íon brometo ($Br^-$) está presente, pode ocorrer a oxidação com a formação de hiprobromito que reage com a matéria orgânica e forma compostos orgânicos bromados (THM – bromofórmio) (Glaze, Weinberg e Cavanagh, 1993). As Equações 15 a 18 representam a formação de bromato.

$$O_3 + Br^- \rightarrow 2O_2 + BrO^- \tag{15}$$

$$2O_3 + BrO^- \rightarrow 2O_2 + BrO_3^- \tag{16}$$

$$H^+ + BrO^- \rightarrow HBrO \tag{17}$$

$$HBrO + \text{matéria orgânica} \rightarrow CHBr_3 \tag{18}$$

Quando há amônia, ocorre a formação de momobromoamina que promove a formação de $NH_2Br$, como apresentado pela Equação 19.

$$HBrO + NH_3 \rightarrow NH_2Br + H_2O \tag{19}$$

A formação de *N*-Nitrosodimetilamina (NDMA) pela oxidação com o ozônio tem o potencial de restringir o reúso de água. Alguns estudos relacionaram a formação direta de NDMA à oxidação de compostos tais como dimetilamina e dimetilsulfamida (von Gunten et al., 2010) e polímeros usados no tratamento de esgoto (Padhye et al., 2011). Entretanto, o processo de formação é variável e há pouco conhecimento do seu mecanismo. Alguns estudos indicam que a reação do ozônio com os precursores de NDMA são rápidas e que a formação depende da razão $O_3/COT$, com máxima formação entre 0,25 e 0,50 (Snyder et al., 2014).

## OZÔNIO NO REÚSO DIRETO DE ESGOTO PARA FIM POTÁVEL

As características do ozônio, mencionadas anteriormente, tornam a sua utilização bastante atrativa para a obtenção de água potável por meio do reúso de efluente. No fluxograma de tratamento, a inserção do ozônio promove as seguintes vantagens: inativação de microrganismos patogênicos, aumento da biodegrabilidade da matéria orgânica, oxidação de compostos potencialmente tóxicos (micropoluentes) e o aumento da vida útil e diminuição dos custos dos tratamentos subsequentes (filtração por membranas ou por meio de suporte).

Cabe salientar que, apesar da maioria dos estudos de reúso em escala-piloto determinar a remoção de patógenos durante o tratamento, poucos discriminam a remoção por etapa de tratamento, sendo reportado apenas a remoção global e/ou atendimento da legislação vigente quanto aos microrganismos (Lahnsteiner, van Rensburg e Esterhuizen, 2018; Hooper et al., 2020).

Apesar de o ozônio ser amplamente conhecido pelo seu potencial de desinfecção, os estudos de reúso direto o utilizam mais pelo seu potencial de oxidação. Tal fato pode ser observado no fluxograma de tratamento das estações de reúso, no qual também constam outras tecnologias de desinfecção. Além da matéria orgânica, o ozônio promove efetivamente a degradação de diferentes tipos de poluentes emergentes (p. ex., hormônios, produtos de higiene pessoal, pesticidas, retardadores de chamas, fármacos etc.) que são potencialmente tóxicos para os ambientes aquáticos e para a saúde humana.

A remoção de um micropoluente do esgoto por ozônio pode ser prevista conhecendo a constante de reatividade do composto com o ozônio, utilizando a relação normalizada de $O_3/COD$ e a exposição necessária de $°OH$. Lee et al. (2013) propuseram uma divisão dos micropoluentes em cinco grupos, baseada nas constantes de reatividade ($K$) do composto com o ozônio ($K_{O3}$) e com o radical hidroxila ($K°_{OH}$):

(I)   $K_{O3} > 1 \times 10^5\,M^{-1}\,s^{-1}$;

(II)   $10\,M^{-1}\,s^{-1} \leq K_{O3} < 1 \times 10^5\,M^{-1}\,s^{-1}$;

(III)   $K_{O3} < 10\,M^{-1}\,s^{-1}$ e $K°_{OH} \geq 5 \times 10^9\,M^{-1}\,s^{-1}$;

(IV)   $1 \times 10^9\,M^{-1}\,s^{-1} \leq K°_{OH} < 5 \times 10^9\,M^{-1}\,s^{-1}$;

(V)   $K°_{OH} < 1 \times 10^9\,M^{-1}\,s^{-1}$.

Os resultados dos autores mostraram uma forte correlação da remoção dos poluentes com as constantes de reatividade e um decaimento da eficiência de remoção do Grupo I para o Grupo V. Os compostos com alta reatividade (Grupo I) apresentaram elevadas remoções (> 90%) com pequenas doses de ozônio (0,25 mg $O_3/$ mg COD), enquanto os compostos com baixa reatividade (Grupos IV e V) apresentaram baixa remoções (< 41%), com exceção do meprobamato (90%, fármaco) e da atrazina (83%, herbicida). Cabe frisar que a contribuição da reação direta do ozônio à remoção dos compostos dos Grupos IV e V foi insignificante.

Resultados similares foram encontrados em escala plena na estação de reúso em Melbourne, Austrália. A estação é alimentada por efluente secundário, previamente tratado pelo sistema de lodos ativados, e é composta pelas seguintes etapas: pré-ozonização, filtração com carvão ativado granular, ozonização principal, desinfecção por UV e cloração. Blackbeard et al. (2016) selecionaram 386 compostos para o estudo, entretanto apenas 91 compostos foram encontrados no efluente secundário. Os autores constataram que 38 compostos pertencentes ao Grupo I foram degradados, para abaixo do limite de detecção, logo após a pré-ozonização (0,65 mg $O_3/$ mg COT), enquanto os poluentes pertencente ao Grupo II foram removidos para abaixo do limite de detecção, após a ozonização principal (0,96 mg $O_3/$ mg COT). Apenas 36 compostos pertencentes aos Grupos III, IV e V permaneceram detectáveis após a ozonização principal e suas remoções dependeram principalmente da reação com a $°OH$.

Uma estratégia para melhorar a remoção dos micropoluentes e da matéria orgânica é a utilização da ozonização seguida pela filtração biológica, integrando assim os mecanismos de oxidação com a adsorção e a biodegradação. No processo, o ozônio oxida a matéria orgânica no efluente e forma moléculas orgânicas mais biodegradáveis e menores que podem ser mineralizadas ou absorvidas na biofiltração (Volk e Lechevallier, 2002).

A associação do ozônio e da filtração por carvão ativado granular para a remoção de diferentes micropoluentes foi avaliada na estação de reúso de Centreville, EUA (Sun et al., 2018). Durante os 12 meses de estudo, foram testadas diferentes condições operacionais de ozonização (dose de 0 a 4,5 mg·L$^{-1}$; 0 a 1,1 mg O$_3$/ mg COD) e tipos de carvão ativado granular (regenerado e com biofilme). A maioria dos micropoluentes (produtos de higiene pessoal) foi efetivamente removida por oxidação (95 a 100%). Entretanto, os retardadores de chamas e as substâncias perfluoroalquil e polifluoroalquil (PFAS) se mostraram resistentes à oxidação por ozônio, porém as suas remoções foram aumentadas significativamente pelos processos de adsorção e biodegradação, promovidos pela filtração com carvão ativado.

Apesar das várias vantagens, a utilização do ozônio para o reúso direto requer cuidados quanto à geração de subprodutos como a NDMA e bromato, que são potencialmente cancerígenos.

No estudo realizado por Sun et al. (2018), descrito anteriormente, houve considerável produção de NDMA após a ozonização, chegando à concentração próxima a 20 ng·L$^{-1}$. Entretanto, o NDMA foi efetivamente biodegradado pela comunidade microbiana do filtro de carvão ativado após quatro meses de operação, quando os microrganismos se aclimataram ao composto. Após esse período, os níveis de NDMA chegaram próximos às concentrações encontradas no efluente não ozonizado. Cabe salientar que a adsorção não se mostrou efetiva, uma vez que a NDMA apresenta baixa hidrofobicidade. O estudo demonstra o potencial da utilização da biofiltração para redução de subprodutos.

A geração de bromato foi uma das dificuldades encontradas no estudo-piloto realizado por Hooper et al. (2020). A estação de reúso em questão era composta pelas seguintes etapas: ozonização, sedimentação, filtração e cloração. Durante os nove meses de operação, os autores estudaram diferentes proporções de água superficial e efluente secundário, como afluente da estação de reúso, para atender aos padrões de potabilidade. Nas porcentagens de 50 e 100% foram encontradas concentrações de bromato de 13 e 11 µg·L$^{-1}$, respectivamente, que excedem o valor máximo recomendado de 10 µg·L$^{-1}$ pela Agência Americana de Proteção Ambiental (EPA). Essas concentrações se devem à presença de brometo tanto na água superficial quanto no efluente secundário. Entretanto, a ozonização foi responsável pela produção de menos de 1,3 µg·L$^{-1}$ de bromato em todas as condições estudadas, sendo a cloração por hipoclorito a maior responsável pela produção. Cabe frisar que a produção de bromato por ozônio poderia ser maior, uma vez que a dose de ozônio usada (CT = 8,5 mg/L/min) visava a promover apenas 1 log de inativação de *Cryptosporidium* nos dias mais frios de operação. Como apresentado, diversos estudos de reúso direto em escala-piloto demonstram o potencial do ozônio, seja com enfoque específico na remoção de poluentes emergentes, parâmetros físicos, químicos ou microbiológicos. Além disso, o emprego do ozônio também é atestado em escala plena com longo tempo de operação, como é o caso da estação de reúso de New Goreangab inaugurada em 1968, localizada em Windhoek, na Namíbia.

O país do sudoeste da África sofre com a escassez hídrica principalmente por causa de seu clima desértico pela presença de dois grandes desertos (deserto da Namíbia e Kalahari) em seu território, o que motivou seu pioneirismo no reúso potável direto. Desde a sua inauguração, a estação de reúso passou por algumas modificações quanto às múltiplas barreiras que as compõe. Atualmente, o fluxograma de tratamento é constituído pelas seguintes etapas: pré-ozonização, coagulação, flotação por ar dissolvido, filtração com areia, ozonização principal, filtração com carvão ativado granular, ultrafiltração, desinfecção por cloro gasoso e estabilização com hidróxido de sódio (Du Pisani, 2006). A inserção do ozônio e a filtração por membrana (ultrafiltração) no tratamento ocorreu em 2002.

A estação de reúso é alimentada por esgoto doméstico, previamente tratado por lodos ativados e lagoas de maturação, com vazão máxima de 21.000 m$^3$·dia$^{-1}$. Após o tratamento, o efluente é misturado com outras fontes potáveis (reservatório de Von Bach e água subterrânea) na proporção máxima de 35%. Um aspecto importante é que essa mistura promove a diluição da matéria orgânica presente, o que facilita atender à legislação vigente e à aceitação da água final pela população.

É estimado que a ozonização nas condições operacionais determinadas (dose de 12 mg·L$^{-1}$; 1,1 mg O$_3$/ mg COD; tempo de contato de 24 min; CT 12 mg/L/min) seja responsável pela remoção de 4 log de vírus, 4 log de bactérias e 1,5 a 2,0 log de protozoário (Law, Menge e Cunliffe, 2015). Os valores globais da ozonização são ainda maiores, entretanto os autores não determinaram a eficiência da pré--ozonização (dose de 3 mg·L$^{-1}$ e tempo de contato de 3 min).

A principal desvantagem encontrada pela utilização da ozonização na estação de reúso direto foi a formação de bromato. Em New Goreangab, a concentração de bromato está na faixa de 10 a 20 μg·L$^{-1}$, mesmo após a mistura com as outras fontes de água potável (Lahnsteiner, van Rensburg e Esterhuizen, 2018). Entretanto, esse valor está acima do valor máximo de 10 μg·L$^{-1}$ recomendado pelas entidades internacionais (EPA e Organização Mundial da Saúde), como mencionado anteriormente.

Mesmo que a concentração máxima de bromato na água potável esteja em discussão pela comunidade científica e seja estimada em ensaios toxicológicos com organismos muito mais simples do que os seres humanos, o fato requer atenção e estratégias para a sua minimização. Dentre as possíveis soluções apontadas para a redução da formação de bromato destacam-se: redução da dose de ozônio sem comprometer a remoção de protozoários, que são organismos relativamente resistentes ao ozônio, e a utilização de peróxido de hidrogênio para interagir com os produtos intermediários da formação de bromato (Lahnsteiner, van Rensburg e Esterhuizen, 2018).

## CONSIDERAÇÕES FINAIS

O reúso de esgoto sanitário para fim potável demanda tratamento avançado, que envolve processos biológicos, físicos e químicos. Nesses processos está incluída a remoção e ou inativação de microrganismos patogênicos em nível compatível com o padrão de potabilidade.

Conforme apresentado, o ozônio atua tanto como desinfetante quanto como oxidante. Por isso, pode ser usado em diferentes locais no sistema de tratamento: como oxidante a montante do início do tratamento e em locais intermediários (entre processos), ou como desinfetante final.

Apesar das várias vantagens, a utilização do ozônio para o reúso direto requer cuidados quanto à geração de subprodutos potencialmente cancerígenos como NDMA e, quando o brometo está presente, compostos orgânicos contendo bromo.

## REFERÊNCIAS

BLACKBEARD, J.; LLOYD, J.; MAGYAR, M.; et al. Demonstrating organic contaminant removal in an ozone-based water reuse process at full scale. *Environmental Science: Water Research and Technology*, v. 2, p. 213-22, 2016.

DU PISANI, P.L. Direct reclamation of potable water at Windhoek's Goreangab reclamation plant. *Desalination*, v. 188, p. 79-88, 2006.

GAMAGE, S.; GERRITY, D.; PISARENKO, A.N.; et al. Evaluation of Process Control Alternatives for the Inactivation of Escherichia coli, MS2 Bacteriophage, and Bacillus subtilis Spores during Wastewater Ozonation. *Ozone: Science and Engineering*, v. 35, n. 6, p. 501-13, 2013.

GERRITY, D.; OWENS-BENNETT, E.; VENEZIA, T.; et al. Applicability of Ozone and Biological Activated Carbon for Potable Reuse. *Ozone: Science and Engineering*, v. 36, n. 2, p. 123-37, 2014.

GERRITY, D.; SNYDER, S. Review of ozone for water reuse applications: Toxicity, regulations, and trace organic contaminant oxidation. *Ozone: Science and Engineering*, v. 33, n. 4, p. 253-66, 2011.

GLAZE, W.H.; WEINBERG, H.S.; CAVANAGH, J.E. Evaluating the formation of brominated DBPs during ozonation. *Journal – American Water Works Association*, v. 85, p. 96-103, 1993.

HOLLENDER, J.; ZIMMERMANN, S.G.; KOEPKE, S.; et al. Elimination of organic micropollutants in a municipal wastewater treatment plant upgraded with a full-scale post-ozonation followed by sand filtration. *Environmental Science and Technology*, v. 43, p. 7862-9, 2009.

HOOPER, J.; FUNK, D.; BELL, K.; et al. Pilot testing of direct and indirect potable water reuse using multi-stage ozone-biofiltration without reverse osmosis. *Water Research*, v. 169, p. 115-78, 2020.

IKEHATA, K.; JODEIRI NAGHASHKAR, N.; GAMAL EL-DIN, M. Degradation of aqueous pharmaceuticals by ozonation and advanced oxidation processes: A review. *Ozone: Science and Engineering*, v. 28, n. 6, p. 353-414, 2006.

KASPRZYK-HORDERN, B.; ZIÓŁEK, M.; NAWROCKI, J. Catalytic ozonation and methods of enhancing molecular ozone reactions in water treatment. *Applied Catalysis B: Environmental*, v. 46, p. 639-69, 2003.

LAHNSTEINER, J.; VAN RENSBURG, P.; ESTERHUIZEN, J. Direct potable reuse – A feasible water management option. *Journal of Water Reuse and Desalination*, v. 8, n. 1, p. 14-28, 2018.

LAW, I. B.; MENGE, J.; CUNLIFFE, D. Validation of the Goreangab reclamation plant in Windhoek, Namibia against the 2008 Australian guidelines for water recycling. *Journal of Water Reuse and Desalination*, v. 5, n. 1, p. 64-71, 2015.

LAZAROVA, V.; LIECHTI, P.-A.; SAVOYE, P.; et al. Ozone disinfection: Main parameters for process design in wastewater treatment and reuse. *Journal of Water Reuse and Desalination*, v. 3, n. 4, p. 337-45, 2014.

LEE, Y.; GERRITY, D.; LEE, M.; et al. Prediction of micropollutant elimination during ozonation of municipal wastewater effluents: Use of kinetic and water specific information. *Environmental Science and Technology*, v. 47, p. 5872-81, 2013.

LEWIS, W.K.; WHITMAN, W.G. Principles of Gas Absorption. *Industrial and Engineering Chemistry*, v. 16, n. 12, p. 1215-20, 1924.

LIBERTI, L.; NOTARNICOLA, M.; LOPEZ, A. Advanced treatment for municipal wastewater reuse in agriculture. III – Ozone disinfection. *Ozone: Science and Engineering*, v. 22, n. 2, p. 151-66, 2000.

MAILLARD, J.Y. Bacterial target sites for biocide action. *Journal of Applied Microbiology Symposium Supplement*, v. 92, n. 1, p. 16-27, 2002.

MECHA, A.C.; ONYANGO, M.S.; OCHIENG, A.; et al. Impact of ozonation in removing organic micro-pollutants in primary and secondary municipal wastewater: Effect of process parameters. *Water Science and Technology*, v. 74, n. 3, p. 756-65, 2016.

PADHYE, L.; LUZINOVA, Y.; CHO, M.; et al. PolyDADMAC and dimethylamine as precursors of N -nitrosodimethylamine during ozonation: Reaction kinetics and mechanisms. *Environmental Science and Technology*, v. 45, p. 4353-9, 2011.

PARASKEVA, P.; LAMBERT, S.D.; GRAHAM, N.J.D. Influence of Ozonation Conditions on the Treatability of Secondary Effluents. *Ozone: Science and Engineering*, v. 20, n. 2, p. 133-50, 1998.

SILVA, G.H.R.; DANIEL, L.A.; BRUNING, H.; et al. Anaerobic effluent disinfection using ozone: Byproducts formation. *Bioresource Technology*, v. 101, p. 6992-7, 2010.

SNYDER, S.; VON GUNTEN, U.; AMY, G.; et al. *Use of Ozone in Water Reclamation for Contaminant Oxidation*. Alexandria, 2014.

SUN, Y.; ANGELOTTI, B.; BROOKS, M.; et al. A pilot-scale investigation of disinfection by-product precursors and trace organic removal mechanisms in ozone-biologically activated carbon treatment for potable reuse. *Chemosphere*, v. 210, p. 539-49, 2018.

VICTORIN, K. Review of the genotoxicity of ozone. *Mutation Research/Reviews in Genetic Toxicology*, v. 277, n. 3, p. 221-38, 1992.

VOLK, C.J.; LECHEVALLIER, M.W. Effects of conventional treatment on AOC and BDOC levels. *Journal American Water Works Association*, v. 94, p. 112-23, 2002.

VON GUNTEN, U. Ozonation of drinking water: Part I. Oxidation kinetics and product formation. *Water research*, v. 37, p. 1443-67, 2003.

VON GUNTEN, U.; SALHI, E.; SCHMIDT, C. K.; et al. Kinetics and mechanisms of N-nitrosodimethylamine formation upon ozonation of N, N-dimethylsulfamide-containing waters: Bromide catalysis. *Environmental Science and Technology*, v. 44, p. 5762-8, 2010.

WERT, E.C.; ROSARIO-ORTIZ, F.L.; DRURY, D.D.; et al. Formation of oxidation byproducts from ozonation of wastewater. *Water Research*, v. 41, p. 1481-90, 2007.

XU, P.; JANEX, M.-L.; SAVOYE, P.; et al. Wastewater disinfection by ozone: Main parameters for process design. *Water Research*, v. 36, p. 1043-55, 2002.

ZUMA, F.; LIN, J.; JONNALAGADDA, S.B. Ozone-initiated disinfection kinetics of Escherichia coli in water. *Journal of Environmental Science and Health – Part A Toxic*, v. 44, p. 48-56, 2009.

# Capítulo 13
# AERAÇÃO POR NANOBOLHAS

Pedro Caetano Sanches Mancuso
Doron Grull
Edson Luiz de Oliveira
Luiz Francisco Mancuso
Marcelo Bárbara
Murilo Damato
Samar dos Santos Steiner

## INTRODUÇÃO

Bolhas são cavidades cheias de gás dentro de líquidos e sólidos. Em líquidos, elas têm pressões de equilíbrio internas pelo menos iguais às do ambiente externo. Cada bolha é cercada por uma interface que possui propriedades diferentes da solução em massa. Elas podem ser produzidas por diferentes métodos e têm sido utilizadas para solubilização de lamas, purificação de água, tratamento de águas residuais, administração de fármacos e como agente de contraste juntamente com ultrassons, conforme os trabalhos desenvolvidos por Agarwal et al. (2011).

A existência de nanobolhas foi observada experimentalmente por Chaplin (2018) em superfícies atômicas lisas usando-se Microscopia de Força Atômica (AFM). Nas imagens de AFM obtidas por esse experimento, elas aparecem como esferas brilhantes e permanecem estáveis por horas.

Elas apresentam-se basicamente sob três formas:

1. Nanobolhas de superfície, formadas na interface sólido-líquido como "calotas" esféricas e com raios de curvatura entre 100 e 1.000 nm.
2. "Nanopanquecas", para utilizar a denominação dada por Seddon et al (2012), elas adquirem estruturas quase-bidimensionais em uma interface sólido-líquido, com largura de centenas de nanômetros, mas altura inferior a 2 nm.
3. Nanobolhas dispersas (*bulk*), no seio de soluções aquosas, com forma praticamente esférica e raios de curvatura entre 50 e 100 nm apresentando movimento browniano, conforme Eklund e Swenson (2018).

Microbolhas e nanobolhas são pequenas bolhas com um diâmetro respectivo de 10 a 50 μm e < 200 nm e têm sido usadas em várias aplicações. Apresentam características que as fazem especiais em relação às bolhas ordinárias, ou macrobolhas, em virtude de seu reduzido diâmetro.

Entre essas características, citam-se as suas elevadas áreas superficiais (área de superfície em relação ao volume) e a grande estagnação em fase líquida, que aumenta suas dissoluções dos gases. Além disso, tem sido relatado por diversos autores que quando colapsam, ocorre a geração de radicais livres em razão da alta densidade de íons na interface gás-líquido, imediatamente antes do colapso.

A Figura 1 mostra as principais diferenças entre macro, micro e nanobolhas. A formação de macro e microbolhas é governada pela equação de Young-Laplace. Macrobolhas sobem à superfície rapidamente e explodem, enquanto as microbolhas sobem a uma taxa menor e, por causa desse tempo extra, a transferência de gás da microbolha para o líquido é maior. Com a perda substancial de massa gasosa, as microbolhas encolhem e desaparecem depois de algumas horas.

Segundo Takahashi, Chiba e Li (2007), as nanobolhas permanecem por longos períodos de tempo em água e não explodem de uma só vez como as microbolhas. Além disso, elas têm menor flutuabilidade, ou seja, não têm propensão a subir em solução – bolhas menores que 5 μm de diâmetro não sobem.

Nanobolhas têm propriedades de inchamento e encolhimento diferentes das macrobolhas. A interface das nanobolhas consiste em ligações de hidrogênio mais fortes, o que diminui sua difusão, ajudando a manter uma cinética de equilíbrio adequada em relação às suas altas pressões internas.

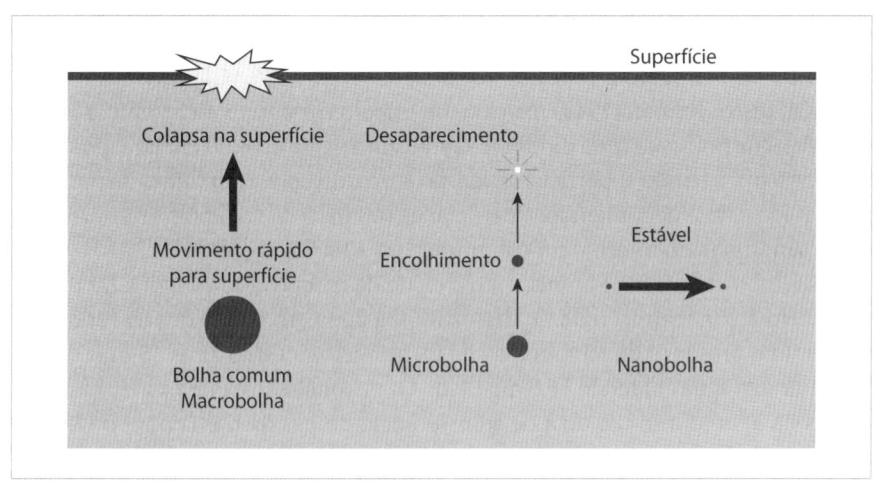

**Figura 1**   Comportamento em água de macro, micro e nanobolhas.

Fonte: Agarwal et al. (2011).

## ESTABILIDADE DAS NANOBOLHAS DISPERSAS

À luz da teoria da termodinâmica clássica, paradoxalmente nanobolhas não podem existir ou ser termodinamicamente estáveis. O cálculo teórico baseado na equação de Young-Laplace – Equação 1 – indica que a nanobolha não existe em virtude da limitação no seu raio de curvatura.

$$P = Pl + 4\sigma/d_b \tag{1}$$

Em que:

P = pressão do gás;
PI = pressão do líquido;
$\sigma$ = tensão superficial do líquido;
$d_b$ = diâmetro da bolha.

Em nanoescala, em razão do pequeníssimo raio de curvatura, a pressão interna seria substancialmente maior do que a pressão externa, o que levaria à dissolução da bolha imediatamente (explosão). Por exemplo, uma nanobolha de raio 100 nm (tensão superficial água/ar = 72 mN/m e pressão atmosférica na água circundante = 105 N m$^{-2}$) apresentaria uma pressão interna de 1,5 Mpa (Argawal, Ng e Liu, 2011). Nessa condição de pressão, as nanobolhas colapsariam em um curtíssimo espaço de tempo. Ljunggren e Eriksson (1997) calcularam a transferência de massa entre o gás da bolha e o líquido circundante e, considerando a Equação 1, concluí-ram que o tempo de vida de uma bolha de gás de 100 nm de raio seria de 100 s.

No entanto, a validade dessa conclusão não é um consenso na literatura, e a existência de nanobolhas tem sido relatada com tempo de vida de dias.

Além disso, Tolman (1949) realizou um cálculo em que, teoricamente, a tensão superficial de bolhas deveria diminuir significativamente quando em tamanhos me-nores. Assim, a tensão superficial mudaria de acordo com a curvatura da interface gás-líquido. Uma menor tensão superficial na interface da nanobolha resultaria em uma menor pressão interna, contribuindo para a estabilização da bolha.

Ushikubo et al. (2010) observaram o efeito da composição da bolha (ar ou $O_2$) e também a concentração de $O_2$ dissolvido na água em condições de repouso e relataram a presença de nanobolhas de $O_2$ no meio, mesmo após 15 dias de sua produção em água contendo 36,9 mg·L$^{-1}$ de $O_2$. A conclusão é que a supersaturação de gás na água diminui a taxa de transferência do gás da bolha para o líquido, aumentando sua estabilidade. Contudo, esse fator não deve ser o único a explicar a estabilidade das nanobolhas, já que se observou sua existência mesmo próximo ou depois de se atingir o equilíbrio de saturação.

Outra contribuição para a estabilização da nanobolha deve estar relacionada com a carga elétrica na sua superfície, uma vez que Gurung et al. (2016) observaram que um maior potencial zeta leva a uma maior estabilidade das bolhas. O potencial zeta mostrou um valor em torno de $-20$ mV para nanobolhas compostas por ar, enquanto para bolhas contendo $O_2$ o valor relatado foi em torno de $-40$ mV. O valor do potencial negativo indica que as bolhas são negativamente carregadas em água e que a repulsão eletrostática ajudaria a explicar a não coalescência das bolhas e sua maior estabilidade e tempo de vida.

Meegoda et al. (2018) estudaram a influência de diversos fatores, como pH, composição do gás e a concentração de sal (NaCl) na distribuição do tamanho das nanobolhas formadas e no seu potencial zeta. Os resultados mostraram que o tamanho, assim como o potencial zeta das bolhas, depende das propriedades do gás, principalmente de sua solubilidade em água. O nitrogênio, gás menos solúvel, apresentou os menores tamanhos de bolha, enquanto o ozônio, mais solúvel, produziu as maiores bolhas. Em ordem de magnitude, observou-se que o potencial zeta variou decrescentemente, com o segue: ozônio, ar e nitrogênio.

Os autores atribuem esses resultados às respectivas taxas de difusão e solubilidade dos gases. O efeito do pH no potencial zeta das nanobolhas foi semelhante ao observado por Takahashi (2005) para microbolhas, ou seja, a intensidade negativa do potencial aumentou conforme o aumento do pH do meio.

Além disso, bolhas menores foram geradas em soluções mais básicas, enquanto soluções ácidas geraram bolhas maiores e menos estáveis. O potencial zeta diminuiu com o aumento da temperatura, embora o tamanho das bolhas não tenha se alterado. Já o aumento da concentração de NaCl em solução provocou a diminuição da intensidade desse potencial, enquanto aumentou o tamanho da bolha gerada.

Os efeitos das influências da concentração de $OH^-$, do pH, do aumento da temperatura e da concentração de sais no potencial zeta estão diretamente ligados à carga elétrica desenvolvida na superfície da nanobolha (interface gás-líquido).

Dados experimentais mostram que bolhas em água com ausência de qualquer surfactante são carregadas negativamente e o mecanismo de carga tem sido atribuído ao excesso de íons $OH^-$ na interface, quando comparado à presença de $H^+$. (Takahashi, 2005). Complementarmente, esse autor explica a distribuição de íons na interface e próximo à interface gás-água em solução aquosa de NaCl. Ali, os íons são atraídos para a interface carregada por $H^+$ e $OH^-$, criando uma dupla camada elétrica. O potencial Zeta é o potencial elétrico na camada de cisalhamento, sendo que seu valor é determinado pela quantidade de íons e de sua valência nesse plano.

Especula-se que a adsorção de $OH^-$ na interface seja atribuída à diferença de energia de hidratação do $H^+$ e do $OH^-$, ou também, à orientação dos dipolos da água na superfície que teriam os átomos de hidrogênio apontando para a fase aquosa enquanto o oxigênio apontaria para a fase gasosa, que levaria à atração de ânions à superfície.

Ohgaki et al. (2010), estudando a físico-química de nanobolhas de $N_2$ em água, observaram, por espectroscopia RAMAN, que o comprimento da ligação O-H nas moléculas de água é reduzido de 0,295 nm para 0,273 nm em solução contendo essas entidades.

"Redes de água" com ligações de hidrogênio mais longas possuem um caráter mais solto/folgado, enquanto "redes" com ligações mais curtas – frequências de vibração O-H menores – apresentam um caráter mais rígido. Ohgaki et al. (2010) sugerem que essa interface mais rígida reduz a difusão do gás a partir da nanobolha, e a alta tensão superficial, proveniente da maior rigidez da interface, ajuda a manter o balanço cinético contra a alta pressão interna da bolha.

Mais recentemente, Eklund e Swenson (2018) questionaram a existência de nanobolhas em água ultrapura, ou apenas com íons inorgânicos, testando sua geração por diversos processos, como cavitação hidrodinâmica, agitação manual em tubos e pela dissolução de sais.

Após diversos testes, eles concluíram que experimentos feitos em recipientes rigorosamente limpos não geram nanobolhas em água ultrapura, ou seja, eles levantam a hipótese de que em trabalhos anteriormente publicados, as soluções podiam estar minimamente contaminadas por compostos orgânicos hidrofóbicos.

Esses compostos podem proporcionar uma maior estabilidade das bolhas pela diminuição da tensão superficial, já que não houve uma preocupação rigorosa com a limpeza das vidrarias utilizadas ou na purificação de reagentes e a técnica usada para a caracterização, o DLS, não consegue discernir entre nanobolhas ou nanopartículas provenientes de possíveis impurezas dos sais adicionados. Esse questionamento, no entanto, não invalida a existência de nanobolhas em soluções contendo compostos orgânicos.

## GERAÇÃO DE NANOBOLHAS DISPERSAS

Nanobolhas são preferencialmente formadas na superfície de partículas hidrofóbicas. Sua formação pode ser induzida de várias maneiras, dependendo de fatores intrínsecos ou externos, conforme descrito por Demangeat (2015).

A formação de nanobolhas é muitas vezes conseguida quando uma fase líquida homogênea é mudada em decorrência da redução repentina da pressão abaixo de um valor crítico, fenômeno conhecido por cavitação: processo de formação, crescimento e subsequente colapso de cavidades de gás e/ou vapor em um fluido líquido.

Esse processo envolve a criação de novas interfaces gás/líquido, sendo necessário ultrapassar uma determinada barreira energética, em que o primeiro estágio é definido como nucleação. Esse ganho energético causa uma flutuação local de pressão ou um aumento na velocidade de fluxo, a partir de dispositivos hidráulicos, o que ocasiona a redução da pressão local abaixo da pressão de vapor do líquido, conforme Etchepare (2016).

De acordo com sua origem, a cavitação pode ser classificada em quatro categorias: hidrodinâmica – causada pelo fluxo de fluidos; acústica – causada por um campo acústico; óptica – gerada pela dissipação local de energia originada por fótons de um laser, por exemplo; e induzida por partículas – provocada por núcleos físicos elementares conforme descrito por Wu et al. (2012).

Segundo Tsuge (2010), nanobolhas são geralmente geradas hidrodinamicamente usando-se os seguintes métodos:

- Dissolução de gases em líquidos, comprimindo-se os fluxos de gás em líquidos e, em seguida, liberando-se essas misturas através de bicos nanométricos para criar nanobolhas.
- Injeção de gases à baixa pressão em líquidos e quebra do gás em bolhas por focalização, oscilação de fluidos ou vibração mecânica.

Com base em Wu et al. (2012), nanobolhas também podem ser geradas por meio de reações químicas, como a eletrólise. Nesse caso, a geração de bolhas é amplamente dependente da força iônica e da temperatura da solução.

Existem diversos dispositivos hidráulicos – tubos de cavitação – utilizados na cavitação hidrodinâmica, entre eles: discos de orifício, válvulas de agulha, bocais e tubos Venturi.

Este último é o dispositivo mais amplamente utilizado. Tubos Venturi apresentam as seguintes vantagens de utilização frente aos demais dispositivos, conforme Etchepare (2016):

- Menor suscetibilidade ao entupimento (redução e expansão gradual de diâmetro antes e depois da garganta do Venturi, respectivamente) em escala industrial.
- A perda de carga dos outros dispositivos pode ser de 3 a 4 vezes maior do que a do Venturi, o que resulta em um baixo impacto na capacidade da bomba em uma planta industrial.
- A capacidade de variação do comprimento da garganta do Venturi permite que a pressão crítica possa ser mantida para propiciar a expansão de núcleos de gás no fluido.

O sistema Venturi é composto por três partes principais: influxo, túbulo e saída afunilada.

A redução de pressão no tubo de Venturi pode ser conseguida aumentando-se a velocidade do líquido na zona convergente cônica do tubo em razão de seu diâmetro estreito. No sistema gerador do tipo Venturi, o gás e o líquido são passados simultaneamente através do tubo para gerar a bolha.

Quando o fluido pressurizado é introduzido na parte tubular, a velocidade do fluxo líquido na garganta do cilíndrico torna-se maior, enquanto a pressão se torna menor em comparação com a seção de entrada, resultando em cavitação de acordo com Fan et al. (2010).

Cho et al. (2005) investigaram o comportamento eletrocinético de nanobolhas geradas por ultrassons em termos da estabilidade, distribuição de tamanho e potencial zeta das bolhas e observaram a formação de nanobolhas em alguns minutos com tamanho constante e estabilidade por até 1 hora. O tamanho de bolha diminuiu com a adição de sais e aumentou com a adição de agentes tensoativos.

A geração das nanobolhas foi obtida via cavitação na água pela intensa energia sônica, seguida da evaporação da água e difusão de surfactantes e também pela cavitação nas micelas.

Vários trabalhos relatam a geração de nanobolhas por Venturi com diferentes tamanhos, de 50 a 545 nm. Kim et al. (2000) geraram partículas com diâmetro médio de 300 a 500 nm por ultrassonografia com eletrodo recoberto por paládio. Oeffinger e Wheatley (2004) geraram nanobolhas com um diâmetro médio de 450 a 700 nm via ultrassom de uma solução mista de surfactante com purga regular usando gás octafluoropropano. Cho et al. (2005) produziram entidades com um diâmetro médio de 750 e 450 nm por ultrassom em água pura e com adição de surfactante, respectivamente.

A geração de nanobolhas é um processo físico-químico complexo. Parâmetros como temperatura, concentração de eletrólito, teor de gás dissolvido em solução e tipo e concentração de surfactante e/ou bocal impactam significativamente a geração de bolhas e as propriedades das bolhas geradas, tais como a distribuição de tamanhos, potencial zeta e hidrofobicidade.

Bolhas de oxigênio são conhecidas por serem mais estáveis do que as de ar, que por sua vez são mais estáveis que as de $CO_2$, o que pode ser explicado pelos maiores valores absolutos do potencial zeta de bolhas de $O_2$, menor pressão de $CO_2$ na atmosfera e sua maior solubilidade em água, conforme Wu et al. (2012).

Diferentes trabalhos mostram que as condições de projeto e de operação do sistema interferem no tamanho e na distribuição de tamanho das microbolhas e nanobolhas. Relata-se que o tamanho e sua distribuição dependem, principalmente, das diferenças de pressão por meio do sistema de bicos. Pressão mais alta produziria bolhas menores, em razão de um aumento na densidade do ar, e em pressões acima de aproximadamente 3,5 atm, os tamanhos das microbolhas seriam praticamente constantes, conforme descrevem Temesgena et al. (2017).

Ainda de acordo com os trabalhos dos autores citados, fatores como a pressão, a potência sônica e outras condições de operação, como o comprimento, o diâmetro e o tipo de mangueira, são considerados os mais importantes relacionados ao tamanho.

## APLICAÇÃO DE NANOBOLHAS DISPERSAS NO TRATAMENTO DE ÁGUA E DE EFLUENTES

### Aplicação em flotação

A separação sólido-líquido é o primeiro passo em qualquer sistema de tratamento de águas poluídas, e o processo de flotação é amplamente aceito como o método de separação mais confiável e prático usado para remover suspensões que contêm gorduras, óleos e graxas misturados com sólidos suspensos orgânicos de baixa densidade e coloides.

O mecanismo de separação é baseado na adsorção de bolhas de gás (durante a subida) sobre a superfície de partículas finamente suspensas, o que reduz a gravidade específica efetiva das partículas e faz com que os contaminantes subam até a superfície. Essa técnica é frequentemente usada para separar partículas extremamente finas da solução, as quais não possuem uma taxa de sedimentação significativa.

Segundo Rubio et al. (2002), a flotação por ar dissolvido (FAD) e a flotação dispersa (induzida) por ar (FIA) são os principais métodos de flotação comercialmente disponíveis.

Na FAD, as bolhas são produzidas quando a pressão da água, pré-saturada com ar à pressão superior à atmosférica, é reduzida; enquanto no FIA, elas são geradas mecanicamente por uma combinação de um agitador mecânico de alta velocidade e um sistema de injeção de ar. Eletroflotação, flotação de bico, flotação de coluna, flotação centrífuga, flotação a jato e flotação por cavitação a ar são outros métodos de separação comercial disponíveis baseados em flotação, segundo Rahman et al. (2014).

Tsai et al. (2007) pesquisaram flotação com nanobolhas, precedida de coagulação, em escala de bancada e piloto para tratamento de efluentes industriais. Esses autores observaram que, nessa concepção, há um aumento da eficiência de clarificação de águas residuais em 40%, quando comparado com o processo convencional de coagulação/floculação. Complementarmente, Rubio et al. (2002) verificaram que os custos operacionais e de produtos químicos necessários foram muito menores do que do processo de coagulação convencional.

A flotação convencional é eficaz para partículas dentro de um intervalo de tamanho de 50 a 600 µm para carvão e de 10 a 100 µm para minerais. Além dessa faixa ideal de tamanho, a eficiência de flotação cai significativamente segundo Fan et al. (2010).

As razões fundamentais para a baixa taxa de flotação, além desses limites de tamanho, são a alta probabilidade de descolamento da bolha-partícula e a baixa probabilidade de colisão entre as bolhas e as partículas.

Diversos trabalhos têm sido publicados mostrando a maior eficiência do processo de flotação com o uso das nanobolhas. Sobhy e Tao (2013), por exemplo, estudaram seu efeito na recuperação de uma amostra de carvão fino usando uma coluna de flotação especialmente projetada. Esses autores relataram que, na presença de nanobolhas, a recuperação do carvão com tamanho < 150 μm aumentou de 5 a 50%, dependendo das condições de operação do processo

Rahman et al. (2014) avaliaram os efeitos de nano e microbolhas na flotação de partículas de calcopirita fina (< 38 μm) e ultrafina (< 14,36 μm) usando uma célula Denver de flotação. Foi observado que na presença de nano e microbolhas, a recuperação na flotação de partículas finas e ultrafinas de calcopirita aumentou cerca de 16 a 21%.

A eficiência geral da flotação é determinada por três etapas sucessivas importantes: a colisão entre bolhas e partículas, a fixação e o desprendimento (Fan et al., 2010).

A colisão entre bolhas e partículas envolve a avaliação de forças gravitacionais, forças de inércia e forças de arraste hidrodinâmicas, que fazem com que uma partícula se desvie de sua trajetória – linhas de fluxo de fluido próximas à superfície da bolha – e colida com a bolha.

A probabilidade de colisão entre bolhas e partículas pode ser determinada usando-se o mecanismo de interceptação e uma função de fluxo empírico, que é válida para condições de fluxo intermediárias.

Vários modelos e estudos revelaram que a probabilidade de colisão entre bolhas e partículas aumenta com o aumento do tamanho das partículas e a diminuição do tamanho da bolha (Gurung et al. 2016).

Após o término do processo de colisão entre a bolha e a partícula, é necessário algum tempo para o afinamento do filme líquido intermediário entre a partícula e a bolha, a ruptura do filme e o estabelecimento de uma linha de contato trifásica estável.

Geralmente, o fenômeno de ligação – fixação bolha-partícula – é determinado pelas forças hidrodinâmicas e de superfície das partículas e bolhas, portanto, nem todas as partículas que colidem com a superfície da bolha sofrem necessariamente flotação. A probabilidade de ligação bolha-partícula pode ser determinada usando-se a Equação 2:

$$P_a = \sin^2 \left[ 2\arctan \exp\left( -\frac{(45+8R_e^{0,72})V_b t_i}{15D_b \left(\dfrac{D_b}{D_p}+1\right)} \right) \right] \tag{2}$$

Em que:

$P_a$ = probabilidade de anexação bolha-partícula;
$V_b$ = velocidade de subida da bolha;
$D_b$ = tamanho das bolhas;
$D_p$ = tamanho das partículas;
$R_e$ = número de Reynolds.

A probabilidade de anexação bolha-partícula é modelada principalmente em relação a um tempo de contato e um tempo de indução. O fenômeno de anexação bolha-partícula ocorre somente quando o tempo de contato bolha-partícula é maior que o tempo de indução (Sutherland, 1948).

Para partículas finas e hidrofóbicas, o estabelecimento da linha de contato trifásica é muito curto, pois o tempo de ruptura do filme é da ordem de $10^{-2}$ s ou menos (Gurung et al., 2016). Resultados experimentais revelaram que a probabilidade de fixação bolha-partícula diminui com o aumento do tamanho das partículas e aumenta com o aumento da hidrofobicidade.

As nanobolhas preferencialmente se formam na superfície de partículas hidrofóbicas. Desse modo, a geração de nanobolhas na superfície da partícula pode aumentar muito a probabilidade de fixação bolha-partícula.

Nem todas as partículas aderidas às bolhas continuam necessariamente aderidas na flotação. Algumas delas, especialmente partículas mais grossas, se desprendem da superfície da bolha e retornam à fase dispersa (líquido) pelo fato de os agregados bolha-partícula não serem fortes o suficiente para impedir a separação das partículas da superfície da bolha, que é causada pelo peso das partículas e pela turbulência gerada durante a ascensão dos agregados na polpa (Kim, Song e Kim, 2000).

O descolamento bolha-partícula ocorre quando as forças de separação são maiores que as forças de adesão máximas. A determinação do descolamento bolha-partícula envolve a avaliação de diferentes forças, como a força capilar ($F_p$), força de excesso – diferença entre o excesso de pressão na bolha e a força hidrostática – ($F_e$), peso real da partícula no meio líquido ($F_w$) e força de arraste hidrodinâmico ($F_d$). Todas essas forças atuando entre uma bolha e uma partícula conectadas podem ser representadas pelas seguintes equações:

$$F_p = \frac{\pi D_p \gamma (1 - \cos \theta_d)}{2} \tag{3}$$

$$F_e = \frac{1}{4} \pi D_p^2 (1 - \cos \theta_d) \left( \frac{2\gamma}{D_b} - \frac{\rho_w g D_b}{2} \right) \tag{4}$$

$$F_w = \frac{1}{6} \pi D_p^3 \rho_p g - \frac{1}{8} \pi D_p^3 \rho_w g \times \left[ \frac{2}{3} + \cos \left( \frac{\theta_d}{2} \right) - \left( \frac{1}{3} \right) \cos^3 \left( \frac{\theta_d}{2} \right) \right] \tag{5}$$

$$F_d = 3 \pi D_p \eta \mu \tag{6}$$

Em que:

$\gamma$ = tensão superficial do líquido;
$\rho_p$ = densidade da partícula;
$\rho_w$ = densidade da água;
$\eta$ = viscosidade dinâmica do fluido;
$\mu$ = velocidade de subida das partículas;
$\theta_d$ = valor crítico do ângulo de contato trifásico, imediatamente antes do descolamento.

A força capilar ($F_p$) é a principal força de adesão, enquanto $F_w$ e $F_d$ são as forças de desprendimento (Fan et al., 2010).

As nanobolhas se formam na superfície de partículas hidrofóbicas com maior ângulo de contato ($\theta_d$) e, em última análise, aumentam $F_p$ e $F_e$, criando condições adequadas para a conexão bolha-partícula. Além disso, a presença de bolhas finas, particularmente nano e microbolhas, pode reduzir o $F_d$ e diminuir consideravelmente a força de desprendimento. Assim, a aplicação de nanobolhas nas superfícies de uma partícula hidrofóbica mais grossa aumenta as forças de adesão da bolha-partícula, isto é, $F_p$ e $F_e$, e diminui a força de desprendimento, $F_d$.

A probabilidade de descolamento bolha-partícula pode ser explicada pela seguinte equação:

$$P_d = \frac{1}{1 + \dfrac{F_{at}}{F_{de}}} \tag{7}$$

Em que:

Pd = probabilidade de existência do agregado bolha-partícula;
$F_{at}$ = força total de ligação;

$F_{de}$ = força de desprendimento.

## Aplicação em aeração

No tratamento de água, a aeração desempenha um papel importante, pois o suprimento de oxigênio é um componente fundamental de sustentação de vida para vidas aquáticas e substrato de reação bioquímica no tratamento aeróbico. Alguns estudos têm sido conduzidos sobre o efeito dos processos de aeração no tratamento biológico de água e esgoto, remediação de água subterrânea e agricultura. Os principais objetivos da maioria desses estudos são melhorar a eficiência de aeração para melhorar a degradação da matéria orgânica, a taxa de crescimento microbiano, a germinação de sementes e as taxas de crescimento.

Nessas pesquisas, a principal preocupação é otimizar a eficiência da taxa de transferência de massa, que é um fator limitante. Nos sistemas aeróbicos convencionais, o oxigênio dissolvido é um fator crítico a se considerar na eficiência do processo. Nesses sistemas, a taxa de transferência de massa de oxigênio é muito importante, e a maior parte deles usa aeradores ou difusores mecânicos, o que consome muita energia elétrica e necessita de manutenção mecânica, resultando em altos custos operacionais.

Nesse sentido, a aplicação de nanobolhas e microbolhas tem sido feita de modo a melhorar a taxa de transferência de massa do oxigênio na água.

Weber e Abglevor (2005) investigaram o impacto da aeração por microbolhas na fermentação de *Trichoderma reesei*, que é altamente afetada pela taxa de transferência de massa de oxigênio, e observaram que a concentração de oxigênio dissolvido situava-se acima da concentração crítica em baixas velocidades de agitação.

A concentração celular em massa aumentou muito rapidamente durante o estágio de crescimento rápido, com um incremento de produtividade de 0,1 a 0,18 g/ L·h quando comparado com o borbulhamento convencional. Em outro trabalho, estudou-se o efeito da aeração por microbolhas sobre o crescimento de alface (*Lactuca sativa*) e descobriu-se que os pesos fresco e seco da alface aerada pelas microbolhas foram, respectivamente, 2,1 e 1,7 vezes maiores do que na alface aerada por macrobolhas.

A maior produtividade foi atribuída a uma melhor germinação e crescimento resultante da maior área superficial das micro e nanobolhas e à capacidade de atrair íons positivos em virtude de suas altas cargas eletrônicas negativas.

Outra aplicação de aeração muito importante é na remediação de áreas contaminadas. Dependendo do tipo de contaminante orgânico presente em subsuperfície, sua degradação pode ser alcançada pela atividade biológica local, na chamada biorremediação, pois para bactérias aeróbias a concentração de oxigênio dissolvido em água subterrânea é indispensável.

Assim sendo, Li et al. (2014) compararam a eficiência de macrobolhas e micro/nanobolhas (mistura de micro e nanobolhas) na dissolução de $O_2$ em água e observaram que a taxa de transferência de massa de oxigênio dissolvido foi cerca de 125 vezes maior, usando-se micro/nanobolhas, quando comparado com macrobolhas de ar. Além disso, observou-se que as micro/nanobolhas não alteraram a condutividade hidráulica do meio testado (areia).

## Aplicação em degradação de poluentes orgânicos

Além da aeração, que promove a degradação microbiana de poluentes, as nano e microbolhas também podem ser usadas diretamente para a oxidação de contaminantes, como é o caso das bolhas contendo ozônio.

Esse gás é um forte oxidante que degrada contaminantes por meio de reações nas fases gasosa e aquosa, atuando de três maneiras: diretamente na oxidação das ligações insaturadas carbono-carbono da molécula do contaminante; degradando-se em oxigênio que intensifica a biodegradação natural ou oxidação biológica; ou indiretamente, degradando-se em radicais hidroxila altamente reativos, que por sua vez oxidam as moléculas orgânicas, segundo Usepa (2009). As principais reações envolvidas no processo de ozonização são:

**Oxidação**

$$O_3 + 2H^+ + 2e^- \rightarrow O_2 + H_2O \ (Eh = 2{,}07 \ V) \tag{8}$$

$$2^\bullet OH + 2H^+ + 2e^- \rightarrow 2H_2O \ (Eh = 2{,}76 \ V) \tag{9}$$

**Decomposição**

$$2O_3 \rightarrow 3O_2 \tag{10}$$

**Formação de radical hidroxila**

$$O_3 + H_2O \rightarrow O_2 + 2^\bullet OH \tag{11}$$

O ozônio reage por oxidação direta dos compostos orgânicos, reação favorecida em pH ácido (Equação 9). Dois mecanismos comuns de oxidação direta com ozônio incluem a adição cíclica de ozônio a uma ligação de alcenos (uma dupla ligação de carbonos) e o ataque eletrofílico de hidrocarbonetos aromáticos (Langlais et al., 1991).

Ainda com base nesses autores, a molécula de ozônio é eletricamente neutra mas é polar, o que contribui para a reatividade do ozônio. Como resultado dessa estrutura dipolar, a molécula de ozônio pode conduzir entre 1 e 3 cicloadições dipolares nas ligações insaturadas, com a formação de ozonídeo primário.

Em um solvente prótico como a água, esse ozonídeo primário decompõe-se em um composto carbonila/aldeído ou cetona e um íon dipolar que conduz rapidamente para um hidroxi/hidroperóxido, que, por sua vez, decompõe-se em um composto carbonila e peróxido de hidrogênio.

O ozônio pode se decompor em radicais livres, predominantemente em soluções aquosas neutras e alcalinas. A formação de radicais hidroxilas (Equação 11) pode ser lenta ou rápida, dependendo do pH do meio.

A oxidação indireta pelos radicais hidroxila está expressa na Equação 9, sendo a taxa de decomposição do ozônio diretamente proporcional ao pH. Ou seja, com o aumento do pH, a taxa de decomposição também aumenta. Os radicais livres conduzem a reações de propagação que geram uma ampla variedade de espécies de oxigênio reativo, formadas sob diferentes condições, levando à mineralização dos compostos orgânicos.

Takahashi et al. (2007) observaram a presença dessa espécie em águas com pH muito baixo: 1,5 via EPR. Foi observada também a mineralização do álcool polivinílico (PVA) nessas mesmas condições ácidas, o que é totalmente inesperado.

Esses pesquisadores também especulam que em meio ácido as microbolhas têm seu potencial zeta (negativo) diminuído pela atração dos íons $H^+$, em excesso no meio, diminuindo a repulsão entre as bolhas e acelerando o colapso delas. A geração do radical hidroxila se daria então no momento do colapso da bolha, assim como preconizado para microbolhas de ar.

Além disso, esses autores também observaram a geração de radicais hidroxila em meio ácido a partir de microbolhas (entre 5 e 100 μm) de ozônio assim como a degradação de fenol nessas condições. Nesse caso, eles atribuem a geração de radicais hidroxila pela dissociação térmica do ozônio (que está dissolvido em grandes concentrações em razão do colapso das microbolhas) – Equações 12 e 13 –, levando a uma eficiente degradação do contaminante fenol.

$$O_3 \leftrightarrow O^\bullet + O_2 \tag{12}$$

$$O^\bullet + H_2O \rightarrow 2 \, ^\bullet OH \tag{13}$$

Jabesa e Gosh (2016) também utilizaram microbolhas de ozônio (entre 5 e 100 μm) na degradação de dietilftalato e observaram a mineralização quase completa

(95%) desse composto em pH 9 e concentração igual a 180 mM após 30 minutos de reação. Foi observado nesse caso que a velocidade de reação de oxidação do dietilftalato aumentou conforme se aumentou o pH da solução entre 3 e 9.

## OBJETIVO

O objetivo da pesquisa apresentada foi testar a tecnologia de utilização de nanobolhas de ar para recuperação da qualidade de água de rios superficiais contaminados.

## MATERIAIS E MÉTODOS

A pesquisa foi realizada pelo Centro de Apoio à Faculdade de Saúde Pública da Universidade de São Paulo (CEAP), e a empresa SB Geologia e Engenharia Ltda., que desenvolveu um processo inovador de produção de nanobolhas de ar, ou de gases de uma forma geral, sendo a primeira tecnologia de geração de nanobolhas patenteada no Brasil (reator SBNANO2).

Para a pesquisa, foi concebido um sistema piloto de tratamento, montado em um *container* de fácil transporte e que foi instalado junto a um corpo hídrico superficial bastante poluído e que operou durante oito meses, trabalhando durante oito horas por dia.

Na Figura 2 é apresentado o fluxograma esquemático do sistema piloto empregado.

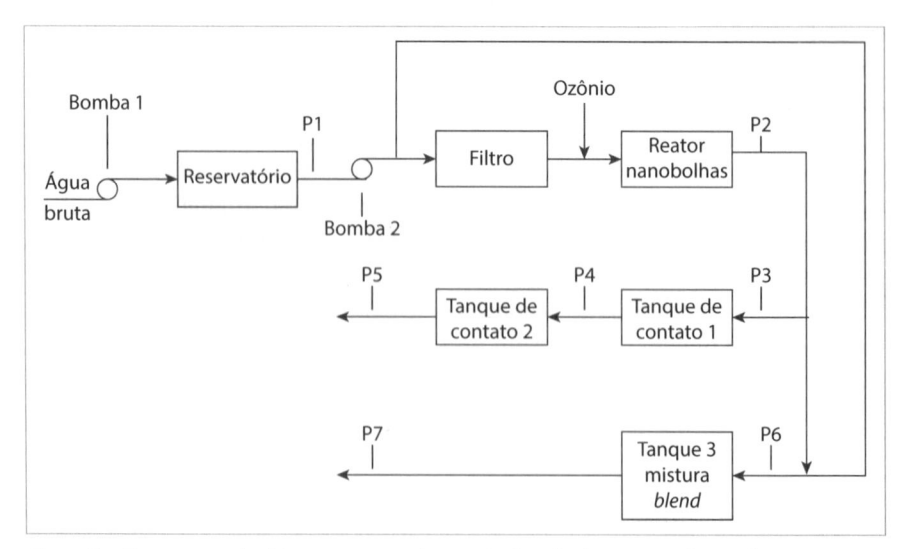

**Figura 2**   Fluxograma do sistema empregado, com indicação dos pontos de monitoramento.

De acordo com essa figura, a água bruta do rio é captada por uma bomba que a recalca para um reservatório. Outra bomba capta essa água nesse reservatório, fazendo-a passar por um filtro grosseiro e, a seguir, pelo reator SBNANO2, onde é submetida ao processo de geração de nanobolhas de oxigênio e ozônio. Uma segunda bomba instalada nesse reservatório tem sua linha de recalque dividida em duas correntes:

- Na primeira, a água é submetida a uma filtração grosseira e posteriormente ao tratamento pelo reator SBNANO2, que nela aplica oxigênio na forma de nanobolhas e, opcionalmente, ozônio, também produzido nesse equipamento. A seguir, essa corrente passa por dois tanques construídos em série: tanque de contato 1 e tanque de contato 2, sendo ambos com tempo de detenção hidráulica de 3 horas.
- A segunda corrente é encaminhada ao tanque de mistura 2, ou *blend* (também com tempo de detenção hidráulica de 3 horas), à razão de 70% de água sem nanobolhas com 30% de água com nanobolhas.

Os pontos de amostragem são descritos como segue:

- P1 – Água bruta (na saída do reservatório de água bruta).
- P2 – Imediatamente após o tratamento.
- P3 – Entrada no tanque de contato 1.
- P4 – Saída do tanque de contato 1 e entrada no tanque de contato 2.
- P5 – Saída do tanque de contato 2.
- P6 – Entrada do tanque de mistura à razão de 70% de água bruta com 30% de água tratada.
- P7 – Saída do tanque de mistura 3 ou *blend*.

Embora tanto P2 como P3 refiram-se à água da corrente 1 após tratamento, a distância entre esses pontos foi considerada importante a ponto de ser feita a diferenciação entre eles, por exemplo, na análise de oxigênio dissolvido (OD) e potencial de oxirredução (POR).

## RESULTADOS

Os dados mostrados nas Tabelas 1, 2, 3 e 4 decorrem de exames laboratoriais efetuados nas amostras coletadas nos pontos acima especificados. Nessas tabelas, foram utilizados os seguintes símbolos:

- **n** – número de amostras;

- $\bar{x}$ – quando não indicado, trata-se de média aritmética amostral;
- $x_{MÁX}$ – valor máximo, dentro da amostra;
- $x_{MÍN}$ – valor mínimo, dentro da amostra.

A Tabela 1 mostra as taxas de remoção de sólidos totais, nos pontos P2, P4, P5, P6 e P7, em relação à água bruta do rio, podendo se observar o teor e a redução de sólidos totais no processo, chamando-se a atenção para o fato de que se trata de coleta de amostras não emparelhadas.

**Tabela 1** Redução e teor dos sólidos totais (mg/L)

| Ponto | n | Sólidos totais (mg/L) | | | Remoção média (%) |
| | | $x_{MÁX}$ | $x_{MÍN}$ | $\bar{x}$ | |
|-------|-----|-------|------|------|------|
| P1 | 19 | 2.700 | 60 | 550 | – |
| P2 | 10 | 310 | 160 | 220 | 60% |
| P3 | – | – | – | – | – |
| P4 | 18 | 480 | 40 | 210 | 62% |
| P5 | 7 | 240 | 110 | 206 | 63% |
| P6 | 11 | 410 | 5 | 198 | 64% |
| P7 | 18 | 365 | 70 | 215 | 61% |

No sentido de complementar a interpretação sobre o teor e a remoção de sólidos totais apresentada na Tabela 1, a turbidez também foi avaliada. A Tabela 2 mostra a redução desse parâmetro em relação à água bruta do rio, nos pontos P2, P4, P5, P6 e P7.

**Tabela 2** Redução e teor da turbidez (NTU)

| Ponto | n | Turbidez (NTU) | | | Redução média (%) |
| | | $x_{MÁX}$ | $x_{MÍN}$ | $\bar{x}$ | |
|-------|-----|------|------|------|------|
| P1 | 80 | 240 | 25 | 78 | – |
| P2 | 80 | 38 | 17 | 25 | 68% |
| P3 | – | – | – | – | – |
| P4 | 80 | 41 | 15 | 24 | 69% |
| P5 | 80 | 32 | 14 | 23 | 71% |
| P6 | 80 | 37 | 13 | 25 | 68% |
| P7 | 80 | 36 | 9 | 24 | 69% |

Esses dados mostram uma redução em torno de 70% na turbidez da água após o tratamento. Essa redução aponta para uma diminuição nas concentrações de sólidos, o que certamente contribuirá para a qualidade do efluente final tratado por esse processo.

Por outro lado, a emanação de mau cheiro pelo rio em determinados trechos e épocas do ano está relacionada à má oxigenação de sua água e da consequente formação de gás sulfídrico (em condições anaeróbicas).

Esse fenômeno, provocado por microrganismos anaeróbios, só ocorre em águas naturais em que os teores de oxigênio dissolvido são muito baixos e o POR é reduzido para faixas negativas.

Assim sendo, as elevações dos teores de oxigênio dissolvido e do POR, características da aplicação de nanobolhas, eliminam o problema. A Tabela 3 mostra como o tratamento com nanobolhas eleva o OD e o POR, eliminando assim os odores provenientes da formação de gás sulfídrico.

**Tabela 3**   Oxigênio dissolvido (mg/L) e potencial redox (mV)

| Ponto | OD (mg/L) | | | | | POR (mV) | | | | |
|---|---|---|---|---|---|---|---|---|---|---|
| | n | $x_{MÁX}$ | $x_{MÍN}$ | $\bar{x}$ | Variação | n | $x_{MÁX}$ | $x_{MÍN}$ | $\bar{x}$ | Variação |
| P1 | 300 | 4,9 | 0,2 | 1,5 | – | 280 | 262 | -162 | -15 | – |
| P2 | 304 | 29,0 | 5,0 | 15,0 | 900% | 280 | 288 | 26,0 | 169 | 1.227% |
| P3 | 211 | 34,0 | 3,6 | 18,8 | 1.153% | 208 | 268 | 8,6 | 151 | 1.107% |
| P4 | 305 | 26,5 | 3,3 | 17,0 | 1.033% | 280 | 870 | 29,2 | 178 | 1.287% |
| P5 | 36 | 20,0 | 10,0 | 15,0 | 900% | 36 | 186 | 1,6 | 124 | 927% |
| P6 | 289 | 15,6 | 3,4 | 9,0 | 500% | 264 | 277 | 1,0 | 139 | 1.027% |
| P7 | 289 | 18,0 | 2,5 | 8,5 | 467% | 264 | 280 | -24 | 142 | 1.047% |

Os parâmetros Demanda Bioquímica de Oxigênio (DBO), Demanda Química de Oxigênio (DQO) e Carbono Orgânico Total (COT) também apresentaram bons resultados, como mostrado na Tabela 4.

**Tabela 4**   Reduções e teores de DBO (mg/L), DQO (mg/L) e COT (mg/L)

| Ponto | DBO (mg/L) | | | | | DQO (mg/L) | | | | | COT (mg/L) | | | | |
|---|---|---|---|---|---|---|---|---|---|---|---|---|---|---|---|
| | n | $x_{MÁX}$ | $x_{MÍN}$ | $\bar{x}$ | Redução média (%) | n | $x_{MÁX}$ | $x_{MÍN}$ | $\bar{x}$ | Redução média (%) | n | $x_{MÁX}$ | $x_{MÍN}$ | $\bar{x}$ | Redução média (%) |
| P1 | 22 | 370 | 10 | 76 | – | 22 | 820 | 30 | 180 | – | 10 | 60 | 20 | 45 | – |
| P2 | 12 | 60 | 20 | 30 | 61% | 12 | 160 | 50 | 91 | 49% | 10 | 42 | 12 | 27 | 40% |
| P3 | – | – | – | – | – | – | – | – | – | – | – | – | – | – | – |
| P4 | 20 | 105 | 5 | 32 | 58% | 20 | 220 | 15 | 85 | 53% | 10 | 43 | 11 | 24 | 47% |
| P5 | 21 | 54 | 15 | 32 | 58% | 21 | 135 | 44 | 80 | 56% | 20 | 38 | 10 | 27 | 40% |
| P6 | 12 | 60 | 5 | 31 | 59% | 12 | 140 | 12 | 85 | 53% | 10 | 45 | 12 | 30 | 33% |
| P7 | 22 | 65 | 10 | 32 | 58% | 22 | 160 | 28 | 82 | 54% | 20 | 46 | 9 | 26 | 42% |

Embora não tenha sido objetivo da pesquisa, um resultado importante, ainda que obtido com uma única amostra, diz respeito à toxicidade da água do rio (Tabela 5).

**Tabela 5**  Toxicidade da água

| Toxicidade | P1 | P2 | P5 |
|---|---|---|---|
| IC50 Toxicidade aguda | 14,16% | ND | ND |
| EC20 Toxidade crônica | 41,49% | 30,07% | ND |

A análise dos resultados dessa amostra demonstrou que a toxicidade aguda foi imediatamente removida em P2, e que a toxicidade crônica (de maior tempo de duração) foi totalmente removida ao final do segundo canal P5. A resolução Conama n. 357 (2005) estabelece que rios classe 3 devem estar livres de toxicidade aguda para *Vibrio fischeri* (Microtox).

O resultado da análise dessa amostra aponta para um potencial de remoção de toxicidade aguda e crônica em águas de corpos de água fortemente poluídos e contaminados. A remoção da toxicidade crônica sugere também a possibilidade do emprego dessa tecnologia para eliminação e/ou diminuição dos contaminantes emergentes eventualmente presentes.

De acordo com Fan et al. (2010), para atingir tais níveis de tratabilidade, é necessária a produção de uma alta concentração de nanobolhas menores que 300 nanômetros na faixa em que as bolhas se comportam como partículas e não apresentam flutuabilidade. Durante o experimento, foram realizadas determinações laboratoriais da concentração e características das nanobolhas geradas. De forma a obter resultados comparativos, foram realizadas medições tanto nas águas do rio como nos canais de água tratada.

**Tabela 6**  Concentração de nanobolhas menores que 300 nm

| | Concentração (partículas/mL) | Diâmetro moda (nm) | Diâmetro média (nm) |
|---|---|---|---|
| Rio bruto | 8,21E+08 | 67 | 136 |
| P2 | 1,2E+10 | 87 | 152 |
| P4 | 8,80E+09 | 125 | 17 |
| P5 | 7,30E+09 | 117 | 178 |
| Após 30 dias | 5,89E+09 | 102 | 217 |

Os resultados apresentados corroboram o descrito por Etchepare (2014), segundo o qual águas sem o tratamento apresentam concentrações entre $10^6$ (para água limpa) até $10^8$ (para águas de maior turbidez). Para as amostras de água tratada pelo sistema testado, foi possível observar a geração entre 8 a 12 bilhões de nanobolhas por mL.

## CONCLUSÕES

Em que pese o fato de que alguns parâmetros, por exemplo, as determinações de toxicidades, agudas e crônicas, referirem-se a uma única amostra (o que ocorreu por falta de recursos financeiros), é inegável que se trata de uma pesquisa fortemente embasada em um número significativo de análises de campo e de laboratório.

Esse fato permite concluir que a tecnologia é extremamente viável do ponto de vista técnico e também do ponto de vista de custos. No caso estudado, foi calculado um custo operacional de R$ 0,09 por metro cúbico de água tratada.

Em resumo, são as seguintes as conclusões propiciadas pela pesquisa:

- Diminuição dos sólidos totais e não formação de lodo.
- Taxas de dissolução de oxigênio acima do ponto de saturação.
- Aumento imediato do potencial de oxirredução.
- Não utilização de qualquer tipo de produtos químicos; os únicos insumos utilizados são energia elétrica e ar.
- Não requer grandes estruturas de construção civil, com possibilidade de rápida implantação.
- Os equipamentos, de alta vazão, quando comparados a tecnologias tradicionais, ocupam áreas diminutas e são montados em *containers*, podendo ser removidos e/ou transferidos de local facilmente.
- Em termos de qualidade de água no efluente tratado, alguns parâmetros têm resultados imediatos (remoção de odores, oxigenação, remoção de sólidos totais e remoção de turbidez).

## REFERÊNCIAS

AGARWAL, A.; NG, W.J.; LIU, Y. Principle and applications of microbubble and nanobubble technology for water treatment. *Chemosphere*, v. 84, 1175-80, 2011.

CHAPLIN, M. *Water structure and Science*. 2018. Disponível em: http://www1.lsbu.ac.uk/water/nanobubble.html#r2013. Acessado em: 20 fev. 2010.

CHO, S.H.; KIM, J.Y.; CHUN, J.H.; KIM, J.D. Ultrasonic formation of nanobubbles and their zeta-potentials in aqueous electrolyte and surfactant solutions. Colloids Surfaces A Physicochem. *Eng. Asp*, v. 269, p. 28-34, 2005.

DEMANGEAT, J.L. Gas nanobubbles and aqueous nanostructures: The crucial role of dynamization. *Homeopathy*, v. 104, p. 101-15, 2015.

EKLUND, F.E.; SWENSON, J. Stable Air Nanobubbles in Water: the Importance of Organic Contaminants. *Langmuir*, v. 34, p. 11003-9, 2018.

ETCHEPARE, R.G. Geração, caracterização e aplicações das nanobolhas na remoção de poluentes aquosos e reúso de água por flotação. 2016 Tese (Doutorado) – Universidade Federal do Rio Grande do Sul, Porto Alegre.

FAN, M.; TAO, D.; HONAKER, R.; LUO, Z. Nanobubble generation and its application in froth flotation (part I): nanobubble generation and its effects on properties of microbubble and millimeter scale bubble solutions. *Min. Sci. Technol*, v. 20, p. 1-19, 2010.

GURUNG A.; DAHL O.; JANSSON K. The fundamental phenomena of nanobubbles and their behaviour in wastewater treatment technologies. *Geosyst Eng.*, v. 19, p. 1-10, 2016.

JABESA, A.; GOSH, P. Removal of diethyl phthalate from water by ozone microbubbles in a pilot plant. *J. Environ. Manage*, v. 180, p. 476-84, 2016.

KIM, J.-Y.; SONG, M.-G.; KIM, J.-D. Zeta potential of nanobubbles generated by ultrasonication in aqueous alkyl polyglycoside solutions. J. Coll. Interf. *Science*, v. 223, p. 285-91, 2000.

LANGLAIS, B.; RECKHOW, D.A.; BRINK, D.R. Ozone in water treatment – Application and Engineering. Lewis Publishers, Chelsea, Michigan, United States of America; American Water Works Association Research Foundation, Denver, Colorado, United States of America, 1991.

LI, H.; HU, L.; SONG, D.; AL-TABBAA, A. Subsurface Transport Behavior of Micro-Nano Bubbles and Potential Applications for Groundwater Remediation. *Int. J. Environ. Res. Public Health*, v. 11, p. 473-86, 2014.

LJUNGGREN, S.; ERIKSSON, J.C. The lifetime of a colloid-sized gas bubble in water and the cause of the hydrophobic attraction. *Colloid. Surf. A*, p. 129-30, 1997.

MEEGODA, J.N.; HEWAGE, S.A.; BATAGODA, J.H. Stability of Nanobubbles, Environ. *Eng. Science*, v. 35, p. 1216-27, 2018.

OEFFINGER, B.E.; WHEATLEY, M.A. Development and characterization of a nanoscale contrast agent. *Ultrasonics*, v. 42, p. 343-7, 2004.

OHGAKI, K.; KHANH, N.Q.; JODEN, Y.; TSUJI, A.; NAKAGAWA, T. Physicochemical approach to nanobubble solutions. *Chem. Eng. Sci.*, v. 65, p. 1296-300, 2010.

RAHMAN, A.; AHMAD, K.D.; MAHMOUD, A.; MAOMING, F. Nanomicrobubble flotation of fine and ultrafine chalcopyrite particles. *International Journal of Mining Science and Technology*, v. 24, p. 559-66, 2014.

RUBIO J.; SOUZA M.L.; SMITH R.W. Overview of flotation as a wastewater treatment technique. *Miner Eng.*, v. 15, p. 139-55, 2002.

SEDDON, J.R.T.; LOHSE, D.; DUCKER, W.A.; CRAIG, V.S.J. A deliberation on nanobubbles at surfaces and in bulk. *Chem. Phys. Chem.*, v. 13, p. 2179-87, 2012.

SOBHY, A.; TAO, D. Nanobubble column flotation of fine coal particles and associated fundamentals. *Int. J. Miner. Process*, v. 124, p. 109-16, 2013.

SUTHERLAND, K.L. Physical chemistry of flotation. XI. Kinetics of the flotation process. *J. Phys. Coll. Chem.*, v. 52, p. 394-425, 1948.

TAKAHASHI, M. Potential of microbubbles in Aqueous solutions: electrical properties of the gas–water Interface. *J. Phys. Chem. B*, v. 109, p. 21858-64, 2005.

TAKAHASHI, M.; CHIBA, K.; LI, P. Formation of Hydroxyl Radicals by Collapsing Ozone Microbubbles under Strongly Acidic Conditions. *J. Phys. Chem. B*, v. 111, p. 11443-6, 2007.

TEMESGENA, T.; BUIA, T.T.; HANA, M.; KIMB, T.; PARK, H. Micro and nanobubble technologies as a new horizon for water-treatment techniques: A review. *Adv. Colloid Int. Science*, v. 246, p. 40-51, 2017.

TOLMAN, R.C. The Effect of Droplet Size on Surface Tension. *J. Chem. Phys.*, v. 17, p. 333, 1949.

TSAI J.C. et al. Nano-bubble flotation technology with coagulation process for the cost-effective treatment of chemical mechanical polishing wastewater. *Sep. Purif. Technol.*, v. 58, p. 61-7, 2007.

TSUGE H. Fundamentals of microbubbles and nanobubbles. *Bull. Soc. Sea Water Sci.*, v. 64, p. 4-10, 2010.

[USEPA] UNITED STATES ENVIRONMENTAL PROTECTION AGENCY. In Situ Chemical Oxidation. 2009. Disponível em: http://www.clu-in.org/. Acessado em: 20 fev. 2010.

USHIKUBO, F.Y.; FURUKAWA, T.; NAKAGAWA, R.; ENARI, M.; MAKINO, Y.; KAWAGOE, Y.; SHIINA, T.; OSHITA, S. Evidence of the existence and the stability of nano-bubbles in water. *Colloids Surfaces A Physicochem. Eng. Asp.*, v. 361, p. 31-7, 2010.

WEBER J.; AGBLEVOR, F. Microbubble fermentation of Trichoderma reesei for cellulose production. *Process Biochem*, v. 40, p. 669-76, 2005.

WU, C.; NESSET, K.; MASLIYAH, J.; XU, Z. Generation and characterization of submicron size bubbles. *Adv. Coll. Interf. Sci.*, v. 179-82, p. 123-32, 2012.

# ASPECTOS LEGAIS E PRÁTICOS DO REÚSO POTÁVEL

# Capítulo 14

# PLANO DE SEGURANÇA DA ÁGUA (PSA) COMO GARANTIA DE QUALIDADE DE ÁGUA DE REÚSO POTÁVEL

Pedro Caetano Sanches Mancuso
Alejandro Jorge Dorado
Roseane Maria Garcia Lopes de Souza

## INTRODUÇÃO

No Capítulo 1 desta obra vimos que a adoção do reúso potável, na sua forma direta ou indireta (RPD ou RPI), é inexorável. Seja pelo fato de que a possibilidade da utilização de um manancial para cada sistema de abastecimento de água (SAA) só se viabiliza em pequenos sistemas, seja pelo fato de que esses mananciais se encontram em distâncias cada vez maiores, em relação às cidades em seus processos de crescimento.

Se, em última análise, trata-se de um conceito limite, inevitável, inexorável, quem e o que garantirá que sua utilização seja feita com segurança?

Legalmente essa atribuição cabe aos órgãos de saúde por meio do emprego de um planejamento da utilização dos recursos hídricos, ou seja, de um plano de segurança da água (PSA), que em nosso país foi estabelecido pela a Portaria MS n. 2.914/2011 do Ministério da Saúde (Ministério da Saúde, 2011) e mais recentemente pela Portaria de Consolidação n. 5 de 28 de setembro de 2017 (Ministério da Saúde, 2017).

Do ponto de vista técnico, a segurança sanitária depende de vários fatores como tratamento eficiente da água e a sua proteção na distribuição até os pontos de consumo, entre outros.

Por outro lado, intuitivamente percebe-se que águas captadas em mananciais protegidos são mais seguras, do ponto de vista sanitário, como é o caso daquelas captadas em aquíferos subterrâneos profundos.

No primeiro capítulo desta obra foram apresentados argumentos no sentido de que sistemas de reúso potável direto (RPD) são concebidos para potabilizarem e distribuírem água, por meio do efluente de uma unidade de tratamento de esgotos. Essa afirmação, entretanto, não permite estabelecer com rigor a qualidade desse "efluente de uma unidade de tratamento de esgotos" em virtude de inúmeras possibilidades de tratamento de esgotos, o que será discutido no item referente à metodologia adotada na concepção deste capítulo

Entretanto isso realmente ocorre pois, dependendo de características de projeto e de operação, as oscilações dos parâmetros qualitativos desses efluentes, via de regra, são extremamente baixas, o que para os operadores de SAA é bom, sendo comum o entendimento desses técnicos que o problema da operação não é a média dos valores de cada parâmetro, mas, sim, as oscilações em torno da média: estatisticamente os desvios-padrão e os coeficientes de variação de cada parâmetro

Já para sistemas de reúso potável indireto (RPI), isso pode não acontecer porque a utilização de mananciais de superfície implica trabalhar com água que pode sofrer com lançamentos indesejáveis, escoamento superficial e influência das chuvas, ou seja, com grandes oscilações em torno de um valor médio. De forma geral, captações em lagos podem sofrer menos oscilações do que captações em rios.

Assim, um PSA deve ser concebido de tal forma que essa segurança seja garantida em todas as situações, independentemente da qualidade da água bruta dos mananciais que, inexoravelmente, já foi utilizada anteriormente.

É dentro desse quadro que este capítulo tem como objetivo discutir se os PSA preconizados pelos instrumentos legais e que foram inspirados no da Organização Mundial da Saúde, conforme Souza, Dorado e Mancuso (2019), podem ser utilizados para SAA caracterizados como RPI ou RPD.

## METODOLOGIA ADOTADA

A primeira preocupação do capítulo foi apresentar ao leitor a ferramenta PSA, prescrita por dispositivos legais vigentes no Brasil.

Na sequência, o capítulo foi concebido tendo em conta uma não justificada e recorrente alegação da comunidade técnica que não há no Brasil uma legislação específica voltada para o reúso de água, nas suas várias formas.

Esse fato é um dos motivos pelos quais temos assistido à rejeição de excelentes projetos pelos gestores dos órgãos de controle ambiental, na expectativa de que a qualquer momento essa legislação seja concebida.

Uma vez diagnosticado esse fato como uma das causas da rejeição dos projetos de reúso, Daniel Roberto Fink, que já ocupara o honroso cargo de Promotor de Meio Ambiente da Capital e atualmente exerce suas funções na área de meio ambiente perante o Tribunal de Justiça do Estado, em 2003 publicou em parceria com o engenheiro Hilton Felício dos Santos um capítulo denominado "A Legislação em Reúso de Água", no livro *Reúso de água* (Fink e Santos, 2003), citando parte de sua dissertação de mestrado defendida anteriormente na Faculdade de Saúde Pública da Universidade de São Paulo.

A argumentação desses autores deu suporte à elaboração deste capítulo para o esclarecimento quanto a legalidade ou ilegalidade da utilização de sistemas de tratamento de água voltados para o reúso potável, nas suas várias formas.

Por fim, sempre tendo o Capítulo 1 como referência e inspirado nas lições do ilustre Prof. Ivanildo Hespanhol, são apresentados fortes argumentos quanto a inexorabilidade do reúso potável direto e de que maneira um PSA pode garantir segurança aos usuários com relação ao consumo da água produzida por tais sistemas de reúso.

## O QUE É O PLANO DE SEGURANÇA DA ÁGUA

Longe de serem um manual de implantação, as discussões que seguem têm unicamente o objetivo de discutir alguns tópicos e conceitos que integram um PSA convencional.

A Organização Mundial da Saúde (OMS) define, no seu Guidelines for Safe Drinking Water (OMS, 2015a), os itens básicos que devem fazer parte de uma gestão eficiente de sistemas de abastecimento de água. São eles:

A. Definição de metas baseadas no quadro sanitário local.
B. Avaliação do sistema de abastecimento, desde o manancial até os pontos de consumo, visando a determinar se ele tem as condições necessárias para atender às metas sanitárias definidas.
C. Monitoramento operacional das ações de controle voltadas para a garantia de segurança da água.
D. Plano de gestão, incluindo uma documentação sobre as avaliações e monitoramento do sistema, as ações definidas para condições normais ou emergenciais, inclusive melhorias a serem implementadas, e comunicação.
E. Supervisão externa, ou independente, abrangendo todas as ações descritas.

De acordo com essa concepção da OMS, os itens (b), (c) e (d) dessa relação constituem um PSA sendo resumidamente comentados a seguir. Quanto ao item (e) ele terá um lugar especial no fim deste texto.

O primeiro bloco (item b) é de importância capital para um PSA, na medida em que nenhuma ação praticada sobre um objeto pode ser eficiente se não se conhece suficientemente as características desse objeto. Embora primário, esse conceito muitas vezes é negligenciado, como no caso de sistemas de abastecimento com um cadastro deficiente das suas instalações.

No segundo bloco (item c), as deficiências podem ser as mais variadas, abrangendo instalações e equipamentos, má formação dos técnicos encarregados do controle.

O terceiro bloco (item d), aquele em que se manifestam as maiores e/ou mais frequentes deficiências em função, principalmente, de uma cultura que vigorou no nosso país até recentemente, de não dar à gestão do serviço de água a importância devida, especialmente em sistemas de abastecimento de menor porte, operados pelos serviços de água e esgotos municipais, muitas vezes não dispondo de recursos compatíveis com suas responsabilidades.

A seguir são pontuados os principais componentes desses itens que, como dito, integram um Plano de Segurança da Água.

## AVALIAÇÃO DO SISTEMA DE ABASTECIMENTO, DESDE O MANANCIAL ATÉ OS PONTOS DE CONSUMO, VISANDO A DETERMINAR SE ELE TEM AS CONDIÇÕES NECESSÁRIAS PARA ATENDER ÀS METAS SANITÁRIAS DEFINIDAS

Informações gerais:

A. Dados gerais sobre sistema – população total do município, urbana e rural, condição socioeconômica, dados sobre a infraestrutura urbana (saúde, saneamento, transportes etc.), dados de incidência de doenças de veiculação hídrica, população abastecida pelo sistema (em valor absoluto e em % do total), demanda atual e futura de água, vazões fornecidas (médias e extremas).

B. Estrutura organizacional da operadora – unidades integrantes, quadro de pessoal, responsabilidades.

C. Mananciais superficiais – localização (mapas), zona de influência, caracterização da ocupação na bacia de contribuição, regime hidrológico, tipo de captação, vazões retiradas (médias e extremas), qualidade da água.

D. Mananciais subterrâneos – localização, tipo de aquífero, zona de influência, caracterização geológica da zona de recarga, vazões retiradas (médias e extremas), qualidade da água.

E. Tratamento – tipo de tratamento existente, capacidade nominal e atual de tratamento, infraestrutura (equipamentos e instalações), qualidade da água bruta e tratada, rotinas de controle operacional, qualidade/procedência dos insumos utilizados no tratamento, tratamento e destinação dos resíduos do tratamento, número e qualificação dos integrantes do quadro de pessoal da operação, planos de expansão consolidados.

F. Distribuição – número de ligações, número, tipo e capacidade dos reservatórios de distribuição, extensão total da rede, tipo de tubulação (material), idade das tubulações, número e localização de "pontas de rede", incidência de vazamentos, volume de perdas físicas, qualidade da água nos pontos de entrega, planos de expansão consolidados.

G. Manutenção – rotinas, infraestrutura disponível (equipamentos e pessoal), planos de contingência para situações de emergência.

H. Dados econômicos – custos globais, tarifas, receitas globais, investimentos realizados (recentes) e previstos.

I. Rotinas de monitoramento operacional do sistema, incluindo qualidade da água, funcionamento de equipamentos e instalações.

Informações sobre o sistema de tratamento:

A. Avaliação da qualidade do fornecimento de água, incluindo qualidade da água e regularidade do fornecimento, em relação às exigências legais e às demandas da população.

B. Registros de reclamações, pesquisa de satisfação dos usuários.

C. Identificação de deficiências do sistema – estruturais e organizacionais.

D. Análise de riscos.

E. Programas de monitoramento da operação do sistema.

F. Sistema de informação e comunicação.

## MONITORAMENTO OPERACIONAL DAS AÇÕES DE CONTROLE VOLTADAS PARA A GARANTIA DE SEGURANÇA DA ÁGUA

A. Definição de metas relativas à qualidade da água e regularidade do fornecimento, incluindo prazos, tendo em vista as desconformidades verificadas em relação às normas, à segurança do sistema, à satisfação dos usuários e o quadro sanitário local.

B. Elaboração de Plano de Melhorias no sistema, definindo as ações de curto, médio e longo prazos necessárias para se atingir as metas definidas e adequar o sistema aos preceitos de segurança da água, definindo os prazos e incluindo estimativa de custos para a sua implementação.

C. O plano deve abranger uma atuação voltada para redução ou eliminação de fontes de poluição dos mananciais, eliminação de deficiências de equipamentos e instalações de modernização tecnológica do sistema.

D. Finalmente, é desejável que o plano proponha alterações na estrutura organizacional, treinamento de pessoal.

## PLANO DE GESTÃO, INCLUINDO UMA DOCUMENTAÇÃO SOBRE AS AVALIAÇÕES E MONITORAMENTO DO SISTEMA, AS AÇÕES DEFINIDAS PARA CONDIÇÕES NORMAIS OU EMERGENCIAIS, INCLUSIVE MELHORIAS A SEREM IMPLEMENTADAS, E COMUNICAÇÃO

O plano de gestão deve contemplar pelo menos os seguintes aspectos:

A. Sistema de informações, nos quais devem ser inseridos todos os dados e informações que podem ter relação com a qualidade da água fornecida, incluindo ferramentas estatísticas de análise.
B. Elaboração de rotinas e procedimentos de inspeção e manutenção preventiva do sistema.
C. Elaboração de procedimentos no âmbito do sistema de gestão integrada do PSA.
D. Elaboração de plano de atendimento às situações de emergência.
E. Elaboração de mecanismos de interação com órgãos e entidades envolvidos com a proteção dos mananciais utilizados pelo sistema.
F. Concepção de regras de comunicação com todas as áreas interessadas e envolvidas no PSA.

Ainda com base na OMS, essa organização atribui ao PSA a responsabilidade do desenvolvimento e adaptação de ferramentas metodológicas de avaliação e gerenciamento de riscos à saúde, associados aos SAA, desde a captação até a entrada da residência do consumidor.

Nessas condições, ele deve ser capaz de descrever o método e as ações a serem desenvolvidas para a gestão de riscos de um SAA para consumo humano, contemplando aspectos referentes à captação, adução, tratamento, reservação e distribuição, além de indicar ações preventivas e corretivas de proteção à saúde coletiva e ao meio ambiente.

Ele deve ter uma abordagem baseada no conhecimento e na gestão dos riscos da cadeia de produção e distribuição de água potável fortemente apoiado no Princípio das Múltiplas Barreiras definido por Lauer et al. (1984), pelas boas práticas e pelo gerenciamento de riscos, inseridos na legislação de padrão de potabilidade.

O conceito das múltiplas barreiras é geralmente aplicado em qualquer ramo de atividade em que as consequências de falhas podem ser catastróficas. Esse é o caso dos SAA públicos, nos quais uma contaminação da água fornecida pode afetar a saúde de um grande número de pessoas, podendo mesmo acarretar altos níveis de mortalidade.

Nesse caso as barreiras de proteção são:

- Proteção do manancial contra poluição.
- Captação seletiva de água no manancial.
- Controle no armazenamento da água.
- Tratamento compatível com a qualidade da água captada.
- Proteção da qualidade da água na rede de distribuição.
- Comunicação ao consumidor sobre medidas de proteção dentro das residências.

Com relação à sua qualidade, a água fornecida deve atender a duas condições básicas: a sanitária e a de aceitabilidade.

A condição sanitária refere-se a componentes nela presentes que podem trazer algum tipo de prejuízo à saúde do consumidor como, por exemplo, bactérias patogênicas.

A condição de aceitabilidade refere-se às características da água que podem levar à sua rejeição pelo consumidor: cor perceptível, por exemplo.

Para que possa existir um planejamento da segurança do saneamento, a entidade operadora deve maximizar os benefícios para a saúde e a minimizar os riscos no seu sistema. Deve adotar medidas para priorizar e direcionar os esforços na gestão do risco onde houver maior impacto e assegurar o eficiente desempenho do sistema.

Em resumo, na Portaria n. 2.914/2011 e, recentemente na Portaria n. 5/2017, ficou estabelecido que a garantia da segurança deve ser dada por um bom PSA e, para tanto, ele deve ser concebido tendo os objetivos elencados a seguir:

- Prevenir ou minimizar a contaminação dos mananciais de captação.
- Eliminar a contaminação por meio de processos e operações unitárias compatíveis com a qualidade da água bruta.
- Prevenir a "recontaminação" no sistema de distribuição de água (reservatórios e rede de distribuição).
- Ajudar os responsáveis pelo abastecimento de água na identificação e priorização de perigos e riscos em sistemas e soluções alternativas coletivas de abastecimento de água, desde o manancial até o ponto de entrega ao consumidor.

## O PSA, TAL COMO PRESCRITO NA PORTARIA N. 2.914 E NA PORTARIA DE CONSOLIDAÇÃO N. 5, PODE SER UTILIZADO ADEQUADAMENTE PARA SISTEMAS DE REÚSO POTÁVEL INDIRETO?

Na tentativa de responder a essa questão, os autores deste capítulo apresentam uma discussão que a antecede, que é legalidade ou não legalidade do RPI. Essa discussão, feita pelo Promotor de Justiça Daniel Roberto Fink em sua dissertação de mestrado e mais tarde em capítulo de livro, como dito no item "Metodologia adotada", embasou a resposta a esse questionamento.

Segundo esse autor, a classificação das águas é um instrumento utilizado pela Política de Recursos Hídricos intimamente ligado ao reúso, com base no fato de que sendo o reúso definido como o reaproveitamento de águas já utilizadas, qualquer utilização que não seja primária se constitui em reúso.

Nessas condições, classes inferiores de águas podem ser chamadas de águas para reúso. Além disso, argumenta esse autor, "se as águas comportam classes definidas segundo os usos preponderantes, leva-se em consideração o reúso para estabelecer classes" (Fink e Santos, 2003, p. 261-89).

Os objetivos da classificação das águas são:

- Assegurar às águas qualidade compatível com os usos mais exigentes a que forem destinadas.
- Determinar a possibilidade de usos menos exigentes por meio de **reúso**.
- Diminuir os custos de combate à poluição das águas, mediante ações preventivas permanentes, **inclusive por meio do reúso**.

As discussões desse jurista, e que são apresentadas a seguir, foram feitas com base na Resolução Conama n. 20, de 18 de junho de 1986, que era a legislação da época. Ou seja, embora anteriores à Resolução Conama n. 357/2005, continuam válidas mesmo à luz desse novo instrumento legal, motivo pelo qual foram utilizadas para embasar a sustentação utilizada neste capítulo.

Assim sendo e prosseguindo no raciocínio do autor, a "classificação de corpos de água é estabelecida pela legislação ambiental, mais precisamente pela Resolução Conama n. 20, de 18 de junho de 1986" (ibidem).

"As águas são divididas em três categorias mais abrangentes: doces, salinas e salobras. Estas, por sua vez, são subdivididas em nove classes: cinco para as águas doces (classe especial, 1, 2, 3, e 4); duas para as águas salinas (classe 5 e 6); e duas para águas salobras (classe 7 e 8)" (ibidem). Para os objetivos deste capítulo serão consideradas as águas doces nas suas cinco classes.

Tendo essa classificação como referência, de todas as classes em que estão divididas as águas doces, a única que não pode ser indicada para reúso é a Classe Especial. Isso porque, pela sua natureza, elas são reservadas ao uso primário inicial "destinadas ao abastecimento doméstico sem prévia ou com simples desinfeção, bem como à preservação do equilíbrio natural das comunidades aquáticas" (ibidem).

Águas classificadas como de classe especial são ditas "naturais", tal como encontradas originalmente em cursos ou corpos de água. Portanto, ainda não utilizadas e não aproveitadas.

Nelas não serão tolerados lançamentos de águas residuárias, domésticas e industriais, lixo e outros resíduos sólidos, substâncias potencialmente tóxicas, defensivos agrícolas, fertilizantes químicos e outros poluentes, **mesmo tratados**. Ainda com base nesse autor, o reúso das águas classificadas na Resolução Conama n. 20/86 é necessariamente **reúso indireto**. Isso porque, quando reutilizadas, pressupõe-se sua captação em cursos e corpos de água de domínio público, e a referida Resolução somente classifica recursos hídricos de domínio público.

Nessas condições, ao classificar as águas, a Resolução Conama n. 20/86 já indica e define os usos preponderantes, definindo, consequentemente, o **reúso indireto**.

As águas de Classe 1 destinam-se aos seguintes usos e **reúsos indiretos**:

- Ao abastecimento doméstico após tratamento simplificado (**reúso potável indireto**).
- À proteção das comunidades aquáticas.
- À recreação de contato primário (natação, esqui aquático e mergulho – **reúso recreacional**).
- À irrigação de hortaliças que são consumidas cruas e de frutas que se desenvolvam rentes ao solo e que sejam ingeridas cruas sem remoção de película (**reúso agrícola**).
- À criação natural e/ou intensiva de espécies destinadas à alimentação humana (**aquicultura**).

As águas de Classe 2 são destinadas aos usos e **reúsos indiretos**:

- Ao abastecimento doméstico, após tratamento convencional (**reúso potável indireto**).
- À proteção das comunidades aquáticas.
- À recreação de contato primário (esqui aquático, natação e mergulho – **reúso recreacional**).
- À irrigação de hortaliças e plantas frutíferas (**reúso agrícola**).
- À criação natural e/ou intensiva de espécies destinadas à alimentação humana (**aquicultura**).

As águas de Classe 3 são destinadas aos usos e **reúsos indiretos**:

- Ao abastecimento doméstico, após tratamento convencional (**reúso potável indireto**).
- À irrigação de culturas arbóreas, cerealíferas e forrageiras (**reúso agrícola**).
- À dessedentação de animais (**pastoril**).

E as de Classe 4, aos seguintes usos e **reúsos indiretos:**

- À navegação.
- À harmonia paisagística.
- Aos usos menos exigentes.

Já com relação ao reúso industrial, o autor citado argumenta que

> águas para o reúso industrial de forma geral podem ser originárias de quaisquer das classes, pois dependem do fim a que se destinam, desde os menos até os mais exigentes, indo de lavagem de pátios até as águas desmineralizadas resultantes de tratamento complementar e destinadas a alguns processos industriais. Normalmente, originam-se de processos de reciclagem de esgotos segregados e tratados da própria indústria.

Com base nessa discussão, fica clara a legalidade do reúso pois a negação desse fato conduz à conclusão de que o PSA é ilegal, o que é um absurdo, uma vez que ele é parte integrante de um instrumento legal.

Assim, é forçoso concluir que sendo o PSA o instrumento legal recomendado pela legislação ele pode ser utilizado adequadamente para SRPI.

## O PSA, TAL COMO PRESCRITO NA PORTARIA N. 2.914 E NA PORTARIA DE CONSOLIDAÇÃO N. 5, PODE SER UTILIZADO ADEQUADAMENTE PARA SISTEMAS DE REÚSO POTÁVEL DIRETO?

No primeiro capítulo desta obra, o Prof. Ivanildo faz uma longa e profunda sustentação do RPD, afirmando que por essa prática empregar tecnologia e sistemas de controle e de certificação modernos, ela traz maiores benefícios em termos de saúde pública do que o emprego das tecnologias de tratamento convencionais para tratar água oriunda de mananciais extremamente poluídos contendo altas concentrações de esgotos domésticos e industriais.

Em sua linha de raciocínio ele recomenda a inclusão de AA, que podem ser

> aquíferos confinados, nos quais a recarga gerenciada é efetuada com os esgotos tratados, ou corpos receptores naturais, rios, lagos ou reservatórios construídos (para regularização de vazões, para tomada de água, geração de energia elétrica ou para usos múltiplos), nos quais os esgotos tratados são lançados e posteriormente captados para reúso indireto.

Os "AA, tanto subterrâneos como superficiais têm o objetivo de, por efeitos de diluição, sedimentação, adsorção, oxidação, troca iônica etc., atenuar as baixas concentrações de poluentes remanescentes dos sistemas avançados de tratamento utilizados".

Assim, o RPD pode se dar de duas formas:

1. Utilizando AA. Nesse caso, como foi dito, ao utilizar corpos de água de domínio público, aplica-se o raciocínio feito para o caso de RPI, já apresentado, e o PSA pode ser aplicado com as devidas adaptações como todo corpo superficial.
2. Não utilizando AA.

Aqui, como trata-se da utilização de efluentes de estações de tratamento de esgotos (nas suas várias modalidades) para potabilização, o PSA deve incorporar e contemplar essas unidades de tratamento de esgoto.

Adaptações devem ser feitas nos itens (b), (c) e (d) já referidos, sendo que a unidade de tratamento de esgotos deve ser vista como um "manancial" de água que deve ser potabilizada, com o emprego da "melhor tecnologia disponível" e considerando o Princípio das Múltiplas Barreiras.

## SUPERVISÃO EXTERNA OU INDEPENDENTE

A legislação vigente determina a competência da Fundação Nacional de Saúde (Funasa) para apoiar as ações de controle da qualidade da água para consumo humano. Por outro lado, a normativa estabelece que os responsáveis pelos sistemas de abastecimento de água ou soluções alternativas coletivas devem zelar pela "manutenção de uma avaliação sistêmica, sob a perspectiva dos riscos à saúde, com base na qualidade da água distribuída e conforme os princípios dos PSA, recomendados pela OMS ou definidos em diretrizes vigentes no País" (Brasil, 2012).

Como afirmado no item "O que é o plano de segurança da água" deste capítulo, o PSA tem como finalidade identificar e priorizar riscos que possam surgir em um SAA, desde a captação da água bruta até a distribuição da água tratada na torneira do consumidor. Assim, como comentado no item "O PSA, tal como prescrito na Portaria n. 2.914 e na Portaria de Consolidação n. 5 pode ser utilizado adequadamente para Sistemas de Reúso Potável Indireto?", a prescrição desse controle deve ser feita à luz do Gerenciamento de Riscos, do emprego do conceito de barreiras múltiplas, da representatividade estatística de um bom Plano de Amostragem, da proteção à saúde da população abastecida, do treinamento de pessoal especializado, do contato com a população servida e outros aspectos igualmente pertinentes e identificados nos itens anteriores deste capítulo.

Para o sucesso da implementação do PSA, é necessário o envolvimento dos diversos setores que atuam na bacia hidrológica de captação até o consumidor, assim como a avaliação adequada dos usos múltiplos da água e o reúso.

Para seu sucesso, esse trabalho, de natureza eminentemente multidisciplinar, deve ser adaptado à realidade local de cada SAA (comunidades rurais, pequenos centros urbanos e grandes cidades) e acompanhado pelo Comitê de Bacia Hidrográfica da respectiva área e por representantes do setor da saúde.

Segundo Dorado (2018), a visão da OMS (2015a) é voltada para ações de avaliação de riscos proativas, que acompanham todo o sistema, e compartilha várias similaridades com a ISO 22.000 para indústria alimentícia e com a certificação HACCP direcionada à segurança alimentar.

Ainda com base nesse autor, é importante salientar que a HACCP e a ISO 22.000 são mais aplicáveis a processos de produção de alimentos do que a sistemas que empregam operações e processos contínuos, tais como os sistemas de produção de água potável.

A OMS (2015a) é afirmativa no sentido de que o PSA também tem similaridades com as ações da qualidade definidas pela ISO 9000, já que impõe ações contínuas e com metas gradativas.

Além disso, para garantir um adequado PSA deverá também ser definido e implementado um processo de auditoria, que pode ser feito como uma avaliação independente e sistêmica que permita determinar sua adequada implementação, eficácia, eficiência e integridade (OMS, 2015a).

Esse processo de auditoria deve ser executado por um agente externo, não envolvido com o desenvolvimento e aplicação do PSA. A auditoria do PSA pode integrar programas de vigilância da qualidade da água potável. Nessas condições, deve ser definido como a avaliação contínua e vigilante da saúde pública enfocando a contínua revisão da segurança e aceitabilidade do fornecimento de água potável.

A auditoria, seja ela interna, externa, formal ou informal, deve ser vista como apoio à melhoria contínua do PSA e deve fornecer suporte contínuo para sua implementação, o que é essencial para a sustentabilidade e sucesso do processo.

A auditoria deve ser concebida de forma ampla pode ter vários objetivos, incluindo apoio ao PSA, sua implementação e manutenção; a avaliação crítica da metodologia, adequação técnica e eficácia; e a confirmação de conformidades com os requisitos normativos.

Com relação a este item, seus autores consideram que o sucesso de um PSA, além de depender de aspectos meramente tecnológicos, e que são fundamentais, é fortemente dependente de um sistema de auditoria, interna e externa, independentemente do processo produtivo.

## CONSIDERAÇÕES FINAIS

Ao longo deste capítulo foram apresentados argumentos para atingir seus objetivos: discutir se os PSA preconizados pelos instrumentos legais e que foram inspirados no da Organização Mundial da Saúde, conforme Souza, Dorado e Mancuso (2019), podem ser utilizados para SAA caracterizados como RPI ou RPD.

Os resultados dessa discussão, lastreados por bibliografia específica, apontam para a conclusão que o emprego de um PSA diminui os riscos associados ao uso de mananciais superficiais, com ênfase naqueles próximos aos centros urbanos para integrarem SAA.

Além disso é possível concluir que eventuais dúvidas sobre a legalidade dos SAA levarem em consideração projetos que incorporem RPI não procedem. Isso porque, por hipótese, a sustentação dessa ideia é dada por todo um arcabouço legal discutido ao longo do texto. Assim, resta demonstrado "por absurdo" não ser possível admitir que um instrumento legal possa ser ilegal.

No caso de RPD, foram apresentadas sugestões para o planejamento do seu uso por esses sistemas.

Foi enfatizado também o uso de sistemas de barreiras múltiplas e também da necessidade do emprego de gerenciamento de riscos, no momento do planejamento dos projetos de engenharia e nas suas operações.

Finalizando, os autores consideram o emprego do PSA adequado, entretanto, recomendam seu contínuo aprimoramento pelas agências ambientais, pelos órgãos responsáveis pela saúde pública, pelas empresas de saneamento – públicas ou privadas –, pelo Ministério Público, que em última análise defende a sociedade, e pela universidade.

## REFERÊNCIAS

BRASIL. *Resolução Conama n. 20*, de 18 de junho de 1986. Conselho Nacional de Meio Ambiente. Disponível em: www.mma.gov.br/port/conama/res/res05/res35705.pdf. Acesso em: 4 mar. 2020.

BRASIL. *Resolução Conama n. 20*, de 18 de junho de 1985. Conselho Nacional de Meio Ambiente. Disponível em: http://www2.mma.gov.br/port/conama/legiabre.cfm?codlegi=43. Acesso em: 30 jan. 2020.

BRASIL. *Resolução Conama n. 357*, de 17 de março de 2005. Conselho Nacional de Meio Ambiente. Disponível em: www.mma.gov.br/port/conama/res/res05/res35705.pdf. Acesso em: 30 jan. 2020.

BRASIL. Ministério da Saúde. *Plano de segurança da água: garantindo a qualidade e promovendo a saúde. Um olhar do SUS.* Brasília (DF), MS/SVS, 2012. 60p.

DORADO, A.J. *O Plano de Segurança das Águas (PSA) e o processo de auditoria independente na sua implementação.* 2018. Disponível em: https://www.linkedin.com/pulse/o-plano-de-seguran%C3%A7a-das-%C3%A1guas-psa-e-processo-auditoria-dorado/. Acesso em: 30 jan. 2020.

FINK, D.R.; SANTOS, H.F. A legislação de reúso de água. In: MANCUSO, P.C.S.; SANTOS, H.F. (Ed.). *Reúso de água*. Barueri, Manole, 2003. p. 261-89.

LAUER, W. et al. Denver potable water reuse project. Current status. In: 3º Water Reuse Symposium. *Anais...* San Diego, Ca, USA, 1984. p. 316-36.

MINISTÉRIO DA SAÚDE. Gabinete do Ministro. Portaria n. 2.914, de 12 de dezembro de 2011. Dispõe sobre os procedimentos de controle e vigilância da qualidade da água para consume humano e seu padrão de potabilidade e demais providências. *Diário Oficial da União*, Brasília, DF, 12 dez. 2011, p. 39, seção 1.

MINISTÉRIO DA SAÚDE. Gabinete do Ministro. Portaria de Consolidação n. 5, de 28 de setembro de 2017. Dispõem sobre a consolidação das normas sobre as ações e os serviços de saúde do Sistema Único de Saúde e dá outras providências. *Diário Oficial da União*, Brasília, DF, 28 set. 2017, Anexo XX.

[OMS] ORGANIZAÇÃO MUNDIAL DA SAÚDE. *A practical guide to auditing water safety plans*. 2015a. Disponível em: http://www.who.int/water_sanitation_health/publications/auditing-water--safety-plans/en/. Acesso em: 30 jan. 2020.

[OMS] ORGANIZAÇÃO MUNDIAL DA SAÚDE. *Gestão mais sustentável da água é urgente, diz relatório da ONU*. 2015b. Disponível em: http://www.unesco.org/new/pt/brasilia/about-this-office/single-view/news/urgent_need_to_manage_water_more_sustainably_says_un_report/. Acesso em: 30 jan. 2020.

SOUZA, R.G.L.; Dorado, A.J.; MANCUSO, P.C.S. O Plano de Segurança da Água (PSA) no Âmbito das Bacias Hidrográficas. In: PHILIPPI JR., A.; SOBRAL, M.C. (Ed.). *Gestão Sustentável de Bacias Hidrográficas*. Parte I. Capítulo 37. Barueri, Manole, 2019. p. 1068-93.

# Capítulo 15
# CASOS DE REÚSO DE ÁGUA POTÁVEL

Pedro Caetano Sanches Mancuso
José Carlos Mierzwa
José Eduardo de Campos Siqueira

## INTRODUÇÃO

Segundo Mancuso e Santos (2016), disponibilidade de água doce na terra excede, em muito, a demanda humana. Grandes populações vivem em áreas que recebem abundantes precipitações pluviométricas, enquanto outras vivem em regiões semiáridas ou mesmo áridas.

Em virtude da limitação dos recursos hídricos, o homem primitivo não fixava moradia e mudava-se constantemente, numa permanente busca de locais com suposta abundância de água.

Essas mobilizações tornaram-se cada vez mais difíceis em função do crescimento das populações, surgindo a necessidade de as comunidades disciplinarem e racionalizarem o uso da água.

Place (1985) transcreve o versículo 15, capítulo XIV, do Ousruta Sanghita, uma coleção de leis médicas sânscritas concebida, provavelmente, em 2000 a.C.: "É bom guardar a água em vasilhas de cobre, expô-la ao sol e filtrá-la em carvão".

Nesse versículo está descrito um conjunto de processos e operações mais tarde caracterizadas como sedimentação, desinfecção e filtração. Essas operações e processos poderiam ser realizados isoladamente ou por meio de várias combinações, obtendo-se maior ou menor grau de tratamento e tornando possível a reutilização da água.

O reúso de água subentende uma tecnologia desenvolvida em maior ou menor grau de complexidade, dependendo dos fins a que se destina a água e de como ela tenha sido usada anteriormente.

Entretanto, o que dificulta a conceituação precisa da expressão reúso de água é a definição do exato momento a partir do qual admite-se que o reúso está sendo feito. Por exemplo, entre uma comunidade que capta água de um rio contendo os esgotos de uma grande metrópole a montante e uma outra cidade às margens de outro grande rio onde apenas algumas pessoas despejam esgotos. Para os casos apresentados existem diferenças em termos de diluição, distâncias percorridas pelos efluentes e fatores naturais referentes à recuperação da qualidade desses rios, sendo impossível determinar o preciso instante em que foi iniciado o reúso da água.

A prática de descarregar os esgotos, tratados ou não, em corpos de água superficiais é a solução normalmente adotada pelas comunidades no mundo inteiro para afastamento de seus efluentes.

Geralmente, esses corpos de água servem como fonte de abastecimento a mais de uma comunidade, havendo casos em que a mesma cidade lança seus esgotos e faz uso do mesmo corpo hídrico como manancial para captação e consumo de água. A comunidade, a indústria ou o agricultor que capta a água na realidade está reutilizando-a pela segunda, terceira ou mais vezes.

É clássico o caso da cidade de Londres que capta água dos rios Tamisa e Lea, este último usado pela cidade de Stevenage para lançamento de seus esgotos após tratamento.

No Brasil é bastante conhecido o caso das cidades situadas no vale do rio Paraíba, onde existe uma sucessão de cidades que captam água e dispõem os seus esgotos no mesmo rio. O que se observa em diversas regiões brasileiras.

Assim, a caracterização de reúso deve levar em consideração a vazão de esgoto recebida pelo corpo de água, relativamente à vazão de água originalmente existente no rio.

Num exemplo hipotético de comunidades que captam água de um rio que recebe quantidades crescentes de esgoto, não há sentido em identificar como reúso a situação da comunidade que captasse água cuja diluição pudesse ser caracterizada, em termos práticos, como infinita.

O outro extremo é o da reutilização do esgoto para fins potáveis sem dispô--lo antes no meio ambiente, situação classificada por alguns autores como a de reúso potável direto.

Pelo exposto, verifica-se que a prática de reúso já está estabelecida, seja de forma planejada ou inconsciente.

Embora existam várias definições para reúso de água, neste capítulo serão adotadas as seguintes:

- Reúso de água: é o aproveitamento de águas previamente utilizadas, uma ou mais vezes, em alguma atividade humana, para suprir as necessidades de outros usos benéficos, inclusive o original. Pode ser direto ou indireto, bem como decorrer de ações planejadas ou não planejadas.

- Reúso potável direto: é o caso em que o esgoto recuperado, por meio de tratamento avançado, é diretamente reutilizado no sistema de água potável.
- Reúso potável indireto: caso em que o esgoto, após tratamento, é disposto na coleção de águas superficiais ou subterrâneas para diluição, purificação natural e subsequente captação, tratamento e finalmente utilizado como água potável. Nesse caso, o reúso pode se dar de forma planejada ou não planejada.
- Reúso não potável: é classificado conforme os fins a que se destina, sendo os mais comuns os seguintes: agrícola, industrial, recreacional, doméstico, para manutenção de vazões, recarga de aquíferos e aquacultura.

No Brasil, um caso sempre lembrado pelos sanitaristas paulistas, e que hoje seria classificado como reúso potável indireto planejado conforme as definições apresentadas, ocorreu em 1969 e que a *Folha de São Paulo*, em sua edição de 5 de outubro de 2019, na seção *Acervo Folha – Há 50 anos*, publicou e Siqueira (1969) cita.

Como o autor citado na época era funcionário da Companhia Metropolitana de Água (Comasp), ele relata que em 1969 em razão do agravamento da falta de água no município de São Paulo e região, foi concebido um plano de emergência denominado Operação Estiagem, que consistiu no aproveitamento para o abastecimento público de águas do rio Pinheiros após tratamento.

Esse plano consistia no aproveitamento das águas do rio Pinheiros, na época já bastante poluído, para reforçar a vazão tratada na Estação de Tratamento do Alto da Boa Vista (ETA ABV).

Após tratamento físico e químico constituído por pré-cloração no *break point* (que oscilava entre 100 e 150 mg/L de cloro), aeração, coagulação, floculação e decantação no próprio leito do rio Pinheiros, essa água seria encaminhada ao reservatório Guarapiranga, propiciando um acréscimo de cerca de 20% no volume de abastecimento, caracterizando dessa forma um caso de reúso potável indireto planejado.

Entretanto, as copiosas chuvas de dezembro de 1969 restabeleceram os níveis dos reservatórios, entre eles o Guarapiranga, e a Operação Estiagem deu-se por encerrada.

Embora de fato não tenha sido operacionalizada, do ponto de vista histórico a Operação Estiagem deve ser considerada precursora da utilização de reúso de água planejado na gestão de recursos hídricos para fins potáveis. Além disso, pelos recursos materiais e humanos que mobilizou, essa operação cumpriu importante papel na criação das áreas técnicas de controle operacional de uma nova empresa de saneamento que surgia: a Companhia de Saneamento Básico do Estado de São Paulo (Sabesp).

Com base na literatura internacional, um trabalho desenvolvido por Raucher e Tchobanoglous (2014) apresenta uma compilação dos principais programas de reúso desenvolvidos, dando maior destaque para aqueles desenvolvidos nos Estados Unidos da América.

Com a expansão dos programas de reúso potável bem-sucedidos, a Organização Mundial da Saúde passou a reconhecer essa prática como uma opção realista e, em 2017, publicou uma diretriz específica para reúso potável de água (World Health Organization, 2017). Essa diretriz é similar àquela utilizada pelos diversos países no estabelecimento de critérios e padrões de qualidade de água para abastecimento público.

Na publicação da OMS são apresentadas as principais justificativas para que a prática de reúso de água seja considerada como uma opção para o problema de escassez de água vivenciado por diversos países, com destaque para os seguintes:

- A fonte de abastecimento independe das condições climáticas.
- Existência de sistemas de coleta e, em muitos casos, sistemas de tratamento de esgotos localizados nas proximidades das áreas urbanas.
- Redução dos impactos ambientais decorrentes dos lançamentos de esgotos, pela redução da vazão lançada e melhoria do nível de tratamento.
- Menor custo comparado a outras opções de abastecimento, como a dessalinização de água do mar.
- Aumento da aceitação pública.

Em relação aos custos e desafios relacionados às opções para a atenuação dos efeitos da escassez de água os já citados autores Raucher e Tchobanoglous (2014) apresentaram uma avaliação considerando-se as principais opções disponíveis (Tabela 1).

Observando-se a Tabela 1 verifica-se que a prática de reúso potável, direto ou indireto, é competitiva em relação às demais opções disponíveis.

Para que seja possível obter uma melhor compreensão sobre a relevância dos programas de reúso potável, direto ou indireto, a seguir são apresentados alguns exemplos práticos.

## CASOS DE REÚSO DE ÁGUA NO MUNDO

Para a elaboração das diretrizes da OMS para reúso potável, foi feita uma compilação das práticas vigentes no mundo, resultando nos dados apresentados na Tabela 2.

**Tabela 1**   Comparação entre as opções para atenuação dos problemas de escassez de água

| Opção disponível | Custo da água (US$/m³) | Oportunidades e relevância | Desafios e restrições |
|---|---|---|---|
| Reúso potável direto | 0,66-1,62 | Possibilita a produção de água com alto grau de qualidade, adequada para todos os usos. É uma fonte que independe das condições climáticas. É baseada em tecnologias de tratamento comprovadas. | Exige monitoramento adicional e barreiras adicionais de tratamento. O uso de reservatórios de controle para assegurar um tempo necessário para o monitoramento e controle da qualidade da água. |
| Reúso potável indireto | 0,66-1,62 | Reduz o lançamento de efluentes para os corpos hídricos, assim como reduz a captação de água. Utilização da infraestrutura de distribuição já disponível. | Indisponibilidade de um reservatório ou aquífero para direcionamento da água produzida. Risco de contaminação da água ou uso para outra finalidade. Custo da estrutura adicional de transporte da água até o manancial. Gasto adicional com o tratamento na estação de produção de água potável. |
| Dessalinização de água do mar | 1,22-1,90 | Possibilita a produção de água com alto grau de qualidade. É uma fonte confiável e praticamente ilimitada em áreas costeiras, menos vulnerável às condições climáticas. | Potenciais impactos ambientais associados à estrutura de captação de água e lançamento de concentrado. Consumo de energia relativamente elevado. Disponível apenas em regiões costeiras. Susceptibilidade a problemas de proliferação de algas, maré vermelha e maior complexidade para licenciamento. |
| Dessalinização de água salobra | 0,75-1,05 | Possibilita a produção de água com alto grau de qualidade. Pode ser considerada uma fonte confiável em regiões com disponibilidade de água subterrânea salobra. | Disponível apenas em regiões com aquíferos subterrâneos de água salobra. Problemas relacionados à disposição final do concentrado gerado. |
| Transposição de bacias (importação de água) | 0,70-1,05 | Disponibilidade de infraestrutura e procedimentos regulatórios para os processos associados. | A disponibilidade é bastante incerta e variável com a possibilidade de interrupção do fornecimento em função de condições climáticas e litígios. Os custos têm se tornado elevados. Uso intensivo de energia para bombeamento. Impactos ambientais adversos. |

*(continua)*

**Tabela 1** Comparação entre as opções para atenuação dos problemas de escassez de água (*continuação*)

| Opção disponível | Custo da água (US$/m³) | Oportunidades e relevância | Desafios e restrições |
|---|---|---|---|
| Reúso não potável | 0,25-1,60 | Ajuda a reduzir a demanda de água potável. É uma fonte confiável de abastecimento mesmo em períodos de estiagem. Possibilidade de adequação da qualidade da água aos usos pretendidos. | Custo para a implantação da infraestrutura de distribuição, o que limita o potencial de reúso. Demandas sazonais podem resultar na necessidade de armazenamento ou redução da capacidade de produção. |
| Uso eficiente da água e restrição do uso | 0,38-0,79 | Auxilia na redução da demanda de água. Reduz o consumo de energia utilizado para tratamento e bombeamento da água. | Ao longo do tempo tornam-se menos efetivos para a obtenção de economia de água a um custo competitivo. As restrições de uso podem impactar de forma negativa o desenvolvimento de diversas atividades no local. A redução do consumo pode impactar a estrutura de coleta de esgotos. |

Fonte: adaptada de Raucher e Tchobanoglous (2014).

Pela análise da Tabela 2, verifica-se uma expansão nos programas de reúso, com predominância do reúso potável indireto, o que parece estar diretamente relacionado a melhor aceitação pública e falta de experiência com a prática do reúso potável direto. Outro aspecto relevante diz respeito às tecnologias de tratamento que vem sendo adotadas, observando-se uma tendência na simplificação dos sistemas com a utilização de tecnologias de separação por membranas e processos avançados de oxidação.

**Tabela 2** Práticas de reúso potável vigentes no mundo

| Denominação | Tipo | Atenuador ambiental | Início de operação | Processo de tratamento |
|---|---|---|---|---|
| Montebello Forebay, Condado de Los Angeles, Califórnia. EUA | RPI | Aquífero subterrâneo | 1962 | FMG, TSA e $Cl_2$ |
| Primeira unidade de Gorengab, Windhoek. Namíbia | RPD | – | 1969 – 2002 (substituído) | FRA, CFQ, FMG, CAG e $Cl_2$ |
| Nova unidade de Gorengab, Windhoek. Namíbia | RPD | – | 2002 | $O_3$, FAD, FMG, $O_3$, CAB, UF e $Cl_2$ |
| Water Factory 21, Condado de Orange, Califórnia. EUA | RPI | Aquífero subterrâneo | 1976 – 2004 (substituído) | ABC, FMG, CAG, $Cl_2$, OR (1977) e POA (UV/$H_2O_2$ – 2001) |

(continua)

**Tabela 2**   Práticas de reúso potável vigentes no mundo (*continuação*)

| Denominação | Tipo | Atenuador ambiental | Início de operação | Processo de tratamento |
|---|---|---|---|---|
| Groundwater Replenishment System, Condado de Orange. EUA | RPI | Aquífero subterrâneo | 2008 | $Cl_2$, MF, OR e POA (UV/$H_2O_2$) |
| Upper Occoquan Service Authority, Condado de Fairfax, Virgínia. EUA | RPI | Aquífero superficial | 1978 | ABC, FMG, CAG, $Cl_2$ e Cloraminação |
| Projeto de recarga Hueco Bolson, El Paso Water Utilities, Texas. EUA | RPI | Aquífero subterrâneo | 1985 | CAP, ABC, FMG, $O_3$, CAG, $O_3$ e $Cl_2$ |
| Clayton County Water Authority, Geórgia. EUA | RPI | Aquífero superficial | 1985 | TSA, UV e $Cl_2$ |
| West Basin Water Recycling Plant, Califórnia. EUA | RPI | Aquífero subterrâneo | 1995 | MF, OR, POA (UV/$H_2O_2$), $NH_2Cl$ |
| Langford Recycling Scheme, Chelmsford. Reino Unido | RPI | Aquífero superficial | 1997 | UV |
| Condado de Gwinnett. Geórgia. EUA | RPI | Aquífero superficial | 1999 | Remoção química de fósforo, UF, $O_3$ e CAG |
| Scottsdale Water Campus, Arizona. EUA | RPI | Aquífero subterrâneo | 1999 | FMG, MF, OR e $Cl_2$ |
| Torrete, Wulpen. Bélgica | RPI | Aquífero subterrâneo | 2002 | UF, RO e UV |
| NEWater. Singapura | RPI | Aquífero superficial | 2003 | UF, RO e UV |
| Los Alimitos, Water Replenishment District of Southern California. EUA | RPI | Aquífero subterrâneo | 2005 | MF, RO e UV |
| Chino Basin Groundwater Recharge Project, Inland Empire Utility Agency, Califórnia. EUA | RPI | Aquífero subterrâneo | 2007 | FMG, TSA e $Cl_2$ |
| Condado de Arapahoe/ Cottonwood, Colorado. EUA | RPI | Aquífero subterrâneo | 2009 | FMG, OR, POA (UV/$H_2O_2$) e $Cl_2$ |
| George. África do Sul | RPI | Aquífero superficial | 2009/2010 | UF e $Cl_2$ |
| Prairie Waters Project, Aurora, Colorado. EUA | RPI | Aquífero subterrâneo | 2010 | FBA, POA (UV/$H_2O_2$), CAB, CAG e $Cl_2$ |
| Beaufort West. África do Sul | RPD | – | 2010 | FMG, UF, OR, POA (UV/$H_2O_2$) e $Cl_2$ |
| Permian Basin, Colorado River Municipal Water District, Texas. EUA | RPI | Aquífero superficial | 2012 | UF, OR, POA e $Cl_2$ |
| Dominguez Gap Barrier, Los Angeles, Califórnia. EUA | RPI | Aquífero subterrâneo | 2012 | MF e OR |
| Big Spring, Texas. EUA | RPD | – | 2013 | MF, OR, POA (UV/$H_2O_2$), mistura, FMG e $Cl_2$ |
| Beenyup Groundwater Replenishment Scheme, Perth. Austrália | RPI | Aquífero subterrâneo | 2016 | UF, OR e UV |

*(continua)*

Tabela 2 Práticas de reúso potável vigentes no mundo (*continuação*)

| Denominação | Tipo | Atenuador ambiental | Início de operação | Processo de tratamento |
|---|---|---|---|---|
| Cloudcroft, Novo México. EUA | RPD | – | Em desenvolvimento | MBR, $Cl_2$, OR, POA (UV/ $H_2O_2$), mistura, UF, UV, CAG e $Cl_2$ |

ABC: abrandamento com cal; CAB: carvão ativado biológico; CAG: carvão ativado granular; CAP: carvão ativado em pó; CFQ: clarificação química; $Cl_2$: cloração; FAD: flotação por ar dissolvido; FMG: filtração em meio granular; FRA: flotação para remoção de algas; $H_2O_2$: peróxido de hidrogênio; MBR: reator biológico com membranas submersas; MF: microfiltração; $NH_2Cl$: monocloraminação; $O_3$: ozonização; OR: osmose reversa; POA: processo oxidativo avançado; TSA: tratamento solo aquífero; UF: ultrafiltração; UV: desinfecção com radiação ultravioleta.
Fonte: WHO (2017).

## Reúso potável direto

### Denver's Reuse Demonstration Plant

Segundo Mancuso (1988), essa estação de demonstração foi construída pelo Departamento de Águas de Denver e a Agência Americana de Proteção Ambiental para operar dentro dos conceitos de reúso potável direto. Para isso utilizava-se o esgoto doméstico tratado, não clorado, de uma estação do Metropolitan Denver Sewage Disposal Distric, como água bruta para a estação de produção de água potável, com capacidade de projeto de 44 L/s.

O sistema operou de 1985 a 1992 tendo como com principal objetivo avaliar os problemas potenciais de saúde pública que poderiam ocorrer.

Hespanhol (2015) descreve o sistema como tendo sido projetado utilizando-se o conceito de barreiras múltiplas, com linhas paralelas para possibilitar uma maior flexibilidade operacional, principalmente na ocorrência de eventuais falhas em processos e operações unitárias.

Os processos e operações unitárias da unidade eram: clarificação por abrandamento com cal, recarbonatação, sedimentação e filtração. Por meio da filtração, a água produzida poderia ter dois direcionamentos, a desinfecção com dióxido de cloro ou o tratamento complementar, por desinfecção por radiação UV e duas rotas de tratamento utilizando processos de separação por membranas. Em uma rota foram utilizados os processos de osmose reversa, extração de amônia com ar, ozonização e cloração. Na outra rota, em vez da utilização do processo de osmose reversa foi utilizado o processo de ultrafiltração (Tchobanoglous et al., 2011).

Ainda com base em Hespanhol (2015), o sistema foi monitorado por um extensivo programa de qualidade da água produzida, utilizando amostras compostas em períodos de 24 horas e avaliando todas as variáveis de qualidade regulamentadas na época.

Em que pese o fato de que no período dos testes ainda não se tivesse conhecimento de poluentes emergentes que hoje são encontrados em mananciais de todo o mundo, a pesquisa evidenciou que a água produzida apresentava qualidade semelhante à água potável distribuída em Denver e atendia a todos os padrões de qualidade de água preconizados pelas agências de saúde.

## Windhoek, Namíbia

O município de Windhoek, com aproximadamente 250.000 habitantes (censo de 2001), está situado na Namíbia, sudoeste da África, ao sul do deserto do Saara. O reúso potável direto vem sendo praticado há mais de 40 anos, sem que problemas de saúde pública associados à água potável tenham sido identificados, segundo Hespanhol (2015), citando Van Der Merwe et al. (2008). Além de um completo sistema de monitoramento da qualidade da água, é utilizado o princípio de pontos críticos de controle (Damikouka, Katsiri e Tzia, 2007), o que traz uma maior segurança de saúde pública aos usuários do sistema.

O projeto de reúso de Windhoek teve duas fases, a primeira delas entre os anos de 1969 a 2002, que contava com uma estrutura de tratamento mais simples, utilizando os processos de flotação para remoção de algas, clarificação convencional, adsorção em carvão ativado e cloração. A partir de 2002, o sistema de reúso foi modificado e passou a utilizar os processos de adsorção em carvão ativado em pó, pré-ozonização, clarificação por flotação e filtração em meio granular, ozonização, carvão ativado biológico, carvão ativado granular, ultrafiltração e desinfecção com cloro (Tchobanoglous et al., 2011).

A experiência de Windhoek demonstrou a viabilidade da prática de reúso potável direto, principalmente quando técnicas adequadas de tratamento são utilizadas. A Figura 1 apresenta o arranjo esquemático da estrutura de tratamento utilizada para reúso potável direto de Windhoek.

## Reúso potável indireto

## Groundwater Replenishiment System – Condado de Orange

Um dos exemplos mais relevante de reúso potável indireto é o que foi implantado em Fountain Valley, no Condado de Orange na Califórnia, EUA, em 1976. O principal objetivo desse projeto era conter a intrusão de cunha salina decorrente da elevada exploração da água subterrânea na região (OCWD, s.d.).

O projeto inicial recebeu a denominação de Water Factory 21, com capacidade total de tratamento de 56.755 $m^3$/dia, utilizando os processos de clarificação química com cal, extração de amônia com ar, recarbonatação, filtração em meio granular, adsorção em carvão ativado e cloração.

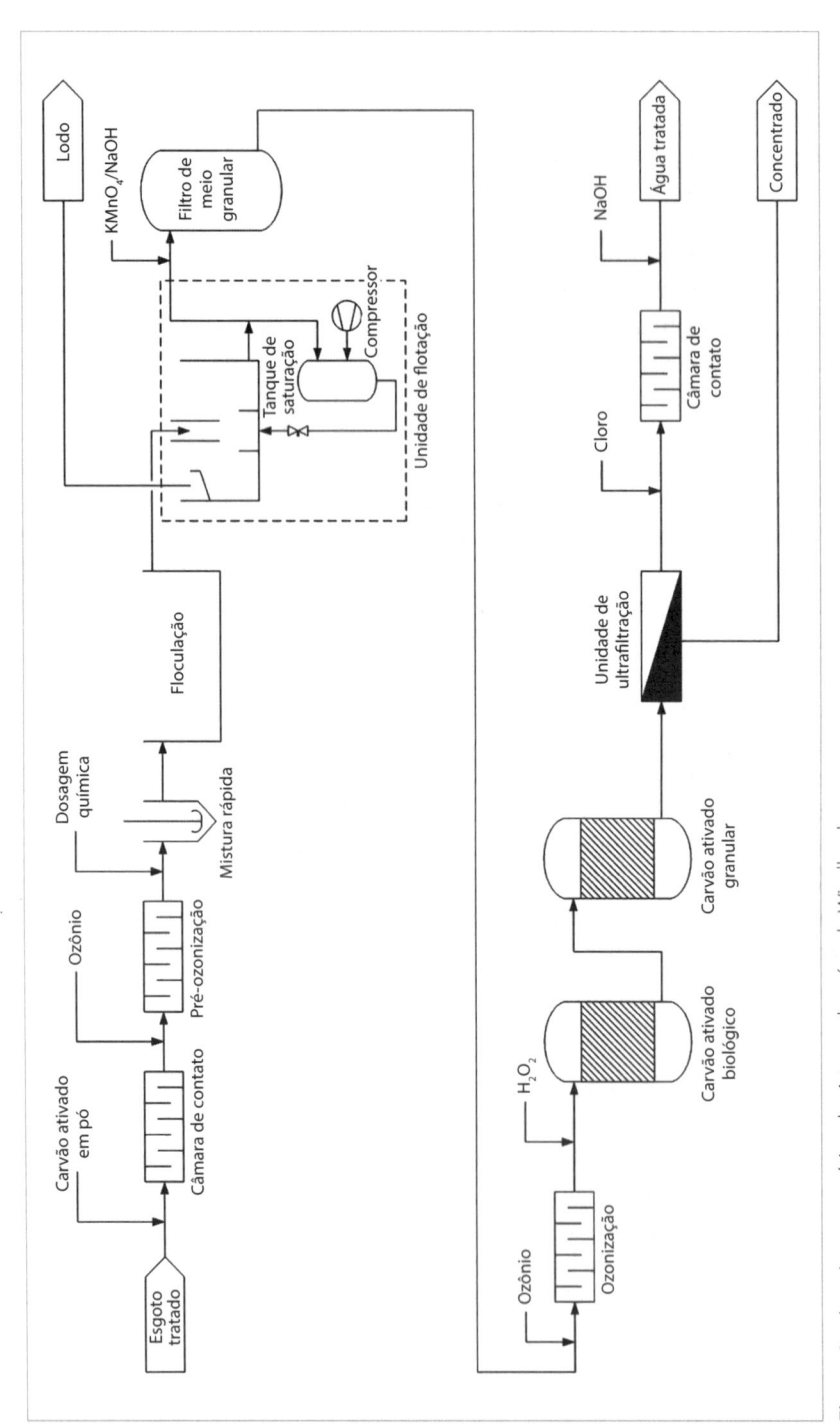

**Figura 1** · Arranjo esquemático do sistema de reúso de Windhoek.

Fonte: adaptada de Tchobanoglous et al. (2011).

Em complementação, o arranjo de tratamento contava com uma unidade de osmose reversa com capacidade de 18.925 m³/dia e 23 poços de injeção de água no aquífero subterrâneo. A água utilizada para injeção no aquífero era uma mistura entre o permeado da unidade de osmose reversa, a água clorada após o processo de adsorção em carvão ativado e uma parcela de água proveniente de poços profundos. A Figura 2 ilustra o arranjo de tratamento adotado.

A estrutura de tratamento do projeto Water Factory 21 foi mantida até 2004, para possibilitar a mudança na configuração do processo de tratamento. Em 2008 a nova unidade de reúso, denominada agora de Groundwater Replenishment System, entrou em operação.

O sistema de tratamento adotado, em comparação ao que existia previamente, foi bastante simplificado, com a adoção do processo de microfiltração em substituição ao sistema convencional de clarificação e do processo de oxidação fotoquímica em substituição ao processo de adsorção em carvão ativado (Tchobanoglous et al., 2011). Na Figura 3 é apresentado o arranjo adotado para o Groundwater Replenishment System.

É importante destacar que a água produzida pelo Groundwater Replenishment System atende aos padrões de qualidade de água para abastecimento público, validando o arranjo de tratamento proposto.

## Beenyup Groundwater Replenishment Scheme, Perth, Austrália

Em decorrência dos problemas de escassez de água enfrentados pela Austrália, em 2013 o governo federal anunciou que uma das próximas fontes de abastecimento potável seria o sistema de recarga de aquíferos utilizando água de reúso a partir do Beenyup Groundwater Replenishment Scheme (McKenna, 2016).

O sistema de reúso potável indireto é operado pela Water Corporation of Western Australia e foi implantado na cidade de Perth, com capacidade inicial de 14 milhões m³/ano, a qual foi expandida para 28 milhões m³/ano (Khan e Anderson, 2018).

O sistema de reúso recebe o efluente tratado pela estação de tratamento de esgotos de Beenyup, o qual é submetido aos processos de tratamento por ultrafiltração, osmose reversa e desinfecção por radiação ultravioleta (Khan e Anderson, 2018). Após tratamento o efluente final é injetado no aquífero subterrâneo por meio da utilização de poços. A Figura 4 ilustra o arranjo do sistema de reúso adotado.

Observa-se pela Figura 4 que o arranjo de tratamento é bastante similar ao adotado pela estrutura de reúso do Groundwater Replenishment System do Condade de Orange na Califórnia, EUA. Essa condição demonstra a consolidação dos processos de separação por membranas para uso em esquemas de reúso de água.

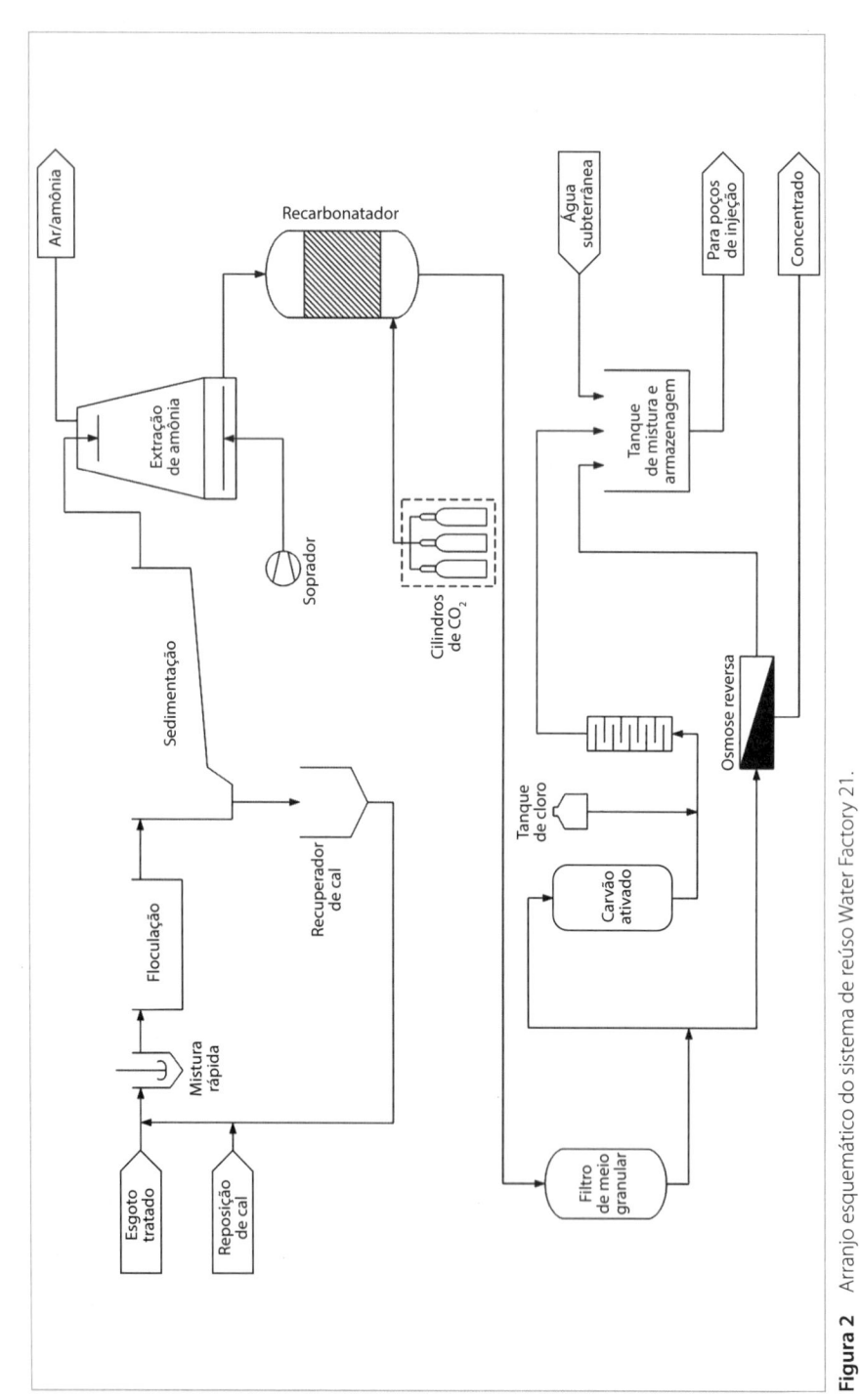

**Figura 2** Arranjo esquemático do sistema de reúso Water Factory 21.

Fonte: adaptada de Tchobanoglous et al. (2011).

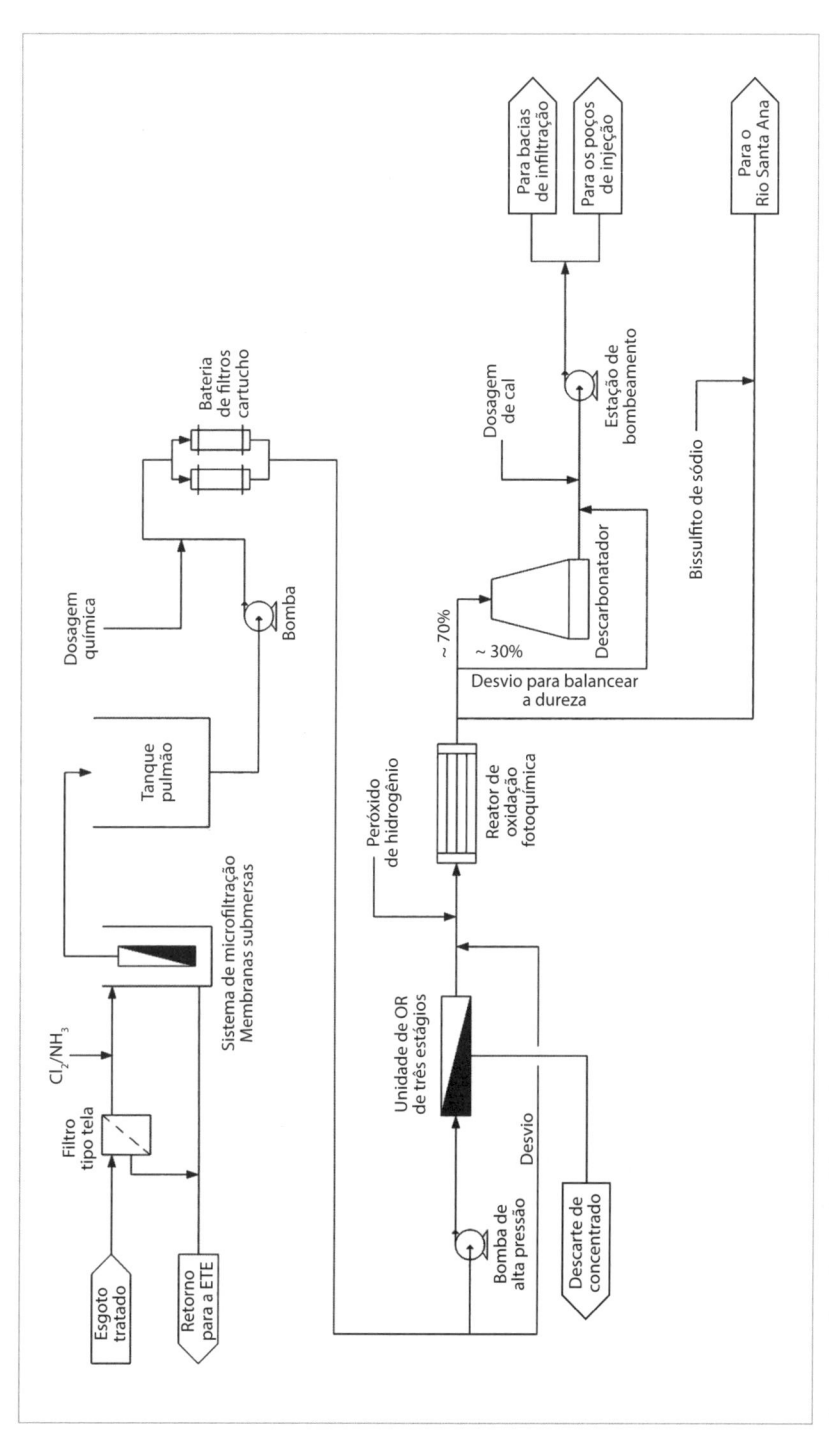

**Figura 3**   Arranjo esquemático do sistema de reúso Groundwater Replenishment System.

Fonte: adaptada de Tchobanoglous et al. (2011).

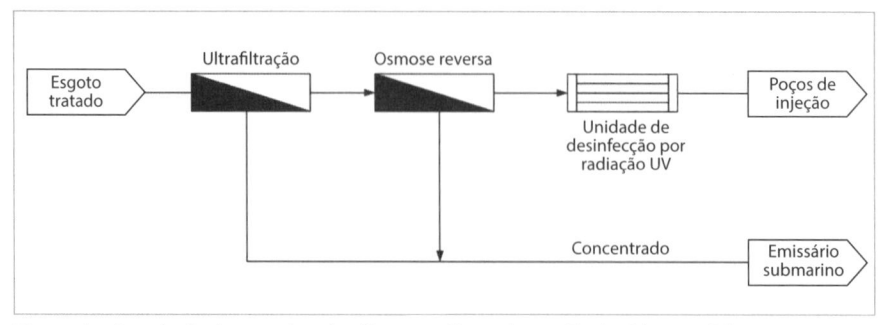

**Figura 4** Arranjo do sistema de reúso Beenyup Groundwater Replenishment Scheme.

## CASOS DE REÚSO DE ÁGUA NO BRASIL

Mesmo com os problemas de escassez de água observados em diversas regiões do país, a prática de reúso de água é bastante incipiente e limitada ao reúso não potável para fins industriais e urbanos. Contudo, o reúso potável não planejado é uma realidade, considerando-se os baixos índices de coleta de tratamento de esgotos, conforme mostram os dados apresentados na Tabela 3 (Brasil, 2019).

**Tabela 3** Índices de coleta e tratamento de esgotos no Brasil – 2018

| Região | Coleta de esgotos | | Índice de tratamento (%) | |
| --- | --- | --- | --- | --- |
| | Total | Urbano | Em relação ao gerado | Em relação ao coletado |
| Norte | 10,5 | 13,3 | 21,7 | 83,4 |
| Nordeste | 28 | 36,3 | 36,2 | 83,6 |
| Sudeste | 79,2 | 83,7 | 50,1 | 67,5 |
| Sul | 45,2 | 51,9 | 45,4 | 95,0 |
| Centro-Oeste | 52,9 | 58,2 | 53,9 | 93,8 |
| **Total** | **53,2** | **60,9** | **46,3** | **74,5** |

Considerando-se a condição retratada pelos dados da Tabela 3 e os avanços sobre a prática de reúso potável no mundo, o Comitê das Bacias Hidrográficas dos Rios Piracicaba, Capivarí e Jundiaí financiou um estudo sobre reúso potável direto. Esse estudo foi desenvolvido pelo Centro Internacional de Referência em Reúso de Água, sob a coordenação do Professor Ivanildo Hespanhol, em parceria com a Companhia de Saneamento do Município de Campinas.

O estudo foi desenvolvido a partir da instalação de uma unidade-piloto junto à Estação de Tratamento de Esgotos (ETE) Capivarí II, no município de Campinas (Hespanhol, Rodrigues e Mierzwa, 2019).

A ETE Capivarí II utiliza o processo biológico de tratamento com membranas submersas, o que possibilita a obtenção de um efluente tratado com elevado padrão de qualidade. Para complementar o tratamento biológico para possibilitar a produção de água potável foi proposta uma unidade-piloto com capacidade de produzir 350 L/h de água.

O arranjo de tratamento proposto empregou os processos de osmose reversa, oxidação fotoquímica com peróxido de hidrogênio e radiação ultravioleta, carvão ativado granular, carvão ativado biológico e desinfecção com cloro. A estrutura de tratamento era flexível e permitiu a operação do sistema com cinco configurações de tratamento. A Figura 5 apresenta o arranjo esquemático da unidade piloto utilizada.

Os resultados dos ensaios-piloto mostraram que a configuração de processo mais adequada para a produção de água potável é a que combina o processo de osmose reversa, oxidação fotoquímica com UV-$H_2O_2$ e desinfecção, pois foi a única configuração cuja água produzida não apresentou toxicidade química por quimiluminescência após o processo de desinfecção.

Comparando-se os resultados obtidos na unidade-piloto com os estudos de reúso potável já implantados no mundo, verifica-se que a aplicação da prática de reúso potável direto no Brasil pode ser uma opção para os problemas de escassez de água.

## CONTROLE DE QUALIDADE EM SISTEMAS DE REÚSO POTÁVEL

Com a expansão dos programas de reúso de água no mundo, a Organização Mundial da Saúde publicou uma diretriz específica para o controle da qualidade da água produzida (WHO, 2017).

Nessa diretriz, a abordagem para o controle da qualidade da água de reúso é a mesma adotada para a produção de água potável a partir de fontes tradicionais e é baseada no conceito de barreiras múltiplas.

No caso dos sistemas de abastecimento que utilizam água de aquíferos naturais como fonte de produção de água, a principal barreira é a proteção dos mananciais, uma vez que a maioria das estações de tratamento no Brasil utilizam o processo convencional de tratamento. Já para a produção de água potável a partir de esgotos, a qualidade da água produzida deve ser garantida tanto pela seleção da fonte a ser utilizada como pela utilização de processos de tratamento adequados, assim como pelo controle das operações envolvidas.

Desse modo, para que seja possível implantar e operar um sistema de reúso de água para fins potáveis é necessário utilizar a estrutura para produção de água potável segura proposta nas diretrizes da OMS. Essa estrutura propõe a utilização

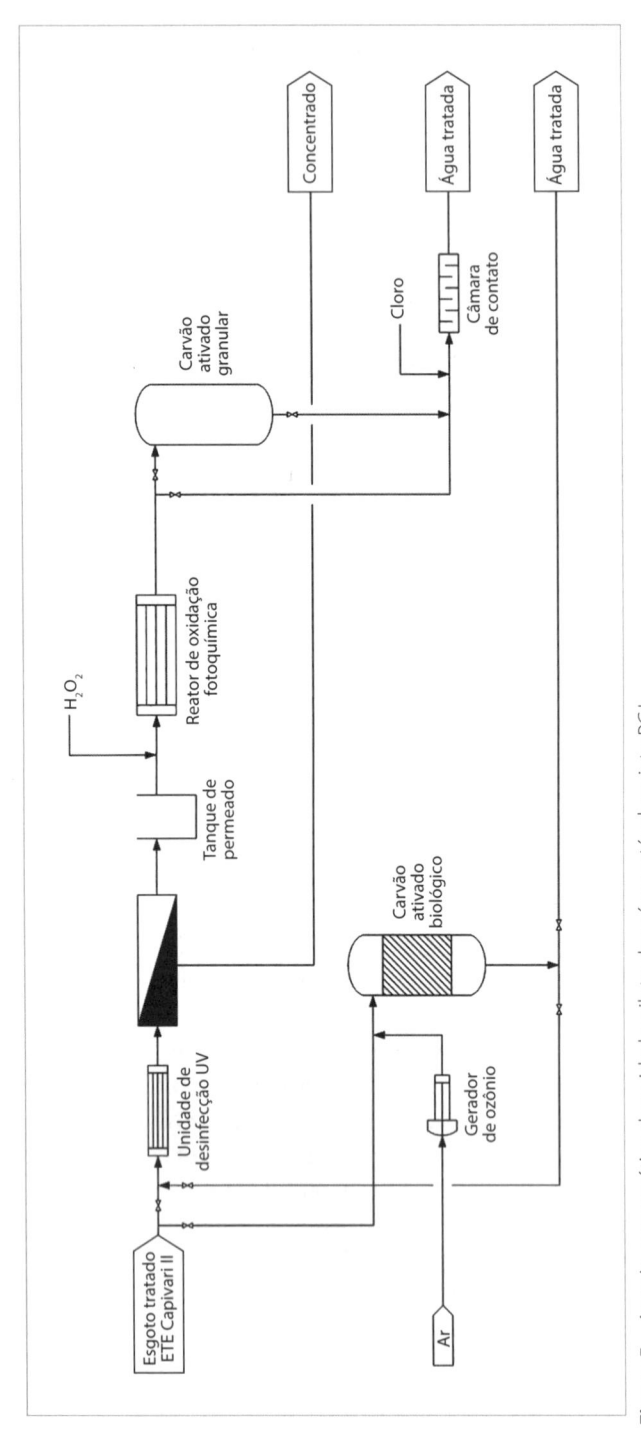

**Figura 5** Arranjo esquemático da unidade-piloto de reúso potável projeto PCJ.

Fonte: adaptada de Hespanhol, Rodrigues e Mierzwa (2019).

do Plano de Segurança da Água (PSA) para garantir a produção de água segura para consumo humano.

O PSA visa ao estabelecimento de procedimentos adequados para a identificação de perigos relacionados à água para fins potáveis, assim como os pontos de controle e pontos de controle críticos que devem ser devidamente monitorados durante a operação do sistema de produção da água de reúso.

Apenas para exemplificar, na Figura 6 pode ser observada a vantagem da utilização do conceito de múltiplas barreiras nos sistemas de reúso potável (WHO, 2017).

Pelo exposto, verifica-se que para a adoção de programas de reúso potável, seja direto ou indireto, é necessária a adoção de tecnologias de tratamento que assegurem a remoção dos contaminantes e não apenas aumentar o número de variáveis para o controle da qualidade da água. Adotando-se os princípios estabelecidos no PSA é possível simplificar os procedimentos de monitoramento, por meio da adoção de variáveis de controle, como é feito na indústria farmacêutica, que controla a qualidade da água utilizada nos seus processos monitorando apenas cinco parâmetros.

Maiores referências sobre o PSA são apresentadas nesta obra no Capítulo 14 – "Plano de Segurança de Água (PSA) como garantia de qualidade de água de reúso potável".

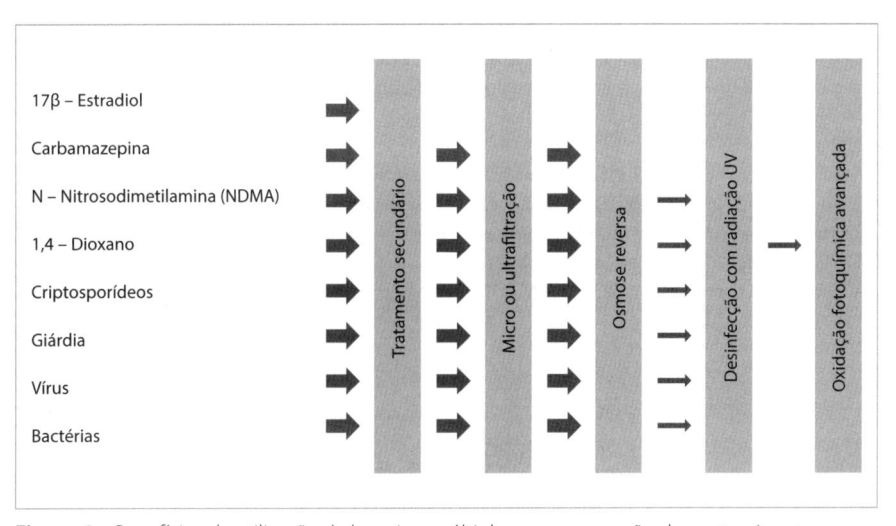

**Figura 6** Benefícios da utilização de barreiras múltiplas para a remoção de contaminantes.

# REFERÊNCIAS

ACERVO FOLHA – HÁ 50 ANOS. Está no rio Pinheiros a solução da falta d'água? *Folha de São Paulo*, São Paulo, 05 out. 2019. Caderno Folha Corrida, p. B10.

Brasil. Sistema Nacional de Informações sobre Saneamento: 24º Diagnóstico dos Serviços de Água e Esgotos – 2018. Ministério do Desenvolvimento Regional, Secretaria Nacional de Saneamento. Brasília, 2019.

DAMIKOUKA, I.; KATSIRI, A.; TZIA, C. Application of HACCP principles in drinking water treatment. *Desalination*, v. 210, p. 138-45, 2007.

HESPANHOL, I. A inexorabilidade do reúso potável direto. *Revista DAE*, v. 1, n. 198, p. 63-82. jan.--abr. 2015.

HESPANHOL, I.; RODRIGUES, R.; MIERZWA, J.C. Reúso potável direto – estudo de viabilidade técnica em unidade piloto. *Revista DAE*, v. 67, n. 17, p. 103-15. 2019.

KHAN, S.J.; ANDERSON, R. Potable reuse: Experiences in Australia. *Environmental Science & Health*, v. 2, p. 55-60, 2018.

MCKENNA, T. *Perth Groundwater Replenishment Scheme – Stage 2*. Referral – Supporting Document. Water Corporation, out. 2016.

MANCUSO, P.C.S.; SANTOS, H.F. *Reúso de água*. Barueri, Manole, 2016.

MANCUSO, P.C.S. *Reúso de água*. 1988. 450p. Dissertação (Mestrado em Saúde Pública) – Faculdade de Saúde Pública, Universidade de São Paulo, São Paulo.

[OCWD] Orange County Water Disctrict. Water Factory 21. s. d. Disponível em: https://www.ocwd.com/media/2451/water-factory-21-brochure.pdf. Acesso em: 9 mar. 2020.

PLACE, F.E. Water cleaning by copper. *Journal of Preventive Medicine*, v. 13, p. 379, 1985.

RAUCHER, R.S.; TCHOBANOGLOUS, G. *The opportunities and economics of direct potable reuse*. WateReuse Research Foundation, 2014.

SIQUEIRA, J.E.C. *Operação estiagem*. Anotações pessoais. São Paulo, 1969.

TCHOBANOGLOUS, G.; LEVERENZ, H.; NELLOR, M.H.; CROOK, J. Direct potable reuse. A path forward. WateReuse Research Foundation and WateReuse California. 2011. Disponível em: https://watereuse.org/watereuse-research/11-00-direct-potable-reuse-a-path-forward/. Acesso em: 2 jan. 2020.

VAN DER MERWE, B.; DU PISANI, P.; MENGE, J.; KÖNIG, E. Water Reuse in Windhoek, Namibia: 40 years and still the only case of direct water reuse for human consumption. In: *Water Reuse-An International Survey of current practice, issues and needs*. Londres: Blanca Jimenez/Takashi Asano/IWA Publishing, 2008, p. 434-54, capítulo 24.

[WHO] WORLD HEALTH ORGANIZATION. Potable reuse: Guidance for producing safe drinking--water. Genebra, 2017.

# ÍNDICE REMISSIVO